U0372547

住房和城乡建设部“十四五”规划教材
高等职业教育土建类专业“互联网+”数字化创新教材

建筑材料（第二版）

苏建斌　主编

中国建筑工业出版社

图书在版编目（CIP）数据

建筑材料 / 苏建斌主编. -- 2 版. -- 北京 ：中国建筑工业出版社，2024. 9.（2025.5 重印）--（住房和城乡建设部“十四五”规划教材）（高等职业教育土建类专业“互联网+”数字化创新教材）. -- ISBN 978-7-112-29958-4

Ⅰ. TU5

中国国家版本馆 CIP 数据核字第 2024D4Y827 号

本教材是按照教学基本要求及国家现行标准规范编写的。全书共分为 12 个教学单元，内容包括：绪论、建筑材料的基本性质、气硬性胶凝材料、水泥、普通混凝土、建筑砂浆、墙体材料、建筑钢材、木材、防水材料、合成高分子材料、建筑功能材料等。

本教材可用于高等职业教育土建类专业，也可作为岗位培训教材或供土建工程技术人员参考使用。

为便于本课程教学，作者自制免费课件资源，索取方式为：1. 邮箱：jckj@cabp.com.cn；2. 电话：（010） 58337285；3. QQ 服务群：472187676。

责任编辑：司　汉　李　阳

责任校对：张　颖

住房和城乡建设部“十四五”规划教材

高等职业教育土建类专业“互联网+”数字化创新教材

建筑材料（第二版）

苏建斌　主编

*

中国建筑工业出版社出版、发行（北京海淀三里河路 9 号）

各地新华书店、建筑书店经销

北京鸿文瀚海文化传媒有限公司制版

北京圣夫亚美印刷有限公司印刷

*

开本：787 毫米×1092 毫米　1/16　印张：19¾　字数：491 千字

2024 年 8 月第二版　　2025 年 5 月第二次印刷

定价：**49.00** 元（赠教师课件）

ISBN 978-7-112-29958-4

（43009）

本书编审委员会

主　编

苏建斌　厦门技师学院

副主编

季　楠　枣庄科技职业学院

尚　敏　河北城乡建设学校

汤　皓　厦门技师学院

于庆华　山东城市建设职业学院

参　编

孙玉龙　黄河水利职业技术学院

沈佳燕　浙江建设技师学院

谢元亮　重庆技师学院

靳晴晴　信阳学院

张鸿鹏　中海发展中原公司

主　审

王甲春　厦门理工学院

王光炎　枣庄科技职业学院

出版说明

党和国家高度重视教材建设。2016 年，中办国办印发了《关于加强和改进新形势下大中小学教材建设的意见》，提出要健全国家教材制度。2019 年 12 月，教育部牵头制定了《普通高等学校教材管理办法》和《职业院校教材管理办法》，旨在全面加强党的领导，切实提高教材建设的科学化水平，打造精品教材。住房和城乡建设部历来重视土建类学科专业教材建设，从“九五”开始组织部级规划教材立项工作，经过近 30 年的不断建设，规划教材提升了住房和城乡建设行业教材质量和认可度，出版了一系列精品教材，有效促进了行业部门引导专业教育，推动了行业高质量发展。

为进一步加强高等教育、职业教育住房和城乡建设领域学科专业教材建设工作，提高住房和城乡建设行业人才培养质量，2020 年 12 月，住房和城乡建设部办公厅印发《关于申报高等教育职业教育住房和城乡建设领域学科专业“十四五”规划教材的通知》（建办人函〔2020〕656 号），开展了住房和城乡建设部“十四五”规划教材选题的申报工作。经过专家评审和部人事司审核，512 项选题列入住房和城乡建设领域学科专业“十四五”规划教材（简称规划教材）。2021 年 9 月，住房和城乡建设部印发了《高等教育职业教育住房和城乡建设领域学科专业“十四五”规划教材选题的通知》（建人函〔2021〕36 号）。为做好“十四五”规划教材的编写、审核、出版等工作，《通知》要求：（1）规划教材的编著者应依据《住房和城乡建设领域学科专业“十四五”规划教材申请书》（简称《申请书》）中的立项目标、申报依据、工作安排及进度，按时编写出高质量的教材；（2）规划教材编著者所在单位应履行《申请书》中的学校保证计划实施的主要条件，支持编著者按计划完成书稿编写工作；（3）高等学校土建类专业课程教材与教学资源专家委员会、全国住房和城乡建设职业教育教学指导委员会、住房和城乡建设部中等职业教育专业指导委员会应做好规划教材的指导、协调和审稿等工作，保证编写质量；（4）规划教材出版单位应积极配合，做好编辑、出版、发行等工作；（5）规划教材封面和书脊应标注“住房和城乡建设部‘十四五’规划教材”字样和统一标识；（6）规划教材应在“十四五”期间完成出版，逾期不能完成的，不再作为《住房和城乡建设领域学科专业“十四五”规划教材》。

住房和城乡建设领域学科专业“十四五”规划教材的特点，一是重点以修订教育部、住房和城乡建设部“十二五”“十三五”规划教材为主；二是严格按照专业标准规范要求编写，体现新发展理念；三是系列教材具有明显特点，满足不同层次和类型的学校专业教学要求；四是配备了数字资源，适应现代化教学的要求。规划教材的出版凝聚了作者、主审及编辑的心血，得到了有关院校、出版单位的大力支持，教材建设管理过程有严格保障。希望广大院校及各专业师生在选用、使用过程中，对规划教材的编写、出版质量进行反馈，以促进规划教材建设质量不断提高。

住房和城乡建设部“十四五”规划教材办公室

2021 年 11 月

第二版前言

本教材第一版自2019年面世以来，蒙读者垂青，至今已重印8次，发行20000余册，被国内诸多中高职院校选用，作为土木建筑大类专业基础课程教材，2021年又有幸被列入住房和城乡建设部“十四五”规划教材。在深感欣慰之余，我们深知，本教材第一版在使用过程中存在不少问题，有许多有待提高和完善之处。随着近些年建筑材料的快速发展，标准规范的推陈出新，加上国家对职业教育提出了新的要求，为此，在出版社和广大读者的支持下，我们开始着手该书的再版修订工作。

本教材第二版仍坚持第一版所强调的特色突出的基本框架，在这样的框架下，我们充分吸纳了读者的意见和建议，对教材从诸多方面进行了修订：

第一，理论更新。包括：（1）国家强制性标准更新：比如《通用硅酸盐水泥》GB 175—2007更新为《通用硅酸盐水泥》GB 175—2023等。（2）概念更新：比如蒸压灰砂砖根据抗压强度的等级更新。（3）质量检验项目、内容更新：比如蒸压加气混凝土砌块尺寸偏差和外观质量检验表中的检验项目等。此外，由于国家强制性标准、规范等理论更新，为了避免采用原理论的案例给读者带来的误解，我们在个别案例上也作了适当修改。

第二，增删考虑。对传统内容，尽量简要介绍，对部分表述进行删除；对有实用意义的内容，为便于读者理解，适当详细论述。另外，增加了部分建筑材料试验实操视频的二维码，通过手机扫码，学生可一边观看建筑材料试验规范实操视频，一边进行建筑材料试验操作。

第三，错误纠正。修正第一版中的错误，包括作者疏忽、排印错误等。

第四，思政教育。教材注重落实立德树人根本任务，促进学生成为德智体美劳全面发展的社会主义建设者和接班人。每单元增加了思政案例，教材内容融入思想政治教育，推进中华民族文化自信自强；增加了素养目标，旨在加强学生综合职业能力的培养。

本教材由厦门技师学院苏建斌任主编并统稿。教学单元1、教学单元3、教学单元7由山东城市建设职业学院于庆华编写，教学单元2、教学单元4、教学单元8、教学单元9由枣庄科技职业学院季楠编写，教学单元5由厦门技师学院苏建斌、汤皓编写，教学单元6、教学单元10由黄河水利职业技术学院孙玉龙编写，教学单元11由浙江建设技师学院沈佳燕编写，教学单元12由重庆技师学院谢元亮编写，河北城乡建设学校尚敏提供教材相关数字资源，该部分资源为职业教育国家在线精品课程《建筑材料与检测》的部分配套资源。本教材由厦门理工学院王甲春教授、枣庄科技职业学院王光炎教授担任主审并在百忙中审阅书稿并提出宝贵意见。厦门技师学院汤皓、信阳学院靳晴晴、中海发展中原公司张鸿鹏在全书的文献、文字校阅中付出了辛勤的劳动。

我们尤为关注读者的反馈，通过多种渠道了解相关信息，其中一些意见非常具体细微，多有真知灼见，给我们留下了深刻印象。正是广大读者充满热忱的支持和期待，激励着我们集思广益、群策群力去打造更好的版本，也激励我们倾心投入此次修订工作。

诚然，由于诸多原因，本教材仍会存在一些不足，甚至错误之处，恳望大家不吝赐教。教材承蒙有关兄弟院校的老师提出许多宝贵意见，在编写过程中参考了大量的文献资料，在此并致由衷的谢忱！

目　录

教学单元1

Chapter 01

绪论

教学目标

1. 知识目标

(1) 了解建筑材料的定义与分类；

(2) 了解建筑材料在建筑工程中的作用及学习建筑材料的意义；

(3) 了解建筑材料的标准；

(4) 了解新型建筑材料的发展趋势；

(5) 掌握学习本课程的方法。

2. 能力目标

(1) 具备材料员等关键岗位人员的材料识别技能；

(2) 具备以建筑材料为基础学习其他课程的能力；

(3) 具备新型材料的推广和应用能力。

3. 素质目标

增强学生对自己所学专业的热爱程度，增强专业自信心，增强民族自尊心和自豪感，弘扬优秀的民族文化，引导学生树立远大理想和爱国主义情怀，勇敢地肩负起时代赋予的光荣使命。

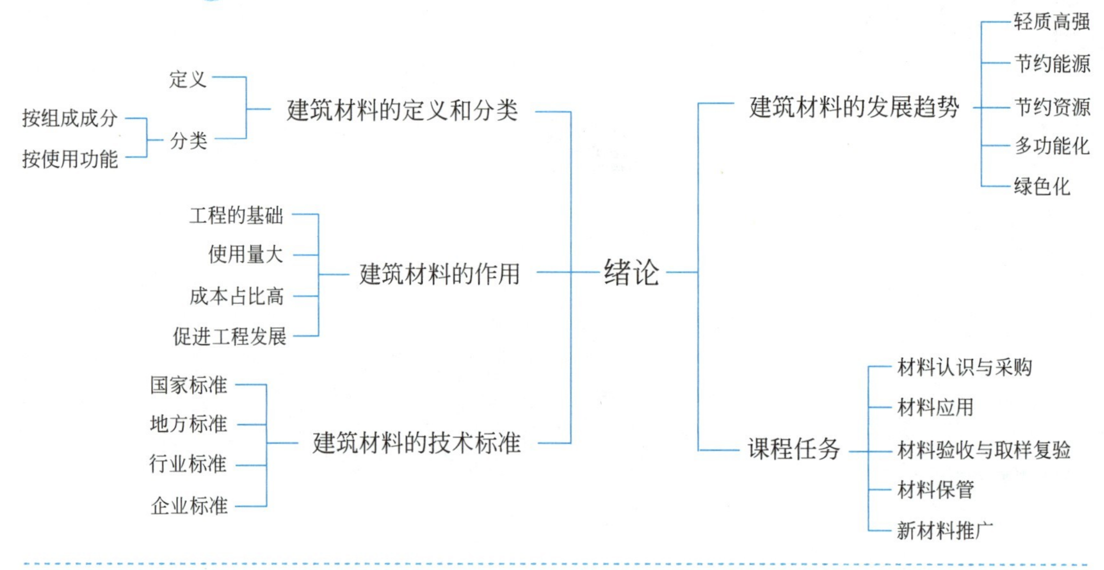

1.1 建筑材料的定义和分类

1.1.1 建筑材料的定义

建筑材料是用于建造建筑物和构筑物的所有材料和制品的总称。从地基基础、梁、板、柱、墙等结构构件到屋面、墙体保温与防水、室内外装饰等所用的材料都属于建筑材料。广义上讲，施工过程中所用的材料（脚手架、模板等）以及各种配套器材（水、电、暖设备等）也属于建筑材料。从自然界中的石材、木材到人工生产的水泥、钢材、混凝土、玻璃、陶瓷等都是建筑材料，实际上应用的建筑材料品种达数千种之多。

1.1.2 建筑材料的分类

建筑材料种类繁多，为了方便使用和研究，常按一定的原则对建筑材料进行分类。根据材料来源，可分为天然材料和人工材料；根据材料在建筑工程中的功能，可分为结构材料和非结构材料、保温和隔热材料、吸声和隔声材料、装饰材料、防水材料等；根据材料在建筑工程中的使用部位，可分为墙体材料、屋面材料、地面材料、饰面材料等。

1-1 建筑材料的分类与发展方向

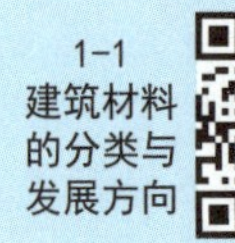

最常见的分类原则是按照材料的基本组成成分来分类，分为无机材料、有机材料和复合材料三大类，各大类中又可细分，见表 1-1。

建筑材料按基本组成成分分类　表 1-1

类别	种类	举例
无机材料	金属材料	黑色金属：铁、碳钢、合金钢 有色金属：铝、锌、铜及其合金
	非金属材料	天然石材（包括混凝土用砂、石） 烧结制品（烧结砖、饰面陶瓷等） 玻璃及其制品 水泥、石灰、石膏、水玻璃 混凝土、砂浆、硅酸盐制品
有机材料	植物材料	木材、竹材、植物纤维及其制品
	沥青材料	石油沥青、煤沥青、沥青制品
	合成高分子材料	塑料、涂料、胶粘剂
复合材料	有机与无机非金属复合材料	玻璃纤维增强塑料、聚合物混凝土 沥青混凝土、水泥刨花板等
	金属与无机非金属复合材料	钢筋混凝土、钢丝网混凝土等
	金属与有机复合材料	铝塑管、铝塑板、钢纤维增强塑料管道、泰柏板

建筑材料按使用功能可分为结构材料、围护材料和功能材料，见表 1-2。

建筑材料按使用功能分类　表 1-2

类别	种类	举例
结构材料	基础材料	钢筋、混凝土、钢管
	主体材料	砌墙砖、砌块、钢筋混凝土、钢材、砂浆
	屋面材料	钢材、混凝土、木材
围护材料	墙体材料	砖、砌块等各类墙板
	门窗材料	塑料、钢材、玻璃、铝合金、复合材料、木材
功能材料	防水材料	防水卷材、防水涂料、防水混凝土、防水砂浆
	绝热材料	有机高分子类、加气混凝土类、膨胀珍珠岩类、岩棉、多孔玻璃、多孔陶瓷、植物纤维类
	吸声、隔声材料	岩棉矿棉类、石膏类、高分子多孔材料类、软木类、微孔吸声板类
	装饰材料	花岗岩、大理石、玻璃、塑料、壁纸、涂料、木地板、瓷砖、铝塑板
	采光材料	玻璃、塑料

1.2 建筑材料在建筑工程中的重要作用

建筑材料是一切建筑工程的物质基础，任何建筑物或构筑物都是用建筑材料按某种方式组合而成的，没有建筑材料，就没有建筑工程。建筑材料在建筑工程中应用量巨大，材料费用在工程总造价中占40%～70%，如何从品种繁多的材料中选择物优价廉的材料这个问题对降低工程造价具有重要意义。

建筑材料的性能影响到建筑工程的坚固性、耐久性和适用性，例如钢筋混凝土结构的建筑物，其坚固性一般优于木结构建筑物，而舒适性却不及后者。对于同类材料，性能也会有较大差异，例如用矿渣水泥制作的污水管较普通水泥制作的污水管耐久性好，因此选用性能相适的材料是建筑工程质量的重要保证。

任何一个建筑工程都以建筑材料为基础，专业技术人员了解建筑材料的性质、特点，才能发挥材料的性能，做到材尽其用。例如，混凝土工程搅拌和浇筑、钢结构施工、砌体结构施工、材料送检、工程验收、资料整理与归档等工作，都需要在对材料性能全面掌握的前提下，才能更好地完成各自的任务；造价员只有在熟悉材料性能的基础上，才能更好地做好计量计价工作；材料的监督与检验对监理技术人员更是一项经常性的工作。

从建筑行业各职业岗位来看，材料员、试验员、施工员、质量员、资料员、安全员等岗位从业人员，必须要了解建筑材料的相关知识，因为这是各职业岗位技术人员必备的知识和技能。

1.3 建筑材料的技术标准

建筑材料的技术标准主要有产品标准和工程建设类标准两类。产品标准是为保证建筑材料产品的适用性，对产品必须达到的某些或全部要求所制定的标准，包括：品种、规格、技术性能、试验方法、检验规则、包装、贮存、运输等内容。工程建设类标准是对工程建设中的勘察、规划、设计、施工、安装、验收等需要协调统一的事项所制定的标准。其中结构设计规范、施工及验收规范中都有与建筑材料的选用有关的内容。

建筑材料的采购、验收、质量检验均应以产品标准为依据，建筑材料的产品标准分为国家标准、地方标准、行业标准和企业标准。

技术标准代号按标准名称、部门代号、编号和批准年份的顺序编写，按要求执行的程度分为强制性标准和推荐标准（在部门代号后加“/T”表示“推荐”）。如国家强制性标准《通用硅酸盐水泥》GB 175—2023；国家推荐标准《钢筋混凝土用钢 第2部分：热轧带肋钢筋》GB/T 1499.2—2018。

与建筑材料技术标准有关的代号有：GB——国家标准，JGJ——建筑工业（建筑工程）行业标准，JG——建筑工业（建设产品）行业标准，JC——建筑材料行业标准，SH——石油化学工业部或中国石油化学总公司标准（曾用 SY），YB——冶金部标准，HG——化工部标准，CECS——中国工程建设标准化协会标准，DB——地方标准，QB——企业标准等。

技术标准是根据一定时期的技术水平制订的，因而随着技术的发展与使用要求的不断提高，需要对标准进行修订，修订标准实施后，旧标准自动废除。如国家标准《硅酸盐水泥、普通硅酸盐水泥》GB 175—1999 已废除。

工程中使用的建筑材料除必须满足产品标准外，有时还必须满足有关的设计规范、施工及验收规范或规程等的规定。这些规范或规程对建筑材料的选用、使用、质量要求及验收等还有专门的规定（其中有些规范或规程的规定与建筑材料产品标准的要求相同）。

无论是国家标准还是部门行业标准，都是全国通用标准，属于国家指令性技术文件，均必须严格遵照执行，尤其是强制性标准。

常用的国际标准有如下几类：美国材料与试验协会标准（ASTM）、德国工业标准（DIN）、欧洲标准（EN）、国际标准化组织标准（ISO）。采用和参考国际通用标准和先进标准是加快我国建筑材料工业与世界接轨的重要措施，对促进建筑材料工业的科技进步，提高产品质量和标准化水平，扩大建筑材料的对外贸易有着重要作用。

1.4 建筑材料的发展趋势

伴随着我国经济的快速发展，人们对建筑的认知越来越高，对建筑行业的安全性、经济性以及舒适度的要求也越来越高。在发展绿色建筑的政策引导下，贯彻“碳中和、碳达峰”的重大决策部署，转型建筑材料发展迅速。

和传统建筑材料相比较，新型建筑材料的应用使结构构件强度增高、重量减轻、节能、功能更加强大，更加符合“双碳”倡议。在相关性能研究方面，新型建筑材料在力学性能、耐久性以及耐腐蚀性等方面都有了很大的提高。在生产过程中，充分地利用了生产原料，采用新工艺和新技术来提高材料的使用性能。

在我国经济快速发展的条件下，我国的新型建筑材料将会在生态化和智能化方面做出突破，尽可能地减少水污染、化学污染、噪声污染以及放射性污染等 。同时，新型建筑材料还将结合现代化智能家居和高新技术计算机智能应用系统，在楼宇智能和舒适度上进行调整，使建筑材料更加符合现代化城市建筑特点。

建筑材料的发展趋势如下：

（1）轻质高强。钢筋混凝土结构材料自重大（每立方米重约 2500kg），限制了建筑物向高层、大跨度方向进一步发展。目前，世界各国都在大力发展高强混凝土、加气混凝土、轻骨料混凝土、空心砖、石膏板等材料，以适应建筑工程发展的需要。

（2）节约能源。建筑材料的生产能耗和建筑物使用能耗，在社会总能耗中一般占 20%～35%，所以研制和生产低能耗的新型节能建筑材料，是构建节约型社会的需要。

（3）节约资源。充分利用工业废渣、建筑垃圾生产建筑材料，将各种废渣尽可能资源化，以保护环境、节约自然资源，使人类社会可持续发展。

（4）多功能化。利用复合技术生产多功能材料、特殊性能材料及高性能材料，包括单元化预制构件等，这对提高建筑物的使用功能、经济性及加快施工速度等方面有着十分重要的意义。

（5）绿色化。采用低能耗制造工艺和对环境无污染的生产技术。产品配制和生产过程中，不使用对人体和环境有害的污染物。

1.5 建筑材料的课程任务与学习方法

建筑材料是一门重要的专业基础课，本课程内容量大、涉及面广，是一门实践性很强的课程，学习时应注意理论联系实际，为了及时理解课堂讲授的知识，应利用一切机会观察周围已经建成的或正在施工的各种工程，在实践中理解和验证所学内容，还要经常学习并掌握有关新技术、新规范和新材料，不断丰富材料知识，与时俱进，以适应不断发展的社会需要。

根据《建筑与市政工程施工现场专业人员职业标准》JGJ/T 250—2011，本课程的教学任务如下：

（1）对各种材料的品种、规格、性能、应用有基本的认识，为学习其他专业课程打下基础；

（2）能够进行材料的选择采购、验收、现场管理、使用管理；

（3）能够在施工中合理利用、节约原材料，并进行节能、环保新材料的推广使用；

（4）学习材料性能的试验方法等；

（5）熟悉材料标准，能进行取样、送检等工作。

知识拓展

上海中心大厦——中国建筑的“定海神针”

上海中心大厦为中国第一高楼，高 632m，112 层，总建筑面积约为 57.8 万 m^2，其中地上总面积约 41 万 m^2，地下总面积约 16.8 万 m^2，地下埋设 980 根桩基，深度 86m，总长度 84km，基础底板为直径 121m，厚 6m 的钢筋混凝土圆台，被称为“定海神针”，巨型体积的底板浇筑工程，开创了世界民用建筑领域的先河（图 1-1）。

图 1-1　上海中心大厦

上海中心大厦建设体现了中国工程人的智慧，体现了中国工程技术的基础实力，更体现了中国工程人的默默付出、朴实无华的精神。

作为未来的工程建设者，我们要树立远大理想，勇敢地肩负起为天下人安家的光荣使命。“扎实宽厚的知识、精湛领先的技艺、健康强壮的体魄、诚实守信的品质、吃苦耐劳的精神”，这些就是我们工程建设者的“定海神针”。

单元总结

建筑材料是用于建造建筑物和构筑物所有材料和制品的总称。建筑材料是一切建筑工程的物质基础，没有建筑材料，就无法实现建筑工程项目。建筑材料工业随建筑行业发展而迅速发展，各种新型建筑材料不断出现，材料性能日益向轻质、高强、绿色环保、多功能方向发展。本课程的任务是使学生获得有关建筑材料的性质与应用的基本知识和必要的基本理论，并获得主要建筑材料检测试验的基本技能训练。

习 题

一、填空题

1. 以下代号代表哪一类标准：GB________；DB________；JGJ________；QB________；ISO________。

2. 无机材料主要包括：________和________两大类。

3. 根据建筑工程施工部位，建筑材料可分为________、________、________和地面材料。

4. 建筑材料的发展趋势是________、________、________和多功能化。

5. 主体工程常用的建筑材料有________、________、________。

6. 功能材料包括：墙体材料、________、________、________。

7. 建筑材料是一切建筑工程的________，建筑材料课程是学习其他建筑工程专业课程的________。

8. 建筑材料课程的主要学习任务是学习材料的选择、________、________、________、和储存管理。

二、简答题

1. 根据施工部位分类，地基基础、主体结构和装饰装修材料分别有哪些？

2. 建筑材料在工程中的作用体现在哪几个方面？

3. 根据国家相关政策，建筑材料将会向哪些方向发展？

4. 调研当地建材市场有哪些新型建筑材料。

教学单元2 Chapter 02

建筑材料的基本性质

教学目标

1. 知识目标

(1) 了解建筑材料的基本组成，了解建筑结构和构造与材料基本性质的关系；

(2) 理解建筑材料耐久性的基本概念；

(3) 理解材料的热工性质，掌握材料热工性能的计算方法；

(4) 掌握建筑材料的基本物理性质及其相关计算方法；

(5) 掌握建筑材料的基本力学性质及其计算方法。

2. 能力目标

(1) 能够计算与材料基本物理性质有关的指标；

(2) 能够计算材料的热工性能指标；

(3) 能够计算材料的基本力学指标；

(4) 能够规范正确地做材料的三大密度试验；

(5) 能够规范正确地测试材料的质量吸水率、软化系数等指标。

3. 素质目标

培养学生养成认真负责的态度，选择最适合工程的建筑材料，为工程建设节约成本。

思维导图

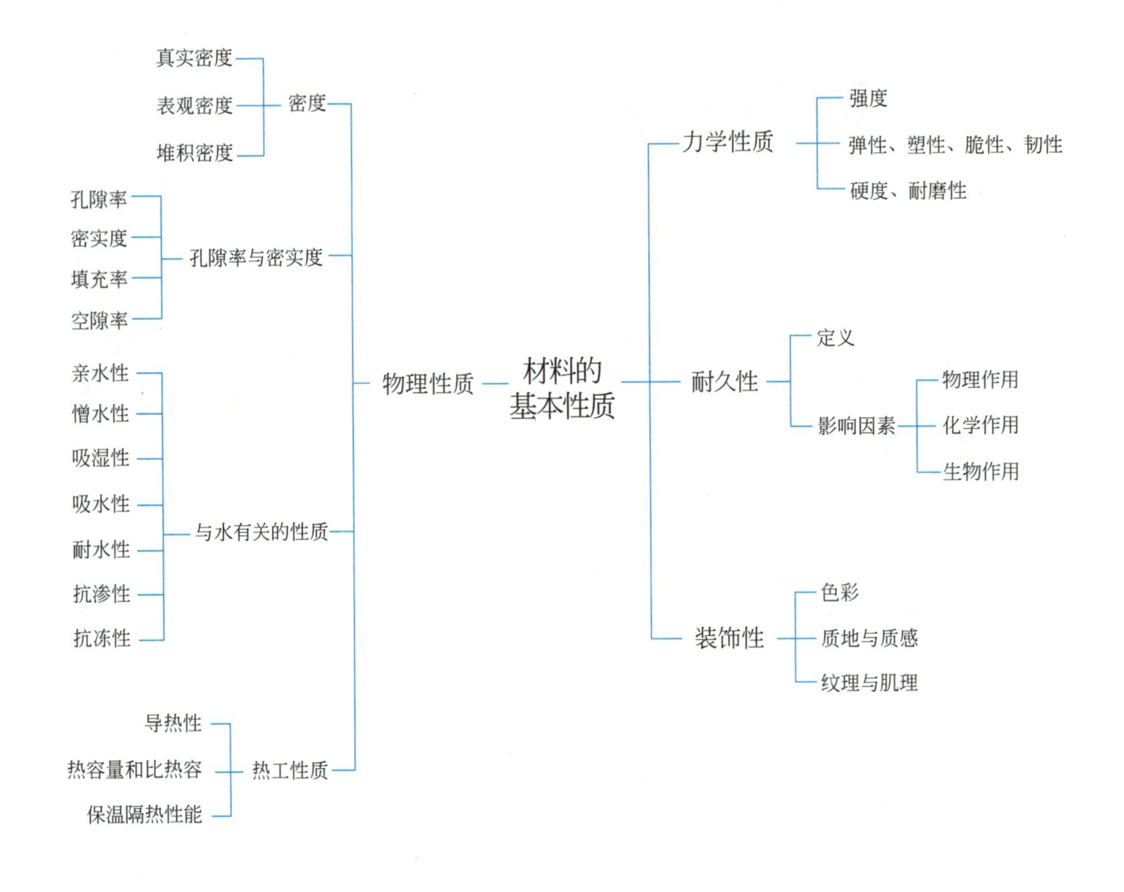

2.1 材料的物理性质

在土建结构物中，土木工程材料要承受各种不同的作用，因而要求土木工程材料具有相应的不同性质。如用于土建结构物的材料要受到各种外力的作用，因此，选用的材料应具有所需要的力学性能。又如根据土建结构物不同部位的使用要求，有些材料应具有防水、绝热、吸声、粘结等性能。对于某些土建结构物，要求材料具有耐热、耐腐蚀等性能。此外，对于长期暴露在大气中的材料，如路面材料，要求材料能经受风吹、日晒、雨淋、冰冻而引起的温度变化、湿度变化及反复冻融等的破坏作用。为了保证土建结构物的耐久性，要求土木工程师必须熟悉和掌握各种材料的物理性质和力学性质，在工程设计与施工中正确地选择和合理地使用材料。

2.1.1　材料的真实密度、表观密度与堆积密度

密度是指物质单位体积的质量，单位为 g/cm^3 或 kg/m^3。由于材料所处的体积状况不同，故有真实密度、表观密度和堆积密度之分。

2-1
三大密度

1. 真实密度

真实密度是指材料在规定条件（105℃±5℃烘干至恒重，温度 20℃）绝对密实状态下（绝对密实状态是指不包括任何孔隙在内的体积）单位体积所具有的质量，按式（2-1）计算：

$$\rho=\frac{m}{V} \tag{2-1}$$

式中　ρ——真实密度（kg/m^3 或 g/cm^3）；

m——材料矿质实体的质量（kg 或 g）；

V——材料矿质实体的体积（m^3 或 cm^3）。

除了钢材、玻璃等少数接近于真实密度的材料外，绝大多数材料都有一些孔隙。在测定有孔隙的材料密度时，应把材料磨成细粉（粒径小于 0.20mm），经干燥后用李氏密度瓶测定其实体体积。材料磨得愈细，测定的密度值愈精确。

2. 表观密度

表观密度是指材料在自然状态下单位体积的质量，亦称体积密度。其定义式如下：

$$\rho_0=\frac{m}{V_0} \tag{2-2}$$

$$V_0=V+V_B+V_K$$

式中　ρ_0——材料的表观密度（kg/m^3 或 g/cm^3）；

m——干燥状态下材料的质量（kg 或 g）；

V_0——材料在自然状态下的体积（m^3 或 cm^3）。该体积由材料实体的体积、开口孔的体积和闭口孔的体积三个部分构成；

V_B——材料的闭口孔的体积之和（m^3 或 cm^3）；

V_K——材料的开口孔的体积之和（m^3 或 cm^3）。

3. 堆积密度

堆积密度（旧称松散容重）是指粉状、粒状或纤维状态下的材料，单位体积（包含了颗粒的孔隙及颗粒之间的空隙）所具有的质量，按式（2-3）计算：

$$\rho'_0=\frac{m}{V'_0} \tag{2-3}$$

式中　ρ'_0——堆积密度（kg/m^3 或 g/cm^3）；

m——材料的质量（kg 或 g）；

V'_0——材料的堆积体积，包括颗粒体积和颗粒之间空隙的体积（m^3 或 cm^3）。

在土木工程中，计算材料用量、构件自重、配料计算及确定堆放空间时经常要用到材料的真实密度、表观密度和堆积密度等数据。常用土木工程材料的有关数据见表 2-1。

常用土木工程材料的真实密度、表观密度、堆积密度和孔隙率　　表 2-1

材料	真实密度 ρ(g/cm^3)	表观密度 ρ_0(kg/m^3)	堆积密度 ρ_0'(kg/m^3)	孔隙率 P(%)
石灰岩	2.60	1800～2600	—	—
花岗岩	2.80	2500～2700	—	0.5～3.0
碎石(石灰岩)	2.60	—	1400～1700	—
砂	2.60	—	1450～1650	—
黏土	2.60	—	1600～1800	—
普通黏土砖	2.50	1600～1800	—	20～40
黏土空心砖	2.50	1000～1400	—	—
水泥	2.50	—	1200～1300	—
普通混凝土	3.10	2100～2600	—	5～20
轻骨料混凝土	—	800～1900	—	—
木材	1.55	400～800	—	55～75
钢材	7.85	7850	—	0
泡沫塑料	—	20～50	—	—
玻璃	2.55	—	—	—

2.1.2　材料的孔隙率与密实度

2-2
孔隙率与
密实度

1. 孔隙率

孔隙率是指材料孔隙体积（包括不吸水的闭口孔隙，能吸水的开口孔隙）与总体积之比，以 P 表示，可用式（2-4）计算：

$$P=\frac{V_0-V}{V_0}\times 100\% \tag{2-4}$$

2. 密实度

密实度是指材料体积内被固体物质所充实的程度，也就是固体物质的体积（V）占总体积（V_0）的比例。密实度反映了材料的致密程度，以 D 表示：

$$D=\frac{V}{V_0}\times 100\% \tag{2-5}$$

含有孔隙的固体材料的密实度均小于 1。材料的很多性能如强度、吸水性、耐久性、导热性等均与其密实度有关。

孔隙率与密实度的关系为：

$$P+D=1 \tag{2-6}$$

孔隙率的大小直接反映了材料的致密程度。材料内部的孔隙又可分为连通的孔隙和封闭的孔隙，连通孔隙彼此贯通且与外界相通，而封闭孔隙彼此不连通且与外界隔绝。孔隙按其尺寸大小又可分为粗孔和细孔。孔隙率的大小及孔隙本身的特征与材料的许多重要的性质，如强度、吸水性、抗渗性、抗冻性和导热性等都有密切关系。一般而言，孔隙率小，且连通孔较少的材料，其吸水性较小、强度较高、抗渗性和抗冻性较好。几种常用土木工程材料的孔隙率见表 2-1。

3. 填充率

填充率是指散粒材料在某容器的堆积体积中，被其颗粒填充的程度，以 D' 表示。

$$D'=\frac{V_0}{V'_0}\times100\%=\frac{\rho'_0}{\rho_0}\times100\% \tag{2-7}$$

4. 空隙率

空隙率是指散粒材料在某容器的堆积体积中，颗粒之间的空隙体积（V_a）占堆积体积的百分率，以 P' 表示。因 $V_a=V'_0-V_0$，则 P' 值可用下式计算：

$$P'=\frac{V'_0-V_0}{V'_0}\times100\%=\left(1-\frac{V_0}{V'_0}\right)\times100\%=\left(1-\frac{\rho'_0}{\rho_0}\right)\times100\%=1-D' \tag{2-8}$$

即：

$$D'+P'=1 \tag{2-9}$$

空隙率表示散粒材料颗粒之间相互填充的致密程度，空隙率可以作为控制混凝土骨料级配与计算含砂率的依据。对于混凝土的粗、细骨料，空隙率越小，说明其颗粒大小搭配越合理，用其配置的混凝土越密实，同时越节约水泥，其强度也越高。

2.1.3　材料与水有关的性质

1. 亲水性与憎水性

2-3 亲水性、憎水性、吸湿性、吸水性

材料在空气中与水接触时，根据其是否能被水润湿，可将材料分为亲水性和憎水性（或称疏水性）两大类。

材料被水润湿的程度可用润湿角表示。润湿角是在材料、水和空气三相的交点处，沿水滴表面切线与水和固体接触面之间的夹角，角愈小，则该材料能被水所润湿的程度愈高。一般认为，润湿角≤90°的材料称为亲水性材料，如图 2-1（a）所示。反之，润湿角>90°，表明该材料不能被水润湿，称为憎水性材料，如图 2-1（b）所示。

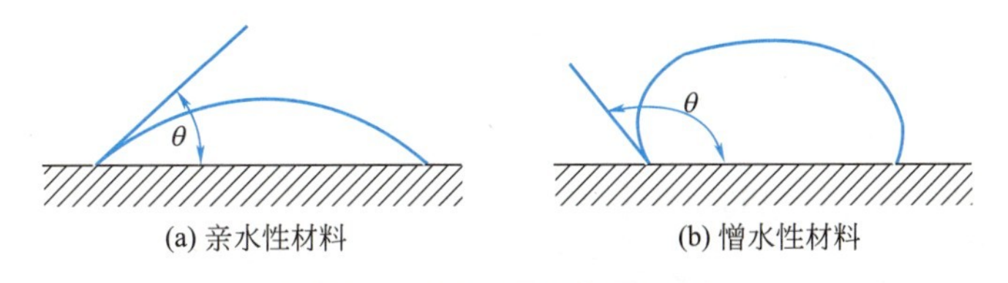

图 2-1　材料润湿角示意图

大多数土木工程材料，如石料、骨料、砖、混凝土、木材等都属于亲水性材料，表面均能被水润湿，且能通过毛细管作用将水吸入材料的毛细管内部。

沥青、石蜡等属于憎水性材料，表面不能被水润湿。该类材料一般能阻止水分渗入毛细管中，因而能降低材料的吸水性。憎水性材料不仅可用于防水材料，而且可用于亲水性材料的表面处理，以降低其吸水性。

2. 吸湿性

材料在潮湿的空气中吸收空气中水分的性质称为吸湿性。吸湿性的大小用含水率表示。

材料所含水的质量占材料干燥质量的百分数，称为材料的含水率，可按式（2-10）

计算：

$$W_{含}=\frac{m_{含}-m_{干}}{m_{干}}\times100\% \quad (2\text{-}10)$$

式中 $W_{含}$——材料的含水率（%）；

$m_{含}$——材料含水时的质量（g）；

$m_{干}$——材料干燥至恒重时的质量（g）。

材料的含水率大小，除与材料本身的特性有关外，还与周围环境的温度、湿度有关。气温越低、相对湿度越大，材料的含水率也就越大。

材料随着空气湿度的变化，既能在空气中吸收水分，又可向外界扩散水分，最终将使材料中的水分与周围空气的湿度达到平衡，这时材料的含水率，称为平衡含水率。平衡含水率并不是固定不变的，它会随环境中的温度和湿度的变化而改变。当材料吸水达到饱和状态时的含水率即为吸水率。

3. 吸水性

材料在浸水状态下吸入水分的能力为吸水性。吸水性的大小，以吸水率表示。吸水率分为质量吸水率和体积吸水率。

质量吸水率：材料所吸收水分的质量占材料干燥质量的百分数，按式（2-11）计算：

$$W_{质}=\frac{m_{湿}-m_{干}}{m_{干}}\times100\% \quad (2\text{-}11)$$

式中 $W_{质}$——材料的质量吸水率（%）；

$m_{湿}$——材料饱水后的质量（g）；

$m_{干}$——材料干燥至恒重时的质量（g）。

体积吸水率：材料吸收水分的体积占干燥自然体积的百分数，是材料体积内被水充实的程度。按式（2-12）计算：

$$W_{体}=\frac{V_{水}}{V_0}=\frac{m_{湿}-m_{干}}{V_0}\cdot\frac{1}{\rho_w}\times100\% \quad (2\text{-}12)$$

式中 $W_{体}$——材料的体积吸水率（%）；

$V_{水}$——材料在饱水时，水的体积（cm^3）；

V_0——干燥材料在自然状态下的体积（cm^3）；

ρ_w——水的密度（g/cm^3）。

质量吸水率与体积吸水率存在如下关系：

$$W_{体}=W_{质}\,\rho_0\cdot\frac{1}{\rho_w} \quad (2\text{-}13)$$

材料的吸水性，不仅与材料的亲水性或憎水性有关，而且与孔隙率的大小及孔隙特征有关。一般孔隙率愈大，吸水性也愈强。封闭的孔隙，水分不易进入；粗大开口的孔隙，水分又不易存留，故材料的体积吸水率常小于孔隙率。

对于某些轻质材料，如加气混凝土、软木等，由于具有很多开口且微小的孔隙，所以它的质量吸水率往往超过100%，即湿质量为干质量的几倍，在这种情况下，最好用体积吸水率表示其吸水性。

水在材料中对材料性质将产生不良的影响，它会使材料的表观密度和导热性增大，强度降低，体积膨胀。因此，吸水率大对材料性能是不利的。

4. 耐水性

材料长期在饱和水作用下不被破坏，其强度也不显著降低的性质称为耐水性。材料的耐水性用软化系数表示。可按式（2-14）计算：

$$K_{软}=\frac{f_{饱}}{f_{干}} \tag{2-14}$$

式中　$K_{软}$——材料的软化系数；

$f_{饱}$——材料在饱水状态下的抗压强度（MPa）；

$f_{干}$——材料在干燥状态下的抗压强度（MPa）。

软化系数的大小表明材料浸水后强度降低的程度，一般波动在 0～1 之间。软化系数越小，说明材料饱水后的强度降低越多，其耐水性越差。对于经常位于水中或受潮严重的重要结构物的材料，其软化系数不宜小于 0.85；受潮较轻或次要结构物的材料，其软化系数不宜小于 0.70。软化系数大于 0.85 的材料，通常可以认为是耐水性材料。

5. 抗渗性

材料抵抗压力水渗透的性质称为抗渗性（或不透水性），可用渗透系数 K 表示。

达西定律表明，在一定时间内，透过材料试件的水量与试件的断面积及水头差（液压）成正比，与试件的厚度成反比，即：

$$W=K\frac{h}{d}At \text{ 或 } K=\frac{Wd}{Ath} \tag{2-15}$$

式中　K——渗透系数［mL/（cm^2·s）］；

W——透过材料试件的水量（ml）；

t——透水时间（s）；

A——透水面积（cm^2）；

h——静水压力水头（cm）；

d——试件厚度（cm）。

渗透系数反映了材料抵抗压力水渗透的性质，渗透系数越大，材料的抗渗性越差。

材料抗渗能力的好坏用抗渗等级表示，抗渗等级是以规定的试件，在标准试验方法下，能承受的最大水压力来确定，以符号“P”加数字表示，如 P4、P6 等分别表示材料能承受 0.4MPa、0.6MPa 的静水压力而不渗水。抗渗等级越大，材料的抗渗性能越好。

材料抗渗性的好坏，与材料的孔隙率和孔隙特征有密切关系。孔隙率很小而且是封闭孔隙的材料具有较高的抗渗性。对于地下建筑及水工构筑物，因常受到压力水的作用，故要求材料具有一定的抗渗性；对于防水材料，则要求具有更高的抗渗性。材料抵抗其他液体渗透的性质，也属于抗渗性。

6. 抗冻性

材料在饱水状态下，能经受多次冻结和融化作用（冻融循环）而不被破坏，同时也不严重降低强度的性质称为抗冻性。通常采用－15℃的温度冻结后（水在微小的毛细管中低于－15℃才能冻结），再在 20℃的水中融化，这样的过程为一次冻融循环。

材料经多次冻融交替作用后，表面将出现剥落、裂纹，产生质量损失，强度也将会降低。因为，材料孔隙内的水结冰时体积膨胀会引起材料的破坏。

抗冻性良好的材料，对于抵抗温度变化、干湿交替等破坏作用的性能也较强。所以，抗冻性常作为考查材料耐久性的一个指标。处于温暖地区的土建结构物，虽无冰冻作用，但为抵抗大气的作用，确保土建结构物的耐久性，有时对材料也会提出一定的抗冻性要求。

2.1.4 材料的热工性质

土木工程材料除了须满足必要的强度及其他性能的要求外，为了节约土建结构物的使用能耗以及为生产和生活创造适宜的条件，常要求土木工程材料具有一定的热工性质，以维持室内温度。常用材料的热工性质有导热性、热容量、比热容等。

1. 导热性

材料传导热量的能力称为导热性。材料导热能力的大小可用热导率（λ）表示。热导率在数值上等于厚度为1m的材料，当其相对表面的温度差为1K时，其单位面积（$1m^2$）和单位时间（1s）所通过的热量，可用式（2-16）表示：

$$\lambda=\frac{Q\delta}{At\ (T_2-T_1)} \tag{2-16}$$

式中 λ——热导率［W/（m·K）］；

Q——传导的热量（J）；

A——热传导面积（m^2）；

δ——材料厚度（m）；

t——热传导时间（s）；

（T_2-T_1）——材料两侧温差（K）。

2-5 与热有关的性质

材料的热导率越小，绝热性能越好。各种土木工程材料的热导率差别很大，大致在0.035～3.5W/(m·K)之间，如泡沫塑料λ=0.035W/(m·K)，而大理石λ=0.35W/(m·K)。热导率与材料孔隙构造有密切关系，由于密闭空气的热导率很小，λ=0.023W/(m·K)，所以，材料的孔隙率较大者其热导较小，但如孔隙粗大或贯通，受对流作用的影响，材料的热导率反而增高。材料受潮或受冻后，其热导率会大大提高。由于水和冰的热导率比空气的热导率高很多，分别为0.58 W/(m·K)和2.20W/(m·K)，因此，绝热材料应经常处于干燥状态，以利于发挥材料的绝热效能。

2. 热容量和比热容

材料加热时吸收热量，冷却时放出热量的性质称为热容量。热容量的大小用比热容（也称热容量系数，简称比热）表示。比热容表示1g材料温度升高1K时所吸收的热量，或降低1K时所放出的热量。材料吸收或放出的热量可由式（2-17）和式（2-18）计算：

$$Q=cm\ (T_2-T_1) \tag{2-17}$$

$$c=\frac{Q}{m\ (T_2-T_1)} \tag{2-18}$$

式中 Q——材料吸收或放出的热量（J）；

c——材料的比热［J/（g·K）］；

m——材料的质量（g）；

（T_2-T_1）——材料受热或冷却前后的温差（K）。

比热是反映材料吸热或放热能力大小的物理量。不同材料的比热不同，即使是同一种材料，由于所处物态不同，所以比热也不同。例如，水的比热为 4.186 J/（g·K），而结冰后比热则为 2.093 J/（g·K）。

材料的比热对保持土建结构物内部温度稳定有很大意义。比热大的材料，能在热流变动或供暖设备供热不均匀时，缓和室内的温度波动。常用建筑材料的比热见表 2-2。

常用建筑材料的比热 表 2-2

材料名称	钢材	混凝土	松木	烧结普通砖	花岗岩	密闭空气	水
比热[J/(g·K)]	0.48	0.84	2.72	0.88	0.92	1.00	4.18
热导率[W/(g·K)]	58	1.51	1.17～0.35	0.80	3.49	0.023	0.58

3. 材料的保温隔热性能

在建筑热工中常把 1/λ 称为材料的热阻，用 *R* 表示，单位为（m·K）/W。热导率（λ）和热阻（*R*）都是评定土木工程材料保温隔热性能的重要指标。人们习惯把防止室内热量的散失称为保温，把防止外部热量的进入称为隔热，将保温与隔热统称为绝热。

材料的热导率愈小、热阻值就愈大，材料的导热性能愈差，其保温隔热的性能就愈好，常将 λ≤0.175 W/（m·K）的材料称为绝热材料。

2.2 材料的力学性质

2.2.1 材料的强度

材料的力学性质主要是指材料在外力（荷载）作用下抵抗破坏和变形的能力。

2-6 力学性质

材料在外力（荷载）作用下抵抗破坏的能力称为强度，以材料受外力破坏时单位面积上所承受的力表示。

材料在土建结构物上所承受的外力，主要有拉力、压力、弯曲力及剪力等。材料抵抗这些外力破坏的能力，分别称为抗拉、抗压、抗弯和抗剪强度。这些强度一般通过静力试验来测定，因而总称为静力强度。各种强度的分类见表 2-3。

材料的静力强度，实际上只是在特定条件下测定的强度值。为了使试验结果比较准确而且具有互相比较的意义，每个国家都规定了统一的标准试验方法。测定材料强度时，必须严格按照标准试验方法进行。

大部分土木工程材料根据其极限强度的大小，划分为若干不同的强度等级或标号。如混凝土按抗压强度有 C15、C20、C25、C30、C35、C40、C45、C50、C55、C60、C65、C70、C75、C80 等 14 个强度等级，硅酸盐水泥按抗压强度及抗折强度分为 42.5、42.5R、52.5、52.5R、62.5、62.5R 共 6 个强度等级。将建筑材料划分为若干强度等级，对掌握材料的性能，合理选用材料，正确进行设计和控制工程质量，是十分重要的。

各种强度的分类（单位：MPa）　　表 2-3

岩石名称	抗压强度	抗剪强度	抗拉强度
花岗岩	100～250	14～50	7～25
闪长岩	150～300	—	15～30
灰长岩	150～300	—	15～30
玄武岩	150～300	20～60	10～30
砂岩	20～170	8～40	4～25
页岩	5～100	3～30	2～10
石灰岩	30～250	10～50	5～25
白云岩	30～250	—	15～25
片麻岩	50～200	—	5～20
板岩	100～200	15～30	7～20
大理岩	100～250	—	7～20
石英岩	150～300	20～60	10～30

2.2.2 材料的弹性、塑性、脆性、韧性

材料在外力作用下产生变形，当外力取消后，材料变形即可消失并能完全恢复原来形状的性质称为弹性。这种当外力取消后瞬间可完全消失的变形称为弹性变形。这种变形属于可逆变形，其数值的大小与外力成正比，称为弹性模量。在弹性变形范围内，弹性模量 E 为常数，即：

$$E=\frac{\sigma}{\varepsilon} \tag{2-19}$$

式中 σ——材料的应力（MPa）；

ε——材料的应变；

E——材料的弹性模量（MPa）。

弹性模量是衡量材料抵抗变形能力的一个指标，E 愈大，材料愈不易变形。

在外力作用下材料产生变形，如果取消外力，仍保持变形后的形状尺寸，并且不产生裂缝的性质称为塑性。这种不能消失的变形称为塑性变形（或永久变形）。

许多材料受力不大时，仅产生弹性变形，受力超过一定限度后，即产生塑性变形。如建筑钢材，当外力值小于弹性极限时，仅产生弹性变形；若外力大于弹性极限后，则除了弹性变形外，还产生塑性变形。有的材料在受力时弹性变形和塑性变形同时产生，如果取消外力，则弹性变形可以消失，而塑性变形则不能消失（如混凝土），这种变形称为弹塑性变形。

沥青及沥青混合料在荷载作用下的变形也具有弹塑性变形的特性。

在外力作用下，当外力达到一定限度后材料突然破坏，无明显的塑性变形的性质称为脆性。

脆性材料抵抗冲击荷载或振动作用的能力很差。其抗压强度比抗拉强度高得多，如混

凝土、玻璃、砖、石、陶瓷等。

在冲击、振动荷载作用下，材料能承受较大的变形也不致被破坏的性能称为韧性。建筑钢材、木材、沥青混凝土等都属于韧性材料。

2.2.3　材料的硬度、耐磨性

硬度是材料表面能抵抗其他较硬物体压入或刻划的能力。不同材料的硬度测定方法不同。按刻划法，矿物硬度分为 10 级（莫氏硬度），其硬度递增的顺序为：滑石 1→石膏 2→方解石 3→萤石 4→磷灰石 5→正长石 6→石英 7→黄玉 8→刚玉 9→金刚 10。木材、混凝土、钢材等的硬度常用钢球压入法测定（布氏硬度 HB）。一般，硬度大的材料耐磨性较强，但不易加工。

耐磨性是材料具有一定的抵抗磨损的能力，常用磨损率（B）表示：

$$B=\frac{m_1-m_2}{A} \tag{2-20}$$

式中　m_1、m_2——试件被磨损前、后的质量（g）；

A——试件受磨损的面积（cm^2）。

用于道路、地面、踏步等部位的材料均应考虑其硬度和耐磨性。一般，强度较高且密实的材料，其硬度较大，耐磨性较好。

2.3　材料的耐久性

材料在使用过程中能抵抗周围各种介质侵蚀而不被破坏，也不易失去原有性能的性质称为耐久性。

耐久性是材料的一种综合性质，诸如抗冻性、抗风化性、抗老化性、耐化学腐蚀性等均属耐久性的范围。此外，材料的强度、抗渗性、耐磨性等也与材料的耐久性有密切关系。

2-7
耐久性

材料在使用过程中，除受到各种外力的作用外，还长期受到周围环境等各种自然因素的破坏作用。这些破坏作用一般可分为物理作用、化学作用、生物作用等。

物理作用包括材料的干湿变化、温度变化及冻融变化等。这些变化可引起材料的收缩和膨胀，长期或反复作用会使材料逐渐被破坏。如水泥混凝土的热胀冷缩。

化学作用包括酸、碱、盐等物质的水溶液及气体对材料产生的侵蚀作用，使材料产生质的变化而破坏。例如钢筋的锈蚀、沥青与沥青混合料的老化等。

生物作用是昆虫、菌类等对材料所产生的蛀蚀、腐朽等破坏作用。如木材及植物纤维材料的腐烂等。

一般土木工程材料，如石材、砖瓦、陶瓷、水泥混凝土、沥青混凝土等，暴露在大气中时，主要受到大气的物理作用；当材料处于水位变化区或水中时，还会受到环境的化学侵蚀作用。金属材料在大气中易被锈蚀；沥青及高分子材料，在阳光、空气及辐射的作用下，会逐渐老化、变质而破坏。

为了提高材料的耐久性，延长建筑的使用寿命和减少维修费用，可根据使用情况和材料特点采取相应的措施。如设法减轻大气或周围介质对材料的破坏作用（降低湿度，排除侵蚀性物质等），提高材料本身对外界作用的抵抗性（提高材料的密度，采取防腐措施等），也可用其他材料保护主体材料免受破坏（覆面、抹灰、刷涂料等）。

2.4 材料的装饰性

建筑材料对建筑物的装饰作用主要取决于建筑材料的色彩、质地与质感、肌理与纹样等。

1. 色彩

建筑物的色彩首先应利用建筑材料的本色，这是最合理、最经济、最方便、最可靠的来源。获得色彩的第二个来源是采用天然的矿物颜色、植物染料及人工合成染料来改变建筑材料的色彩。

2. 质地与质感

质地是指材料的材质构成，反映了材料的物理属性，与材料的分子结构、组成形态有关，比如钢材的坚硬、织物的柔软、石材的厚重。质感是指造型艺术形象在真实地表现质地方面引起的审美感受。不同的物质其表面的自然特质称为天然质感，如水、岩石、竹木等；而经过人工处理的表现感觉则称为人工质感，如砖、陶瓷、玻璃、布匹、塑胶等。质感除了反映材质的本身特性外，也受到色彩、光泽、肌理、纹样等方面的影响。同时，不同的加工方法也可以使相同的材料形成不同的质感。

质感一般体现在粗细、软硬、轻重、冷暖等方面。视觉质感和触觉质感有时候是相同的，有时候是不同的，如橙色的地毯、红棕色的地板，看上去是暖的，摸上去也是暖的；而红色的花岗岩、茶色铝合金看上去是暖的，摸上去却是冷的。

3. 纹理与肌理

纹理反映了色彩的表面色与光的分布状态。材料的纹理可以是天生的，也可以是加工的。如大理石和木材的天然纹理极富装饰性，人造石材的表面往往被处理成各种各样的纹理，也很优美生动。肌理反应的是材料的表面状态，主要与材料的加工制作方法有关。如涂料可以做成光泽的瓷面，也可以做成稍粗的砂壁，还可以做成粗犷的石材墙面。一般情况下，肌理侧重于空间的、体积的变化，纹理则侧重于平面的线条、色彩的感觉。

知识拓展

北京大兴国际机场——新世界七大奇迹之首

北京大兴国际机场被誉为“新世界七大奇迹之首”，全球最大单体航站楼（图 2-2），拥有 140 万 m^2 建筑面积，18 万 m^2 天窗结构，巨大的内部共享空间可以装下整个水立方游泳中心，却仅由 8 根立柱支撑，航站楼正下方地下不仅有地铁还有高铁穿梭而过，航站楼与轨道交通之间设置了一块史无前例的巨大隔震板……

图 2-2　北京大兴国际机场

如此令人惊叹的建筑，是北京市建筑设计研究院的总师们，他们大胆假设，小心求证，以非凡的想象力和过人的智慧，重塑了外表皮，创新设计了分层功能，大胆解决了轨道交通震动问题，让这个新奇迹之地以凤舞之姿翱翔天地，连接起整个世界。

1. 大兴国际机场建设要求可谓非常之高，每一环都不容小觑。建设者们以严谨高效的工作态度，不断攻坚克难，最终创造了一个又一个的奇迹。从开工到正式通航，如此宏大复杂的工程，仅仅历时五年，相比同等级的哈马德国际机场的建造时间缩短了一半之多，且内部设施更加完善、前卫，可见“新世界七大奇迹之首”并非空穴来风。

2. 北京大兴国际机场承载着各方建设者们的艰辛和汗水。他们夜以继日、不知疲倦、辛苦劳作，在他们的身上，我们可以看到建设者忠诚爱国、无私奉献、勇于承担、不怕艰难的高贵精神。

单元总结

材料的基本性质是指建筑工程中通常考虑的最基本的、共有的性质，归纳起来主要有物理性质、力学性质、耐久性质和装饰性质等。其中本单元重点介绍了材料物理性质中的密度、与水有关的性质和热工性质。由于材料所处的体积状况不同，故有真实密度、表观密度和堆积密度之分；建筑材料在施工和使用过程中经常会和水接触到，所以重点介绍了材料与水相关的性质，包括材料的亲水性、憎水性、吸湿性、吸水性、耐水性、抗渗性、抗冻性等；为了节约土建结构物的使用能耗以及为生产和生活创造适宜的条件，常要求建筑材料具有一定的热工性质，常用的热工性质有导热性、热容量、比热容等。材料的力学性质主要指材料在外力作用下抵抗破坏变形的能力，本单元主要介绍了材料的强度、弹性、塑性、脆性、韧性、硬度、耐磨性等性质。此外建筑材料还要具有一定的耐久性和装饰性。

习　题

一、填空题

1. 颗粒状材料在堆积状态下单位体积的质量称为________。

2. 材料在潮湿的空气里能吸收水分的性质称为材料的________，其大小用________表示。

3. 材料长期在饱和水作用下不被破坏，其强度也不显著降低的性质称为________，其大小用________表示。

4. 材料抵抗压力水渗透的性质称为____________。

5. 材料受潮或受冻后，其热导率会____________。

6. 材料在空气中与水接触时，根据能否润湿，可将材料分为______和________两大类。

7. 材料在水中能吸收水分的性质称为________，其大小用________表示。

8. 材料受潮后，其强度会________。

9. 材料在外力作用下抵抗破坏的能力称为________，以材料受外力破坏时单位面积所承受的力表示。

10. 材料在使用过程中能抵抗周围各种介质侵蚀而不破坏，也不易失去原有性能的性质称为________。

二、单选题

1. 孔隙率增大，材料的（　　）降低。

A. 密度　　B. 表观密度　　C. 憎水性　　D. 抗冻性

2. 材料在水中吸收水分的性质称为（　　）。

A. 吸水性　　B. 吸湿性　　C. 耐水性　　D. 渗透性

3. 对于同一材料，各种密度参数的大小排列为（　　）。

A. 密度＞堆积密度＞表观密度　　B. 密度＞表观密度＞堆积密度

C. 堆积密度＞密度＞表观密度　　D. 表观密度＞堆积密度＞密度

4. 憎水性材料的润湿角（　　）。

A. $\leqslant 90^\circ$　　B. $>90^\circ$　　C. $=0^\circ$　　D. $<90^\circ$

5. 当某材料的孔隙率增大时，其吸水率（　　）。

A. 增大　　B. 减小　　C. 不变化　　D. 不一定

6. 材料的耐水性指材料（　　）而不破坏，其强度也不显著降低的性质。

A. 在水作用下　　B. 在压力水作用下

C. 长期在饱和水作用下　　D. 长期在潮湿环境下

7. 材料的抗渗性是指材料抵抗（　　）渗透的性质。

A. 水　　B. 潮气　　C. 压力水　　D. 饱和水

8. 一块砖重 2625g，其含水率为 5%，该砖所含水量为（　　）g。

A. 131.25　　B. 129.76　　C. 130.34　　D. 125

9. 含水率为 5%的砂 220g，将其干燥后的质量为（　　）g。

A. 209　　B. 200　　C. 209.52　　D. 210

10. 关于材料的导热系数，以下哪个不正确？（　　）

A. 表观密度小，导热系数小　　B. 含水率高，导热系数大

C. 孔隙不连通，导热系数大　　D. 固体比空气导热系数大

三、简答题

某施工队原使用普通烧结黏土砖，后改为表观密度为 700kg/m^3 的加气混凝土砌块。在抹灰前采用同样的方式往墙上浇水，发现原使用的普通烧结黏土砖易吸足水量，但加气混凝土砌块虽表面看来浇水不少，但实则吸水不多，请分析原因。

教学单元3 Chapter 03

气硬性胶凝材料

1. 知识目标

(1) 掌握气硬性胶凝材料和水硬性胶凝材料的区别，熟悉胶凝材料的分类。
(2) 了解石灰的生产，熟悉石灰的熟化过程和石灰的硬化机理；
(3) 掌握石灰的性能特点，熟悉建筑石灰的应用；
(4) 熟悉石膏的品种与生产，了解石膏的凝结硬化机理与技术标准；
(5) 掌握石膏的性质，熟悉其应用，了解和石膏相关的建材产品；
(6) 了解水玻璃的性质，熟悉其应用。

2. 能力目标

(1) 能根据工程环境和施工条件合理选择、使用建筑石灰；
(2) 能根据工程环境和施工条件合理选择、使用建筑石膏及石膏制品；
(3) 能对石灰、石膏及制品进行进场验收；
(4) 能对石灰、石膏及制品进行合理的储存管理；
(5) 能根据工程环境和施工条件合理选择、使用水玻璃。

3. 素质目标

培养学生不畏艰险、洁身自好、无私奉献的高尚品格，传承匠人精神。

思维导图

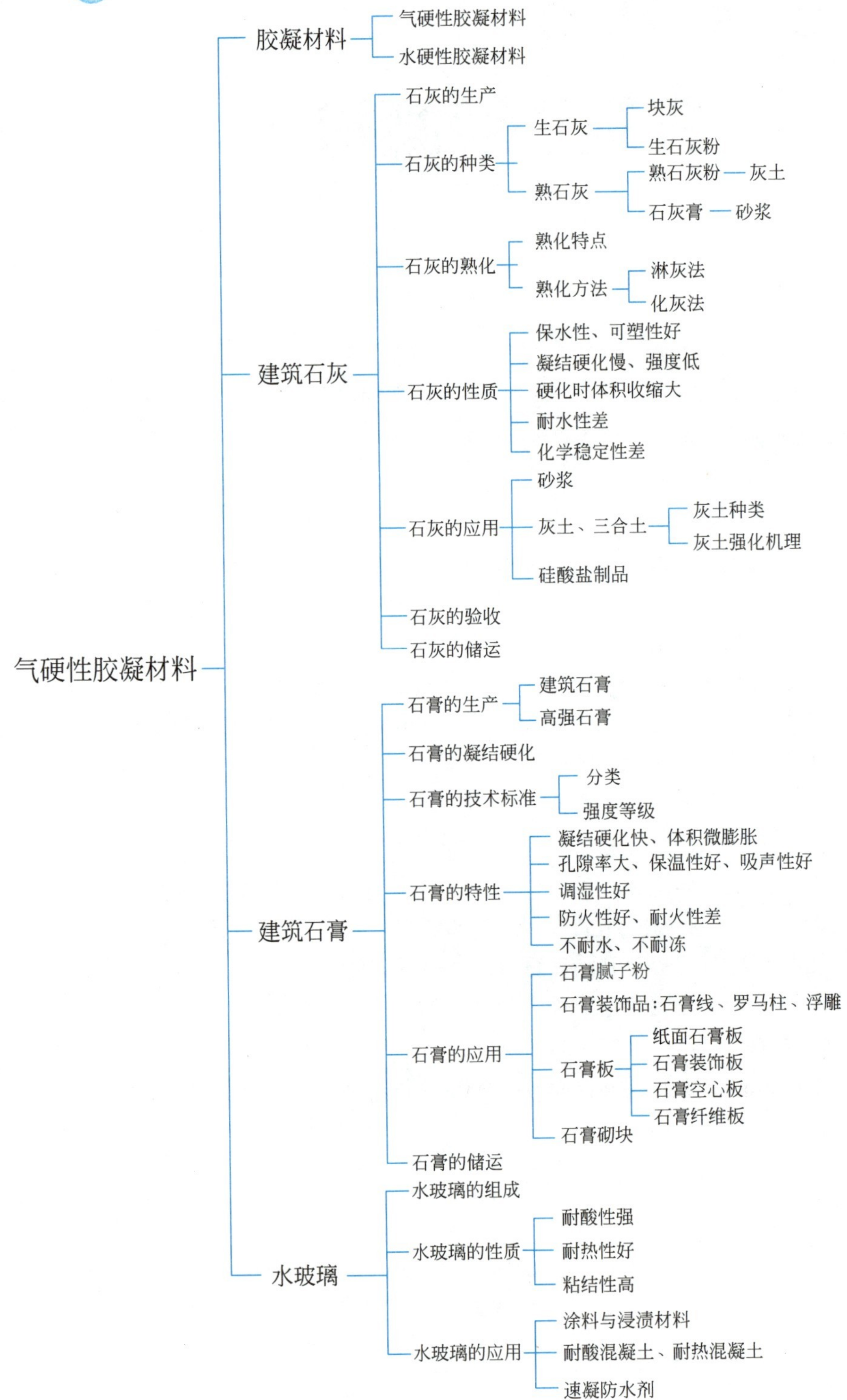
气硬性胶凝材料
胶凝材料
气硬性胶凝材料
水硬性胶凝材料
建筑石灰
石灰的生产
石灰的种类
生石灰
块灰
生石灰粉
熟石灰
熟石灰粉
灰土
石灰膏
砂浆
石灰的熟化
熟化特点
熟化方法
淋灰法
化灰法
石灰的性质
保水性、可塑性好
凝结硬化慢、强度低
硬化时体积收缩大
耐水性差
化学稳定性差
石灰的应用
砂浆
灰土、三合土
灰土种类
灰土强化机理
硅酸盐制品
石灰的验收
石灰的储运
建筑石膏
石膏的生产
建筑石膏
高强石膏
石膏的凝结硬化
石膏的技术标准
分类
强度等级
石膏的特性
凝结硬化快、体积微膨胀
孔隙率大、保温性好、吸声性好
调湿性好
防火性好、耐火性差
不耐水、不耐冻
石膏的应用
石膏腻子粉
石膏装饰品:石膏线、罗马柱、浮雕
石膏板
纸面石膏板
石膏装饰板
石膏空心板
石膏纤维板
石膏砌块
石膏的储运
水玻璃
水玻璃的组成
水玻璃的性质
耐酸性强
耐热性好
粘结性高
水玻璃的应用
涂料与浸渍材料
耐酸混凝土、耐热混凝土
速凝防水剂

建筑工程中常常需要将松散材料或构件粘结成整体，并使其具有一定的强度，具有这种粘结作用的材料，统称为胶结材料或胶凝材料。松散材料主要是粉状材料（石粉等）、纤维材料（钢纤维、矿棉、玻璃纤维、聚酯纤维等）、散粒材料（砂子、石子等）、块状材料（砖、砌块等）、板材（石膏板、水泥板等）等。

胶凝材料一般为液态或粉末状，粉末状一般加水或其他溶液后呈浆体，能轻易地与其他材料混合或表面浸渍，胶凝材料经过一系列物理化学变化后凝结硬化，产生强度和粘结力，此过程可将松散的材料胶结成整体，也可将构件粘结成一体。

胶凝材料通常分为有机胶凝材料和无机胶凝材料两大类。根据凝结硬化条件和使用特性，无机胶凝材料通常又分为气硬性胶凝材料和水硬性胶凝材料两类。

气硬性胶凝材料只能在空气中凝结硬化、保持并发展强度，如石灰、石膏、水玻璃、菱苦土等。这类材料在水中不凝结，硬化后不耐水，通常不宜在有水或潮湿环境中使用。

水硬性胶凝材料不仅能在空气中，而且能更好地在水中凝结硬化、保持并发展强度，如各类水泥和某些复合材料。这类材料需要与水反应才能凝结硬化，在空气中使用时，凝结硬化初期要尽可能浇水或保持潮湿养护。

3.1 建筑石灰

3.1.1 石灰的生产与种类

石灰最主要的原材料是石灰石、白云石和白垩，主要成分是碳酸钙，其次是少量的碳酸镁。原材料的品种和产地不同，对石灰性质影响较大，一般要求原材料中黏土杂质含量小于 8%。

石灰的生产，实际上就是将石灰石在高温下煅烧，使其分解成为 CaO 和 CO_2，CO_2 以气体逸出。反应式如下：

$$CaCO_3 \xrightarrow{900℃} CaO + CO_2 \uparrow$$

$$MgCO_3 \xrightarrow{700℃} MgO + CO_2 \uparrow$$

实际生产中，煅烧温度通常为 1000～1200℃。生产所得为生石灰，主要成分 CaO，是一种白色或灰色的块状物质，通常称作“块灰”。由于原料中常含有碳酸镁（$MgCO_3$），煅烧后生成 MgO，生石灰中 MgO 含量≤5%的称为钙质生石灰、MgO 含量>5%的称为镁质生石灰（《建筑生石灰》JC/T 479—2013)。同等级的钙质石灰质量优于镁质石灰。

工程中常见的石灰品种有生石灰块、生石灰粉、消石灰粉和石灰膏，如图 3-1 所示，生石灰粉是将生石灰块粉磨而成，消石灰粉和石灰膏又称熟石灰或消石灰，是由生石灰加水熟化而成，主要成分是 $Ca(OH)_2$。

(a) 生石灰

(b) 熟石灰粉

(c) 石灰膏

图 3-1　石灰的三种形态

3.1.2　石灰的熟化与硬化

1. 石灰的熟化

石灰的熟化，又称消解，是生石灰 CaO 与水反应生成熟石灰 $Ca(OH)_2$ 的过程，反应方程如下：

$$CaO+H_2O=Ca(OH)_2+64.9kJ$$

石灰的熟化反应速度快，煅烧良好的 CaO 与水接触时几秒钟内即反应完毕，并释放大量的热，熟化时体积膨胀，体积增大 1.5～2.0 倍。

工程中石灰熟化的方法有两种，分别得到熟石灰粉和石灰膏：

（1）淋灰法

这一过程通常称为消化，淋灰法得到的是熟石灰粉，工地上可通过人工分层喷淋消化，每堆放半米高的生石灰块，喷淋石灰质量 60%～80%的水（理论值为 31.2%），再堆放再淋，以成粉不结块为宜。目前通常是在工厂采用机械方法集中生产消石灰粉，作为产品销售。

（2）化灰法

当熟化时加入大量的水（约为生石灰质量的 2.5～3 倍），则生成浆状石灰膏。工地上常在化灰池中熟化成石灰浆后，通过筛网滤去欠火石灰和杂质，流入储灰池沉淀得到石灰膏。

石灰中常含有欠火石灰和过火石灰。当煅烧温度过低或时间不足时，由于 $CaCO_3$ 不能完全分解，石灰石没有完全变为生石灰，这类石灰称为欠火石灰。欠火石灰的特点是产浆量低、渣滓较多、石灰利用率下降。

过火石灰是由于煅烧温度过高或时间过长时，部分块状石灰的表层被煅烧成十分致密的釉状物。过火石灰的特点为颜色较深，密度较大，熟化反应十分缓慢，往往要在石灰使用后才开始水化熟化，从而产生局部体积膨胀，致使硬化后的石灰砂浆产生鼓包或开裂，影响工程质量。由于过火石灰在生产中是很难避免的，为消除过火石灰的危害，石灰膏在使用前必须在储灰坑中放置 14 天以上，此过程为“陈伏”，陈伏期间石灰膏面层必须蓄水保养，其目的是隔断与空气的直接接触，防止干硬固化和碳化固结，以免影响正常使用。

现场生产的消石灰粉一般也需要“陈伏”。

《砌体结构工程施工规范》GB 50924—2014 规定“建筑生石灰熟化成石灰膏时，熟化时间不得少于 7d，建筑生石灰粉的熟化时间不得少于 2d；沉淀池内存放的石灰膏，应防止干燥、冻结和污染，严禁使用脱水硬化的石灰膏”。

2. 石灰的硬化

石灰在空气中的硬化包括两个同时进行的过程：

（1）结晶过程

石灰浆在空气中因游离水分逐渐蒸发和被砌体吸收，$Ca(OH)_2$ 溶液过饱和而逐渐有结晶析出，促进石灰浆体的硬化，从而具有强度，但是由于晶体溶解度较高，当再遇水时强度会降低。同时干燥使石灰浆体紧缩也会产生强度，但这种强度类似于黏土干燥后的强度，强度值较低。

（2）碳化过程

$Ca(OH)_2$ 与空气中的 CO_2 和水作用，生成不溶解于水的 $CaCO_3$ 晶体，析出的水分又逐渐被蒸发，这个过程称作碳化，反应式如下：

$$Ca(OH)_2 + CO_2 + nH_2O \longrightarrow CaCO_3 + (n+1)H_2O$$

碳化过程形成的 $CaCO_3$ 晶体使硬化石灰浆体结构致密、强度提高。但由于空气中 CO_2 的浓度很低，又只在表面进行，故碳化过程极为缓慢。空气中湿度过小或过大均不利于石灰的碳化硬化。

石灰浆体硬化其实是两个过程的共同作用，$Ca(OH)_2$ 的结晶过程主要发生在内部，碳化过程十分缓慢，很长时间内仅限于表层。

3.1.3　石灰的性质

1. 保水性和可塑性好

生石灰熟化成石灰浆时，$Ca(OH)_2$ 粒子呈胶体分散状态，颗粒极细，直径 1μm 左右，颗粒表面吸附一层较厚的水膜，所以石灰膏具有良好的保水性和可塑性，用来配制建筑砂浆可显著提高砂浆的和易性，便于施工。

2. 凝结硬化慢、强度低

石灰依靠干燥结晶以及碳化作用而硬化，由于空气中的 CO_2 含量低，且碳化后形成的 $CaCO_3$ 硬壳阻止 CO_2 向内部渗透，同时妨碍水分向外蒸发，因而硬化过程缓慢，硬化后的强度也不高，1∶3 的石灰砂浆 28d 的抗压强度只有 0.2～0.5MPa。

3. 凝结硬化时体积收缩大

石灰在硬化过程中，要蒸发掉大量的水分，由于毛细孔失水紧缩，引起体积显著收缩，石灰制品易出现干缩裂缝。所以，石灰不宜单独使用，施工中一般要掺入砂、纸筋、麻刀等材料，以减少收缩，增加抗拉强度，并节约石灰。

4. 耐水性差

$Ca(OH)_2$ 微溶于水，如果长期受潮或受水浸泡会使硬化的石灰溃散。若石灰浆体在完全硬化之前就处于潮湿的环境中，石灰中的水分不能蒸发出去，其硬化就会被阻止。因此，石灰砂浆不宜在长期潮湿和受水浸泡的环境中使用。

5. 化学稳定性差

生石灰放置过程中会吸收空气中的水分而熟化成消石灰粉，石灰膏和消石灰粉容易与空气中 CO_2 作用生成 $CaCO_3$，石灰是碱性材料，还容易遭受酸性介质的腐蚀。

3.1.4 石灰的应用

1. 制作石灰砂浆、石灰混合砂浆

石灰膏中掺入适量的砂和水，即可配制成石灰砂浆，可以应用于内墙、顶棚的抹灰层，也可以用于要求不高的砌筑工程。在水泥砂浆中掺入适量石灰膏后，即可制得工程上应用量很大的水泥石灰混合砂浆，石灰膏能提高砂浆的保水性、可塑性，保证施工质量还能节约水泥。但石灰砂浆、水泥石灰混合砂浆不得用于潮湿环境和易受水浸泡的部位。

2. 制作灰土、三合土

将消石灰粉与黏土按一定比例拌合，可制成石灰土（也叫石灰改良土，如三七灰土、二八灰土，分别表示熟石灰粉和黏土的体积比为 3∶7 和 2∶8），或与黏土、砂石、炉渣等填料拌制成三合土。灰土经夯实后，主要用在一些建筑物的基础回填、地面的垫层和公路的路基上。配制灰土时，土种以黏土、粉质黏土及黏质粉土为宜，一般熟石灰必须充分消解，施工时准确掌握灰土配合比，将灰土混合均匀并夯实。灰土的强度和夯实程度、土的塑性指数有关，并随龄期的增加而提高。黏土中的活性氧化硅和氧化铝与石灰中的氧化钙在长期作用下发生反应，生成不溶性的水化硅酸钙凝胶和水化铝酸钙凝胶，增强了颗粒间的粘结力，因而提高了灰土的强度和耐水性，这也是为什么虽然石灰硬化后不耐水，但灰土可以用于地基、路基等潮湿部位。建筑石灰也可用于制作灰土基桩对地基进行处理。

应用实例

元末明初张士诚母亲的墓葬，从里到外用三合土、泥砂浆、碎石等浇筑了十多层，盗墓者费了九牛二虎之力，凿穿到第七层，再也无力坚持下去，只好悻悻而去。考古工作者对这座墓进行发掘时，普通的钢钎打秃了好多根，还是无法进入墓穴，最后是动用了钻井机械大卸八块，才发掘成功。

3. 硅酸盐制品

以石灰（消石灰粉或生石灰粉）与硅质材料（砂、粉煤灰、火山灰、矿渣等）为主要原料，经过配料、拌合、成型和养护后可制得砖、砌块等各种制品。因内部的胶凝物质主要是水化硅酸钙，所以称为硅酸盐制品，常用的品种有灰砂砖、粉煤灰砌块、碳化石灰板等。将石灰和活性材料（粉煤灰、矿渣等工业废料）按比例混合后研磨，可以制得无熟料水泥。

3.1.5 建筑石灰的进场验收

（1）核对建筑石灰的种类、等级是否与采购单一致；

（2）核对建筑石灰的数量；

（3）外观质量检验：首先观察颜色，如果颜色为深褐色则可判断为过火石灰。如果颜色为白色，则用小锤将块状生石灰砸开，观察是否有硬心。如有硬心，则为欠火石灰；如无硬心，为白色疏松块状固体，则为优质生石灰。

3.1.6　石灰的储运

（1）在运输过程中不准与易燃、易爆及液态物品同时装运，运输时要采取防水措施；

（2）生石灰露天存放时，存放时间不宜过长，应下垫上覆，地基必须干燥、不易积水，石灰应尽量堆高。磨细生石灰应分类、分等级贮存在干燥的仓库内，但贮存期一般不超过一个月；

（3）施工现场使用的生石灰最好立即熟化，存放于储灰池内进行"陈伏"。临时存放可以制成石灰膏密封，或者在上面覆盖砂土与空气隔绝，防止硬化。

3.2　建筑石膏

石膏和石灰一样，都是最古老的建筑材料，具有悠久的使用与发展历史，我国的长城，在砌筑时就使用了石膏作为砌筑灰浆。石膏是以硫酸钙为主要成分的气硬性胶凝材料，石膏制品具有轻质高强、隔热吸声、防火保温、环保美观、加工容易等优良性能，适用于室内装饰及框架轻板结构，特别是各种轻质石膏板材，在建筑工程中应用、发展迅速。

3.2.1　建筑石膏的生产

石膏的原材料有天然二水石膏（生石膏、软石膏）和天然无水石膏（硬石膏）以及来自化学工业的副产品化工石膏，如烟气脱硫石膏、磷石膏等。堆存工业副产石膏，并在建材行业综合利用，不仅可以有效控制二次环境的污染问题，还可以大量替代原生矿物资源，实现源头减量减害与资源循环利用，对于绿色低碳循环发展意义重大。

天然的生石膏（二水石膏）出自石膏矿，主要成分是 $CaSO_4 \cdot 2H_2O$。建筑上常用的为熟石膏（半水石膏），品种有建筑石膏、模型石膏、高强石膏、地板石膏等，主要由生石膏煅烧而成。

将生石膏在 107～170℃的温度下煅烧，脱去部分结晶水而制得的 β 型半水石膏（熟石膏），经过磨细后的白色粉末称为建筑石膏，分子式为 $CaSO_4 \cdot \frac{1}{2}H_2O$，也是最常用的建筑石膏，如图 3-2 所示。其反应式如下：

$$CaSO_4 \cdot 2H_2O \xrightarrow{107\sim170^\circ C} CaSO_4 \cdot \frac{1}{2}H_2O + \frac{3}{2}H_2O$$

生石膏在加热过程中，随着温度和压力不同，其产品的性能也随之变化。若将生石膏在 124℃、0.13MPa 压力的蒸压锅内蒸炼，则生成 α 型半水石膏，其晶粒较粗，拌制石膏浆体时的需水量较小，硬化后强度较高，故称为高强石膏。高强石膏适用于强度要求高的抹灰工程，制作装饰制品和石膏板。掺入防水剂后高强石膏制品可在潮湿环境中使用。

天然二水石膏在800℃以上煅烧时，部分硫酸钙分解成氧化钙，磨细后的石膏称为高温煅烧石膏，这种石膏硬化后有较高的强度和耐磨性，抗水性好，主要制作石膏地板，也称地板石膏。

(a) 生石膏块

(b) 熟石膏粉

图 3-2 建筑石膏的 2 种形态

3.2.2 建筑石膏的凝结硬化

建筑石膏加水拌合后，形成均匀的石膏浆体，石膏浆体逐渐失去塑性并产生强度，变成坚硬的固体，所以建筑石膏能很容易被加工成各种模型、石膏饰品和板材。建筑石膏的凝结硬化主要是因为浆体内半水石膏先溶解然后与水发生水化反应。反应式如下：

$$CaSO_4 \cdot \frac{1}{2}H_2O + \frac{3}{2}H_2O \longrightarrow CaSO_4 \cdot 2H_2O$$

建筑石膏凝结硬化过程最显著的特点为：速度快，水化过程一般为7～12min，整个凝结硬化过程只需20～30min。另外凝结硬化过程产生约0.1%的体积膨胀，这是其他胶凝材料所不具有的特性。

3.2.3 建筑石膏的技术标准

纯净的建筑石膏为白色粉末，密度为2.60～2.75g/cm^3，堆积密度800～1000kg/m^3。建筑石膏按原材料种类分为三类：天然建筑石膏（N）、脱硫建筑石膏（S）和磷建筑石膏（P）；按2h抗折强度分为3.0、2.0、1.6三个等级。牌号标记按产品名称、代号、等级及标准编号顺序标记，如等级为2.0的天然石膏标记为：建筑石膏 N2.0 GB/T 9776—2022。建筑石膏物理力学性能指标有：细度、凝结时间和强度，见表3-1。

建筑石膏的等级技术标准（GB/T 9776—2022）　表 3-1

等级	细度(0.2mm方孔筛筛余)(%)	凝结时间(min)		2h 强度(MPa)	
		初凝时间	终凝时间	抗折强度	抗压强度
3.0	≤10	≥3	≤30	≥3.0	≥6.0
2.0				≥2.0	≥4.0
1.6				≥1.6	≥3.0

3.2.4 建筑石膏的性质

虽然建筑石膏与石灰同为气硬性胶凝材料，二者的性能差异还是很大的，石膏的主要特点如下：

1. 凝结硬化快

建筑石膏加水拌合后，几分钟便开始初凝，30min 内终凝，2h 后抗压强度可达 3～6MPa，7d 即可接近最高强度（约 8～12MPa）。由于凝结时间过短不利于施工，使用时常掺入硼砂、骨胶、纸浆废液等缓凝剂，延长凝结时间。

2. 凝结硬化时体积微膨胀

建筑石膏硬化过程中体积略有膨胀，硬化时不出现裂缝，所以可以不掺加填料而单独使用，石膏制品尺寸准确、表面光滑、形体饱满，特别适合制作建筑装饰品、罗马柱等。

3. 孔隙率大，保温、吸声性好

由于石膏制品生产时往往加入过量的水（水化反应理论需水 18.6%，实际施工为满足塑性需要，常加石膏用量的 60%～80%），多余的自由水蒸发后，在石膏制品内部形成大量的毛细孔，孔隙率达 50%～60%，因此石膏制品表观密度小（800～1000kg/m^3），导热系数低，具有良好的保温绝热性能，常用作保温材料；大量的毛细孔对吸声有一定作用，可用作吸声材料。但孔隙率大使石膏制品的强度低、吸水率大。

4. 调湿性

由于建筑石膏内部的大量毛细孔隙对空气中水蒸气有较强的“呼吸”作用，可调节室内温度、湿度，使居住环境更舒适。

5. 防火性好，耐火性差

石膏制品导热系数小，传热慢，遇火时二水石膏分解产生水蒸气能有效阻止火势蔓延，起防火作用。但二水石膏脱水后粉化，强度降低，石膏制品不宜长期在 65℃以上的高温环境使用。

6. 耐水性、抗冻性差

建筑石膏内部的大量毛细孔隙，吸湿性强，吸水性大，而其软化系数只有 0.3～0.45，不耐水、不抗冻，潮湿环境中易变形、发霉。可在石膏中掺入适当防水剂来提高石膏制品的耐水性。

3.2.5 建筑石膏的应用

1. 粉料制品

包括腻子粉、粉刷石膏、粘结石膏、嵌缝石膏等。石膏刮墙腻子是以建筑石膏为主要原料加入石膏改性剂而成的粉料，是喷刷涂料、粘贴壁纸的理想基材。粉刷石膏按用途分为面层粉刷石膏（M）、底层粉刷石膏（D）和保温层粉刷石膏（W），具有操作简便、粘结力强、和易性好、施工后的墙面光滑细腻、不空鼓、不开裂的特点，使用时不仅大大降低工人的劳动强度，还可以缩短施工工期，属于高档抹灰材料。

2. 装饰制品

主要产品有：角线、平线、天花造型角、弧线、花角、灯盘、浮雕、梁托、罗马柱等，如图 3-3 所示。石膏制品以质量优良的石膏为主要原料，掺加少量的纤维增强材料和胶料，加水搅拌成石膏浆体，注模、成型、干燥后制得，掺入颜料后可得彩色制品。由于硬化时体积微膨胀，石膏装饰制品外观优美、表面光洁、花纹清晰、立体感强、施工性能优良，广泛用于酒店、家居、商场、别墅等内部装饰。

(a) 石膏线　　(b) 灯盘　　(c) 梁托

图 3-3　建筑石膏装饰制品

3. 石膏板

石膏板不仅具有轻质、隔热、隔声、防火、抗震、绿色环保等特点，而且原料来源广、生产耗能低、设备简单、施工方便，是当前着重发展的新型轻质板材之一。石膏板已广泛用于住宅、办公楼、商店、旅馆和工业厂房等各种建筑物的内隔墙、墙体覆面板（代替墙面抹灰层）、天花板、吸声板、地面基层板和各种装饰板等。我国目前生产的石膏板主要有纸面石膏板、石膏空心条板、石膏装饰板、纤维石膏板等。

（1）纸面石膏板

纸面石膏板（图 3-4）以掺入纤维增强材料的建筑石膏作芯材，两面用纸作护面而成，有普通型、耐水型、耐火型三种。板的长度 1800～3600mm，宽度 900～1200mm，厚度 9～12mm。一般结合龙骨使用，广泛应用于室内隔墙板、复合墙板内墙板、天花板等。

（2）石膏装饰板

石膏装饰板是以建筑石膏为主要原料，掺加少量纤维材料等制成的有多种图案、花饰的板材。如石膏印花板、纸面石膏板（图 3-4）、石膏吊顶板（图 3-5）等，是一种新型的室内装饰材料，适用于中高档装饰，具有花色多样、颜色鲜艳、造型美观、易加工、安装简单等特点。

图 3-4　纸面石膏板

图 3-5　石膏吊顶板

（3）石膏空心板

该板以建筑石膏为胶凝材料，适量加入轻质多孔材料、改性材料（粉煤灰、矿渣等）搅拌、注模、成型、干燥而成。规格为：（2500～3500）mm×（450～600）mm×（60～100）mm，一般 7～9 孔，孔洞率为 30%～40%。安装时不需龙骨，强度高，可用作住宅和公共建筑的内墙和隔墙等。

（4）石膏纤维板

石膏纤维板以建筑石膏、纸筋和短切玻璃纤维为原料。表面无护面纸，规格尺寸同纸面石膏板，抗弯强度高，可用于框架结构的内墙隔断，此外还有石膏蜂窝板、防潮石膏板、石膏矿棉复合板等，可分别用作绝热板、吸声板、内墙和隔墙板、天花板、地面基层板等。

4. 石膏砌块

石膏砌块是以建筑石膏为主要原料，加入各种轻骨料、填充料、纤维增强材料、发泡剂等辅助材料，经加水搅拌、浇筑成型和干燥制成的块状轻质建筑石膏制品。有时也可用高强石膏（α 石膏）代替建筑石膏，实质上是一种石膏复合材料。主要品种有磷石膏空心砌块、粉煤灰石膏内墙多孔砌块、植物纤维石膏渣空心砌块等。推荐砌块尺寸，长度为 666mm，高度为 500mm，厚度为 60mm、70mm、80mm 和 100mm，即三块砌块组成 $1m^2$ 墙面。

石膏砌块主要用于框架结构和其他结构建筑的非承重墙体，一般作为内隔墙用。掺入特殊添加剂的防潮砌块，可用于浴室、厕所等空气湿度较大的场合。

石膏砌块与混凝土相比，其耐火性能要高 5 倍，具有良好的保温隔声特性，墙体轻，相当于黏土实心砖墙重量的 1/4～1/3，抗震性好。石膏砌块可钉、可锯、可刨、可修补，加工处理十分方便，干法施工，施工速度快，石膏砌块配合精密，墙体光洁平整，另外石膏砌块具有“呼吸”水蒸气功能，提高了居住舒适度。

3.2.6 建筑石膏的储运

（1）建筑石膏容易吸湿受潮，凝结硬化变质，因此在运输、贮存过程中，应防水防潮。

（2）建筑石膏应分类分级存储在干燥的仓库内，储存期不宜超过3个月。一般储存3个月后强度下降30%左右，若超过3个月，需重新检验并确定其等级。

3.3 水玻璃

水玻璃又称泡花碱，在建筑工程中常用来配制水玻璃胶泥、水玻璃砂浆、水玻璃混凝土，在防酸、防腐、耐热工程中应用广泛。也可以使用水玻璃为原料配制无机涂料。

3.3.1 水玻璃的组成

水玻璃是由碱金属氧化物和二氧化硅结合而成的可溶性碱金属硅酸盐材料，为无色或略带青灰色、透明或半透明的黏稠状液体，能溶于水，硬化后为无定型的玻璃状物质，无色无味、不燃不爆（图3-6）。

(a) 液态

(b) 固态

图3-6 水玻璃的两种形态

水玻璃可根据碱金属的种类分为钠水玻璃和钾水玻璃，其分子式分别为 $Na_2O \cdot nSiO_2$ 和 $K_2O \cdot nSiO_2$，式中的系数 n 称为水玻璃模数，是水玻璃中的氧化硅和碱金属氧化物的分子比（或摩尔比）。水玻璃模数是水玻璃的重要参数，一般在1.5～3.5之间。水玻璃模数越大，固体水玻璃越难溶于水，n 为1时常温水即能溶解，n 加大时需热水才能溶解。水玻璃模数越大，氧化硅含量越多，水玻璃黏度增大，易于分解硬化，粘结力增大。

水玻璃的生产有干法和湿法两种方法。干法用石英岩和纯碱为原料，磨细拌匀后，在熔炉内于 1300～1400℃温度下熔化，见下式：

$$NaCO_3 \cdot nSiO_2 \rightarrow Na_2O \cdot nSiO_2 + CO_2 \uparrow$$

反应生成固体水玻璃，溶解于水而制得液体水玻璃。湿法生产以石英岩粉和烧碱为原料，在高压蒸锅内，2～3 个大气压下进行压蒸反应，直接生成液体水玻璃。

3.3.2　水玻璃的性质

1. 耐酸性强

水玻璃硬化后形成 SiO_2 空间网状骨架，具有很强的耐酸腐蚀性，能耐各种浓度的盐酸、硫酸、硝酸、铬酸、醋酸（除氢氟酸、热磷酸、氟硅酸外）及有机溶剂等介质的腐蚀，尤其在强氧化性酸中有较高的化学稳定性。

2. 粘结性好

水玻璃水化析出的硅酸凝胶具有很强的黏附性，因而水玻璃有良好的粘结能力。硅酸凝胶能堵塞材料毛细孔并在表面形成连续封闭膜，起到阻止水分渗透的作用，因而具有很好的抗渗性和抗风化能力。

水玻璃硬化后的强度与水玻璃模数有关，模数越大，强度越高。水玻璃溶液可与水按任意比例混合，不同的用水量可使溶液具有不同的密度和黏度，同一模数的水玻璃溶液，其密度越大，黏度越大，粘结力越强。使用过程中，常将水玻璃加热或加入氟硅酸钠（Na_2SiF_6）作为固化剂，以加快水玻璃的硬化速度。

3. 耐热性

水玻璃还具有良好的耐热性能，在高温下不分解，强度不降低，采用耐热耐火骨料配制水玻璃砂浆和混凝土时，耐热度可达 1000℃。

3.3.3　水玻璃的应用

1. 涂料与浸渍材料

水玻璃溶液涂刷或浸渍材料后，能渗入缝隙和孔隙中，固化的凝胶能堵塞毛细孔通道，提高材料的密实度和强度，从而提高材料的抗风化能力。但不能对石膏制品进行涂刷或浸渍，因为水玻璃与石膏反应生成硫酸钠晶体，会在制品孔隙内部产生体积膨胀，导致石膏制品开裂。

水玻璃系无机涂料，与水泥砂浆抹面、砖墙和混凝土基层有非常牢固的粘结力，成膜硬度大、耐老化、不燃、耐酸碱，霉菌难于生长，可用于内外墙装饰工程。

以水玻璃为基体制作的混凝土养护剂，涂刷在新拆模的混凝土表面，形成致密的薄膜，可防止混凝土内部水分挥发，从而利用混凝土自身的水分最大限度地完成水化作用，达到养护的目的，节约施工用水。

2. 水玻璃砂浆、混凝土

以水玻璃为胶凝材料，以氟硅酸钠为固化剂，掺入填料、骨料后可制得水玻璃砂浆、混凝土。若选用的填料、骨料为耐酸材料，则称为水玻璃耐酸防腐蚀混凝土，主要用于耐酸池等防腐工程；若选用的填料、骨料为耐热材料，则称为水玻璃耐热混凝土，主要应用于高炉基础和其他有耐热要求的结构部位。水玻璃混凝土的施工环境温度应在 10℃ 以上，养护期间不得与水或水蒸气直接接触，并应防止烈日曝晒，也不要直接铺砌在水泥砂浆或普通混凝土的基层上。水玻璃耐酸防腐蚀混凝土，在使用前必须经过养护及酸化处理。

3. 配制速凝防水剂

以水玻璃为基料，加入二矾或四矾水溶液，称为二矾或四矾防水剂，这种防水剂掺入硅酸盐混凝土或砂浆中，可以堵塞内部毛细孔隙，提高砂浆或混凝土的密实度，改善抗渗、抗冻性。四矾防水剂还可以加速混凝土、砂浆的凝结，适用于堵塞漏洞、缝隙等抢修工程。

4. 加固土壤

将水玻璃与氯化钙溶液交替注入土壤中，两种溶液迅速反应生成硅胶和硅酸钙凝胶，包裹土壤颗粒，填充空隙、吸水膨胀，使土壤的强度和承载能力提高。常用于粉土、砂土和填土的地基加固，称为双液注浆。

知识拓展

石灰吟——匠人的自白

石灰吟

明 于谦

千锤万凿出深山，

烈火焚烧若等闲。

粉骨碎身浑不怕，

要留清白在人间。

石灰吟就是工程建设者的写照。工程建设者就要有具备不避千难万险，在艰苦中磨炼自我，为社会贡献自己的全部的精神。

石灰是一种传统的气硬性胶凝材料，在古长城、古城墙、古墓葬中都有应用，考古人员在圆明园遗址发现了大量的灰土地基，南京明城墙屹立 600 年不倒（图 3-7），仍坚不可摧，研究发现，城墙建设过程中，片石、城砖、黄土混合夯筑，并加入了“黏合剂”，在《天工开物》中记载：“灰一分入河砂，黄土二分，用糯米、羊桃藤汁和匀，经筑坚固，永不隳坏，名曰三合土。”其中这个“三合土”，就是糯米汁、羊桃藤汁等混合而成的“超级黏合剂”，它的强度大、韧性好，堪比今天的混凝土。石灰三合土的应用，反映了古代人的智慧与创新，石灰至今仍在使用，更是文化和技艺的传承。

图 3-7　明长城

单元总结

本单元主要介绍了石灰、石膏、水玻璃三种气硬性胶凝材料的生产、主要品种、技术性质及工程应用。

1. 胶凝材料能够在硬化过程中胶结其他材料，气硬性胶凝材料只能在空气中凝结硬化，而水硬性胶凝材料既能在空气中、更能在水中凝结硬化、并产生强度。

2. 高温下煅烧出来的石灰为生石灰，工程中一般熟化成熟石灰粉或石灰膏再使用，为去除过火石灰的危害，一般要有“陈伏”阶段。

3. 石灰硬化慢、强度低、硬化收缩大，不宜单独使用。石灰膏保水性好，主要用于制作石灰砂浆、混合砂浆；消石灰粉主要用于制作灰土和硅酸盐制品。

4. 建筑石膏的成分是 $CaSO_4 \cdot \frac{1}{2}H_2O$，和水反应后成为 $CaSO_4 \cdot 2H_2O$，建筑石膏硬化快、硬化后体积微膨胀、内部孔隙率高、质量轻、保温吸声，能调节室内湿度，防火性好、耐水性差，不宜在潮湿环境使用，主要用于抹灰材料、制作石膏装饰品和板材。

5. 水玻璃的性质和水玻璃模数、密度有关，水玻璃具有很好的耐酸性、耐热性，主要制作耐酸、耐热混凝土和砂浆用于防腐工程。

6. 石灰和石膏在储运过程中要注意防潮，存放时间不宜过长。

习 题

一、填空题

1. 石灰的常见品种有________、________、________、________。生石灰的成分是________，熟石灰的成分是________，熟石灰主要有________、________两种形式。

2. 石灰熟化的特点是________、________、________，工程中熟化方法有________、________两种。

3. 常见的两种煅烧质量差的石灰是________和________，熟化过程中“陈伏”的目的是________，一般“陈伏”时间为______。

4. 建筑消石灰按 MgO 含量可分为______、________、______、________。

5. 混合砂浆中掺入石灰膏主要是利用石灰膏的____________性质。

6. 石灰凝结硬化速度______，硬化后强度________，体积______。

7. 石灰硬化时易开裂，不能单独做制品，常加入________、________提高抗裂性。

8. 利用石灰膏可制成________和______砂浆，用于砌筑、抹面工程。

9. 常用的灰土品种有______和______，灰土中土种以______为宜，灰土施工中必须______，灰土抗压强度和______、______、______有关。

10. 石灰砂浆的耐水性______，灰土的耐水性__________。

11. 建筑石膏为白色粉末，其主要成分是__________，加水形成石膏浆，经注模成型、干燥制得石膏产品，石膏产品的成分是______。

12. 石膏的凝结时间为______，常掺入 ____________延长凝结时间。

13. 石膏硬化时体积______、硬化速度______；硬化后石膏的孔隙率______、表观密度______、保温性______、吸声性______、吸湿性______、耐水性______、抗冻性______、防火性____，耐火性 ______。

14. 石灰、石膏在储存、运输过程中必须_______、_______，石膏储存期一般为______月。

15. 水玻璃模数是水玻璃的重要参数，一般在____之间。水玻璃模数____，固体水玻璃越难溶于水。

二、单选题

1. 石灰粉刷的墙面出现起泡现象，是由（　　）引起的。

A. 欠火石灰　B. 过火石灰　C. 石膏　D. 含泥量

2. 建筑石灰分为钙质石灰和镁质石灰，是根据（　　）成分含量划分的。

A. 氧化钙　B. 氧化镁　C. 氢氧化钙　D. 碳酸钙

3. 罩面用的石灰浆不得单独使用，应掺入砂子、麻刀和纸筋等以（　　）。

A. 易于施工　B. 增加美观

C. 减少收缩　D. 增加厚度

4. 欠火石灰会降低石灰的（　　）。

A. 强度　B. 产浆率　C. 废品率　D. 硬度

5. 石灰的耐水性差，灰土、三合土（　　）用于经常与水接触的部位。

A. 能　B. 不能

C. 说不清　D. 视具体情况而定

6. 石灰淋灰时，应考虑在贮灰池保持（　　）天以上的陈伏期。

A. 7　B. 14　C. 20　D. 28

7. 石灰的存放期通常不超过（　　）个月。

A. 1　B. 2　C. 3　D. 6

8. 石膏制品表面光滑细腻，主要原因是（　　）。

A. 施工工艺好　B. 表面修补加工

C. 掺纤维等材料　D. 硬化后体积略膨胀性

9. 建筑石膏的存放期规定为（　　）个月。

A. 1　B. 2　C. 3　D. 6

10. 一般用来作干燥剂使用的是（　　）。

A. 生石灰　B. 熟石灰　C. 生石膏　D. 熟石膏

11. 建筑石膏硬化时，最大的特点是（　　）。

A. 体积膨胀大　B. 体积收缩大　C. 放热量大　D. 凝结硬化快

12. 建筑石膏在使用时经常加入一些动物胶，目的是（　　）。

A. 缓凝　B. 促凝　C. 提高硬度　D. 提高耐久性

13. 硬化时产生很大变形，以致开裂的是（　　）。

A. 建筑石膏　B. 石灰　C. 水玻璃　D. 水泥

14. 石灰膏“陈伏”的目的（　　）。

A. 去欠火石灰　　B. 去过火石灰
C. 沉淀石灰膏　　D. 使石灰膏硬化

15. 石膏抗压强度比（　　）高。

A. 水泥　　B. 石灰　　C. 花岗岩　　D. 烧结砖

三、简答题

1. 欠火石灰和过火石灰有何危害？如何消除？

2. 石灰、石膏作为气硬性胶凝材料二者技术性质有何区别，有什么共同点？

3. 石灰硬化后不耐水，为什么制成的灰土、三合土可以用于路基、地基等潮湿的部位？

4. 为什么说石膏是一种较好的室内装饰材料？为什么不适用于室外？

5. 为什么石膏适合模型、塑像的制作？

6. 某住宅楼的内墙使用石灰砂浆抹面，交付使用后在墙面个别部位发现了鼓包、麻点等缺陷。试分析上述现象产生的原因，如何防治？

7. 某住户喜爱石膏制品，用普通石膏浮雕板做室内装饰，使用一段时间后，客厅、卧室效果相当好，但厨房、厕所、浴室的石膏制品出现发霉变形。请分析原因，并提出改善措施。

8. 某工人用建筑石膏粉加水拌制成一桶石膏浆，用以在光滑的天花板上直接粘贴石膏饰条，前后半小时完工，几天后最后粘贴的两条石膏饰条突然坠落。请分析原因，并提出改善措施。

教学单元4 Chapter 04

水泥

教学目标

1. 知识目标

（1）了解水泥的定义和分类；
（2）了解硅酸盐水泥熟料的矿物组成及特性；
（3）了解硅酸盐水泥的水化原理；
（4）理解硅酸盐水泥的凝结硬化原理；
（5）掌握硅酸盐水泥的技术指标；
（6）掌握六大常用水泥的特性及其工程应用；
（7）掌握水泥性能的试验方法；
（8）掌握水泥的储存与保管方法。

2. 能力目标

（1）能正确对水泥进行抽样；
（2）能规范正确地对水泥的主要技术指标进行试验，并正确判断其是否合格；
（3）能正确储存和保管水泥；
（4）能根据不同的工程环境正确选用水泥。

3. 素质目标

培养学生细致严谨，诚实守信的工作态度。

思维导图

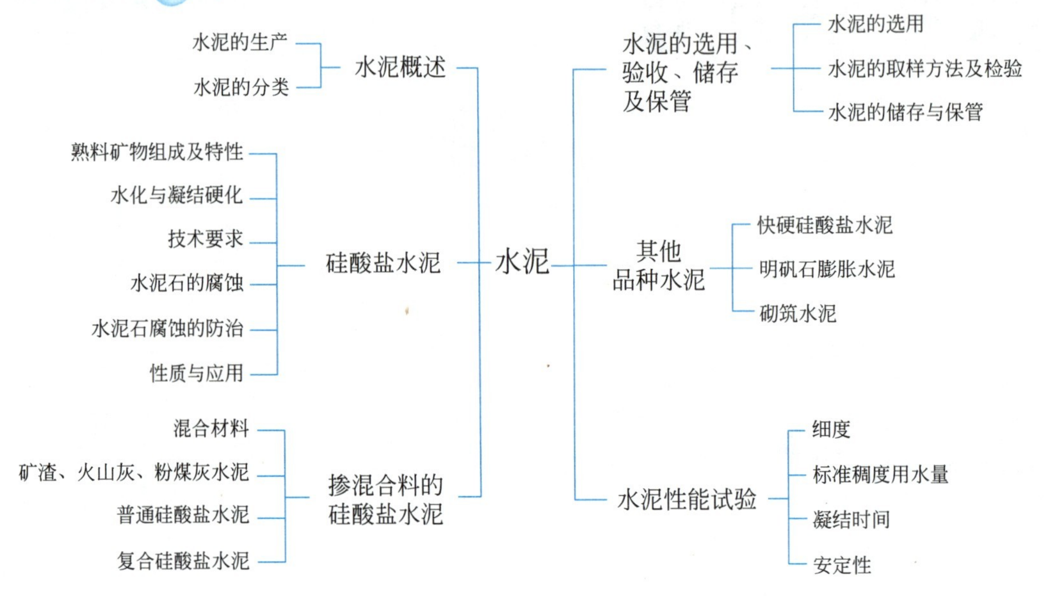

4.1 水泥概述

水泥是一种加水拌合成的塑性浆体，能胶结砂、石等材料，并能在空气和水中硬化产生强度的粉状水硬性胶凝材料。水泥广泛应用于各个领域，如建筑、交通、水利、电力和国防工程等。从21世纪至今，水泥和水泥混凝土以及其制品，一直是主要的建筑材料。在水泥品种方面，将加速发展快硬水泥、高强水泥、低热水泥、膨胀水泥、油井水泥等特种用途的水泥和水泥外加剂，增加高强度等级水泥的相对密度，以适应能源、交通和国防等部门的需要。

4.1.1 水泥的生产

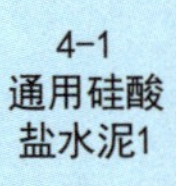

水泥品种繁多，虽然种类与特性各异，但是水泥的生产均是由生料制备、熟料烧成、粉磨包装等工艺过程构成。我国水泥产量的90%左右属于以硅酸盐为主要水硬性矿物的硅酸盐水泥。因此，本节在讨论水泥的生产时，以硅酸盐水泥为基础。

1. 硅酸盐水泥的原材料

生产硅酸盐水泥的原料，主要是石灰质原料和黏土质原料两类。石灰质原料主要提供 CaO，可选用石灰岩、泥灰岩、白垩及贝壳等；黏土质原料主要提供 SiO_2、Al_2O_3，以及少量的 Fe_2O_3，可选用黏土、黄土、页岩和泥岩等。如果上述所选用的两种原料，加一定的配比组合还满足不了形成熟料矿物所要求的化学组成时，则要加入第三甚至第四种校正原料加以调整。例如生料中 Fe_2O_3 含量不足时，可加入硫铁矿渣或含铁高的黏土加以校正；如果生料中 SiO_2 含量不足，可选用硅藻土、硅藻石、蛋白石、火山灰、硅质渣等加以校正；又如生料中 Al_2O_3 含量不足时，可加入铁矾土废料或含铝高的黏土加以调整。此外，为了改善煅烧条件，常加入少量的矿化剂，如萤石、石膏、重晶石尾矿、铅锌尾矿或铜矿渣等。

2. 硅酸盐水泥的生产工艺

硅酸盐水泥的生产技术概括起来，叫作“两磨一烧”。其生产工艺流程如图 4-1 所示。以石灰质原料与黏土质原料为主，有时加入少量铁矿粉等，按一定比例配合，磨细成生料粉（干法生产）或生料浆（湿法生产），经均化后送入回转窑或立窑中煅烧至部分熔融，得到黑色颗粒状的水泥熟料，再与适量石膏共同磨细，即可得到 P·I 型硅酸盐水泥。

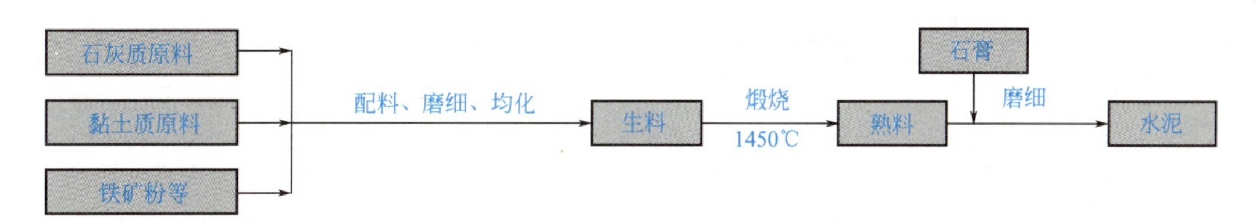

图 4-1　硅酸盐水泥生产工艺流程示意图

硅酸盐水泥的生产也可归结为：①生料的配制与磨细；②将生料经煅烧使部分熔融形成熟料；③将熟料与适量石膏共同磨细成为硅酸盐水泥。上述过程中最关键的一环是通过煅烧形成所要求的熟料矿物。在生料中主要有四种氧化物 CaO、SiO_2、Al_2O_3 及 Fe_2O_3，其含量可见表 4-1。

生料化学成分和合适范围　　表 4-1

化学成分	CaO	SiO_2	Al_2O_3	Fe_2O_3
含量范围(%)	62～67	20～24	4～7	2.5～6.0

4.1.2　水泥的分类

水泥种类很多，且因其独有的特性被广泛应用在建筑工程中。

按其矿物组成可分为硅酸盐水泥、铝酸盐水泥、硫铝酸盐水泥、氟铝酸盐水泥、铁铝酸盐水泥以及少熟料或无熟料水泥等。

也可按其用途和性能分为通用水泥、专用水泥以及特性水泥三大类。

通用水泥是指目前建筑工程中常用的六大水泥，即硅酸盐水泥、普通硅酸盐水泥、矿渣硅酸盐水泥、火山灰质硅酸盐水泥、粉煤灰硅酸盐水泥、复合硅酸盐水泥（表 4-2）；专用水泥是指有专门用途的水泥，如砌筑水泥、大坝水泥、道路水泥、油井水泥等；特性水泥是指具有与常用水泥不同的特性，多用于有特殊要求的工程，主要品种有快硬硅酸盐水泥、快凝硅酸盐水泥、抗硫酸盐水泥、膨胀水泥、白色硅酸盐水泥等。

水泥品种虽然很多，但硅酸盐系列水泥是产量最大、应用范围最广的。

通用硅酸盐水泥的组分（GB 175—2023） 表 4-2

<table>
<tr><th rowspan="2">品种</th><th rowspan="2">代号</th><th colspan="5">组分(%)</th></tr>
<tr><th>熟料+石膏</th><th>粒化高炉矿渣</th><th>火山灰质混合材料</th><th>粉煤灰</th><th>石灰石</th></tr>
<tr><td rowspan="3">硅酸盐水泥</td><td>P·I</td><td>100</td><td>—</td><td>—</td><td>—</td><td>—</td></tr>
<tr><td rowspan="2">P·Ⅱ</td><td>≥95</td><td>≤5</td><td>—</td><td>—</td><td>—</td></tr>
<tr><td>≥95</td><td>—</td><td>—</td><td>—</td><td>≤5</td></tr>
<tr><td>普通硅酸盐水泥</td><td>P·O</td><td>≥80 且<95</td><td colspan="3">>5 且≤20[a]</td><td>—</td></tr>
<tr><td rowspan="2">矿渣硅酸盐水泥</td><td>P·S·A</td><td>≥50 且<80</td><td>>20 且≤50[b]</td><td>—</td><td>—</td><td>—</td></tr>
<tr><td>P·S·B</td><td>≥30 且<50</td><td>>50 且≤70[b]</td><td>—</td><td>—</td><td>—</td></tr>
<tr><td>火山灰质硅酸盐水泥</td><td>P·P</td><td>≥60 且<80</td><td>—</td><td>>20 且≤40[c]</td><td>—</td><td>—</td></tr>
<tr><td>粉煤灰硅酸盐水泥</td><td>P·F</td><td>≥60 且<80</td><td>—</td><td>—</td><td>>20 且≤40[d]</td><td>—</td></tr>
<tr><td>复合硅酸盐水泥</td><td>P·C</td><td>≥50 且<80</td><td colspan="4">>20 且≤50[e]</td></tr>
</table>

注：a. 本组分为硅酸盐水泥熟料和石膏的总和。本组分材料为符合标准的活性混合材料，其中允许用不超过水泥质量 5%的窑灰或不超过水泥质量 8%的非活性混合材料代替。

b. 本组分材料为符合《用于水泥中的粒化高炉矿渣》GB/T 203—2008 或《用于水泥、砂浆和混凝土中的粒化高炉矿渣粉》GB/T 18046—2017 的活性混合材料，其中允许用不超过水泥质量 8%的活性混合材料或非活性混合材料或窑灰中的任一种材料代替。

c. 本组分材料为符合《用于水泥中的火山灰质混合材料》GB/T 2847—2022 的活性混合材料。

d. 本组分材料为符合《用于水泥和混凝土中的粉煤灰》GB/T 1596—2017 的活性混合材料。

e. 本组分材料为由两种或两种以上活性混合材料或非活性混合材料组成，其中允许用不超过水泥质量 8%的窑灰代替。掺矿渣时混合材料掺量不得与矿渣硅酸盐水泥重复。

4.2 硅酸盐水泥

硅酸盐水泥是由硅酸盐水泥熟料、5%以下的石灰石或粒化高炉矿渣、适量石膏磨细制成的水硬性胶凝材料。根据是否掺入混合材料将硅酸盐水泥分为两种类型，不掺加混合材料的称为Ⅰ型硅酸盐水泥，代号 P·I；在硅酸盐水泥粉磨时掺加不超过水泥质量 5%石灰石或粒化高炉矿渣混合材料的称Ⅱ型硅酸盐水泥，代号 P·Ⅱ。

硅酸盐水泥是硅酸盐水泥系列的基本品种，其他品种的硅酸盐水泥都是在硅酸盐水泥熟料的基础上，掺入一定量的混合材料制得，因此要掌握硅酸盐系列水泥的性能，首先要了解和掌握硅酸盐水泥的特性。

4.2.1 硅酸盐水泥熟料矿物组成及特性

硅酸盐水泥熟料矿物成分及含量（质量分数）如下：

硅酸三钙 $3CaO \cdot SiO_2$，简写 C_3S，含量 36%～60%；

硅酸二钙 $2CaO \cdot SiO_2$，简写 C_2S，含量 15%～37%；

铝酸三钙 $3CaO \cdot Al_2O_3$，简写 C_3A，含量 7%～15%；

铁铝酸四钙 $4CaO \cdot Al_2O_3 \cdot Fe_2O_3$，简写 C_4AF，含量 10%～18%。

在以上的矿物组成中，硅酸三钙和硅酸二钙的总含量不小于 66%，硅酸盐占绝大部分，故名硅酸盐水泥。除上述主要熟料矿物成分外，水泥中还有少量的游离氧化钙、游离氧化镁，若其含量过高，则会引起水泥体积安定性不良。水泥中还含有少量的碱（Na_2O、K_2O），碱含量高的水泥如果遇到活性骨料，易产生碱-骨料膨胀反应。所以对水泥中游离氧化钙、游离氧化镁和碱的含量应加以限制。

各种矿物单独与水作用时，表现出不同的性能，详见表 4-3。

硅酸盐水泥熟料矿物特性　　　　**表 4-3**

矿物名称	密度（g/cm^3）	水化反应速率	水化放热量	强度	耐腐蚀性
$3CaO \cdot SiO_2$	3.25	快	大	高	差
$2CaO \cdot SiO_2$	3.28	慢	小	早期低后期高	好
$3CaO \cdot Al_2O_3$	3.04	最快	最大	低	最差
$4CaO \cdot Al_2O_3 \cdot Fe_2O_3$	3.77	快	中	低	中

不同熟料矿物的强度增长情况如图 4-2 所示。水化热的释放情况如图 4-3 所示。

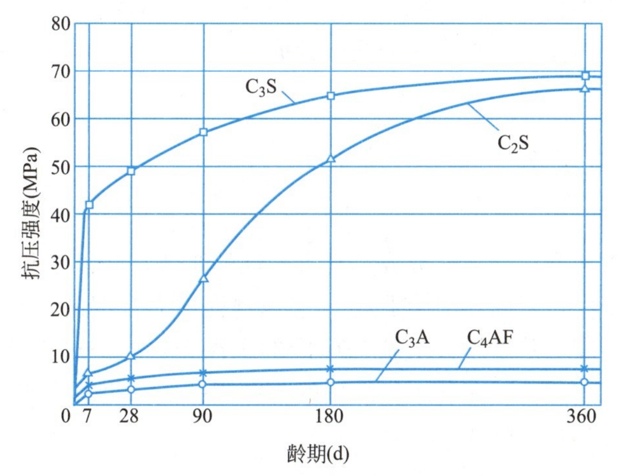

图 4-2　不同熟料矿物的强度增长曲线图

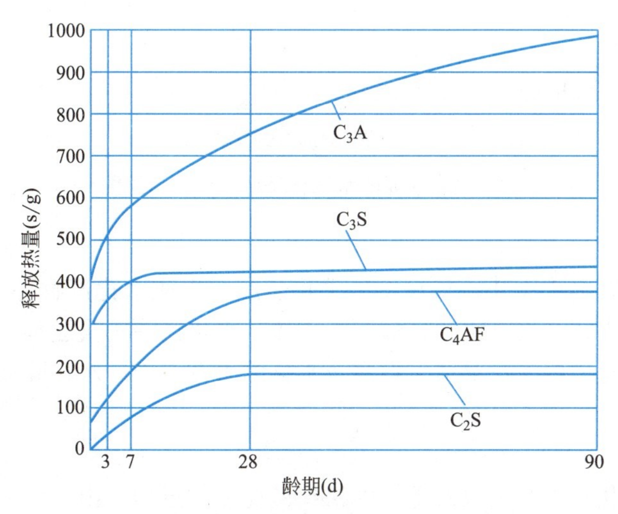

图 4-3　不同熟料矿物的水化热释放曲线图

由图 4-2 和图 4-3 可知，不同熟料矿物单独与水作用的特性是不同的。

（1）硅酸三钙（C_3S）的水化速度较快，早期强度高，28d 强度可达一年强度的 70%～80%；水化热较大，且主要是早期放出。其含量在水泥中最高，是决定水泥性质的主要矿物；

（2）硅酸二钙（C_2S）的水化速度最慢，水化热最小，且主要是后期放出，是保证水泥后期强度的主要矿物，且耐化学侵蚀性好；

（3）铝酸三钙（C_3A）的凝结硬化速度最快，也是水化热最大的矿物。其强度值最低，但形成最快，3d 强度几乎接近最终强度。但其耐化学侵蚀性最差，且硬化时体积收缩最大；

（4）铁铝酸四钙（C_4AF）的水化速度也较快，仅次于铝酸三钙，其水化热中等，且有利于提高水泥抗拉（折）强度。

水泥是几种熟料矿物的混合物，改变矿物成分间比例时，水泥性质即发生相应的变化，可制成不同性能的水泥。如增加 C_3S 含量，可制成高强、早强水泥（我国水泥标准规定的 R 型水泥）；若增加 C_2S 含量而减少 C_3S 含量，水泥的强度发展慢，早期强度低，但后期强度高，其更大的优势是水化热降低；若提高 C_4AF 的含量，可制得抗折强度较高的道路水泥。

4.2.2 硅酸盐水泥的水化与凝结硬化

水泥与适量的水拌合后，最初形成具有可塑性的浆体，随着水化反应的进行，水泥浆体逐渐变稠失去可塑性，但尚不具有强度，这一过程称为水泥的“凝结”。随后凝结了的水泥浆体开始产生强度，并逐渐发展成为坚硬的水泥石，这一过程称为“硬化”。水泥的水化贯穿凝结、硬化的过程，在几十年龄期的水泥制品中，仍有未水化的水泥颗粒。水泥的水化、凝结与硬化过程如图 4-4 所示。

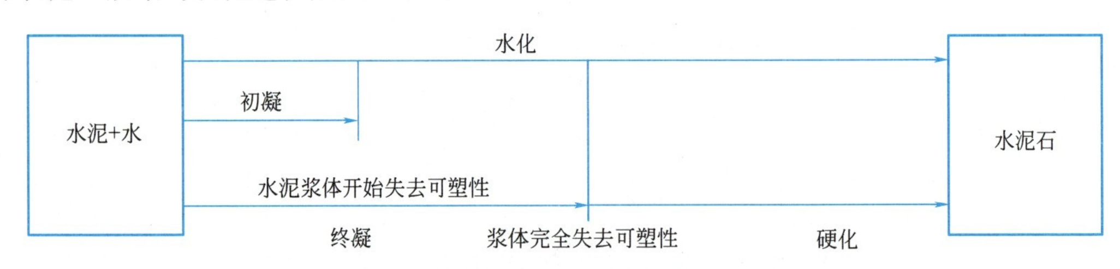

图 4-4 水泥的水化、凝结与硬化示意图

1. 硅酸盐水泥的水化反应

水泥加水后，熟料矿物开始与水发生水化反应，生成水化产物，并放出一定的热量，硅酸盐水泥主要的水化产物有水化硅酸钙凝胶体、水化铁酸钙凝胶体、氢氧化钙晶体、水化铝酸钙晶体和水化硫铝酸钙晶体。在完全水化的水泥石中，水化硅酸钙约占 50%，氢氧化钙约占 25%。

2. 硅酸盐水泥的凝结与硬化

水泥的凝结硬化是一个由表及里、由快到慢连续的过程。由于较粗颗粒的内部很难完全水化，因此，硬化后的水泥石是由水泥水化产物凝胶体（内含凝胶孔）、结晶体、未完全水化的水泥颗粒、毛细孔（含毛细孔水）等组成。

3. 影响硅酸盐水泥凝结、硬化的因素

水泥的凝结硬化过程，也就是水泥强度发展的过程，受着许多因素的影响，除了熟料矿物本身结构、它们的相对含量及水泥粉磨细度等这些内部因素之外，还与外界条件如温度、湿度、加水量以及掺有不同种类的外加剂等外部因素密切相关。

在四种熟料矿物中，C_3A 的水化速度最快，若不加以抑制，水泥的凝结过快，影响正常使用。为了调节水泥凝结时间，在水泥中加入适量石膏共同粉磨，石膏起缓凝作用，但如果石膏掺量过多，会引起水泥体积安定性不良，所以石膏的掺入量需适量。

4.2.3　硅酸盐水泥的技术要求

国家标准《通用硅酸盐水泥》GB 175—2023 对硅酸盐水泥的不溶物、烧失量、细度、凝结时间、体积安定性、强度等作了如下规定：

1. 不溶物

Ⅰ型硅酸盐水泥中不溶物含量不得超过 0.75%；

Ⅱ型硅酸盐水泥中不溶物含量不得超过 1.50%。

2. 烧失量

烧失量是指水泥在一定灼烧温度和时间内，烧失的量占原质量的百分数。

Ⅰ型硅酸盐水泥中烧失量不得大于 3.0%；

Ⅱ型硅酸盐水泥中烧失量不得大于 3.5%；

普通硅酸盐水泥中烧失量不得大于 5.0%。

3. 氧化镁含量

氧化镁含量不得超过 5.0%，水泥蒸压安定性试验合格，则水泥中氧化镁含量放宽到 6%。

4. 三氧化硫含量

三氧化硫含量不得超过 3.5%。

5. 细度

细度是指水泥颗粒的粗细程度。其是影响水泥需水量、凝结时间、强度和安定性能的重要指标。水泥细度的评定可采用筛分析法和比表面积法。筛分析法是用 80μm 的方孔筛对水泥试样进行筛分析试验，用筛余百分数表示；比表面积法是指单位质量的水泥粉末所具有的总表面积，以“m^2/kg”表示，水泥颗粒越细，比表面积越大，可用勃氏比表面积仪测定。硅酸盐水泥比表面积应大于 $300m^2/kg$，凡细度不符合规定者为不合格品。

6. 凝结时间

凝结时间分初凝和终凝，初凝为水泥加水拌合开始至水泥标准稠度的净浆开始失去可塑性所需的时间；终凝为水泥加水拌合开始至标准稠度的净浆完全失去可塑性所需的时间。硅酸盐水泥初凝时间不得早于 45min、终凝时间不得迟于 6.5h；普通硅酸盐水泥初凝时间不得早于 45min，终凝时间不得迟于 10h。

凝结时间的规定对工程有着重要的意义，为使混凝土、砂浆有足够的时间进行搅拌、运输、浇筑、砌筑，顺利完成混凝土和砂浆的制备，并确保制备的质量，初凝不能过短，否则在施工中即已失去流动性和可塑性而无法使用；当浇筑完毕，为了使混凝土尽快凝结、硬化，产生强度，顺利地进入下一道工序，规定终凝时间不能太长，否则将减缓施工进度，降低模板周转率。

7. 体积安定性

水泥的体积安定性是指水泥浆体在凝结硬化过程中体积变化的均匀性。硅酸盐水泥的体积安定性用沸煮法检验必须合格。当水泥浆体硬化过程发生不均匀变化时，会导致膨胀开裂、翘曲等现象，称为体积安定性不良。安定性不良的水泥会使混凝土构件产生膨胀性裂缝，从而降低建筑物质量，引起严重事故。因此，国家标准规定水泥体积安定性必须合格，否则水泥作为废品处理，严禁用于工程中。

引起水泥体积安定性不良的原因主要是：

（1）水泥中含有过多的游离氧化钙和游离氧化镁。当水泥原料比例不当、煅烧工艺不正常或原料质量差（$MgCO_3$ 含量高）时，会产生较多游离状态的氧化钙和氧化镁（f-CaO 和 f-MgO），它们与熟料一起经历了 1450℃的高温煅烧，属严重过火的氧化钙、氧化镁，水化极慢，在水泥凝结硬化后很长时间才进行熟化。生成的 $Ca(OH)_2$ 和 $Mg(OH)_2$ 在已经硬化的水泥石中膨胀，使水泥石出现开裂、翘曲、疏松和崩溃等现象，甚至完全破坏。

（2）石膏掺量过多。当石膏掺量过多时，在水泥硬化后，残余石膏与固态水化铝酸钙反应生成水化硫铝酸钙，体积增大约 1.5 倍，从而导致水泥石开裂。

用沸煮法只能检测出 f-CaO 造成的体积安定性不良。f-MgO 产生的危害与 f-CaO 相似，但由于氧化镁的水化作用更缓慢，其含量过多造成的体积安定性不良，必须用压蒸法才能检验出来。石膏造成的体积安定性不良则需长时间在温水中浸泡才能发现。由于后两种原因造成的体积安定性不良都不易检验，所以国家标准规定：熟料中氧化镁含量不宜超过 5%，经压蒸试验合格后，允许放宽到 6%，三氧化硫含量不得超过 3.5%。通用硅酸盐水泥化学指标见表 4-4。

通用硅酸盐水泥化学指标　　表 4-4

品种	代号	不溶物（质量分数）	烧失量（质量分数）	三氧化硫（质量分数）	氧化镁（质量分数）	氯离子（质量分数）
硅酸盐水泥	P·I	⩽0.75	⩽3.0	⩽3.5	⩽5.0[a]	⩽0.06[c]
	P·Ⅱ	⩽1.50	⩽3.5			
普通硅酸盐水泥	P·O	—	⩽5.0			
矿渣硅酸盐水泥	P·S·A	—	—	⩽4.0	⩽6.0[b]	
	P·S·B	—	—		—	
火山灰质硅酸盐水泥	P·P	—	—	⩽3.5	⩽6.0[b]	
粉煤灰硅酸盐水泥	P·F	—	—			
复合硅酸盐水泥	P·C	—	—			

注：a. 如果水泥压蒸试验合格，则水泥中氧化镁的含量（质量分数）允许放宽至 6.0%。

b. 如果水泥中氧化镁的含量（质量分数）大于 6.0%时，需进行水泥压蒸安定性试验并合格。

c. 当有更低要求时，该指标由买卖双方协商确定。

8. 标准稠度用水量

在进行水泥的凝结时间、体积安定性等测定时，为了使所测得的结果有可比性，要求必须采用标准稠度的水泥净浆来测定（按《水泥标准稠度用水量、凝结时间、安定性检验方法》GB/T 1346—2011 进行试验）。水泥净浆达到标准稠度所需用水量即为标准稠度用水量，以水占水泥质量的百分数表示。水泥的标准稠度用水量主要取决于熟料矿物组成、混合材料的种类及水泥细度。

9. 强度及强度等级

强度是水泥力学性质的一项重要指标，是确定水泥强度等级的依据。根据《水泥胶砂强度检验方法（ISO 法）》GB/T 17671—2021 规定，将水泥、中国 ISO 标准砂和水按规定比例（水泥：中国 ISO 标准砂：水＝1：3.0：0.5）用规定方法制成的规格为 40mm×40mm×160mm 的标准试件，在标准养护的条件下养护，测定其 3d、28d 的抗压强度、抗折强度。为提高水泥的早期强度，现行标准将水泥分为普通型和早强型（用 R 表示）。按照 3d、28d 的抗压强度、抗折强度，将硅酸盐水泥的强度等级分为 42.5、42.5R、52.5、52.5R、62.5、62.5R 六个等级。普通硅酸盐水泥的强度等级分为 42.5、42.5R、52.5、52.5R 四个等级。矿渣硅酸盐水泥、火山灰质硅酸盐水泥、粉煤灰硅酸盐水泥、复合硅酸盐水泥的强度等级分为 32.5、32.5R、42.5、42.5R、52.5、52.5R 六个等级。各等级、各龄期的强度值不得低于表 4-5 中数值。

由于水泥的强度随着放置时间的延长而降低，所以为了保证水泥在工程中的使用质量，生产厂家在控制出厂水泥 28d 强度时，均留有一定的富余强度。通常富余系数为 1.06～1.18。

硅酸盐水泥、普通硅酸盐水泥各等级、各龄期的强度值（GB 175—2023）　　表 4-5

品种	强度等级	抗压强度(MPa)		抗折强度(MPa)	
		3d	28d	3d	28d
硅酸盐水泥	42.5	17.0	42.5	3.5	6.5
	42.5R	22.0	42.5	4.0	6.5
	52.5	23.0	52.5	4.0	7.0
	52.5R	27.0	52.5	5.0	7.0
	62.5	28.0	62.5	5.0	8.0
	62.5R	32.0	62.5	5.5	8.0
普通硅酸盐水泥	42.5	17.0	42.5	3.5	6.5
	42.5R	22.0	42.5	4.0	6.5
	52.5	23.0	52.5	4.0	7.0
	52.5R	27.0	52.5	5.0	7.0

10. 水化热

水泥与水发生水化反应所放出的热量称为水化热，通常用 J/kg 表示。水化热的大小主要与水泥的细度及矿物组成有关。颗粒愈细，水化热愈大；矿物中 C_3A、C_3S 含量愈多，水化放热愈高。大部分的水化热集中在早期放出，3～7d 以后逐步减少。

水化热在混凝土工程中，既有有利的影响，也有不利的影响。高水化热的水泥在大体积混凝土工程中是非常不利的（如大坝、大型基础、桥墩等）。这是由于水泥水化释放的热量积聚在混凝土内部导致散发非常缓慢，混凝土内部温度升高，而温度升高又加速了水泥的水化，使混凝土表面与内部形成过大的温差而产生温差应力，致使混凝土受拉而开裂破坏。因此在大体积混凝土工程中，应选择低热水泥。但在混凝土冬期施工时，水化热却有利于水泥的凝结、硬化和防止混凝土受冻。

11. 密度与堆积密度

硅酸盐水泥的表观密度一般在3.1～3.2g/cm^3之间。水泥在松散状态时的堆积密度一般在900～1300kg/m^3之间，紧密堆积状态可达1400～1700kg/m^3。

根据国家标准规定：凡氧化镁、三氧化硫、安定性、初凝时间中有任一项不符合标准规定时，均为废品。凡细度、终凝时间、不溶物和烧失量中任何一项不符合标准规定，或混合材料掺量超过最大限量，或强度低于规定指标时，都称为不合格品。废品水泥在工程中严禁使用。若水泥的强度低于规定指标时，可以降级使用。

4.2.4 水泥石的腐蚀

硅酸盐水泥硬化后，在正常使用条件下，水泥石的强度会不断增长，具有较好的耐久性。但水泥石长期处在侵蚀性介质中（如流动的淡水、酸性或盐类溶液、强碱等），会逐渐受到侵蚀变得疏松，强度下降，甚至被破坏，这种现象称为水泥石的腐蚀。水泥石的抗腐蚀性能可用耐蚀系数表示，它是以同一龄期浸在侵蚀性溶液中的水泥试体强度与在淡水中养护的水泥试体强度之比表示。耐蚀系数越大，水泥的抗腐蚀性能越好。水泥石的腐蚀主要有以下四种类型：

1. 软水的侵蚀（溶出性侵蚀）

硅酸盐水泥属于水硬性胶凝材料，对于一般江、河、湖水等具有足够的抵抗能力。但是对于软水如冷凝水、雪水、蒸馏水、碳酸盐含量甚少的河水及湖水时，水泥石会遭受腐蚀。其腐蚀原因如下：

当水泥石长期与软水接触时，水泥石中的氢氧化钙会被溶出，在静水及无压水的情况下，氢氧化钙很快处于饱和溶液中，使溶解作用中止，此时溶出仅限于表层，危害不大。但在流动水及压力水的作用下，溶解的氢氧化钙会不断流失，而且水愈纯净，水压愈大，氢氧化钙流失愈多。其结果是一方面使水泥石变得疏松，另一方面也使水泥石的碱度降低，导致了其他水化产物的分解溶蚀，最终使水泥石被破坏。

当环境水中含有重碳酸盐$Ca(HCO_3)_2$时，由于同离子效应的缘故，氢氧化钙的溶解受到抑制，从而减轻了侵蚀作用，重碳酸盐还可以与氢氧化钙起反应，生成几乎不溶于水的碳酸钙。生成的碳酸钙积聚在水泥石的孔隙中，形成了致密的保护层，阻止了外界水的侵入和内部氢氧化钙的扩散析出：

$$Ca(HCO_3)_2 + Ca(OH)_2 \longrightarrow CaCO_3 + 2H_2O$$

因此，对需与软水接触的混凝土，要预先在空气中放置一段时间，使水泥石中的氢氧化钙与空气中的CO_2作用形成碳酸钙外壳，则可对溶出性侵蚀起到一定的保护作用。

2. 酸性的腐蚀

（1）碳酸水的腐蚀

雨水、泉水及某些工业废水中常溶解有较多的 CO_2，当含量超过一定浓度时，将会对水泥石产生破坏作用，其反应式如下：

$$Ca(OH)_2 + CO_2 + H_2O \longrightarrow CaCO_3 + 2H_2O$$

$$CaCO_3 + CO_2 + H_2O \longrightarrow Ca(HCO_3)_2$$

上述第二个反应式是可逆反应，若水中含有较多的碳酸，超过平衡浓度时，反应式向右进行，水泥石中的 $Ca(OH)_2$ 经过上述两个反应式转变为 $Ca(HCO_3)_2$ 而溶解，进而导致其他水泥水化产物分解和溶解，使水泥石结构被破坏；若水中的碳酸含量不高，低于平衡浓度时，则反应进行到第一个反应式为止，对水泥石并不起破坏作用。

（2）一般酸的腐蚀

在工业污水和地下水中常含有无机酸（盐酸、硫酸、磷酸等）和有机酸（醋酸、蚁酸等），各种酸对水泥都有不同程度的腐蚀作用，它们与水泥石中的 $Ca(OH)_2$ 作用后生成的化合物或溶于水或体积膨胀而导致破坏。腐蚀作用最快的是无机酸中的盐酸、氢氟酸、硝酸、硫酸和有机酸中的醋酸、蚁酸和乳酸等。

例如：盐酸与水泥石中的 $Ca(OH)_2$ 作用生成极易溶于水的氯化钙，导致溶出性化学侵蚀：

$$HCl + Ca(OH)_2 \longrightarrow CaCl_3 + H_2O$$

硫酸与水泥石中的 $Ca(OH)_2$ 作用：

$$H_2SO_4 + Ca(OH)_2 \longrightarrow CaSO_4 \cdot 2H_2O$$

生成的二水石膏在水泥石孔隙中结晶导致体积膨胀。二水石膏也可以再与水泥石中的水化铝酸钙作用，生成高硫型水化硫铝酸钙。生成高硫型的水化硫铝酸钙含有大量的结晶水，体积膨胀 1.5 倍，破坏作用更大。由于高硫型水化硫铝酸钙呈针状晶体，故俗称“水泥杆菌”。

3. 盐类的腐蚀

（1）镁盐的腐蚀

海水及地下水中常含有氯化镁、硫酸镁等镁盐，它们可与水泥石中的氢氧化钙起置换反应生成易溶于水的氯化钙和松软无胶结能力的氢氧化镁：

$$MgCl_2 + Ca(OH)_2 \longrightarrow CaCl_2 + Mg(OH)_2$$

（2）硫酸盐的腐蚀

硫酸钠、硫酸钾等对水泥石的腐蚀同硫酸的腐蚀，而硫酸镁对水泥石的腐蚀包括镁盐和硫酸盐的双重腐蚀作用。

4. 强碱腐蚀

碱类溶液如浓度不大时一般无害。但铝酸盐含量较高的硅酸盐水泥遇到强碱（如氢氧化钠）作用后会被腐蚀破坏。氢氧化钠与水泥熟料中未水化的铝酸盐作用，生成易溶的铝酸钠，出现溶出性侵蚀：

$$3CaO \cdot Al_2O_3 + 6NaOH \longrightarrow 3Na_2O \cdot Al_2O_3 + 3Ca(OH)_2$$

另外，当水泥石被氢氧化钠溶液浸透后，又在空气中干燥，与空气中的二氧化碳作用生成碳酸钠，碳酸钠在水泥石毛细孔中结晶沉积，可使水泥石胀裂。

综上所述，水泥石破坏有三种表现形式：一是溶解浸析，主要是水泥石中的 $Ca(OH)_2$ 溶解使水泥石中的 $Ca(OH)_2$ 浓度降低，进而引起其他水化产物的溶解；二是离子交换反应，侵蚀性介质与水泥石的组分 $Ca(OH)_2$ 发生离子交换反应，生成易溶解或是没有胶结能力的产物，破坏水泥石原有的结构；三是膨胀性侵蚀，水泥石中的水化铝酸钙与硫酸盐作用形成膨胀性结晶产物，产生有害的内应力，引起膨胀性破坏。

水泥石腐蚀是内外因并存的。内因是水泥石中存在有引起腐蚀的组分氢氧化钙和水化铝酸钙，水泥石本身结构不密实，有渗水的毛细管渗水通道；外因是在水泥石周围有以液体形式存在的侵蚀性介质。

除上述四种腐蚀类型外，对水泥石有腐蚀作用的还有其他物质，如糖、酒精、动物脂肪等。水泥石的腐蚀是一个极其复杂的物理化学过程，很少是单一类型的腐蚀，往往是几种类型腐蚀作用同时存在，相互影响，共同作用。

4.2.5 水泥石腐蚀的防治

1. 根据侵蚀性介质选择合适的水泥品种

如采用水化产物中氢氧化钙含量少的水泥，可提高对淡水等侵蚀的抵抗能力；采用含水化铝酸钙低的水泥，可提高对硫酸盐腐蚀的抵抗能力；选择混合材料掺量较大的水泥，可提高抗各类腐蚀（除抗碳化外）的能力。

2. 提高水泥的密实度，降低孔隙率

在实际工程中，可通过降低水灰比、仔细选择骨料、掺外加剂、改善施工方法等措施，提高水泥石的密实度，从而提高水泥石的抗腐蚀性能。

3. 加保护层

当侵蚀作用较强，上述措施不能奏效时，可用耐腐蚀的材料，如石料、陶瓷、塑料、沥青等覆盖于水泥石的表面，防止侵蚀性介质与水泥石直接接触，达到抗侵蚀的目的。

4.2.6 硅酸盐水泥的性质与应用

1. 硅酸盐水泥的性质

（1）快凝快硬高强。与硅酸盐系列的其他品种水泥相比，硅酸盐水泥凝结（终凝）快、早期强度（3d）高、强度等级高（最低为 42.5，最高为 62.5）。

（2）抗冻性好。由于硅酸盐水泥未掺或掺很少量的混合材料，故其抗冻性好。

（3）抗腐蚀性差。硅酸盐水泥水化产物中有较多的氢氧化钙和水化铝酸钙，耐软水及耐化学腐蚀能力差。

（4）碱度高，抗碳化能力强。碳化是指水泥石中的氢氧化钙与空气中的二氧化碳反应生成碳酸钙的过程。碳化对水泥石（或混凝土）本身是有利的，但碳化会使水泥石（混凝土）内部碱度降低，从而失去对钢筋的保护作用。

（5）水化热大。硅酸盐水泥中含有大量的 C_3A、C_3S，在水泥水化时，放热速度快且

放热量大。

（6）耐热性差。硅酸盐水泥中的一些重要成分在 250℃温度时会发生脱水或分解，使水泥石强度下降，当受热 700℃以上时，将遭受破坏。

（7）耐磨性好。硅酸盐水泥强度高，耐磨性好。

2. 硅酸盐水泥的应用

（1）适用于早期强度要求高的工程及冬期施工的工程；

（2）适用于重要结构的高强混凝土和预应力混凝土工程；

（3）适用于严寒地区，遭受反复冻融的工程及干湿交替的部位；

（4）不能用于大体积混凝土工程；

（5）不能用于高温环境的工程；

（6）不能用于海水和有侵蚀性介质存在的工程；

（7）不适宜用于蒸汽或蒸压养护的混凝土工程。

4.3 掺混合料的硅酸盐水泥

凡在硅酸盐水泥熟料和适量石膏的基础上，掺入一定量的混合材料共同磨细制成的水硬性胶凝材料，均属于掺混合材料的硅酸盐水泥。掺混合材料的目的是调整水泥强度等级，改善水泥的某些性能，增加水泥的品种，扩大使用范围，降低水泥成本和提高产量，并且充分利用工业废料。

4.3.1 混合材料

用于水泥中的混合材料，根据其是否参与水化反应分为活性混合材料和非活性混合材料。

1. 活性混合材料

活性混合材料是指具有潜在活性的矿物质材料。所谓潜在活性是指单独不具有水硬性，但在石灰或石膏的激发与参与下，可一起和水反应，从而形成具有水硬性化合物的性能。硅酸盐水泥熟料水化后会产生大量的氢氧化钙，并且水泥中需掺入适量的石膏，因此在硅酸盐水泥中具备了使活性混合材料发挥潜在活性的条件。通常将氢氧化钙、石膏分别称为碱性激发剂和硫酸盐激发剂，但硫酸盐激发剂必须在有碱性激发剂条件下才能发挥作用。

水泥中常用的活性混合材料有：粒化高炉矿渣、火山灰质混合材料及粉煤灰。

（1）粒化高炉矿渣

将炼铁高炉中的熔融矿渣经水淬等急冷方式处理而成的松软颗粒称为粒化高炉矿渣，又称水淬矿渣，其中主要的化学成分是 CaO、SiO_2 和 Al_2O_3，约占 90%以上。急速冷却的矿渣结构为不稳定的玻璃体，有较高的潜在活性。如果熔融状态的矿渣缓慢冷却，其中的 SiO_2 等形成晶体，活性极小，称为慢冷矿渣，则不具有活性。

（2）火山灰质混合材料

凡是天然的或人工的以活性氧化硅 SiO_2 和活性氧化铝 Al_2O_3 为主要成分，其含量一般可达65%～95%，具有火山灰活性的矿物质材料，都称为火山灰质混合材料。按其成因分为天然的和人工的两类。天然火山灰主要是火山喷发时随同熔岩一起喷发的大量碎屑沉积在地面或水中的松软物质，包括浮石、火山灰、凝灰岩等；人工火山灰是将一些天然材料或工业废料经加工处理而成，如硅藻土、沸石、烧黏土、煤矸石、煤渣等。

（3）粉煤灰

粉煤灰是发电厂燃煤锅炉排出的细颗粒废渣，其颗粒直径一般为0.001～0.050mm，呈玻璃态实心或空心的球状颗粒，表面比较致密，粉煤灰的成分主要是活性氧化硅 SiO_2、活性氧化铝 Al_2O_3 和活性 Fe_2O_3 及一定量的CaO，根据CaO的含量可分为低钙粉煤灰（CaO含量低于10%）和高钙粉煤灰。高钙粉煤灰通常活性较高，因为所含的钙绝大多数是以活性结晶化合物存在的，如 C_3A、CS，此外，其所含的钙离子量使铝硅玻璃体的活性得到增强。

2. 掺活性混合材料的硅酸盐水泥的水化特点

掺活性混合材料的硅酸盐水泥在与水拌合后，首先是水泥熟料水化，水化生成的 $Ca(OH)_2$ 作为活性“激发剂”，与活性混合材料中的活性 SiO_2 和活性 Al_2O_3 反应，即“二次水化反应”，生成具有水硬性的水化硅酸钙和水化铝酸钙，其反应式如下：

$$xCa(OH)_2 + SiO_2 + nH_2O \longrightarrow xCaO \cdot SiO_2 \cdot (x+n)H_2O$$

$$yCa(OH)_2 + Al_2O_3 + mH_2O \longrightarrow yCaO \cdot Al_2O_3 \cdot (y+m)H_2O$$

当有石膏存在时，石膏可与上述反应生成的水化铝酸钙进一步反应生成水硬性的低钙型水化硫铝酸钙。与熟料的水化相比，“二次水化反应”具有的特点是：速度慢、水化热小、对温度和湿度较敏感。

3. 非活性混合材料

在水泥中主要起填充作用而不参与水泥水化反应或水化反应很微弱的矿物材料，称为非活性混合材料。将它们掺入水泥中的目的，主要是为了提高水泥产量，调节水泥强度等级。实际上非活性混合材料在水泥中仅起填充和分散作用，所以又称为填充性混合材料、惰性混合材料。磨细的石英砂、石灰石、黏土、慢冷矿渣及各种废渣等都属于非活性材料。另外，凡不符合技术要求的粒化高炉矿渣、火山灰质混合材料及粉煤灰均可作为非活性混合材料使用。

4.3.2 矿渣硅酸盐水泥、火山灰硅酸盐水泥、粉煤灰硅酸盐水泥

按掺加混合材料的品种和数量不同，掺混合材料硅酸盐水泥分为：普通硅酸盐水泥、矿渣硅酸盐水泥、火山灰质硅酸盐水泥、粉煤灰硅酸盐水泥、复合硅酸盐水泥等。

1. 组成

矿渣硅酸盐水泥（简称矿渣水泥），是由硅酸盐水泥熟料和粒化高炉矿渣、适量石膏磨细制成的水硬性胶凝材料，代号P·S。水泥中粒化高炉矿渣掺加量按质量百分比计为20%～70%，并分为A型和B型。A型矿渣掺量为20%～50%，代号P·S·A；B型矿渣掺量为50%～70%，代号P·S·B。允许用石灰石、窑灰、粉煤灰和火山灰质混合材料

中的一种材料代替矿渣，代替数量不得超过水泥质量的 8%，代替后水泥中粒化高炉矿渣不得少于 20%。

火山灰质硅酸盐水泥（简称火山灰水泥），是由硅酸盐水泥熟料和火山灰质混合材料、适量石膏磨细制成的水硬性胶凝材料，代号 P·P。水泥中火山灰质混合材料掺量按质量百分比计为 20%～40%。

粉煤灰硅酸盐水泥（简称粉煤灰水泥），是由硅酸盐水泥熟料和粉煤灰、适量石膏磨细制成的水硬性胶凝材料，代号 P·F。水泥中粉煤灰掺量按质量百分比计为 20%～40%。

2. 技术要求

（1）细度、凝结时间、体积安定性

细度：比表面积应大于 $300m^2/kg$。

凝结时间：初凝时间不得早于 45min，终凝时间不得迟于 600min。

体积安定性同硅酸盐水泥要求。

（2）氧化镁、三氧化硫含量

矿渣水泥、火山灰水泥、粉煤灰水泥熟料中氧化镁的含量不宜超过 5%，如果水泥经压蒸安定性试验合格，则熟料中氧化镁的含量允许放宽到 6%。

矿渣水泥中三氧化硫的含量不得超过 4.0%；火山灰水泥和粉煤灰水泥中三氧化硫的含量不得超过 3.5%。

（3）强度等级

矿渣水泥、火山灰水泥、粉煤灰水泥这三种水泥的强度等级按 3d、28d 的抗压强度和抗折强度来划分，各强度等级水泥的各龄期强度不得低于表 4-6 数值。

矿渣水泥、火山灰水泥、粉煤灰水泥各等级、各龄期强度值　　表 4-6

<table>
<tr><th rowspan="2">品种</th><th rowspan="2">强度等级</th><th colspan="2">抗压强度(MPa)</th><th colspan="2">抗折强度(MPa)</th></tr>
<tr><th>3d</th><th>28d</th><th>3d</th><th>28d</th></tr>
<tr><td rowspan="6">矿渣硅酸盐水泥、
火山灰硅酸盐水泥、
粉煤灰硅酸盐水泥、
复合硅酸盐水泥</td><td>32.5</td><td>≥10.0</td><td rowspan="2">≥32.5</td><td>≥2.5</td><td rowspan="2">≥5.5</td></tr>
<tr><td>32.5R</td><td>≥15.0</td><td>≥3.5</td></tr>
<tr><td>42.5</td><td>≥15.0</td><td rowspan="2">≥42.5</td><td>≥3.5</td><td rowspan="2">≥6.5</td></tr>
<tr><td>42.5R</td><td>≥19.0</td><td>≥4.0</td></tr>
<tr><td>52.5</td><td>≥21.0</td><td rowspan="2">≥52.5</td><td>≥4.0</td><td rowspan="2">≥7.0</td></tr>
<tr><td>52.5R</td><td>≥23.0</td><td>≥4.5</td></tr>
</table>

3. 性质与应用

矿渣水泥、火山灰水泥及粉煤灰水泥都是在硅酸盐水泥熟料的基础上加入大量活性混合材料再加适量石膏磨细而制成，所加活性混合材料在化学组成与化学活性上基本相同，因而存在很多共性，但三种活性混合材料自身又有性质与特征的差异，使得这三种水泥有各自的特性。

（1）三种水泥的共性

1）凝结硬化慢，早期强度低，后期强度发展较快

这三种水泥的水化反应分两步进行。首先是熟料矿物的水化，生成水化硅酸钙、氢氧化钙

等水化产物；其次是生成的氢氧化钙和掺入的石膏分别作为“激发剂”与活性混合材料中的活性 SiO_2 和活性 Al_2O_3 发生二次水化反应，生成水化硅酸钙、水化铝酸钙等新的水化产物。

由于三种水泥中熟料含量少，二次水化反应又比较慢，因此早期强度低，但后期由于二次水化反应的不断进行及熟料的继续水化，水化产物不断增多，使得水泥强度发展较快，后期强度可赶上甚至超过同强度等级的普通硅酸盐水泥。

2）抗软水、抗腐蚀能力强

由于水泥中熟料少，因而水化生成的氢氧化钙及水化铝酸三钙含量少，加之二次水化反应还要消耗一部分氢氧化钙，因此水泥中造成腐蚀的因素大大削弱，使得水泥抵抗软水、海水及硫酸盐腐蚀的能力增强，适宜用于水工、海港工程及受侵蚀性作用的工程。

3）水化热低

由于水泥中熟料少，即水化放热量高的 C_3A、C_3S 含量相对减少，且二次水化反应的速度慢、水化热较低，使水化放热量少且慢，因此适用于大体积混凝土工程。

4）湿热敏感性强，适宜高温养护

这三种水泥在低温下水化明显减慢，强度较低，采用高温养护可加速熟料的水化，并大大加快活性混合材料的水化速度，大幅度地提高早期强度，且不影响后期强度的发展。与此相比，普通水泥、硅酸盐水泥在高温下养护，虽然早期强度可提高，但后期强度发展受到影响，比一直在常温下养护的强度低。主要原因是硅酸盐水泥、普通水泥的熟料含量高，熟料在高温下水化速度较快，短时间内生成大量的水化产物，这些水化产物对未水化的水泥颗粒的后期水化起阻碍作用，因此硅酸盐水泥、普通水泥不适合于高温养护。

5）抗碳化能力差

由于这三种水泥的水化产物中氢氧化钙含量少，碱度较低，所以抗碳化的缓冲能力差，其中尤以矿渣水泥最为明显。

6）抗冻性差、耐磨性差

由于加入较多的混合材料，使水泥的需水量增加，水分蒸发后易形成毛细管通路或粗大孔隙，水泥石的孔隙率较大，导致抗冻性差和耐磨性差。

（2）三种水泥的特性

1）矿渣水泥

① 耐热性强。矿渣水泥中矿渣含量较大，硬化后氢氧化钙含量少，且矿渣本身又是高温形成的耐火材料，故矿渣水泥的耐热性好，适用于高温车间、高炉基础及热气体通道等耐热工程。

② 保水性差、泌水性大、干缩性大。粒化高炉矿渣难于磨得很细，加上矿渣玻璃体亲水性差，在拌制混凝土时泌水性大，容易形成毛细管通道和粗大孔隙，在空气中硬化时易产生较大干缩。

2）火山灰水泥

① 抗渗性好。火山灰混合材料含有大量的微细孔隙，不仅使其具有良好的保水性，并且在水化过程中形成大量的水化硅酸钙凝胶，使火山灰水泥的水泥石结构密实，从而具有较高的抗渗性。

② 干缩大、干燥环境中表面易“起毛”。火山灰水泥水化产物中含有大量胶体，长期处于干燥环境时，胶体会脱水产生严重的收缩，导致干缩裂缝。因此，使用时应特别注意

加强养护，使其较长时间的保持潮湿状态，以避免产生干缩裂缝。对于处在干热环境中施工的工程，不宜使用火山灰水泥。

3）粉煤灰水泥

① 干缩性小、抗裂性高。粉煤灰呈球形颗粒，比表面积小，吸附水的能力小，因而这种水泥的干缩性小、抗裂性高，但致密的球形颗粒，保水性差、易泌水。

② 早期强度低、水化热低。粉煤灰由于内比表面积小，不易水化，所以活性主要在后期发挥。因此，粉煤灰水泥早期强度、水化热比矿渣水泥和火山灰水泥还要低，特别适用于大体积混凝土工程。

知识链接

某工程工期较短，现有强度等级同为 42.5 的硅酸盐水泥和矿渣水泥可选用。从有利于完成工期的角度来看，选用哪种水泥更为有利？

相同强度等级的硅酸盐水泥与矿渣水泥其 28d 强度指标是相同的，但 3d 的强度指标是不同的。矿渣水泥的 3d 抗压强度、抗折强度低于同强度等级的硅酸盐水泥，硅酸盐水泥早期强度高，若其他性能均可满足需要，那么从缩短工程工期来看选用硅酸盐水泥更为有利。

4.3.3 普通硅酸盐水泥

1. 组成

由硅酸盐水泥熟料、混合材料、适量石膏磨细制成的水硬性胶凝材料，称为普通硅酸盐水泥（简称普通水泥），代号 P·O。活性混合材料掺加量为 5%～20%，其中允许用不超过水泥质量 8%且符合《通用硅酸盐水泥》GB 175—2023 标准的非活性混合材料或不超过水泥质量 5%且符合《通用硅酸盐水泥》GB 175—2023 标准的窑灰代替。

2. 技术要求

《通用硅酸盐水泥》GB 175—2023 对普通水泥的技术要求如下：

（1）细度：比表面积应大于 $300m^2/kg$，$80\mu m$ 方孔筛筛余百分数不得超过 10%；

（2）凝结时间：初凝不得早于 45min，终凝不得迟于 10h；

（3）强度和强度等级：根据 3d 和 28d 龄期的抗折和抗压强度，将普通硅酸盐水泥划分为 42.5、42.5R、52.5、52.5R 四个强度等级。各强度等级水泥的各龄期强度不得低于国家标准规定的数值。

普通水泥的体积安定性、氧化镁含量、二氧化碳含量等其他技术要求与硅酸盐水泥相同。

在应用范围方面，与硅酸盐水泥基本相同，甚至在一些不能用硅酸盐水泥的地方也可采用普通水泥，使得普通水泥成为建筑行业应用面最广、使用量最大的水泥品种。

4.3.4 复合硅酸盐水泥

复合硅酸盐水泥（简称复合水泥）是由硅酸盐水泥熟料、两种或两种以上规定的混合材料、适量石膏磨细制成的水硬性胶凝材料，代号 P·C。水泥中混合材料总掺加量按质量百分比计＞20%且≤50%。水泥中允许用不超过 8%的窑灰代替部分混合材料；掺矿渣时混合材料掺量不得与矿渣硅酸盐水泥重复。

复合硅酸盐水泥中氧化镁含量、三氧化硫含量、细度、凝结时间、安定性、强度等级等指标同矿渣硅酸盐水泥、火山灰硅酸盐水泥、粉煤灰硅酸盐水泥。复合硅酸盐水泥与矿渣硅酸盐水泥、火山灰硅酸盐水泥、粉煤灰硅酸盐水泥相比，掺混合材料种类不是一种而是两种或两种以上，多种混合材料互掺，可弥补一种混合材料性能的不足，明显改善水泥的性能，适用范围更广。

4.4 水泥的选用、验收、储存及保管

水泥作为建筑材料中最重要的材料之一，在工程建设中发挥着巨大的作用。正确选择、合理使用水泥，严格质量验收并且妥善保管就显得尤为重要，是确保工程质量的重要措施。

4.4.1 水泥的选用

4-3 水泥的验收、储存及保管

水泥的选用包括水泥品种的选择和强度等级的选择两方面。强度等级应与所配制的混凝土或砂浆的强度等级相适应，在此重点考虑水泥品种的选择。

1. 按环境条件选择水泥品种

环境条件主要指工程所处的外部条件，包括环境的温度、湿度及周围所存在的侵蚀性介质的种类及浓度等。如严寒地区的露天混凝土应优先选用抗冻性较好的硅酸盐水泥、普通水泥，而不得选用矿渣水泥、粉煤灰水泥、火山灰水泥，若环境具有较强的侵蚀性介质时，应选用掺混合材料的水泥，而不宜选用硅酸盐水泥。

2. 按工程特点选择水泥品种

冬期施工及有早期强度要求的工程应优先选用硅酸盐水泥，而不得使用掺混合材料的水泥；对大体积混凝土工程如：大坝、大型基础、桥墩等，应优先选用水化热较小的低热矿渣水泥和中热硅酸盐水泥，不得使用硅酸盐水泥；有耐热要求的工程如：工业窑炉、冶炼车间等，应优先选用耐热性较高的矿渣水泥、铝酸盐水泥；军事工程、紧急抢修工程等，应优先选用快硬水泥、双快水泥；修筑道路路面、飞机跑道等，应优先选用道路水泥。

4.4.2 水泥取样方法及检验

1. 水泥的编号和取样

水泥出厂前按同品种、同强度等级编号和取样。袋装水泥和散装水泥应分别进行编号和取样。每一编号为一取样单位。水泥出厂编号按年生产能力规定为：

200×10^4t 以上，不超过 4000t 为一编号；

120×10^4t～200×10^4t，不超过 2400t 为一编号；
60×10^4t～120×10^4t，不超过 1000t 为一编号；
30×10^4t～60×10^4t，不超过 600t 为一编号；
10×10^4t～30×10^4t，不超过 400t 为一编号；
10×10^4t 以下，不超过 200t 为一编号。

2. 取样

取样方法按《水泥取样方法》GB/T 12573—2008 进行。可连续取，亦可从 20 个以上不同部位取等量样品，总量至少 12kg。

当散装水泥运输工具的容量超过该厂规定出厂编号吨数时，允许该编号的数量超过取样规定吨数。水泥出厂后到施工现场时，应对同品种、同强度等级水泥进行编号取样，水泥取样单位一般不超过 200t，不足 200t 时也按一个取样单位计。水泥试样应从不同堆放部位的 20 袋中各抽取相等量样品，总质量至少 12kg，在取样时，应取具有代表性的样品，送至检测部门检验。

3. 品种验收

水泥袋上应清楚标明：产品名称，代号，净含量，强度等级，生产许可证编号，生产者名称和地址，出厂编号，执行标准号，包装年、月、日。掺火山灰质混合材料的普通水泥还应标上“掺火山灰”字样，包装袋两侧应印有水泥名称和强度等级，硅酸盐水泥和普通硅酸盐水泥的印刷采用红色，矿渣水泥的印刷采用绿色，火山灰、粉煤灰水泥和复合水泥采用黑色或蓝色。

（1）数量验收

水泥可以袋装或散装，袋装水泥每袋净含量 50kg，且不得少于标志质量的 99%；随机抽取 20 袋总质量不得少于 1000kg，其他包装形式由双方协商确定，但有关袋装质量要求，必须符合上述原则规定。

（2）质量验收

水泥出厂前应按品种、强度等级和编号取样试验，袋装水泥和散装水泥应分别进行编号和取样，取样应有代表性，可连续取，亦可从 20 个以上不同部位取等量样品，总量至少 12kg。

交货时水泥的质量验收可抽取实物试样以其检验结果为依据，也可以采用水泥厂同编号水泥的检验报告为依据。采取何种方法验收由双方商定，并在合同或协议中注明。

以抽取实物试样的检验结果为验收依据时，买卖双方应在发货前或交货地共同取样和签封，取样数量 20kg，缩分为二等分。一份由卖方保存 40d，一份由买方按标准规定的项目和方法进行检验。在 40d 内买方检验认为水泥质量不符合标准要求时，可将卖方保存的一份试样送水泥质量监督检验机构进行仲裁检验。

以水泥厂同编号水泥的检验报告为验收依据时，在发货前或交货时买方在同编号水泥中抽取试样，双方共同签封后保存三个月；或委托卖方在同编号水泥中抽取试样，签封后保存三个月。在三个月内，买方对水泥质量有疑问时，则买卖双方应将签封的试样送省级或省级以上国家认可的水泥质量监督检验机构进行仲裁检验。

4. 结论

在检验水泥过程中，凡细度、终凝时间、不溶物和烧失量中的任何一项不符合《通用硅酸盐水泥》GB 175—2023 标准规定或混合材料的掺量最大限度和强度低于商品强度等级指标时，为不合格品，水泥包装标志中水泥品种、强度等级、生产名称和出厂编号不全的也属于不合格品。凡氧化镁、三氧化硫、初凝时间、安定性中的任何一项不符合标准规定者均为废品。

4.4.3 水泥的储存与保管

水泥在保管时，应按不同生产厂、不同品种、强度等级和出厂日期分开堆放，严禁混杂；在运输及保管时要注意防潮和防止空气流动，先存先用，不可储存过久。若水泥保管不当会使水泥因风化而影响水泥正常使用，甚至会导致工程质量事故。

1. 水泥的风化

水泥中的活性矿物与空气中的水分、二氧化碳发生反应，而使水泥变质的现象，称为风化。

水泥中各熟料矿物都能与水发生剧烈反应，这种趋于水解和水化的能力称为水泥的活性。具有活性的水泥在运输和储存的过程中，易吸收空气中的水及 CO_2，使水泥受潮而成粒状或块状，过程如下：

水泥中的游离氧化钙、硅酸三钙吸收空气中的水分发生水化反应，生成氢氧化钙，氢氧化钙又与空气中的二氧化碳反应，生成碳酸钙并释放出水。这样的连锁反应使水泥受潮加快，受潮后的水泥活性降低、凝结迟缓，强度降低，通常水泥强度等级越高，细度越细，吸湿受潮也越快。在正常储存条件下，储存 3 个月，强度降低约 10%～25%；储存 6 个月，强度降低约 25%～40%。因此规定，常用水泥储存期为 3 个月，铝酸盐水泥为 2 个月，双快水泥不宜超过 1 个月，过期水泥在使用时应重新检测，按实际强度使用。

水泥一般应入库存放。水泥仓库应保持干燥，库房地面应高出室外地面 30cm，离开窗户和墙壁 30cm 以上，袋装水泥堆垛不宜过高，以免下部水泥受压结块，一般为 10 袋，如存放时间短，库房紧张，也不宜超过 15 袋；袋装水泥露天临时储存时，应选择地势高、排水条件好的场地，并认真做好上盖下垫，以防水泥受潮。若使用散装水泥，可用铁皮水泥罐仓或散装水泥库存放。

2. 受潮水泥处理

受潮水泥处理参见表 4-7。

受潮水泥的处理　　表 4-7

受潮程度	处理方法	使用方法
有松块、小球，可以捏成粉末，但无硬块	将松块、小球等压成粉末，同时加强搅拌	经试验按实际强度等级使用
部分结成硬块	筛除硬块，并将松块压碎	经试验依实际强度使用 用于不重要、受力小的部位 用于砌筑砂浆
硬块	将硬块压成粉末，换取 25%硬块重量的新鲜水泥做强度试验	经试验按实际强度等级使用

4.5 其他品种水泥

4.5.1 快硬硅酸盐水泥

以硅酸盐水泥熟料和适量石膏磨细制成的，以 3d 抗压强度表示强度等级的水硬性胶凝材料，称为快硬硅酸盐水泥，简称快硬水泥。

快硬水泥生产方法与硅酸盐水泥基本相同，只是适当增加了 C_3S 和 C_3A 含量，C_3S 含量在 50%～60%，C_3A 含量在 8%～14%。也可只提高 C_3S 含量而不提高 C_3A 含量。为保证熟料煅烧良好，生料要求均匀，比表面积大。生料细度要求 0.08mm，方孔筛筛余小于 5%，水泥比表面积一般控制在 330～450m^2/kg。同时适当增加石膏掺量，使之硬化时形成较多的钙矾石，以利于水泥强度的发展，SO_3 含量一般为 3%～3.5%。

1. 技术要求

（1）细度：快硬水泥的细度用筛余百分数来表示，其值不得超过 10%；

（2）凝结时间：初凝时间不得早于 45min，终凝时间不得迟于 10h；

（3）体积安定性：用沸煮法检验必须合格；

（4）强度和强度等级：快硬水泥按照 3d、7d、28d 的抗压强度、抗折强度，以 3 天抗压强度划分为 32.5、37.5、42.5 三个强度等级，各龄期强度不得低于表 4-8 中的数值。

快硬水泥各龄期强度值　　表 4-8

强度等级	抗压强度(MPa)			抗折强度(MPa)		
	1d	3d	28d	1d	3d	28d
32.5	15.0	32.5	52.5	3.5	5.0	7.2
37.5	17.0	37.5	57.5	4.0	6.0	7.6
42.5	19.0	42.5	62.5	4.5	6.4	8.0

2. 性质

（1）凝结硬化快，但干缩性较大；

（2）早期强度及后期强度均高，抗冻性好；

（3）水化热大，耐腐蚀性差。

3. 应用

主要用于紧急抢修工程、军事工程、冬期施工和混凝土预制构件。但不能用于大体积混凝土工程及经常与腐蚀介质接触的混凝土工程。此外，由于快硬水泥细度大、易受潮变质，故在运输和储存中应注意防潮，一般储存期不宜超过一个月，已风化的水泥必须对其性能重新检验，合格后方可使用。

4.5.2 明矾石膨胀水泥

膨胀水泥在硬化过程中能产生一定体积的膨胀，由于这一过程发生在浆体完全硬化之前，所以能使水泥石结构密实而不致破坏。膨胀水泥根据膨胀率大小和用途不同，可分为膨胀水泥（自应力<2.0MPa）和自应力水泥（自应力≥2.0MPa）。膨胀水泥用于补偿一般硅酸盐水泥在硬化过程中产生的体积收缩或有微小膨胀；自应力水泥实质上是一种依靠水泥本身膨胀而产生预应力的水泥。在钢筋混凝土中，钢筋约束了水泥膨胀而使水泥混凝土承受了预压应力，这种预压应力能使其免于产生内部微裂缝，当其值较大时，还能抵消一部分因外界因素所产生的拉应力，从而有效地改善混凝土抗拉强度低的缺陷。

1. 定义

明矾石膨胀水泥是以硅酸盐水泥熟料、铝质熟料、石膏和粒化高炉矿渣（或粉煤灰）共同磨细制成的具有膨胀性能的水硬性胶凝材料，称为明矾石膨胀水泥，代号 A・EC。

明矾石膨胀水泥加水后，其硅酸盐水泥熟料中的矿物水化生成的 $Ca(OH)_2$ 和 C_3AH_6，分别同明矾石 $K_2SO_4 \cdot Al_2(SO_4)_3 \cdot 2Al_2O_3 \cdot 6H_2O$、石膏作用生成大量体积膨胀性的钙矾石 $3CaO \cdot Al_2O_3 \cdot 3CaSO_4 \cdot 32H_2O$，填充于水泥石中的毛细孔中，并与水化硅酸钙相互交织在一起，使水泥石结构密实，这就是明矾石水泥具有强度高和抗渗性好的主要原因。明矾石膨胀水泥的膨胀源均来自于生成的钙矾石。调整各种组成的配合比，控制生成钙矾石的数量，可以制得不同膨胀值的膨胀水泥。

2. 技术要求

根据《明矾石膨胀水泥》JC/T 311—2004 规定：

（1）比表面积：比表面积不低于 $400m^2/kg$；

（2）凝结时间：初凝时间不早于 45min，终凝时间不迟于 6h；

（3）膨胀率：对于明矾石膨胀水泥要求 3d 不小于 0.015%、28d 不大于 0.1%；

（4）强度：按 3d、7d、28d 的抗压强度、抗折强度，将明矾石膨胀水泥划分为 32.5、42.5、52.5 三个强度等级，各等级、各龄期强度不得低于表 4-9 中的数值。

明矾石膨胀水泥的强度要求　　表 4-9

强度等级	抗压强度(MPa)			抗折强度(MPa)		
	3d	7d	28d	3d	7d	28d
32.5	13	21	32.5	3.0	4.0	6.0
42.5	17	27	42.5	3.5	5.0	7.5
52.5	23	33	52.5	4.0	5.5	8.5

3. 性质

明矾石膨胀水泥在约束膨胀下（如内部配筋或外部限制）能产生一定的预应力，从而提高混凝土和砂浆的抗裂能力，满足补偿收缩的要求，可减少或防止混凝土和砂浆的开裂。该水泥强度高，后期强度持续增长，空气稳定性良好。与钢筋有良好的粘结力，其原因主要是产生的膨胀力转化为化学压力，从而提高粘结力。

4. 应用

明矾石膨胀水泥主要用于可补偿收缩混凝土工程、防渗抹面及防渗混凝土（如各种地下建筑物、地下铁道、储水池、道路路面等），构件的接缝，梁、柱和管道接头，固定机器底座和地脚螺栓等。

4.5.3　砌筑水泥

1. 定义

砌筑水泥是由一种或一种以上活性混合材料或具有水硬性的工业废料为主要原料，加入适量硅酸盐水泥熟料和石膏，经磨细制成的水硬性胶凝材料，代号 M。这种水泥的强度较低，不能用于钢筋混凝土或结构混凝土，主要用于工业与民用建筑的砌筑和抹面砂浆、垫层混凝土等。

2. 技术要求

根据国家标准《砌筑水泥》GB/T 3183—2017。

（1）细度：80μm 方孔筛筛余不大于 10%；

（2）凝结时间：初凝时间不早于 60min，终凝时间不迟于 12h；

（3）安定性：用煮沸法检验，应合格；

（4）强度：砌筑水泥分为 12.5、22.5 和 32.5 三个强度等级，其中 28d 抗压强度分别不低于 12.5MPa、22.5MPa、32.5MPa；12.5、22.5 强度等级的水泥 7d 抗压强度分别不低于 7.0MPa 及 10.0MPa；32.5 强度等级的水泥 3d 抗压强度不低于 10.0MPa。

3. 应用

主要用于配置砌筑砂浆、抹面砂浆、基础垫层混凝土。

4.6 水泥性能试验

4.6.1　水泥细度测定（筛析法）

1. 试验目的

通过试验来检验水泥的粗细程度，作为评定水泥质量的依据之一；掌握筛析法的试验方法，正确使用所用仪器与设备，并熟悉其性能。

2. 负压筛法

主要仪器设备：试验筛、负压筛析仪和天平。

试验步骤：

（1）筛析试验前，应把负压筛放在筛座上，盖上筛盖，接通电源，检查控制系统，调节负压至 4000～6000Pa 范围内。

（2）称取试样 25g，置于洁净的负压筛中。盖上筛盖，放在筛座上，开动筛析仪连续筛析 2min，在此期间如有试样附着筛盖上，可轻轻地敲击，使试样落下。筛毕，用天平称量筛余物。

（3）当工作负压小于 4000Pa 时，应清理吸尘器内水泥，使负压恢复正常。

3. 水筛法

（1）筛析试验前，应检查水中无泥、砂，调整好水压及水筛架的位置，使其能正常运转。喷头底面和筛网之间的距离为 35～75mm。

（2）称取试样 50g，置于洁净的水筛中，立即用洁净的水冲洗至大部分细粉通过后，放在水筛架上，用水压为（0.05±0.02）MPa 的喷头连续冲洗 3min。

（3）筛毕，用少量水把筛余物冲至蒸发皿中，等水泥颗粒全部沉淀后小心将水倾出，烘干并用天平称量筛余物。

4. 试验结果计算

水泥细度按试样筛余百分数（精确至 0.1%）计算，按下式计算。

$$F=\frac{R_s}{W}\times 100\% \tag{4-1}$$

式中　F——水泥试样的筛余百分数（%）；

R_s——水泥筛余物的质量（g）；

W——水泥试样的质量（g）。

4.6.2　水泥标准稠度用水量试验

1. 试验目的

通过试验测定水泥净浆达到水泥标准稠度（统一规定的浆体可塑性）时的用水量，作为水泥凝结时间、安定性试验用水量之一；掌握水泥标准稠度用水量的试验方法，正确使用仪器设备，并熟悉其性能。

2. 标准法

主要仪器设备：水泥净浆搅拌机、标准稠度及凝结时间测定仪（图 4-5）、天平、量筒。

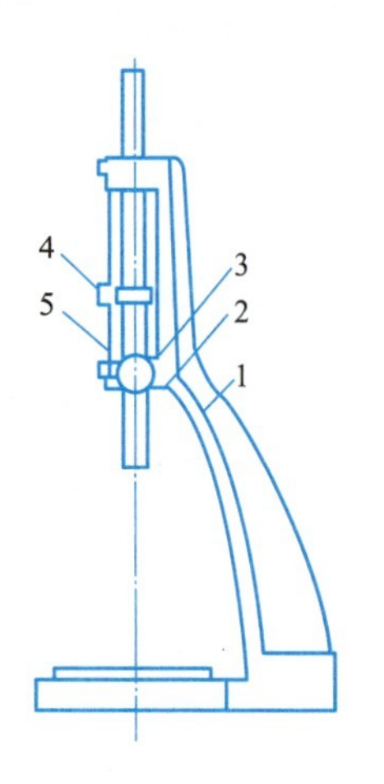

图 4-5　标准稠度及凝结时间测定仪

1—支架铁座；2—试杆；3—松紧螺栓；4—支杆；5—标尺

试验方法及步骤：

（1）试验前检查：仪器金属棒应能自由滑动，搅拌机运转正常等。

（2）调零点：将标准稠度试杆装在金属棒下，调整至试杆接触玻璃板时指针对准零点。

（3）水泥净浆制备：用湿布将搅拌锅和搅拌叶片擦一遍，将拌合用水倒入搅拌锅内，然后在 5～10s 内小心将称量好的 500g 水泥试样加入水中（按经验找水）；拌合时，先将锅放到搅拌机锅座上，升至搅拌位置，启动搅拌机，慢速搅拌 120s，停拌 15s，同时将叶片和锅壁上的水泥浆刮入锅中，接着快速搅拌 120s 后停机。

（4）标准稠度用水量的测定：拌合完毕，立即将水泥净浆一次装入已置于玻璃板上的圆模内，用小刀插捣、振动数次，刮去多余净浆；抹平后迅速放到维卡仪上，并将其中心定在试杆下，降低试杆直至与水泥净浆表面接触，拧紧螺栓，然后突然放松，让试杆自由沉入净浆中。升起试杆后立即擦净。整个操作应在搅拌后 1.5min 内完成。

以试杆沉入净浆并距底板（6±1)mm 的水泥净浆为标准稠度净浆。其拌合用水量为该水泥的标准稠度用水量（P），按水泥质量的百分比计，按下式计算。

$$P=\frac{\text{拌合水用量}}{\text{水泥用量}}\times 100\% \tag{4-2}$$

3. 代用法

（1）仪器设备检查：稠度仪金属滑杆能自由滑动，搅拌机能正常运转等。

（2）调零点：将试锥降至锥模顶面位置时，指针应对准标尺零点。

（3）水泥净浆制备：同标准法。

（4）标准稠度的测定：有固定水量法和调整水量法两种，可选用任一种测定，如有争议时以调整水量法为准。

水泥净浆的拌制：水泥净浆用净浆搅拌机搅拌，搅拌锅和搅拌叶片先用湿棉布擦过，将称好的 500g 水泥试样倒入搅拌锅内。拌合时，先将锅放到搅拌机锅座上，升至搅拌位置，开动机器，同时徐徐加入拌合水，慢速搅拌 120s 后停拌 15s，接着快速搅拌 120s 后停机。

固定水量法：拌合用水量为 142.5mL。拌合结束后，立即将拌合好的净浆装入锥模，用小刀插捣，振动数次，刮去多余净浆；抹平后放到试锥下面的固定位置上，调整金属棒使锥尖接触净浆并固定松紧螺栓 1～2s，然后突然放松，让试锥垂直自由地沉入水泥净浆中。在试锥停止下沉或释放试锥时记录试锥下沉深度（S）。整个操作应在搅拌后 1.5min 内完成。

调整水量法：拌合用水量按经验加水。拌合结束后，立即将拌合好的净浆装入锥模，用小刀插捣、振动数次，刮去多余净浆；抹平后放到试锥下面的固定位置上，调整金属棒使锥尖接触净浆并固定松紧螺栓 1～2s，然后突然放松，让试锥垂直自由地沉入水泥净浆中。当试锥下沉深度为（28±2）mm 时的净浆为标准稠度净浆，其拌合用水量即为标准稠度用水量（P），按水泥质量的百分比计。

4. 试验结果计算

（1）标准法

以试杆沉入净浆并距底板（6±1）mm 的水泥净浆为标准稠度净浆。其拌合用水量为该水泥的标准稠度用水量（P），以水泥质量的百分比计，按下式计算。

$$P=\frac{\text{拌合用水量}}{\text{水泥用量}}\times 100\% \tag{4-3}$$

（2）代用法

1）用固定水量方法测定时，根据测得的试锥下沉深度 S，可从仪器上对应标尺读出标准稠度用水量（P）或按经验公式（4-4）计算其标准稠度用水量（P）。

$$P=33.4-0.185S \tag{4-4}$$

当试锥下沉深度小于 13mm 时，应改用调整水量方法测定。

2）用调整水量方法测定时，以试锥下沉深度为（28±2）mm时的净浆为标准稠度净浆，其拌合用水量为该水泥的标准稠度用水量（P），以水泥质量百分数计，计算公式同标准法。

如下沉深度超出范围，须另称试样，调整水量，重新试验，直至达到（28±2）mm为止。

4.6.3 水泥凝结时间的测定试验

1. 试验目的

测定水泥达到初凝和终凝所需的时间（凝结时间以试针沉入水泥标准稠度净浆至一定深度所需时间表示），用以评定水泥的质量。掌握《水泥标准稠度用水量、凝结时间、安定性检验方法》GB/T 1346—2011的试验方法，正确使用仪器设备。

2. 主要仪器设备

标准法维卡仪、水泥净浆搅拌机、湿气养护箱。

3. 试验步骤

（1）试验前准备：将圆模内侧稍涂上一层机油，放在玻璃板上，调整维卡仪的试针接触玻璃板时，指针应对准标准尺零点。

（2）以标准稠度用水量的水，按测量标准稠度用水量的方法制成标准稠度水泥净浆后，立即一次装入圆模振动数次刮平，然后放入湿汽养护箱内，记录开始加水的时间作为凝结时间的起始时间。

（3）试件在湿气养护箱内养护至加水后30min时进行第一次测定。测定时，从养护箱中取出圆模放到试针下，使试针与净浆面接触，拧紧螺栓1～2s后突然放松，试针垂直自由沉入净浆，观察试针停止下沉时指针的读数。临近初凝时，每隔5min测定一次，当试针沉至距底板2～3mm即为水泥达到初凝状态。从水泥全部加入水中至初凝状态的时间即为水泥的初凝时间，用“min”表示。

（4）初凝测出后，立即将试模连同浆体以平移的方式从玻璃板上取下，翻转180°，直径大端向上、小端向下，放在玻璃板上，再放入湿气养护箱中养护。

（5）取下测初凝时间的试针，换上测终凝时间的试针。

（6）临近终凝时间每隔15min测一次，当试针沉入净浆0.5mm时，即环形附件不能在净浆表面留下痕迹时，即为水泥的终凝时间。

（7）由开始加水至初凝、终凝状态的时间分别为该水泥的初凝时间和终凝时间，用小时（h）和分钟（min）表示。

（8）在测定时应注意，最初测定操作时应轻轻扶持金属棒，使其徐徐下降，防止撞弯试针，但结果以自由下沉为准；在整个测试过程中试针沉入净浆的位置距圆模至少大于10mm；每次测定完毕需将试针擦净并将圆模放入养护箱内，测定过程中要防止圆模受振；每次测量时不能让试针落入原针孔，测得结果应以两次都合格为准。

4. 试验结果的确定与评定

（1）自加水起至试针沉入净浆中距底板2～3mm时，所需的时间为初凝时间；至试针沉入净浆中不超过0.5mm（环形附件不能在净浆表面留下痕迹）时所需的时间为终凝时间；用小时（h）和分钟（min）来表示。

（2）达到初凝或终凝状态时应立即重复测一次，当两次结论相同时才能确定为达到初凝或终凝状态。

评定方法：将测定的初凝时间、终凝时间结果，与国家规范中的凝结时间相比较，可判断其是否合格。

4.6.4　水泥安定性的测定试验

1. 试验目的

安定性是指水泥硬化后体积变化的均匀性情况。通过试验应掌握试验方法，正确评定水泥的体积安定性。

安定性的测定方法有雷氏法和试饼法，有争议时以雷氏法为准。

2. 主要仪器设备

沸煮箱、雷氏夹（图 4-6）、雷氏夹膨胀值测定仪（图 4-7）、其他同标准稠度用水量试验。

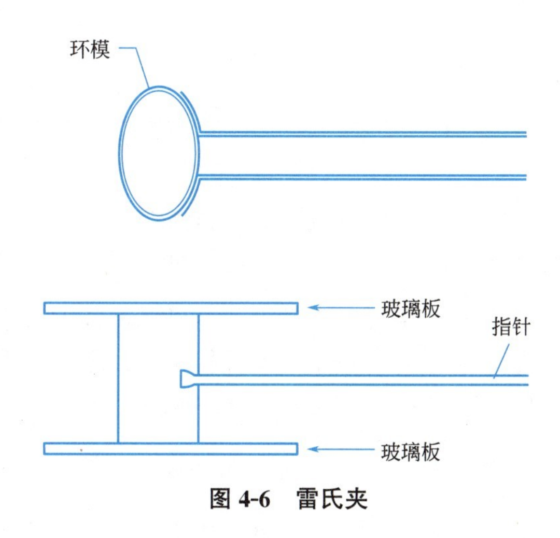

图 4-6　雷氏夹

3. 试验方法及步骤

（1）测定前的准备工作

若采用试饼法时，一个样品需要准备两块约 100mm×100mm 的玻璃板；若采用雷氏法，则每个雷氏夹需配备质量约为 75～85g 的玻璃板两块。凡与水泥净浆接触的玻璃板和雷氏夹表面都要稍涂一薄层机油。

（2）水泥标准稠度净浆的制备

以标准稠度用水量加水，按前述方法制成标准稠度水泥净浆。

（3）成型方法

试饼成型：将制好的净浆取出一部分分成两等份，使之成为球形，放在预先准备好的玻璃板上，轻轻振动玻璃板，并将用湿布擦过的小刀由边缘向中间抹动，做成直径为 70～80mm、中心厚约 10mm、边缘渐薄、表面光滑的试饼，然后将试饼放入湿汽养护箱内养护（24±2)h。

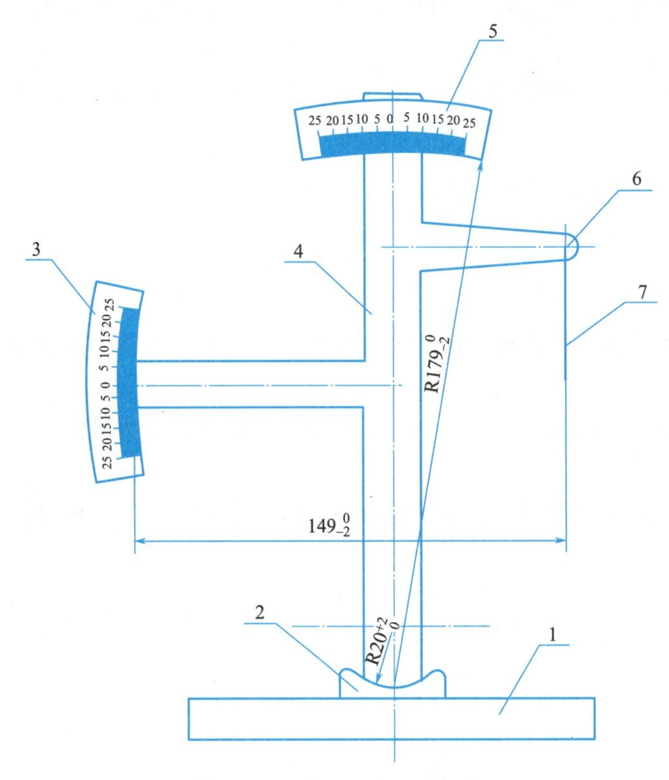

图 4-7　雷氏夹膨胀值测定仪

1—底座；2—模子座；3—测弹性标尺；4—立柱；5—测膨胀值标尺；6—悬臂；7—悬丝

雷氏夹试件的制备：将预先准备好的雷氏夹放在已稍擦油的玻璃板上，并立即将已制好的标准稠度净浆装满试模，装模时一只手轻轻扶持试模，另一只手用宽约 10mm 的小刀插捣 15 次左右，然后抹平，盖上稍涂油的玻璃板，接着立即将试模移至湿汽养护箱内养护（24±2)h。

（4）沸煮

调整沸煮箱内的水位，使试件能在整个沸煮过程中浸没在水里，并确保在煮沸的中途不需添补试验用水，同时又保证能在（30±5）min 内升至沸腾。

脱去玻璃板取下试件，首先测量雷氏夹指针尖端间的距离（*A*），精确到 0.5mm，其次将试件放入沸煮箱水中的试件架上，指针朝上，试件之间互不交叉，最后在（30±5）min 内加热至沸，并恒沸 3h±5min。

沸煮结束，即放掉箱中的热水，打开箱盖，待箱体冷却至室温，取出试件进行判别。

4. 试验结果的判别

试饼法判别：目测试饼未发现裂缝，用直尺检查也没有弯曲时，则水泥的安定性合格，反之为不合格。若两个判别结果有矛盾时，该水泥的安定性为不合格。

雷氏夹法判别：测量试件指针尖端间的距离（*C*），记录至小数点后 1 位，当 2 个试件沸煮后增加距离（*C*−*A*）的平均值不大于 5.0mm 时，即认为该水泥安定性合格，否则为不合格。当 2 个试件沸煮后的（*C*−*A*）超过 4.0mm 时，应用同一样品立即重做一次试验，若仍超过 4.0mm，则认为该水泥安定性不合格。

知识拓展

拉林铁路——人类交通史上建设难度最大的铁路之一

拉林铁路是川藏铁路的先期工程，这是人类交通史上建设难度最大的铁路之一（图 4-8）。全长超 400 公里的拉林铁路，桥梁和隧道长度就占 70%以上，不仅穿越了地球上地质活动最剧烈的横断山区，还多次跨越世界落差最大的雅鲁藏布江，水泥作为重要的建筑材料，在桥梁和隧道等建设领域中发挥着不可替代的作用。

图 4-8 拉林铁路

拉林铁路的建成将推进“世界屋脊”大运力、全天候的运输大通道形成，为西藏融入和服务新发展格局带来新机遇。同时为中国西部大开发战略，完善路网布局、增强民族团结、维护国家安全起到巨大的促进作用，使西藏的交通迈上一个新的台阶，成为一条逐梦“新天路”，对西部地区今后的战略发展意义深远。

单元总结

水泥属于水硬性胶凝材料，本单元重点介绍了通用水泥的特性及应用。硅酸盐水泥的生产过程可以概括为“两磨一烧”，其熟料中有四种矿物成分，影响水泥的水化特性及凝结时间，生产水泥时掺入适量石膏可以起到缓凝剂的作用。硅酸盐水泥的技术要求应满足国家标准《通用硅酸盐水泥》GB 175—2023 的规定，本单元重点介绍了细度、凝结时间、体积安定性、强度及等级等指标，掺加了一定量的混合材料的硅酸盐水泥在性能和应用上和硅酸盐水泥会有一定的区别，应注意区分。另外，本单元还介绍了关于水泥的选用、试验、储存及保管等内容以及建筑工程上常用的其他品种的水泥的特性及应用。

习 题

一、填空题

1. 硅酸盐水泥熟料组成有________、________、________、________四种。

2. 普通硅酸盐水泥、矿渣硅酸盐水泥、火山灰质硅酸盐水泥、粉煤灰硅酸盐水泥的代号分别为________、________、________、________。

3. 生产硅酸盐水泥时，必须掺入适量的石膏，其目的是________________________。

4. 水泥的技术要求包括氧化镁含量、________、烧失物、不溶物、细度、________、安定性、________。

5. 国家标准规定：硅酸盐水泥的初凝时间不得早于____________，终凝时间不得迟于____________。

6. 国家标准规定：普通硅酸盐水泥的初凝时间不得早于________，终凝时间不得迟于________。

7. 硅酸盐水泥的强度等级有________、________、________、________、________、________，其中R型水泥为________。

8. 矿渣水泥、粉煤灰水泥和火山灰水泥的强度等级有________、________、________、和________、________、________。其中R型水泥为________，主要是其________d强度较高。

9. 通用水泥的强度是根据________天与________天的________强度与________强度划分的等级。

10. 国家标准规定，水泥安定性用________法检验必须________________________。

11. 硅酸三钙的简写是________，硅酸二钙的简写是________。

12. 在硅酸盐水泥的四种矿物熟料中，水化热最小的是__________，水化热最大的是__________。

13. 由硅酸盐水泥熟料，0%～5%石灰石或粒化高炉矿渣、适量石膏磨细制成的水硬性胶凝材料，称为________。

14. 从水泥加水拌合开始至水泥标准稠度的净浆开始失去可塑性所需的时间为水泥的________时间，从水泥加水拌合开始至水泥标准稠度的净浆完全失去可塑性所需的时间为水泥的________时间。

15. 水泥的体积安定性是指水泥在凝结硬化过程中体积变化的________。

16. 测定水泥抗压和抗折强度试件的尺寸是________。

17. 火山灰水泥的代号为________，其终凝时间________。

18. ________水泥特别适用于大体积工程。

19. ________水泥特别适用于高温车间、高炉基础及热气体通道等工程。

20. ________水泥特别适用于抗渗工程。

二、单选题

1. 对于通用水泥，下列性能中（　　）不符合标准规定为废品。

A. 终凝时间　　B. 混合材料掺量　　C. 体积安定性　　D. 包装标志

2. 国家标准规定，通用水泥的初凝时间不早于（　　）。

A. 10h　　B. 6.5h　　C. 45min　　D. 1h

3. 有硫酸盐腐蚀的混凝土工程应优先选用（　　）水泥。

A. 硅酸盐　　B. 普通　　C. 矿渣　　D. 高铝

4. 国家标准规定，普通硅酸盐水泥的终凝时间（　　）h。

A. 不早于 10　　B. 不迟于 10　　C. 不早于 6.5　　D. 不迟于 6.5

5. 在生产水泥时必须掺入适量石膏是为了（　　）。

A. 提高水泥产量　　B. 延缓水泥凝结时间

C. 防止水泥石产生腐蚀　　D. 提高强度

6. 在硅酸盐水泥熟料的四种主要矿物组成中（　　）水化反应速度最快。

A. C_2S　　B. C_3S　　C. C_3A　　D. C_4AF

7. 在硅酸盐水泥熟料的四种主要矿物组成中（　　）水化反应速度最慢。

A. C_2S　　B. C_3S　　C. C_3A　　D. C_4AF

8. 对于高强混凝土工程最适宜选择（　　）水泥。

A. 普通　　B. 硅酸盐　　C. 矿渣　　D. 粉煤灰

9. 由硅酸盐水泥熟料，6%～15%石灰石或粒化高炉矿渣、适量石膏磨细制成的水硬性胶凝材料，称为（　　）。

A. 硅酸盐水泥　　B. 普通硅酸盐水泥

C. 矿渣硅酸盐水泥　　D. 石灰石硅酸盐水泥

10. 对于大体积混凝土工程最适宜选择（　　）水泥。

A. 普通　　B. 硅酸盐　　C. 矿渣　　D. 快凝快硬

11. 通用水泥的储存期一般不宜过长，一般不超过（　　）。

A. 一个月　　B. 三个月　　C. 六个月　　D. 一年

12. 硅酸盐水泥的细度指标是（　　）。

A. 0.08mm 方孔筛筛余量　　B. 0.2mm 方孔筛筛余量

C. 细度　　D. 比表面积

13. 水泥石产生腐蚀的内因是：水泥石中存在大量（　　）结晶。

A. C—S—H　　B. $Ca(OH)_2$　　C. CaO　　D. 环境水

14. 紧急抢修工程宜选用（　　）。

A. 硅酸盐水泥　　B. 普通硅酸盐水泥

C. 矿渣硅酸盐水泥　　D. 石灰石硅酸盐水泥

15. 有一组建材试件，试件的尺寸为 40mm×40mm×160mm，根据它们的尺寸应是（　　）试件。

A. 水泥胶砂　　B. 混凝土立方体抗压强度

C. 砂浆立方体抗压强度　　D. 烧结普通砖

16. 国家标准规定：水泥安定性经（　　）检验必须合格。

A. 坍落度法　　B. 沸煮法　　C. 筛分析法　　D. 维勃稠度法

17. 普通硅酸盐水泥的细度指标是 80μm 方孔筛筛余量，它是指水泥中（　　）与水泥总质量之比。

A. 大于 80μm 的水泥颗粒质量　　B. 小于 80μm 的水泥颗粒质量

C. 熟料颗粒质量　　D. 杂质颗粒质量

18. 制作水泥胶砂试件时，使用的砂是（　　）。

A. 普通河砂　　B. 中国 ISO 标准砂　　C. 海砂　　D. 山砂

19. 下列材料中，属于非活性混合材料的是（　　）。

A. 粉煤灰　B. 粒化高炉矿渣　C. 石英砂　D. 火山灰凝灰岩

三、简答题

1. 水泥强度与水泥强度等级有何不同?
2. 水泥验收有哪些内容?
3. 水泥废品、不合格品有哪些规定?
4. 水泥储存保管时应注意什么?
5. 影响水泥凝结硬化的因素有哪些?
6. 生产硅酸盐水泥时为什么要掺入适量的石膏?
7. 影响硅酸盐水泥水化热的因素有哪些? 水化热的大小对水泥的应用有何影响?

教学单元5 Chapter 05

普通混凝土

教学目标

1. 知识目标

(1) 掌握普通混凝土组成材料的品种、技术要求和选用原则；

(2) 掌握普通混凝土三大主要性能：和易性、强度、耐久性；

(3) 了解各种外加剂的性质和应用；

(4) 熟悉高性能混凝土、轻混凝土的性能和应用，了解其他品种混凝土；

(5) 熟悉普通混凝土配合比设计的方法和步骤；

(6) 熟悉混凝土施工过程的原材料质量控制方法、混凝土强度合格判定方法；

(7) 掌握砂、石的进场验收、取样、试验；

(8) 掌握混凝土的取样、试验。

2. 能力目标

(1) 具备对骨料颗粒级配的评定、细骨料细度模数和粗骨料最大粒径等试验能力；

(2) 具备对混凝土拌合物的和易性试验结果确定与评定的能力；

(3) 具备改善调整混凝土拌合物的和易性的能力；

(4) 具备对工程进场砂、石进行质量验收的能力；

(5) 能正确对混凝土进行取样、试验，并具备对混凝土相关试验结果计算与处理的能力。

3. 素质目标

引导学生增强文化自信和民族自豪感，树立安全第一、科学严谨和团队协作的意识。

思维导图

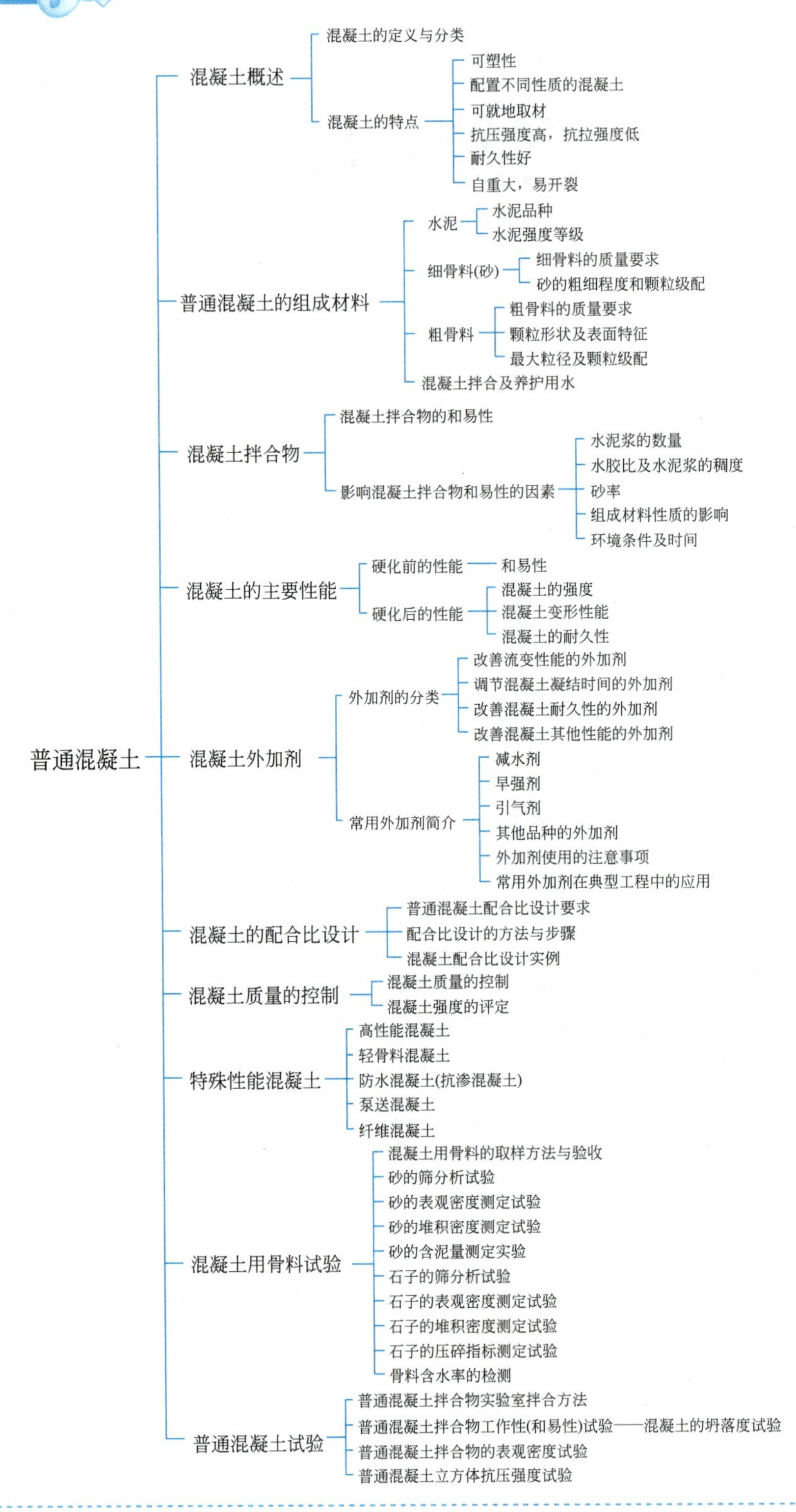
普通混凝土
混凝土概述
混凝土的定义与分类
混凝土的特点
可塑性
配置不同性质的混凝土
可就地取材
抗压强度高，抗拉强度低
耐久性好
自重大，易开裂
普通混凝土的组成材料
水泥
水泥品种
水泥强度等级
细骨料(砂)
细骨料的质量要求
砂的粗细程度和颗粒级配
粗骨料
粗骨料的质量要求
颗粒形状及表面特征
最大粒径及颗粒级配
混凝土拌合及养护用水
混凝土拌合物
混凝土拌合物的和易性
影响混凝土拌合物和易性的因素
水泥浆的数量
水胶比及水泥浆的稠度
砂率
组成材料性质的影响
环境条件及时间
混凝土的主要性能
硬化前的性能
和易性
硬化后的性能
混凝土的强度
混凝土变形性能
混凝土的耐久性
混凝土外加剂
外加剂的分类
改善流变性能的外加剂
调节混凝土凝结时间的外加剂
改善混凝土耐久性的外加剂
改善混凝土其他性能的外加剂
常用外加剂简介
减水剂
早强剂
引气剂
其他品种的外加剂
外加剂使用的注意事项
常用外加剂在典型工程中的应用
混凝土的配合比设计
普通混凝土配合比设计要求
配合比设计的方法与步骤
混凝土配合比设计实例
混凝土质量的控制
混凝土质量的控制
混凝土强度的评定
特殊性能混凝土
高性能混凝土
轻骨料混凝土
防水混凝土(抗渗混凝土)
泵送混凝土
纤维混凝土
混凝土用骨料试验
混凝土用骨料的取样方法与验收
砂的筛分析试验
砂的表观密度测定试验
砂的堆积密度测定试验
砂的含泥量测定实验
石子的筛分析试验
石子的表观密度测定试验
石子的堆积密度测定试验
石子的压碎指标测定试验
骨料含水率的检测
普通混凝土试验
普通混凝土拌合物实验室拌合方法
普通混凝土拌合物工作性(和易性)试验——混凝土的坍落度试验
普通混凝土拌合物的表观密度试验
普通混凝土立方体抗压强度试验

5.1 混凝土概述

5.1.1 混凝土的定义与分类

1. 混凝土的定义

混凝土是指由胶凝材料、粗细骨料（或称集料）、外加剂和掺和料等组分按适当比例配合，经拌合、浇筑、成型、养护等工艺，硬化而成的人造石材。

普通混凝土是指以水泥为胶结材料，以砂、石为骨料，加水并掺入适量外加剂和掺合料拌制的混凝土（简称普通混凝土或水泥混凝土）。这种混凝土普遍用于建筑工程中。

2. 混凝土的分类

（1）按表观密度分类

重混凝土：表观密度大于2800kg/m^3，是采用密度很大的重骨料和重水泥配制而成的。重混凝土具有防射线的性能，又称防辐射混凝土。主要用作防辐射的屏蔽材料。

普通混凝土：表观密度2000～2800kg/m^3，是用普通的天然砂、石为骨料配制而成的，是建设工程中常用的混凝土。

轻混凝土：表观密度小于2000kg/m^3，是采用轻质多孔的骨料，或者不采用骨料而掺入加气剂或泡沫剂，形成多孔结构的混凝土。主要用作轻质结构材料和隔热材料。

（2）按强度等级分类

普通混凝土：其强度等级一般在C60以下。

低强度混凝土：其抗压强度小于30MPa（C30以下）。

中强度混凝土：其抗压强度为30～60MPa（C30～C60）。

高强混凝土：其抗压强度等于或大于60MPa（C60及以上）。

超高强混凝土：其抗压强度在100MPa以上（C100以上）。

（3）按所用胶结材料分类

可分为水泥混凝土、沥青混凝土、石膏混凝土、水玻璃混凝土、聚合物混凝土等。

（4）按用途分类

可分为结构混凝土、防水混凝土、道路混凝土、防辐射混凝土、耐热混凝土、耐酸混凝土、装饰混凝土等。

（5）按生产和施工方法分类

可分为泵送混凝土、喷射混凝土、碾压混凝土、真空脱水混凝土、离心混凝土、压力灌浆混凝土、预拌混凝土（商品混凝土）等。

5.1.2 混凝土的特点

普通混凝土在建设工程中能得到广泛的应用，是因为它与其他材料相比有许多优点。

（1）普通混凝土新拌制的拌合物具有良好的可塑性，可浇筑成各种形状和规格尺寸的结构、构件。

（2）可根据不同的要求，配制不同性质的混凝土，满足工程需要。

（3）普通混凝土除水泥以外，骨料及水约占 80%以上，可就地取材，方便经济。

（4）混凝土和钢筋的膨胀系数几乎相同，在制作好的钢筋混凝土构件中，钢筋和混凝土牢固地粘结在了一起，形成了一个整体，受力时达到了性能互补的状态。

（5）普通混凝土凝结硬化后抗压强度高，具有良好的耐久性。

普通混凝土也存在一些缺点，如：自重大、抗拉强度低、易开裂等。

5.2 普通混凝土的组成材料

普通混凝土是由水泥、砂、石和水按适当的比例配合，另外还常掺入适量的掺合料和外加剂制成的拌合物。砂、石在混凝土中起骨架作用，故也称为骨料。水泥和水形成水泥浆，包裹在砂粒表面并填充砂粒间的空隙而形成水泥砂浆，水泥砂浆又包裹石子并填充石子间的空隙而形成混凝土。而适量的掺合料和外加剂是为了改善混凝土某些性能而掺入的。在混凝土拌合物硬化前，水泥砂浆起润滑作用，赋予混凝土拌合物一定的流动性，便于浇捣成型。混凝土拌合物硬化后，硬化了的水泥浆（称水泥石）起胶结作用，把砂石骨料等胶结为一整体，成为具有一定强度的混凝土。

混凝土的技术性能在很大程度上取决于原材料的性质及其相对含量，同时也与施工工艺（搅拌、成型、养护等）有关。为保证混凝土的质量，需要全面了解混凝土组成材料的性质、作用及质量要求。普通混凝土结构，如图 5-1 所示。

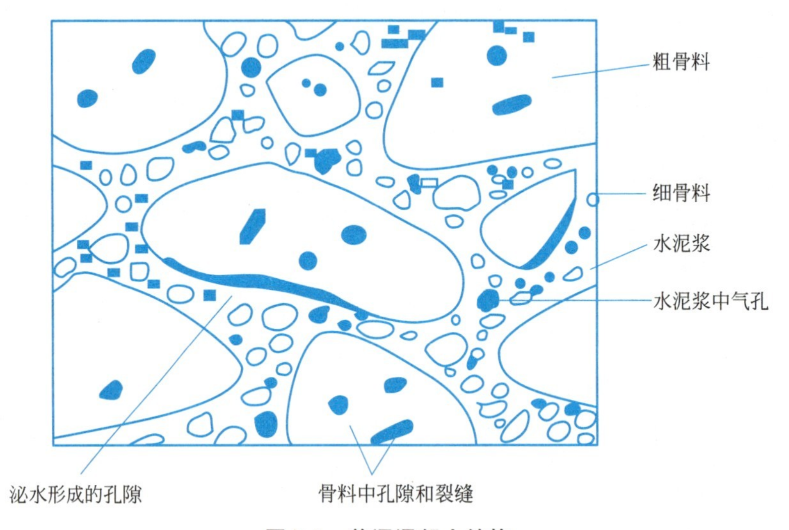

图 5-1　普通混凝土结构

5.2.1　水泥

水泥是影响混凝土强度、耐久性及经济性的重要因素，是混凝土中最重要的材料。所以，在配制混凝土时要选择合适的水泥品种和强度等级。

首先，水泥品种应根据工程性质、特点、所处环境及施工条件等，对照水泥的性能进行合理选择。

其次，水泥强度等级的选择应与混凝土的设计强度等级相适应。原则上是配制高强度等级的混凝土选用同样高强度等级的水泥，低强度等级的混凝土选用同样低强度等级的水泥。用高强度等级的水泥配制低强度等级的混凝土时，水泥用量偏少，会影响其和易性及强度；反之，用低强度等级的水泥配制高强度等级的混凝土时，水泥用量过多，非但不经济，还会影响混凝土的性质。所以一般情况下，水泥强度等级为混凝土强度等级的 1.5～2.0 倍为宜，高强度的混凝土可取 1 倍左右。

5.2.2　细骨料（砂）

混凝土用骨料按其粒径大小不同分为细骨料和粗骨料。粒径在 0.15～4.75mm 之间的骨料称为细骨料（砂）。细骨料主要有天然砂、人工砂和混合砂三类。

天然砂有河砂、湖砂、海砂和山砂。河砂、湖砂和海砂颗粒表面比较圆滑、比较洁净，但海砂中常含有贝壳碎片及可溶性盐等有害杂质。山砂颗粒多棱角，表面粗糙，砂中含泥量及有机质等有害杂质较多。所以建设工程一般采用河砂作细骨料。

人工砂是由天然岩石加工而成的。国家标准《建设用砂》GB/T 14684—2022 确定了人工砂的技术要求、检验方法。人工砂作为建筑用砂之一，随着生产和应用技术的成熟、经济的合适、环境保护的需要，将得到很好的发展。

1. 细骨料的质量要求

砂按技术要求分为Ⅰ类、Ⅱ类、Ⅲ类，各项指标应符合国家标准《建设用砂》GB/T 14684—2022 的规定。见表 5-1。

Ⅰ类宜用于强度等级大于 C60 的混凝土；Ⅱ类宜用于强度等级 C30～C60 及抗冻、抗渗或其他要求的混凝土；Ⅲ类宜用于强度等级小于 C30 的混凝土（或建筑砂浆）。

建设用砂质量控制指标（GB/T 14684—2022）　　表 5-1

项目			指标		
			Ⅰ类	Ⅱ类	Ⅲ类
含泥量(按质量计)(%)			≤1.0	≤3.0	≤5.0
泥块含量(按质量计)(%)			0	≤1.0	≤2.0
亚甲蓝试验	*MB* 值≤1.40 或合格	石粉含量(按质量计)(%)	≤10.0		
		泥块含量(按质量计)(%)	0	≤1.0	≤2.0
	MB 值>1.40 或不合格	石粉含量(按质量计)(%)	≤1.0	≤3.0	≤5.0
		泥块含量(按质量计)(%)	0	≤1.0	≤2.0

续表

项　目	指　标		
	Ⅰ类	Ⅱ类	Ⅲ类
云母(按质量计)(%),≤	1.0	2.0	2.0
轻物质(按质量计)(%),≤	1.0	1.0	1.0
有机物(比色法)(%),≤	合格	合格	合格
硫化物及硫酸盐(按 SO_3 质量计)(%),≤	0.5	0.5	0.5
氯化物(按氯离子质量计)(%),≤	0.01	0.02	0.06
硫酸钠溶液干湿 5 次循环后的质量损失(%),≤	8	8	10
单级最大压碎性指标(%),≤	20	25	30

（1）密度和空隙率要求

砂的表观密度＞2500kg/m^3，松散堆积密度＞1350kg/m^3，空隙率＜47%。

（2）含泥量、泥块含量和石粉含量

含泥量是指砂中粒径小于 75μm 的颗粒含量百分数；泥块含量是指砂中粒径大于1.18mm，经水浸洗、手捏后小于 600μm 的颗粒含量百分数；石粉含量是指人工砂中粒径小于 75μm 的颗粒含量百分数。

泥附在砂粒表面会妨碍水泥与砂粘结，增大混凝土用水量，降低混凝土的强度和耐久性，增大干缩，它对混凝土是有危害的，应该严格控制其含量。

（3）有害杂质含量

用于混凝土中的砂不能混有杂质，并且砂中云母、硫化物、硫酸盐、氯盐和有机质等有害杂质的含量限值，应符合标准要求。

云母与水泥的粘结性差，影响混凝土的强度和耐久性；硫化物及硫酸盐杂质对水泥有侵蚀作用；有机质影响水泥的水化硬化；黏土、淤泥黏附在砂粒表面妨碍水泥与砂的粘结，增大用水量，降低混凝土的强度和耐久性，并增大混凝土的干缩。

2. 砂的粗细程度和颗粒级配

（1）砂的粗细程度

砂的粗细程度是指不同粒径的砂粒，混合在一起后的总体砂的粗细程度。砂子分为粗砂、中砂、细砂和特细砂等。在相同砂用量条件下，细砂的总表面积较大，粗砂的总表面积较小。在混凝土中砂子表面需用水泥浆包裹，赋予流动性和粘结强度。砂子的总表面积越大，则需要包裹砂粒表面的水泥浆就越多。一般用粗砂配制混凝土比用细砂要节约水泥用量，但砂过粗，易使混凝土拌合物产生离析、泌水等现象，影响混凝土的和易性。因此，配制混凝土的砂不宜过细，也不宜过粗。

（2）砂的颗粒级配

砂的颗粒级配是指不同大小颗粒和数量比例的砂子的搭配情况。在混凝土中砂粒之间的空隙由水泥浆所填充，为达到节约水泥和提高强度的目的，就应尽量减小砂粒之间的空隙。如果用同样粒径的砂，空隙率最大，如图 5-2（a）所示；两种粒径的砂配起来，空隙率就减小，如图 5-2（b）所示；三种粒径的砂搭配，空隙就更小，如图 5-2（c）所示。因此，要减小砂粒间的空隙，就必须由大小不同的颗粒搭配。

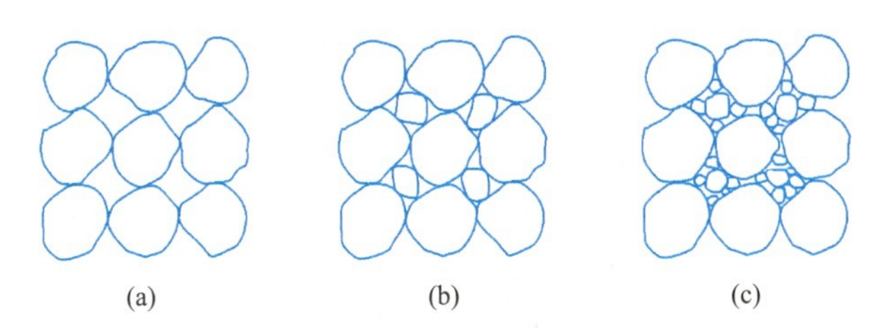

图 5-2　砂的颗粒级配

(3) 粗细程度和颗粒级配的评定

在配制混凝土时，砂的粗细程度和颗粒级配应同时考虑。

砂的粗细程度和颗粒级配常用筛分析的方法进行测定。用级配区表示砂的级配，用细度模数表示砂的粗细。筛分析的方法是用一套孔径（方孔筛）为 4.75mm、2.36mm、1.18mm、0.6mm、0.3mm、0.15mm 的 6 个标准筛，将 500g 干砂试样由粗到细依次过筛，然后称取余留在各筛上的砂质量，并计算出各筛上的分计筛余百分率（各筛上的筛余量占砂样总量的百分率 a_i）及累计筛余百分率（各筛和比该筛粗的所有分计筛余百分率之和 A_i）。累计筛余百分率与分计筛余百分率的关系见表 5-2。

累计筛余百分率与分计筛余百分率的关系　　表 5-2

筛孔尺寸(mm)	筛余量(g)	分计筛余百分率(%)	累计筛余百分率(%)
4.75	m_1	a_1	$A_1=a_1$
2.36	m_2	a_2	$A_2=a_1+a_2$
1.18	m_3	a_3	$A_3=a_1+a_2+a_3$
0.600	m_4	a_4	$A_4=a_1+a_2+a_3+a_4$
0.300	m_5	a_5	$A_5=a_1+a_2+a_3+a_4+a_5$
0.150	m_6	a_6	$A_6=a_1+a_2+a_3+a_4+a_5+a_6$

注：$a_i=m_i/500$。

砂的粗细程度用细度模数（M_x）表示，其计算公式为：

$$M_x=\frac{A_2+A_3+A_4+A_5+A_6-5A_1}{100-A_1} \tag{5-1}$$

细度模数 M_x 越大，表示砂越粗。M_x 在 3.1～3.7 为粗砂，M_x 在 2.3～3.0 为中砂，M_x 在 1.6～2.2 为细砂，M_x 在 0.7～1.5 为特细砂。

砂的颗粒级配用级配区表示，以级配区或筛分曲线判定砂级配的合格性。对细度模数为 1.6～3.7 的普通混凝土用砂，根据 0.6mm 孔径筛的累计筛余百分率，划分成为三个级配区，普通混凝土用砂的颗粒级配，应处于表 5-3 中的任何一个级配区中，才符合级配要求。

颗粒级配（GB/T 14684—2022）　　表 5-3

累计筛余(%) / 筛孔尺寸(mm)	天然砂			机制砂、混合砂		
	Ⅰ区	Ⅱ区	Ⅲ区	Ⅰ区	Ⅱ区	Ⅲ区
4.75	0～10	0～10	0～10	0～10	0～10	0～10

续表

累计筛余(%) / 筛孔尺寸(mm)	天然砂			机制砂、混合砂		
	Ⅰ区	Ⅱ区	Ⅲ区	Ⅰ区	Ⅱ区	Ⅲ区
2.36	5～35	0～25	0～15	5～35	0～25	0～15
1.18	35～65	10～50	0～25	35～65	10～50	0～25
0.6	71～85	41～70	16～40	71～85	41～70	16～40
0.3	80～95	70～92	55～85	80～95	70～92	55～85
0.15	90～100	90～100	90～100	85～97	80～94	75～94

注：1. 砂的实际颗粒级配与表中所列数字相比，除 4.75mm 和 0.6mm 筛孔外，可以略有超出，但超出总量应小于 5%。

2. Ⅰ区人工砂中 0.15mm 筛孔的累计筛余可以放宽到 85%～100%，Ⅱ区人工砂中 0.15mm 筛孔的累计筛余可以放宽到 80%～100%，Ⅲ区人工砂中 0.15mm 筛孔的累计筛余可以放宽到 75%～100%。

以累计筛余百分率为纵坐标，以筛孔尺寸为横坐标，根据表 5-3 的数值可以画出砂子 3 个级配区的筛分曲线，如图 5-3 所示。通过观察所计算的砂的筛分曲线是否完全落在 3 个级配区的任一区内，即可判定该砂级配的合格性。同时也可根据筛分曲线偏向情况大致判断砂的粗细程度，当筛分曲线偏向右下方时，表示砂较粗；筛分曲线偏向左上方时，表示砂较细。

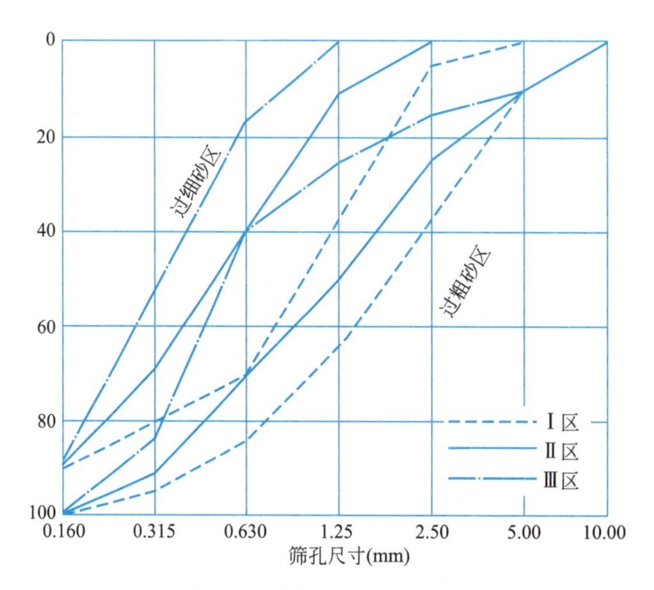

图 5-3 天然砂的级配曲线

配制混凝土时宜优先选用Ⅱ区砂。当采用Ⅰ区砂时，应适当提高砂率，并保证足够的水泥用量，以满足混凝土的和易性；当采用Ⅲ区砂时，应适当降低砂率，以保证混凝土强度。

混凝土中砂的级配如果不合适，可采用人工掺配的方法来改善，即将粗、细砂按适当比例进行掺合使用。

5.2.3　粗骨料

普通混凝土常用的粗骨料是粒径大于 4.75mm 的卵石（砾石）和碎石。

卵石是由天然岩石经自然条件长期作用而形成的，按其产源可分为河卵石、海卵石、山卵石等几种，其中河卵石应用较多。碎石由天然岩石或卵石等经破碎、筛分而成。

1. 粗骨料的质量要求

国家标准《建设用卵石、碎石》GB/T 14685—2022 将碎石分为三类。Ⅰ类宜用于强度等级大于 C60 的混凝土；Ⅱ类宜用于强度等级为 C30～C60 及有抗冻、抗渗或其他要求的混凝土；Ⅲ类宜用于强度等级小于 C30 的混凝土。并对粗骨料各项指标做出了具体规定，见表 5-4。

（1）含泥量和泥块含量

粗骨料中的含泥量指粒径小于 0.075mm 的颗粒含量百分数；泥块含量指粒径大于 4.75mm，经水洗手捏后小于 2.36mm 的颗粒含量百分数。其含量均应符合标准要求。

5-2 混凝土组成材料—石子

（2）针、片状颗粒含量

针状颗粒是指最大一维尺寸大于该颗粒所属相应粒级的平均粒径 2.4 倍，片状颗粒是指最小一维尺寸小于该颗粒所属相应粒级的平均粒径 0.4 倍。针、片状颗粒受力时易折断，影响混凝土的强度，增大骨料间的空隙率，使混凝土拌合物的和易性变差。其含量应符合标准要求。

卵石、碎石质量控制指标　　表 5-4

项　　目	指　　标		
	Ⅰ类	Ⅱ类	Ⅲ类
含泥量(按质量计)(%),≤	0.5	1.0	1.5
泥块含量(按质量计)(%),≤	0	0.2	0.5
有机物	合格	合格	合格
硫化物及硫酸盐(按 SO_3,质量计)(%),≤	0.5	1.0	1.0
针片状颗粒含量(按质量计)(%),≤	5	10	15
硫酸钠溶液干湿 5 次循环后的质量损失(%),≤	5	8	12
碎石压碎性指标(%),≤	10	20	30
卵石压碎性指标(%),≤	12	14	16

（3）有害杂质含量

粗骨料中常含有泥土、硫化物、硫酸盐、氯化物和有机质等一些有害杂质，这些杂质的危害作用与细骨料中的相同。它们的含量应符合标准要求的规定。

（4）强度

为保证混凝土的强度要求，粗骨料必须具有足够的强度。碎石和卵石的强度，采用岩石立方体强度和压碎指标两种方法检验。

1）岩石立方体强度检验

是将母岩制成边长为 50mm 的立方体（或直径与高均为 50mm 的圆柱体）试件，在水中浸泡48h，待吸水饱和状态下，测定其极限抗压强度值。岩石立方体的抗压强度应不小于混凝土抗压强度的1.5倍。另外，若是火成岩其强度不宜低于80MPa，变质岩不宜低于60MPa，水成岩不宜低于45MPa。在选择采石场或对粗骨料有严格要求以及对质量有争议时，宜采用岩石立方体强度检验。

2）压碎指标检验

是将一定质量气干状态下粒径9.5～19.0mm的石子装入一定规格的圆筒内，在压力机上均匀加荷达200kN并稳荷5s，卸荷后称取试样质量（m_0），然后用孔径为2.36mm的筛筛除被压碎的细粒，再称出剩余在筛上的试样质量（m_1）。压碎指标按下式计算：

$$\text{压碎指标}=\frac{m_0-m_1}{m_0}\times 100\% \tag{5-2}$$

压碎指标值越小，表示粗骨料抵抗受压破坏的能力越强。压碎指标检验实用方便，用于经常性的质量控制。

2. 颗粒形状及表面特征

为提高混凝土强度和减小骨料间的空隙，粗骨料比较理想的颗粒形状应是三维长度相等或相近的球形或立方体形颗粒，而与三维长度相差较大的针、片状颗粒的粒形较差。粗骨料中针、片状颗粒不仅本身受力时容易折断，影响混凝土的强度，而且会增大骨料的空隙率，使混凝土拌合物的和易性变差。

骨料表面特征主要是指骨料表面的粗糙程度及孔隙特征等。它主要影响骨料与水泥石间的粘结性能，进而影响混凝土的强度。碎石表面粗糙而且具有吸收水泥浆的孔隙特征，与水泥石的粘结能力强；卵石表面光滑且少棱角，与水泥石的粘结能力较差，但混凝土拌合物的和易性较好。

3. 最大粒径及颗粒级配

（1）最大粒径

粗骨料公称粒级的上限称为该粒级的最大粒径。对于用普通混凝土配合比设计方法配制结构混凝土，尤其是用于高强混凝土时，粗骨料的最大粒径宜控制在40mm以下。

《混凝土结构工程施工质量验收规范》GB 50204—2015对粗骨料最大粒径规定，混凝土用粗骨料的最大粒径不得大于结构截面最小尺寸的1/4，同时不得大于钢筋最小净距的3/4；对于混凝土实心板，可允许采用最大粒径达1/3板厚的骨料，但对泵送混凝土最大粒径不得超过40mm，碎石最大粒径与输送管内径之比宜小于或等于1∶3，卵石宜小于或等于1∶2.5。高层建筑宜控制在1∶4～1∶3之间，超高层建筑宜控制在1∶5～1∶4之间。粒径过大，运输和搅拌都不方便，容易造成混凝土离析、分层等质量问题。

（2）颗粒级配

粗骨料与细骨料一样，也要求有良好的颗粒级配。

粗骨料的级配也是通过筛分试验来确定，用孔径2.36mm、4.75mm、9.5mm、16.0mm、19.0mm、26.5mm、31.5mm、37.5mm、53.0mm、63.0mm、75.0mm和90.0mm的筛进行筛分，分计筛余百分率及累计筛余百分率的计算与砂相同。混凝土用碎石及卵石的颗粒级配应符合表5-5的规定。

碎石、卵石的颗粒级配范围　　　　表 5-5

公称粒径(mm) \ 累计筛余(%)		筛孔尺寸(mm)											
		2.36	4.76	9.5	16.0	19.0	26.5	31.5	37.5	53.0	63.0	75.0	90.0
连续级配	5～16	95～100	85～100	30～60	0～10	0							
	5～20	95～100	90～100	40～80		0～10	0						
	5～25	95～100	90～100		30～70		0～5	0					
	5～31.5	95～100	90～100	70～90		15～45		0～5	0				
	5～40		95～100	70～90		30～65			0～5	0			
单粒粒级	5～10	95～100	80～100	0～15	0								
	10～16		95～100	80～100	0～15	0							
	10～20		95～100	85～100		0～15	0						
	16～25			95～100	55～70	25～40	0～10	0					
	16～31.5		95～100		85～100			0～10	0				
	20～40			95～100		80～100			0～10	0			
	40～80					95～100			70～100		30～60	0～10	0

骨料的级配分为连续级配和间断级配两种。连续级配是按颗粒尺寸由小到大，每级骨料都占有一定比例，连续级配颗粒级差小，配制的混凝土拌合物和易性好，不易发生离析，应用较广泛；间断级配是人为剔除某些粒级颗粒，大颗粒的空隙直接由比它小得多的颗粒去填充，可最大限度地发挥骨料的骨架作用，减少水泥用量，但配制的混凝土拌合物易产生离析现象，增加施工困难，一般工程中应用较少。

5.2.4　混凝土拌合及养护用水

对混凝土拌合及养护用水的质量要求是：不影响混凝土的凝结和硬化，不损于混凝土强度发展及耐久性，不加快钢筋锈蚀，不引起预应力钢筋脆断，不污染混凝土表面。混凝土用水按水源可分为饮用水、地表水、地下水、海水以及经适当处理或处置后的工业废水。《混凝土结构工程施工质量验收规范》GB 50204—2015 规定，拌制及养护混凝土宜采用符合国家标准的饮用水。若采用其他水时，水质应符合《混凝土用水标准》JGJ 63—2006 对混凝土用水提出的质量要求。

5-3
混凝土组成材料—水、外加剂

1. 混凝土拌合用水

1）符合国家标准的生活饮用水，可拌制各种混凝土。

2）地表水和地下水首次使用前，应按规定进行检验。

3）海水可用于拌制素混凝土，但不得用于拌制钢筋混凝土和预应力混凝土。有饰面要求的混凝土不应用海水拌制。

4）混凝土生产厂及商品混凝土厂设备的洗刷水，可用作拌合混凝土的部分用水，但要注意洗刷水所含水泥和外加剂品种对所拌合混凝土的影响，且最终拌合水中氯化物、硫酸盐及硫化物的含量应满足相关规定要求。

5）工业废水经检验合格后可用于拌制混凝土，否则必须予以处理，合格后方能使用。

2. 混凝土养护用水

混凝土养护用水是很关键的，当然大部分水都能用，但一旦用了不能用的水，就会影响整体工程，产生重大影响。

能用的混凝土养护用水：自来水、能饮用的洁净天然水、不含影响水泥硬化的有害杂质、泥污或油脂、糖类的水等。

不能用的混凝土养护用水：未经适当处理或处置后的海水、污水、工业废水、pH 值小于 5（酸性水）、硫酸盐含量超过 1%的水等。

5.3 混凝土拌合物

混凝土的各种组成材料按一定的比例配合、搅拌而成的尚未凝固的材料，称为混凝土拌合物。拌合物要研究的技术性能是它的和易性能（工作性能），其主要包括流动性、黏聚性、保水性三个方面。混凝土拌合物与通常所说的混凝土有什么区别？概念不一样，一个是干的，一个没干的。具备良好和易性的混凝土拌合物，有利于施工和获得均匀而密实的混凝土，从而保证混凝土的强度和耐久性。

5.3.1 混凝土拌合物的和易性

5-4 混凝土性质—和易性

1. 和易性的概念

和易性是指混凝土拌合物在各工序（搅拌、运输、浇筑、捣实）施工中易于操作，并能获得质量均匀、成型密实的混凝土的性能。和易性是一项综合性的技术指标，包括流动性、黏聚性和保水性等方面的性能。

（1）流动性

流动性是指混凝土拌合物在自重或机械振捣作用下，能流动并均匀密实地填满模板的性能。流动性的大小，反映混凝土拌合物的稀稠，直接影响着浇捣施工的难易和混凝土的质量。

（2）黏聚性

黏聚性是指混凝土拌合物的各种组成材料具有一定的内聚力，能保持成分的均匀性，在运输、浇筑、振捣、养护过程中不致发生分层离析现象，它反映混凝土拌合物的均匀性。黏聚性差的混凝土拌合物，易发生分层离析，硬化后产生“蜂窝”“空洞”等缺陷，影响混凝土的强度和耐久性。

（3）保水性

保水性是指混凝土拌合物具有一定的保持内部水分的能力，在施工过程中不致产生严重的泌水现象。保水性差的混凝土拌合物，在施工过程中，一部分水从内部析出至表面，在混凝土内部形成泌水通道，使混凝土的密实性变差，降低混凝土的强度和耐久性，其内部固体颗粒下沉，影响水泥的水化。

混凝土的工作性是一项由流动性、黏聚性、保水性构成的综合性能，各性能之间既互相关联又互相矛盾。如黏聚性好则保水性往往也好，但当流动性增大时，黏聚性和保水性往往变差，因此，所谓拌合物的和易性良好，就是要使这三方面的性能在某种具体条件下得到统一，达到均为良好的状况。

（4）离析

混凝土拌合物组成材料之间的黏聚力不足以抵抗粗骨料下沉，混凝土拌合物成分相互分离，造成内部组成和结构不均匀的现象。通常表现为粗骨料与砂浆相互分离，例如密度大的颗粒沉积到拌合物的底部，或者粗骨料从拌合物中整体分离出来。

1）造成离析的原因

可能是浇筑、振捣不当，骨料最大粒径过大，粗骨料比例过高，胶凝材料和细骨料的含量偏低，粗骨料比细骨料的密度大，或者拌合物过干或者过稀等。使用矿物掺合料或引气剂可降低离析倾向。

2）离析对混凝土的影响

① 影响混凝土的泵送施工性能，造成粘罐、堵管、影响工期等，降低经济效益。

② 影响混凝土结构表观效果，混凝土表面出现砂纹、骨料外露、钢筋外露等现象。

③ 使混凝土强度大幅度下降，严重影响混凝土结构承载能力，破坏结构的安全性能，严重的将造成返工，遭受巨大的经济损失。

④ 混凝土的匀质性差，致使混凝土各部位的收缩不一致，易产生混凝土收缩裂缝。特别是在施工混凝土楼板时，由于混凝土离析使表层的水泥浆层增厚，收缩急剧增大，出现严重龟裂现象。极大地降低了混凝土抗渗、抗冻等混凝土的耐久性能。

加入引气剂和掺合料、提高砂率、降低水胶比可以尽量避免离析。

（5）泌水

泌水是指拌合水按不同方式从拌合物中分离出来的现象。固体材料在混凝土拌合物中下沉使水被排出并上升至表面，使表面形成浮浆；有些水在钢筋及粗骨料下缘停留；有些水通过模板接缝渗漏，这些都是泌水的表现。

1）泌水的原因

① 混凝土的水灰比越大，水泥凝结硬化的时间越长，自由水越多，水与水泥分离的时间越长，混凝土越容易泌水；混凝土中外加剂掺量过多，或者缓凝组分掺量过多，会造成新拌混凝土大量泌水和离析，大量的自由水泌出混凝土表面，影响水泥的凝结硬化，混凝土保水性能下降，导致严重泌水。

② 水泥作为混凝土中最重要的胶凝材料，与混凝土的泌水性能密切相关。水泥的凝结时间、细度、表面积与颗粒分布都会影响混凝土的泌水性能。水泥的凝结时间越长，所配制的混凝土凝结时间越长，且凝结时间的延长幅度比水泥净浆成倍地增长，在混凝土静置、凝结硬化之前，水泥颗粒沉降的时间越长，混凝土越易泌水；水泥的细度越粗、表面积越小、颗粒分布中细颗粒（$<5\mu m$）含量越少，早期水泥水化量越少，较少的水化产物不足以封堵混凝土中的毛细孔，致使内部水分容易自下而上运动，混凝土泌水越严重。此外，也有些大磨（尤其是带有高效选粉机的系统）磨制的水泥，虽然表面积较大、细度较细，但由于选粉效率很高，水泥中细颗粒（小于 $3\sim5\mu m$）含量少，也容易造成混凝土表面泌水和起粉现象。

③ 细骨料偏粗或者级配不合理，引起细颗粒空隙增大，自由水上升引起混凝土泌水，是混凝土产生泌水的主要原因。

④ 含气量对新拌混凝土泌水有显著影响。新拌混凝土中的气泡由水分包裹形成，如果气泡能稳定存在，则包裹该气泡的水分被固定在气泡周围。如果气泡很细小、数量足够多，则有相当多量的水分被固定，可泌的水分大大减少，使泌水率显著降低。同时，如果泌水通道中有气泡存在，气泡犹如一个塞子，可以阻断通道，使自由水分不能泌出。即使不能完全阻断通道，也使通道有效面积显著降低，导致泌水量减少。

⑤ 施工过程中影响混凝土泌水的主要因素是振捣，在振捣过程中，混凝土拌合物处于液化状态，此时其中的自由水在压力作用下，很容易在拌合物中形成通道泌出。另外，如果是泵送混凝土，泵送过程中的压力作用会使混凝土中气泡受到破坏，导致泌水增大。

⑥ 现在使用的减水剂为缓凝高效萘系减水剂，这一系列减水剂存在分子链短、减水剂减水率高、泌水率大的特点。

2）泌水的危害

① 当泌水层出现在混凝土表面时，会使表面水灰比过大，表面疏松出现裂缝。

② 泌水发生在钢筋底部，形成泌水区域，水分蒸发后留下孔隙，使钢筋与混凝土粘结强度下降，钢筋也容易被锈蚀。

③ 泌水发生在混凝土骨料下部，也引起混凝土强度与耐久性下降。

④ 泌水过程中形成泌水通道，导致强度与耐久性降低。

⑤ 在混凝土泵送施工中，容易泌水的混凝土也容易发生泵送管道堵塞的情况。

2. 流动性的选择

混凝土拌合物和易性难以用一种简单的测定方法全面恰当地表达，根据我国现行标准《普通混凝土拌合物性能试验方法标准》GB/T 50080—2016 规定，用坍落度与坍落扩展度法和维勃稠度法来测定混凝土拌合物的流动性，并辅以直观经验来评定黏聚性和保水性，以评定和易性。其中坍落度与坍落扩展度法适用于骨料粒径不大于 40mm、坍落度不小于 10mm 的塑性和流动性混凝土拌合物；维勃稠度法适用于骨料粒径不大于 40mm、维勃稠度在 5～30s 之间的干硬性混凝土拌合物。

混凝土拌合物根据其坍落度和维勃稠度分级见表 5-6。

混凝土拌合物的流动性分级（JGJ 55—2011） 表 5-6

坍落度级别			维勃稠度级别		
级别	名称	坍落度(mm)	级别	名称	维勃稠度(s)
S1	低塑性混凝土	10～40	V0	超干硬性混凝土	≥31
S2	塑性混凝土	50～90	V1	特干硬性混凝土	30～21
S3	流动性混凝土	100～150	V2	干硬性混凝土	20～11
S4	大流动性混凝土	160～210	V3	半干硬性混凝土	10～6
S5	大流动性混凝土	≥220	V4	半干硬性混凝土	5～3

混凝土拌合物流动性的选择原则是：在满足施工操作及混凝土成型密实的条件下，尽可能选用较小的坍落度，以节约水泥并获得较高质量的混凝土。工程中具体选用时，要根据结构类型、构件截面大小、配筋疏密、输送方式和施工方法等因素来确定。当构件截面

较小或钢筋较密，或采用人工插捣时混凝土拌合物流动性要求大，坍落度选择可大些。反之，如构件截面尺寸较大，或钢筋较疏，或采用机械振捣时，坍落度选择可小些。

根据《混凝土结构工程施工质量验收规范》GB 50204—2015 规定，混凝土浇筑的坍落度宜按表 5-7 选用。

混凝土浇筑的坍落度　　表 5-7

结构种类	坍落度(mm)
基础或地面等的垫层、无配筋的大体积结构(挡土墙、基础等)或配筋稀疏的结构	10～30
板、梁和大型及中型截面的柱子	30～50
配筋密实的结构(薄壁、斗仓、筒仓、细柱等)	50～70
配筋特密的结构	70～90

表 5-7 指采用机械振捣的坍落度，当采用人工捣实时可适当增大。当施工工艺采用混凝土泵输送混凝土拌合物时，则要求混凝土拌合物具有较高的流动性。

泵送混凝土选择坍落度除考虑振捣方式，还要考虑其可泵性。拌合物坍落度过小，混凝土泵吸入的混凝土数量少，泵送效率低。同时，拌合物泵送的摩擦阻力大，产生堵管。如果拌合物坍落度过大，拌合物在管道中滞留时间长，则泌水就多，容易产生离析而形成阻塞。泵送混凝土的坍落度，应按国家标准《混凝土结构工程施工质量验收规范》GB 50204—2015 和行业标准《混凝土泵送施工技术规程》JGJ/T 10—2011 的规定选用。

5.3.2 影响混凝土拌合物和易性的因素

1. 水泥浆的数量

混凝土拌合物中水泥浆的数量，赋予混凝土拌合物以一定的流动性，在水胶比不变的情况下，单位体积拌合物内，如果水泥浆越多，则拌合物的流动性越大，但若水泥浆过多，将会出现流浆现象，使拌合物的黏聚性变差，同时对混凝土的强度与耐久性也会产生一定的影响，且水泥用量也大。若水泥浆过少，不能填满骨料间空隙或不能很好包裹骨料表面时，就会产生崩塌现象，黏聚性变差。因此，混凝土拌合物中水泥浆的用量应以满足流动性和强度的要求为准，不宜过量。

2. 水胶比及水泥浆的稠度

水胶比是指混凝土拌合物中用水量与胶凝材料（水泥和活性矿物掺合料的总称）用量的质量比，用 W/B 表示。水泥浆的稠度是由水胶比决定的。在水泥用量不变的情况下，水胶比越小，水泥浆就越稠，混凝土拌合物的流动性就越小。当水胶比过小时，水泥浆干稠，混凝土拌合物的流动性过低，会造成施工困难，不能保证混凝土的密实性。增大水胶比会使流动性加大，但如果水胶比过大时，又会造成混凝土拌合物的黏聚性和保水性不良，而产生流浆、离析现象，并严重影响混凝土的强度。所以水胶比不能过大或过小，一般应根据混凝土强度和耐久性要求合理地选用。

混凝土拌合物的用水量，一般应根据选定的坍落度，参考表 5-8 选用。

塑性混凝土的用水量（单位：$kg \cdot m^{-3}$）　　表 5-8

所需坍落度(mm)	卵石最大粒径(mm)				碎石最大粒径(mm)			
	10	20	31.5	40	16	20	31.5	40
10～30	190	170	160	150	200	185	175	165
35～50	200	180	170	160	210	195	185	175
55～70	210	190	180	170	220	205	195	185
75～90	215	195	185	175	230	215	205	195

3. 砂率

砂率是指混凝土中砂的质量占砂石总质量的百分率。

在混凝土骨料中，砂的粒径远小于石子，因此砂的比表面积大。砂的作用是填充石子间空隙，并以砂浆包裹在石子外表面，减少粗骨料颗粒间的摩擦阻力，赋予混凝土拌合物一定的流动性。砂率的变动会使骨料的空隙率和骨料的总表面积有显著改变，因而会对混凝土拌合物的和易性产生显著的影响。砂率过大时，骨料的总表面积及空隙率都会增大，在水泥浆含量不变的情况下，相对的水泥浆就显得少了，减弱了水泥浆的润滑作用，导致混凝土拌合物流动性降低。如果砂率过小，又不能保证粗骨料之间有足够的砂浆层下，也会降低混凝土拌合物的流动性，并严重影响其黏聚性和保水性，容易造成离析、流浆。当砂率适宜时，砂不但填满石子间的空隙，而且还能保证粗骨料间有一定厚度的砂浆层以减小粗骨料间的摩擦阻力，使混凝土拌合物有较好的流动性，这个适宜的砂率称为合理砂率。当采用合理砂率时，在用水量及胶凝材料用量一定的情况下，能使混凝土拌合物获得最大的流动性，且能保持良好的黏聚性和保水性。或者当采用合理砂率时，能使混凝土拌合物获得所要求的流动性及良好的黏聚性与保水性，而胶凝材料用量最少。

4. 组成材料性质的影响

（1）水泥的特性

水泥对和易性的影响主要表现在水泥的需水性。不同品种的水泥，其矿物组成、所掺混合材料种类的不同都会影响需水量。即使拌合水量相同，所得的水泥浆的性质也会直接影响混凝土拌合物的和易性。需水量大的水泥品种，达到相同的坍落度，需要较多的用水量。常用水泥中，以普通硅酸盐水泥所配制的混凝土拌合物的流动性和保水性较好。矿渣、火山灰质混合材料对需水性都有影响，矿渣水泥所配制的混凝土拌合物的流动性较大，但黏聚性差、易泌水；火山灰水泥所配制的混凝土拌合物需水量大，在相同加水量条件下，流动性显著降低，但黏聚性和保水性较好。

（2）骨料的性质

骨料的性质对混凝土拌合物的和易性影响较大。级配良好的骨料，空隙率小，在水泥浆量相同的情况下，包裹骨料表面的水泥浆较厚，和易性好。碎石比卵石表面粗糙，所配制的混凝土拌合物流动性较卵石配制的差。细砂的比表面积大，用细砂配制的混凝土比用中、粗砂配制的混凝土拌合物流动性小。

（3）外加剂与掺合料

在拌制混凝土时，加入少量的外加剂能使混凝土拌合物在不增加水泥用量的条件下，获得好的和易性，不仅流动性显著增加，而且还有效地改善混凝土拌合物的黏聚性和保水性。掺入粉煤灰、硅灰、沸石粉等掺合料，也可改善混凝土拌合物的和易性。

5. 环境条件及时间

混凝土拌合物的和易性在不同的施工环境条件下往往会发生变化。尤其是当前推广使用集中搅拌的商品混凝土，要经过长距离的运输，才能达到施工地点，如果空气湿度小、气温较高、风速较大，混凝土拌合物的水分蒸发及水化反应加快，坍落度损失也变快。

搅拌后的混凝土拌合物，随着时间的延长而逐渐变得干稠，和易性变差。其原因是一部分水供水泥水化，一部分水被骨料吸收，另一部分水蒸发以及混凝土凝聚结构的逐渐形成，致使混凝土拌合物的流动性变差。

5.4 混凝土的主要性能

混凝土的性能包括两个部分：一是混凝土硬化之前的性能，主要是和易性；二是混凝土硬化之后的性能，主要包括强度、变形、耐久性等。

5.4.1 混凝土的强度

1. 混凝土立方体抗压强度与强度等级

（1）立方体抗压强度

混凝土立方体抗压强度是根据国家标准《混凝土物理力学性能试验方法标准》GB/T 50081—2019 规定方法制作的 150mm×150mm×150mm 的立方体试件，在标准条件（温度为 20±3℃，相对湿度在 90%以上）下，养护到 28d 龄期，所测得的抗压强度值为混凝土立方体抗压强度，以 f_{cu} 表示。

5-5 混凝土性质—强度

立方体抗压强度测定采用的标准试件尺寸为 150mm×150mm×150mm。也可根据粗骨料的最大粒径选择尺寸为 100mm×100mm×100mm 和 200mm×200mm×200mm 的非标准件，但强度测定结果必须乘以换算系数，这是因为试件尺寸越大，测得的抗压强度值越小。混凝土立方体试件尺寸选用与强度的尺寸换算系数见表 5-9。

混凝土立方体试件尺寸选用与强度的尺寸换算系数　　表 5-9

试件种类	试件尺寸(mm)	最大骨料粒径(mm)	强度的尺寸换算系数
标准试件	150×150×150	≤40	1.00
非标准试件	100×100×100	≤31.5	0.95
	200×200×200	≤63	1.05

混凝土立方体抗压强度标准值（$f_{cu,k}$）指按照标准方法制作养护的边长为 150mm 的立方体试件，在 28d 龄期用标准试验方法测得的具有 95%保证率的抗压强度值。

（2）立方体抗压强度标准值和强度等级

混凝土立方体抗压强度标准值指按标准规定方法制作的 150mm 立方体试件，在标准条件下养护到 28d 龄期，所测得的具有 95%保证率的抗压强度，用 $f_{cu,k}$ 表示。

混凝土强度等级混凝土立方体抗压强度标准值划分不同的强度等级。《混凝土结构设计标准（2024 年版）》GB/T 50010—2010 将混凝土划分为 14 个强度等级，即 C15、C20、C25、C30、C35、C40、C45、C50、C55、C60、C65、C70、C75、C80 共 14 个强度等级。其中 C 表示混凝土，数字表示混凝土立方体抗压强度标准值。如 C40 表示 $f_{cu,k}=40MPa$。

2. 混凝土轴心抗压强度

确定混凝土强度等级采用立方体试件，但实际工程中钢筋混凝土结构形式极少是立方体，大部分是棱柱体或圆柱体。为了使测得的混凝土强度接近于混凝土结构的实际情况，在钢筋混凝土结构计算中，计算轴心受压构件（例如柱子、桁架的腹杆等）时，都采用混凝土的轴心抗压强度作为设计依据。

根据国家标准《混凝土物理力学性能试验方法标准》GB/T 50081—2019 的规定，混凝土的轴心抗压强度采用 150mm×150mm×300mm 的棱柱体作为标准试件，在标准条件（温度为 20±2℃，相对湿度在 95%以上）下，养护到 28d 龄期，所测得的抗压强度为混凝土的轴心抗压强度，用 f_{cp} 表示。试验表明：在立方体抗压强度 $f_{cu,k}=10\sim55MPa$ 的范围内，轴心抗压强度 $f_{cp}=(0.76\sim0.82)f_{cu}$。

3. 混凝土的抗拉强度

混凝土是脆性材料，抗拉强度很小，只有抗压强度的 1/10～1/20，为此，在钢筋混凝土结构设计中，一般不考虑承受拉力，而是通过配置钢筋，由钢筋来承担结构的拉力。但抗拉强度对混凝土的抗裂性具有重要作用，它是结构设计中裂缝宽度和裂缝间距计算控制的主要指标，也是抵抗由于收缩和温度变形而导致开裂的主要指标。有时也用它来间接衡量混凝土与钢筋的粘结强度等。分为轴心抗拉强度和劈裂抗拉强度。

（1）轴心抗拉强度

对 C10～C45 的混凝土，其轴心抗拉强度平均值与混凝土立方体抗压强度平均值的关系为：

$$f_t=0.26f_{cu}^{2/3} \tag{5-3}$$

式中，f_t、f_{cu} 分别表示轴心抗拉强度和立方体抗压强度的平均值，MPa。考虑试验误差和安全系数，乘以 0.88 得：

$$f_t=0.88\times0.26f_{cu}^{2/3}\approx0.23f_{cu}^{2/3} \tag{5-4}$$

但此试验测试非常困难，测试值的准确度也较低，故国内外普遍采用劈裂法间接测定混凝土的抗拉强度，即劈裂抗拉强度。

（2）劈裂抗拉强度

劈拉试验的标准试件尺寸为边长 150mm 的立方体，在上下两相对面的中心线上施加均布线荷载，使试件内竖向平面上产生均布拉应力。

$$f_{ts}=\frac{2P}{\pi A}=0.637\frac{P}{A} \tag{5-5}$$

式中　f_{st}——混凝土劈裂抗拉强度（MPa）；

P——破坏荷载（N）；

A——试件劈裂面面积（mm）。

4. 影响混凝土强度的因素

混凝土的强度主要取决于水泥石强度及其与骨料的粘结强度。原材料的质量、材料用量之间的关系、施工方法（拌合、运输、浇捣、养护）以及试验条件（龄期、试件形状与尺寸、试验方法、温、湿度变化）等都是影响混凝土强度的主要因素。

（1）水泥强度等级和水灰比

水泥强度等级和水灰比（特指水泥）是影响混凝土强度最主要的因素。因为混凝土的强度主要取决于水泥石的强度及其与骨料间的粘结力，而水泥石的强度及其与骨料间的粘结力，又取决于水泥的强度等级和水灰比的值。

水泥是混凝土中的胶结组分，在水灰比不变时，水泥强度等级越高，则硬化水泥石强度越大，对骨料的胶结力就越强，配制成的混凝土强度也就越高。在水泥强度等级相同的条件下，混凝土的强度主要取决于水灰比。从理论上讲，水泥水化时所需的结合水，一般只占水泥质量的23%左右，但在拌制混凝土拌合物时，为了获得施工所要求的流动性，常需要多加一些水，当混凝土硬化后，多余的水分就残留在混凝土中形成水泡或蒸发后形成气孔，大大减小了混凝土抵抗荷载的实际有效断面，而且可能在孔隙周围引起应力集中。因此，在水泥强度等级相同的情况下，水灰比越小，水泥石的强度越高，与骨料粘结力越大，混凝土强度越高。如果水灰比过小，拌合物过于干稠，在一定的施工振捣条件下，混凝土不能被振捣密实，出现较多的蜂窝、孔洞，反将导致混凝土强度严重下降。

在相同配合比、相同成型工艺和相同养护条件的情况下，水泥强度等级越高，配制的混凝土强度越高。

在水泥品种和强度等级不变时，混凝土在振动密实的条件下，水灰比越小强度越高，反之亦然，如图 5-4 所示。但是为了使混凝土拌合物获得必要的流动性，常要加入多余的水（水灰比通常为 0.35～0.75），大大超过了水泥水化的理论需水量（水灰比 0.23～0.25），多余的水残留在混凝土内形成水泡或水道，随着混凝土硬化而蒸发成为孔隙，使混凝土的强度下降。

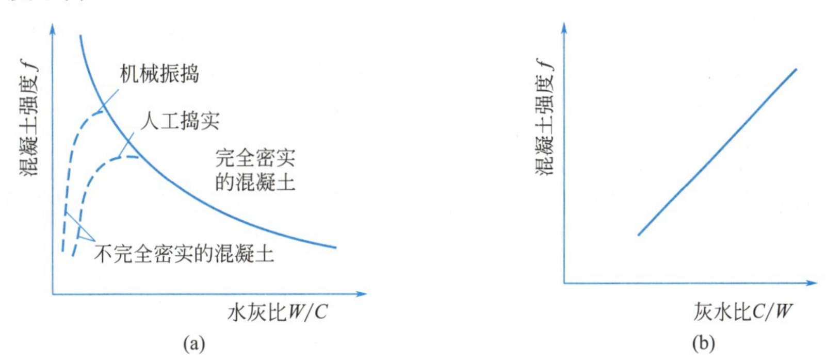

图 5-4　强度与水灰比、灰水比的关系

根据大量试验和工程实践，建立起了混凝土强度与水泥强度等级及水灰比之间的关系式。即混凝土强度公式：

$$f_{cu}=\partial_{a}\cdot f_{ce}\left(\frac{C}{W}-\partial_{b}\right) \tag{5-6}$$

式中　f_{cu}——混凝土 28d 龄期的抗压强度（MPa）；

$\frac{C}{W}$——混凝土的灰水比；

f_{ce}——水泥 28d 的实际强度，MPa。水泥厂为保证水泥出厂强度等级，所产水泥实际强度要高于其强度等级；

∂_a、∂_b——经验系数，与骨料品种及水泥品种等因素有关。可通过历史资料统计计算得到。按《普通混凝土配合比设计规程》JGJ 55—2011 的规定，若无试验统计资料，当采用碎石时，$\partial_a=0.53$、$\partial_b=0.20$；采用卵石时，$\partial_a=0.49$、$\partial_b=0.13$。

无水泥实测强度时，f_{ce} 可用下式估算：

$$f_{ce}=\gamma_c \cdot f_{ce.g} \tag{5-7}$$

式中 γ_c——水泥强度等级值的富余系数，可按实际统计资料来确定；当缺乏实际统计资料时，也可按表 5-10 选用；

$f_{ce.g}$——水泥强度等级值（MPa）。

水泥强度等级值的富余系数（γ_c）（JGJ 55—2011）　　表 5-10

水泥强度等级	32.5	42.5	52.5
富余系数	1.12	1.16	1.10

以上的经验公式，一般只适用于混凝土强度等级小于 C60 的流动性混凝土及塑性混凝土。

（2）骨料性能

骨料强度的影响：一般骨料强度越高，所配制的混凝土强度越高，在低水胶比和配制高强度混凝土时，特别明显。

骨料级配的影响：当级配良好、砂率适当时，由于组成了坚强密实的骨架，有利于混凝土强度的提高。

骨料形状的影响：碎石表面粗糙有棱角，提高了骨料与水泥砂浆之间的机械啮合力和粘结力，所以在原材料及坍落度相同的条件下，用碎石拌制的混凝土比用卵石的强度要高。

另外，骨料中有害杂质较多、品质低也会降低混凝土的强度。

（3）龄期与强度的关系

在正常养护条件下，混凝土强度随龄期的增长而增大，最初 7～14d 强度发展较快，28d 后强度发展趋于平缓，所以混凝土强度以 28d 强度作为质量评定依据。在标准养护条件下，中等强度（C15～C30）的混凝土，其强度发展与龄期的常用对数成正比关系。

$$f_n=\frac{f_{28}\cdot \lg n}{\lg 28} \tag{5-8}$$

式中 f_n——nd 龄期时的混凝土抗压强度（MPa）；

f_{28}——28d 龄期时的混凝土抗压强度（MPa）；

n——养护龄期，$n\geqslant 3$d。

式（5-8）可用于估计混凝土的强度，如已知 28d 龄期的混凝土强度，估算某一龄期的强度；或已知某龄期的强度，推算 28d 的强度，可作为预测混凝土强度的一种方法。但由于影响混凝土强度的因素很多，故只能作参考。在应用时应注意到，对较高强度的混凝土（≥C35）和掺外加剂的混凝土，不能用该公式估算，否则会产生很大偏差。

（4）养护温度及湿度的影响

混凝土浇捣成型后，要在一定时间内保持适当的温度和足够的湿度满足水泥充分水化，这就是混凝土的养护。

温度及湿度对混凝土强度的影响，本质上是对水泥水化的影响。

养护温度高，水泥早期水化越快，混凝土的早期强度越高（图 5-5），但混凝土早期养护温度过高（40℃以上），因水泥水化产物来不及扩散而使混凝土后期强度降低。当温度在 0℃以下时，水泥水化反应停止，混凝土强度停止发展，这时还会因为混凝土中的水结冻而产生体积膨胀，对混凝土产生相当大的膨胀压力，使混凝土结构被破坏、强度降低。

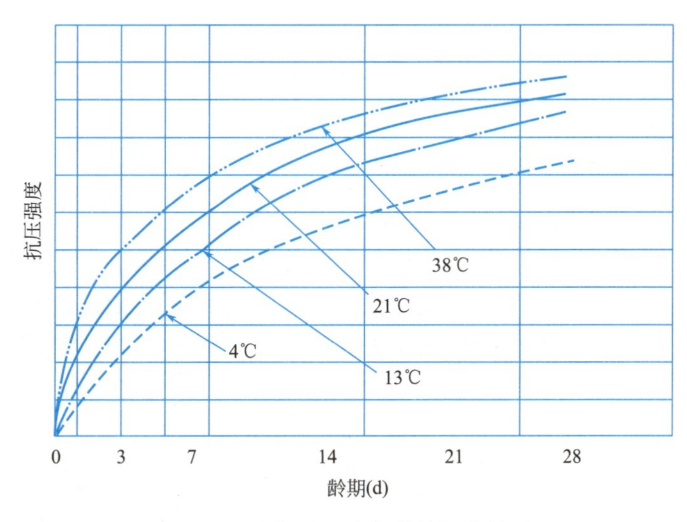

图 5-5　混凝土强度与养护温度关系

湿度是决定水泥能否正常进行水化作用的必要条件，浇筑后的混凝土所处环境湿度相宜，水泥水化反应顺利进行，混凝土强度得以充分发展。若环境湿度较低，水泥不能正常进行水化作用甚至停止水化，严重降低混凝土强度，而且使混凝土结构疏松，形成干缩裂缝，增大了渗水性，从而影响了混凝土的耐久性。所以，混凝土浇筑完毕后，应及时浇水养护。特别是在夏季，由于蒸发较快更应注意浇水。图 5-6 是混凝土强度与保湿养护时间的关系。

根据国家标准《混凝土结构工程施工质量验收规范》GB 50204—2015 的规定，浇筑完毕的混凝土应采取以下保水措施：①浇筑完毕 12h 以内对混凝土加以覆盖并保温养护。②混凝土浇水养护的时间，对采用硅酸盐水泥、普通硅酸盐水泥或矿渣水泥拌制的混凝土，不得少于 7d，对掺用缓凝型外加剂或有抗渗要求的混凝土，不得少于 14d，浇水次数应保持混凝土处于湿润状态。③日平均气温低于 5℃时，不得浇水。④混凝土表面不便浇水养护时，可覆盖塑料布或涂刷养护剂（薄膜养护）。

（5）试验条件

试件尺寸：相同配合比的混凝土，试件的尺寸越小，测得的强度越高。试件尺寸影响强度的主要原因是试件尺寸过大时，内部孔隙、缺陷等出现的概率也大，导致有效受力面

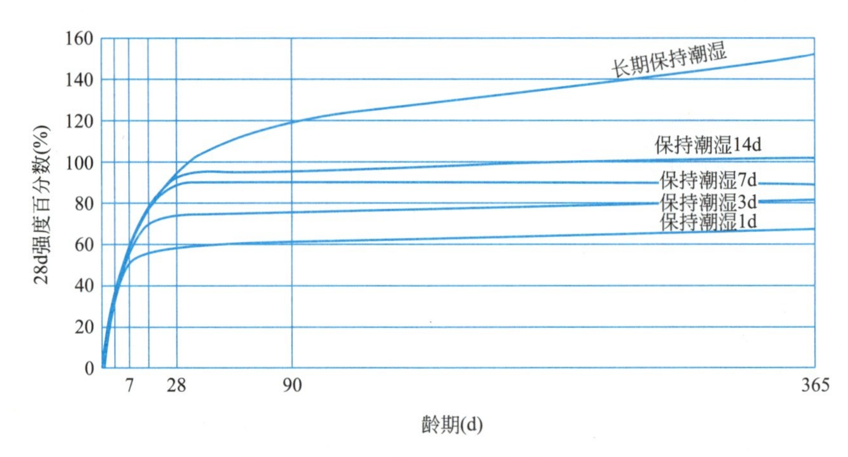

图 5-6 混凝土强度与保湿养护时间的关系

积的减小及应力集中，从而引起强度的降低。

试件形状：当试件受压面积相同，而高度不同时，高宽比越大，抗压强度越小。这是由于试件受压时，试件受压面与试件承压板之间的摩擦力，对试件相对于承压板的横向膨胀起着约束作用，该约束有利于强度的提高。试件破坏后，其上下部分各呈现一个较完整的棱柱体，这就是这种约束作用的结果，通常称这种作用为环箍效应。

表面状态：混凝土试件承压面的状态也是影响混凝土强度的重要因素。当试件受压面上有油脂类润滑剂时，试件受压时的环箍效应大大减小，试件将出现直裂破坏，测出的强度值也较低。

加荷速度：加荷速度越快，测得的混凝土强度值越大。混凝土抗压强度的加荷速度应连续均匀。

（6）施工质量

混凝土的施工过程包括搅拌、运输、浇筑、振捣、现场养护等多个环节，受到各种不确定性随机因素的影响。配料的准确、振捣密实程度、拌合物的离析、现场养护条件的控制，以及施工单位的技术和管理水平等，都会造成混凝土强度的变化。因此，必须采取严格有效的控制措施和手段，以保证混凝土的施工质量。

5. 提高混凝土强度的主要措施

通过分析上述影响混凝土强度的因素，可知提高混凝土强度的主要措施有：

（1）选用高强度水泥和低水灰比

水泥是混凝土中的活性组分，在相同的配合比情况下，所用水泥的强度等级越高，混凝土的强度越高。水灰比增加 1%，则混凝土强度将下降 5%，在满足施工和易性和混凝土耐久性要求条件下，尽可能降低水灰比和提高水泥强度。

（2）选用合适的外加剂或掺加外掺料

如：减水剂可在保证和易性不变的情况下，减少用水量，提高混凝土强度；早强剂可提高混凝土的早期强度。掺磨细粉煤灰或磨细高炉矿渣，可以配制高强、超高强混凝土。

（3）采用机械搅拌合机械振动成型

采用机械搅拌、机械振捣的混合料，可使混凝土混合料的颗粒产生振动，降低水泥浆的黏度和骨料的摩擦力，使混凝土拌合物转入液体状态，在满足施工和易性要求条件下，可减少拌合用水量，降低水灰比。同时，混凝土混合物被振捣后，它的颗粒互相靠近，并把空气排出，使混凝土内部孔隙大大减少，从而使混凝土的密实度和强度大大提高。

（4）选用级配良好的骨料，提高混凝土的密实度。

（5）加强养护

养护能促进水泥的水化，特别适用于掺活性混合材料水泥拌制的混凝土，明显地提高混凝土强度。

5.4.2　混凝土变形性能

混凝土在硬化期间和使用过程中，因受各种因素的影响会产生变形，这些变形是使混凝土产生裂缝的重要原因之一，从而影响混凝土的强度和耐久性。

1. 化学收缩

定义：在混凝土硬化过程中，由于水泥水化生成物的体积比反应前物质的总体积小，从而引起混凝土的收缩，称为化学收缩。

发展规律：其收缩量是随混凝土硬化龄期的延长而增加，一般在混凝土成型后 40d 左右增长较快，以后逐渐趋于稳定。

影响：化学收缩值很小（小于 1%），但是不可恢复，对混凝土结构没有破坏作用，但在混凝土内部可能产生微细裂缝。

预防塑性收缩开裂的方法是降低混凝土表面失水速率，采取防风、降温等措施。最有效的方法是凝结硬化前保持混凝土表面的湿润，如在表面覆盖塑料膜、喷洒养护剂等。

2. 湿胀干缩变形

定义：由于混凝土周围环境湿度的变化，会引起混凝土的干湿变形，表现为干缩湿胀。

原因：当混凝土在水中硬化时，由于凝胶体中胶体粒子吸附水膜增厚，胶体粒子间的距离增大，会产生微小的膨胀。当混凝土在空气中硬化时，首先失去自由水；继续干燥时，毛细管水蒸发，使毛细孔中形成负压产生收缩；再继续干燥则吸附水蒸发，引起凝胶体失水而紧缩。以上这些作用的结果导致混凝土产生干缩变形。混凝土的干缩变形在重新吸水后大部分可以恢复，但不能完全恢复。

影响：混凝土的湿胀变形量很小，一般没有破坏作用。但干缩变形对混凝土危害较大，在一般条件下，混凝土极限收缩值可达 $5\times10^{-4}\sim9\times10^{-4}$，在结构设计中混凝土干缩率取值为：每米混凝土收缩 0.15～0.20mm。由于混凝土抗拉强度低，而干缩变形又如此之大，所以很容易产生干缩裂缝，使混凝土的耐久性严重降低。

影响混凝土干缩变形的因素主要有：

（1）水泥用量、细度、品种

水泥用量越多，水泥石含量越多，干燥收缩越大。水泥的细度越大，混凝土的用水量越多，干燥收缩越大。高强度等级水泥的细度往往较大，故使用高强度等级水泥的混凝土干燥收缩较大。使用火山灰质硅酸盐水泥时，混凝土的干燥收缩较大；而使用粉煤灰硅酸盐水泥时，混凝土的干燥收缩较小。

（2）水灰比

水灰比越大，混凝土内的毛细孔隙数量越多，混凝土的干燥收缩越大。一般用水量每增加1%，混凝土的干缩率增加2%～3%。

（3）骨料的规格与质量

骨料的粒径越大，级配越好，则水与水泥用量越少，混凝土的干燥收缩越小；骨料的含泥量及泥块含量越少，水与水泥用量越少，混凝土的干燥收缩越小；针、片状骨料含量越少，混凝土的干燥收缩越小。

（4）养护条件

混凝土的干缩主要发生在早期，前3个月的收缩量为20年收缩量的40%～80%。由于混凝土早期强度低，抵抗干缩应力的能力弱，因此加强混凝土的早期养护，延长湿养护时间，可以推迟混凝土干燥收缩的产生与发展，避免混凝土在早期产生较多的干缩裂纹，但对混凝土的最终干缩率没有显著的影响。

3. 温度变形

定义：混凝土随着温度的变化产生热胀冷缩的变形。

指标：混凝土的温度线膨胀系数为 $(1\sim1.5)\times10^{-5}$m/℃。即温度每有1℃改变，1m混凝土将产生0.01mm膨胀或收缩变形。

危害：温度变形对大体积混凝土极为不利。混凝土在硬化初期，水泥水化放出较多的热量，而混凝土是热的不良导体，散热很慢，就会使混凝土内部温度升高，但外部混凝土温度则随气温下降，致使内外温差达50～70℃，造成内部膨胀及外部收缩，使外部混凝土产生很大的拉应力，严重时导致混凝土产生温度裂缝。

因此，对大体积混凝土工程，应设法降低混凝土的发热量。

（1）采用低热水泥（如矿渣水泥、粉煤灰水泥、大坝水泥等）并尽量减少水泥用量，以减少水泥水化热。

（2）在混凝土拌合物中掺入缓凝剂、减水剂和掺合料，以降低水泥水化速度，使水泥水化热不至于在早期过分集中放出。

（3）预先将原材料降温，用冰块代替水，以抵消部分水化热。

（4）在混凝土中预埋冷却水管，从管子的一端注入冷水，冷水流经埋在混凝土内部的管道后，从另一端排出，将混凝土内部的水化热带出。

（5）在建筑结构安全许可的条件下，将大体积混凝土工程“化整为零”施工，以减轻约束和扩大散热面积。

（6）表面绝热，以调节混凝土表面温度下降速率。

对纵向长度较大混凝土及钢筋混凝土结构，每隔一段长度应设置温度伸缩缝、留设后浇带来防止混凝土产生温度裂缝或结构内配置温度钢筋。

4. 荷载作用下的变形

（1）短期荷载作用下的变形

混凝土是一种不均质的材料，受力后既产生可以恢复的弹性变形，又产生不可恢复的塑性变形。塑性变形主要由水泥凝胶体的塑性流动和各组成间的滑移产生，所以混凝土是一种弹塑性材料。

(2) 混凝土的静力弹性模量

弹性模量为应力与应变之比值。对纯弹性材料来说，弹性模量是一个定值，而对混凝土这一弹塑性材料来说，不同应力水平的应力与应变之比值为变数。应力水平越高，塑性变形比重越大，故测得的比值越小。因此，根据《混凝土物理力学性能试验方法标准》GB/T 50081—2019 规定，混凝土的弹性模量是以棱柱体（150mm×150mm×300mm）试件抗压强度的 40%作为控制值，在此应力水平下重复加荷-卸荷 3 次以上，以基本消除塑性变形后测得的应力-应变之比值，是一个条件弹性模量，在数值上近似等于初始切线的斜率。

影响弹性模量的因素主要有：

1）混凝土强度越高，弹性模量越大。

2）骨料含量越高，骨料自身的弹性模量越大，则混凝土弹性模量越大。

3）混凝土水灰比越小，混凝土越密实，弹性模量越大。

4）混凝土养护龄期越长，弹性模量也越大。

5）早期养护温度较低时，弹性模量较大，即蒸汽养护混凝土的弹性模量较小。

6）掺入引气剂将使混凝土弹性模量下降。

(3) 混凝土的徐变

混凝土在长期荷载作用下，混凝土随时间的延长而增加的变形称为徐变。

混凝土的徐变一般被认为是由于水泥石凝胶体在长期荷载作用下的黏性流动，并向毛细孔中移动的结果。

混凝土的徐变会使构件的变形增加，在钢筋混凝土截面中引起应力的重新分布。对预应力钢筋混凝土结构，混凝土的徐变将使钢筋的预应力受到损失（预应力结构一般要求较高的混凝土强度等级以减小徐变及预应力损失）。但有时徐变也对工程有利，如：对普通钢筋混凝土构件，能消除混凝土内部应力集中（温度应力和收缩应力），使应力较均匀地重新分布，减弱混凝土的开裂现象。对大体积混凝土，徐变能消除一部分由温度变形所产生的破坏应力。

在荷载初期或硬化初期，由于未填满的毛细孔较多，凝胶体移动较为容易，故徐变增长较快。但以后随着水泥的逐渐水化，新的凝胶体逐渐填充毛细孔，并在水泥石内部移动，使毛细孔逐渐减少，因而徐变速度越来越慢。除此之外，骨料能阻碍水泥石的变形，从而减小混凝土的徐变。因此，混凝土中骨料含量较多者，徐变较小；结构越密实，强度越高的混凝土，徐变就越小。

5.4.3　混凝土的耐久性

混凝土的耐久性是指在外部和内部不利因素的长期作用下，保持其原有设计性能和使用功能的性质。外部因素指的是酸、碱、盐的腐蚀作用、冰冻破坏作用、水压渗透作用、碳化作用、干湿循环引起的风化作用、荷载应力作用和振动冲击作用等；内部因素主要指的是碱骨料反应和自身体积变化。通常用混凝土的抗渗性、抗冻性、抗碳化性能、抗腐蚀性能和碱骨料反应综合评价混凝土的耐久性。

5-6
混凝土性质——耐久性

1. 混凝土的抗渗性

混凝土的抗渗性是指混凝土抵抗压力液体（水、油、溶液等）渗透作用的能力。它是决定混凝土耐久性最主要的因素，因为外界环境中的侵蚀性介质只有通过渗透才能进入混凝土内部产生破坏作用。在受压力液体作用的工程，如地下建筑、水池、水塔、压力水管、水坝、油罐以及港工、海工等，必须要求混凝土具有一定的抗渗性能。

混凝土在压力液体作用下产生渗透的主要原因，是其内部存在连通的渗水孔道。这些孔道来源于水泥浆中多余水分蒸发留下的毛细管道、混凝土浇筑过程中泌水产生的通道、混凝土拌合物振捣不密实、混凝土干缩和热胀产生的裂缝等。

由此可见，提高混凝土抗渗性的关键是提高混凝土的密实度或改变混凝土的孔隙特征。

混凝土抗渗等级分为 P4、P6、P8、P10 和 P12 共 5 级，相应表示混凝土能抵抗 0.4MPa、0.6MPa、0.8MPa、1.0MPa 和 1.2MPa 的水压不渗漏。

2. 混凝土的抗冻性

混凝土的抗冻性是指硬化混凝土在水饱和状态下，能经受多次冻融循环作用而不破坏，强度也不严重降低的性能。对于寒冷地区的建筑物和构筑物，特别是接触水且又受冻的建（构）筑物（如海港码头、大坝）、寒冷环境的建筑物（如冷库），要求混凝土必须有一定的抗冻性。

混凝土受冻融破坏的原因是其内部的空隙和毛细孔中的水结冰产生体积膨胀和冷藏水的迁移所致。当膨胀力超过混凝土的抗拉强度时，就会使混凝土产生微细裂缝，在反复冻融作用下，混凝土内部的微细裂缝逐渐增多和扩大，导致混凝土强度降低甚至破坏。

提高混凝土抗冻性的关键是提高混凝土的密实度或改变混凝土的孔隙特征，并防止早期受冻。

混凝土的抗冻性用抗冻等级 Fn 来表示。以标准养护 28d 龄期的立方体试件，在吸水饱和后，于$-15\sim20$℃情况下进行反复冻融循环，最后以抗压强度下降率不超过 25%、质量损失率不超过 5%时，混凝土所能承受的最大冻融循环次数来表示。

混凝土的抗冻等级分为 F10、F15、F25、F50、F100、F150、F200、F250 和 F300 共 9 个等级，其中数字表示混凝土能承受的最大冻融循环次数。

3. 混凝土的碳化

混凝土的碳化是混凝土所受到的一种化学腐蚀。空气中 CO_2 渗透到混凝土内，与其碱性物质起化学反应后生成碳酸盐和水，使混凝土碱度降低的过程称为混凝土碳化，又称作中性化。

首先，减弱对钢筋的保护作用。碳化作用降低了混凝土的碱度，当 pH 值低于 10 时，钢筋表面钝化膜破坏，导致钢筋锈蚀。

其次，当碳化深度超过钢筋的保护层时，钢筋不但易发生锈蚀，还会因此引起体积膨胀，使混凝土保护层开裂或剥落，进一步加速混凝土碳化。

再次，碳化作用还会引起混凝土的收缩（碳化收缩），容易使混凝土的表面产生微细裂缝，从而降低了混凝土的抗折强度。

最后，混凝土表面轻度碳化可使一些孔被碳酸钙密封，对减少碳化层的渗透和提高强度有一定的作用。继续碳化使碳酸钙转变为碳酸氢盐，溶出后孔隙增加，会影响混凝土耐久性。

影响混凝土碳化的因素有如下几个：

（1）水泥的品种

普通水泥、硅酸盐水泥水化产物碱度高，其抗碳化能力优于矿渣水泥、火山灰质水泥和粉煤灰水泥，且会随混合材料掺量的增多使碳化速度加快。

（2）水灰比

水灰比越小，混凝土越密实，二氧化碳和水不易渗入，故碳化速度慢。

（3）环境湿度

当环境的相对湿度在 50%～75%时，混凝土碳化速度最快，当相对湿度小于 25%或达 100%时，碳化停止，这是由于在环境水分太少时碳化不能发生；而当混凝土孔隙中充满水时，二氧化碳不能渗入扩散。

（4）环境中二氧化碳的浓度

二氧化碳浓度越大，混凝土碳化作用越快。

（5）外加剂

混凝土中掺入减水剂、引气剂或引气型减水剂时，由于降低水灰比或引入封闭小气泡，可使混凝土碳化速度明显减慢。降低水灰比，可采用减水剂以提高混凝土密实度，是提高混凝土抗碳化能力的根本措施。

4. 混凝土的抗侵蚀性

环境介质对混凝土的化学侵蚀主要是对水泥石的侵蚀，其侵蚀类型及机理与水泥石的腐蚀相同。当环境介质具有侵蚀性时，必须对混凝土提出抗侵蚀性的要求。混凝土的抗侵蚀性与所用的水泥品种、混凝土的密实度和孔隙特征有关。掺入混合料的水泥（火山灰水泥、粉煤灰水泥、矿渣水泥、复合水泥）的抗侵蚀性较好。提高密实度、改善气孔结构及设置保护层等措施都可提高混凝土的抗侵蚀性能。密实和孔隙封闭的混凝土，环境介质不易侵入，故其抗侵蚀性较强。

5. 混凝土的碱骨料反应

混凝土碱骨料反应是指混凝土内水泥中的碱（$Na_2O+0.658K_2O$）与骨料中的活性 SiO_2 反应，生成碱硅酸凝胶（Na_2SiO_3），并从周围介质中吸收水分而膨胀，导致混凝土开裂破坏的现象。

混凝土发生碱骨料反应必须具备以下三个条件：

（1）水泥、外加剂等混凝土原材料中碱含量大于 0.6%。

（2）活性骨料占骨料总量的比例大于 1%。

（3）要有充足的水存在。

碱骨料反应很慢，其引起的破坏往往经过若干年后才会出现。当确认骨料中含有活性 SiO_2，而又非用不可时，可采取以下预防措施：

（1）采用碱含量小于 0.6%的水泥。

（2）在水泥中掺入火山灰质混合材料。因其能吸收溶液中的钠离子和钾离子，使反应产物早期能均匀分布在混凝土中，不致集中于骨料颗粒周围，从而减轻膨胀反应。

（3）在混凝土中掺入引气剂或引气减水剂。它们可以产生许多分散的气泡，当发生碱骨料反应时，反应生成的胶体可渗入或被挤入这些气泡内，降低了膨胀破坏应力。

6. 提高混凝土耐久性的措施

耐久性的各个性能都与混凝土的组成材料、混凝土的孔隙率、孔隙构造密切相关，因此提高混凝土耐久性的措施主要有以下几点：

（1）根据混凝土工程所处的环境条件和工程特点选择合适的水泥品种。

（2）严格控制水灰比，保证足够的水泥用量。

（3）选用杂质少、级配良好的粗、细骨料，并尽量采用合适的砂率。

（4）掺引气剂、减水剂等外加剂，可减少水灰比，改善混凝土内部的孔隙构造，提高混凝土耐久性；掺入高效活性矿物掺料，大量研究表明掺入粉煤灰、矿渣、硅粉等掺合料能有效改善混凝土的性能，填充内部孔隙，改善孔隙结构，提高密实度，同时高掺量混凝土还能抑制碱骨料反应。因而混凝土掺混合材料，是提高混凝土耐久性的有效措施。

（5）在混凝土施工中，应搅拌均匀、振捣密实、加强养护，以增加混凝土密实度，提高混凝土质量。

5.5 混凝土外加剂

随着科学技术的发展，人们对工程技术、工程质量和建筑物使用寿命的要求越来越高。使用混凝土外加剂是提高和改善混凝土各项性能、满足工程耐久性要求的最佳、最有效、最易行的途径之一。

混凝土外加剂的正式工业产品始于1910年，到20世纪30年代在美国开发北美洲时，混凝土路面由于严寒气候需除冰而很快受到破坏，为提高路面混凝土质量而使用了“文沙树脂”来提高混凝土的耐久性。1937年美国颁布了历史上第一个减水剂的专利。从20世纪60年代日本和德国成功研制高效减水剂以来，外加剂进入了迅速发展的时代。现在，发达国家使用外加剂的混凝土占混凝土总量的70%～80%，有些已达到100%，外加剂已成为混凝土材料不可缺少的组成部分。外加剂还促进了混凝土高技术的发展，如水下混凝土施工技术、喷射混凝土、商品混凝土和泵送混凝土。

由于高效减水剂的出现推动了混凝土工程技术的发展，大大地扩展了混凝土的使用范围。19世纪法国出现钢筋混凝土，实现了混凝土技术的第一次飞跃，1928年法国发明的预应力混凝土技术，实现了混凝土技术的第二次飞跃，而第三次飞跃就是各种高性能减水剂的问世。

近年来，我国外加剂行业的科研队伍不断发展壮大，外加剂的应用技术也得到了迅速发展。建筑高度420.5m的88层超高层大厦金茂大厦施工通过泵送混凝土“一泵到顶”、举世瞩目的三峡大坝工程以百年耐久性设计、自然条件严酷的青藏铁路顺利施工、高抗冲击强度和高密闭混凝土核废料罐的制作、耐腐蚀和高防水大型海洋馆工程建设、世界上最长的跨海大桥港珠澳大桥的建设等。现在，几乎所有重要的混凝土工程、混凝土搅拌站均使用各类外加剂。外加剂已成为混凝土工程中不可缺少的重要材料。

概念：混凝土外加剂指在混凝土拌合物中，掺入不大于水泥质量的5%，能显著改善混凝土拌合物性能或硬化混凝土性能的物质。

5.5.1　外加剂的分类

混凝土外加剂品种较多，功能各异。不同品种的外加剂，可以达到不同的效果。根据国家标准《混凝土外加剂术语》GB/T 8075—2017 的规定，混凝土外加剂按其主要功能分为四类：

（1）改善混凝土拌合物流变性能的外加剂，如减水剂、引气剂和泵送剂等。

（2）调节混凝土凝结时间、硬化性能的外加剂，如缓凝剂、早强剂和速凝剂等。

（3）改善混凝土耐久性的外加剂，如引气剂、防水剂和阻锈剂等。

（4）改善混凝土其他性能的外加剂，如加气剂、膨胀剂、防冻剂、着色剂、防水剂和泵送剂等。

5.5.2　常用外加剂简介

1. 减水剂

减水剂是指在混凝土坍落度基本相同的条件下，能减少混凝土拌合水量的外加剂。是混凝土外加剂中最重要的品种，按其减水率大小，可分为：

① 普通减水剂：又称塑化剂，是一种能保持混凝土坍落度一致的条件下减少拌合用水量的外加剂，减水率不小于 8%，又分为早强型、标准型、缓凝型，以木质素磺酸盐类为代表。

② 高效减水剂：又称超塑化剂，是一种能保持混凝土坍落度一致的条件下大幅度减少拌合用水量的外加剂，减水率不小于 14%，具有较高的减水率，较低引气量，又分为标准型、缓凝型，包括：萘系、密胺系、氨基磺酸盐系、脂肪族系等。

③ 高性能减水剂：比高效减水剂具有更高减水率、更好坍落度保持性能、较小干燥收缩，且具有一定引气性能的减水剂。减水率不小于 25%，又分为早强型、标准型、缓凝型，以聚羧酸系高性能减水剂为代表。

（1）减水剂的作用原理

减水剂是一种表面活性剂，其分子由亲水基团和憎水基团两个部分组成，将它加入水溶液中后，其分子中的亲水基团指向溶液，憎水基团指向空气、固体或非极性液体并作定向排列，形成定向吸附膜，降低水的表面张力和二相间的界面张力。水泥加水后，由于水泥颗粒间分子凝聚力等因素，形成絮凝结构，如图 5-7（a）所示。当水泥浆体中加入减水剂后，其憎水基团定向吸附于水泥质点表面，亲水基团指向水溶液，在水泥颗粒表面形成单分子或多分子吸附膜，并使之带有相同的电荷，在静电斥力作用下，使絮凝结构解体，如图 5-7（b）所示，被束缚在絮凝结构中的游离水释放出来，由于减水剂分子吸附产生的分散作用，使混凝土的流动性显著增加。减水剂还使水泥颗粒表面的溶剂化层增厚，如图 5-7（c）所示，在水泥颗粒间起到润滑作用，改善了混凝土拌合物的和易性。

（2）减水剂的作用

1）改善工作性：在混凝土用水量、水灰比不变的情况下，掺减水剂可使混凝土拌合物坍落度增大 100～200mm，提高混凝土拌合物的流动性，使困难的浇筑变得方便容易。

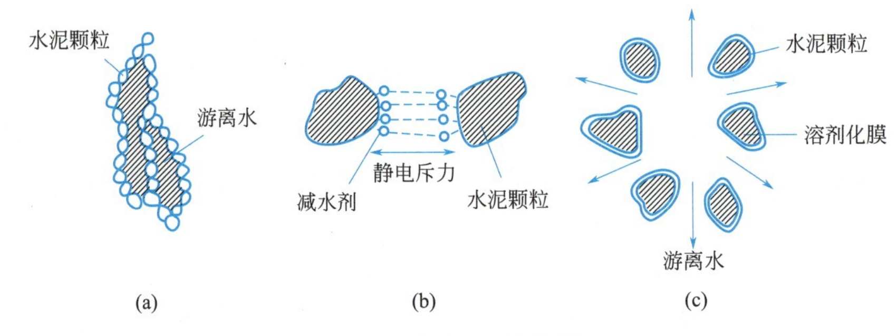

图 5-7　减水剂的作用原理

2）提高强度：在保持混凝土拌合物流动性及水泥用量不变的情况下，掺减水剂可使混凝土的单位用水量减少 10%～25%，这意味着有效地降低了水灰比；从而可能较大幅度地提高了混凝土的早期或后期强度，可使混凝土强度提高 15%～30%，特别是有利于早期强度提高。

3）节约水泥：在保持混凝土流动性及强度不变的情况下，掺减水剂在减少用水量的同时按水灰比不变的原则，减少水泥用量，一般可以节约水泥 10%～15%，达到保持强度不变而节约水泥的目的。

4）改善耐久性：提高混凝土抗渗、抗冻、抗化学侵蚀及防锈蚀等能力，改善混凝土的耐久性。

5）改善混凝土拌合物的泌水、离析现象，延缓混凝土拌合物的凝结时间，减慢水泥水化放热速度等。

（3）常用减水剂品种

减水剂是使用最广泛，效果最显著的外加剂。其种类很多，目前有木质素系、萘系、氨基磺酸系、三聚氰胺系、脂肪族系和聚羧酸系减水剂等几类，见表 5-11。

常用减水剂品种及性能　　表 5-11

类别		普通减水剂	高效减水剂				高性能减水剂
		木质素系	萘系	氨基磺酸系	三聚氰胺系	脂肪族系	聚羧酸系
主要品种		木质素磺酸钙(木钙)、木质素磺酸钠(木钠)等	NNO、NF、FDN、UNF、MF 等	ASPF	SM	KJ	PC
适宜掺量(占水泥质量)(%)		0.2～0.3	0.75～1.5	0.5～2.0	0.5～1.5	1～2	0.2～0.5
效果	减水率(%)	10 左右	15～25	30	25	15～25	20～35
	早强效果	一般	显著	显著	显著	显著	显著
	缓凝效果	1～3h	一般	一般	一般	一般	一般
	引气效果(%)	1～2	非引气	一般	非引气	非引气	一般

续表

类别	普通减水剂	高效减水剂				高性能减水剂
	木质素系	萘系	氨基磺酸系	三聚氰胺系	脂肪族系	聚羧酸系
适用范围	一般混凝土工程及大模板、滑模、泵送、大体积及夏季施工的混凝土工程	适用于所用混凝土工程，特别适用于配制高强度及大流动性混凝土	配制高强混凝土、早强混凝土、流态混凝土、蒸养混凝土等	所有混凝土工程，更适合高强、超高强混凝土及以蒸养工艺成型的预制混凝土构件	所有混凝土工程，更适用于防水混凝土，防冻混凝土和防止硫酸盐侵蚀的海工混凝土等	所有混凝土工程，更适合于高强混凝土、高性能混凝土、混凝土施工时间长，对混凝土坍落度保持要求高的工程

1）木质素系减水剂

以纸浆废液中木质磺酸盐为主要成分的“普浊里”减水剂。木质素磺酸钙（M 剂）：属缓凝引气减水剂，它易溶于水，成本较低，适宜掺量为水泥质量的 0.2%～0.3%。在保持拌合物坍落度不变时，减水率为 10%～15%。掺入水泥质量的 0.25%，可延缓混凝土拌合物凝结时间 1～3h。

这种减水剂对钢筋无锈蚀危害，对混凝土的抗冻、抗渗、耐久性等都有明显改善。由于有缓凝作用，可降低水泥早期水化热，有利于水工大体积混凝土工程施工。

2）萘系减水剂

进入 20 世纪 60 年代以后，要求混凝土具有更高的强度和更大的流动度，而普通减水剂如木质磺酸盐等引气剂已不能满足要求。于是 1962 年日本花王石碱公司首先研制成功了萘系减水剂，即麦地高效减水剂。萘系减水剂：属高效减水剂，此类减水剂多属非引气型，且对凝结时间基本上无影响。适宜掺量为水泥质量的 0.75%～1.5%，减水率在 15% 以上。早强显著，混凝土 28d 强度提高 20%。特别适于配制高强混凝土、流态混凝土、泵送混凝土、冬期施工的混凝土等。

萘系减水剂对钢筋无锈蚀作用，具有早强功能。但由于混凝土的坍落度损失较大，故实际生产的萘系减水剂，大多数为复合型的，通常与缓凝剂或引气剂复合。

3）三聚氰胺系高效减水剂（密胺系高效减水剂）

三聚氰胺系高效减水剂是一种水溶性的高分子聚合物，其主要成分是磺化三聚氰胺甲醛缩合物，属于阴离子型、早强、非引气型高效减水剂，它的分散作用很强，适宜掺量为 0.5%～2.0%，减水率可高达 20%～27%，对混凝土早强与增强效果显著，能使混凝土 1d 强度提高一倍以上，7d 强度即可达普通混凝土 28d 的强度，长期强度亦明显提高，并可提高混凝土的抗渗、抗冻性能，提高弹性模量，但缺点是价格贵、黏聚性较大、可泵性较差且坍落度经时损失也较大。主要用于配制高强混凝土、早强混凝土、流态混凝土、蒸汽养护混凝土和铝酸盐水泥耐火混凝土及有特殊要求的混凝土工程。

4）氨基磺酸盐系减水剂

氨基磺酸盐系高效减水剂为对氨基苯磺酸盐-苯酚-甲醛的缩合物，也被称为单环芳烃型高效减水剂。

氨基磺酸盐系减水剂是一种非引气可溶性树脂减水剂，生产工艺较萘系减水剂简单，具有减水率高，坍落度损失较小，混凝土抗渗性、耐久性好。氨基磺酸盐系减水剂对水泥较敏感，掺量较高时极易引起过度泌水和缓凝。因此，通常情况下，将氨基磺酸盐类高效减水剂与萘系高效减水剂等进行复合，不仅可以改善萘系高效减水剂与水泥的适应性，而且能增强混凝土的坍落度保持性。

5）脂肪族系高效减水剂

脂肪族系高效减水剂主要指采用丙酮、亚硫酸盐、甲醛等合成的脂肪族羟基磺酸盐缩合物（又称为酮醛缩合物），具有减水率大、对混凝土的早期强度（3d）和后期强度（28d～半年）发展有促进作用；冬天无结晶、无引气性、不含氯盐、对钢筋无锈蚀；对水泥品种的适应性优于萘系产品，适用于混凝土预制构件生产。该产品与其他外加剂组分相容性好，通过复合可配制成系列化产品，而达到泵送、缓凝、早强、防水、抗冻等效果，满足商品混凝土的各种要求。

6）聚羧酸盐系高效减水剂

聚羧酸系混凝土减水剂是继木钙和萘系减水剂之后发展起来的第三代高性能化学减水剂。聚羧酸系高效减水剂适宜掺量为0.2%～0.5%，减水率可达20%～35%，配置的大流动性混凝土，坍落度经时损失小，90min内坍落度基本无损失，与粉煤灰配合使用，减水剂的小掺量使用即可获得优异的流动性，或者使得水胶比较低，适应配制中、高强度的高性能混凝土。

7）复合减水剂

单一减水剂往往很难满足不同工程性质和不同施工条件的要求，因此，减水剂研究和生产中往往复合各种其他外加剂，组成早强减水剂、缓凝减水剂、引气减水剂、缓凝引气减水剂等。这些减水剂往往具有多重作用，可以满足有特殊要求的工程。

2. 早强剂

早强剂是加速混凝土早期强度发展的外加剂。早强剂可以在常温、低温和负温（不低于−50℃条件）下加速混凝土的硬化过程，多用于冬期施工和抢修工程。早强剂主要包括氯盐类、硫酸盐类、有机胺类以及以它们为基础组成的复合类早强剂，见表5-12。

常用早强剂品种及性能　　表5-12

类别	氯盐类	硫酸盐类	有机胺类	复合类
常用品	氯化钙	硫酸钠(元明粉)	三乙醇胺	①三乙醇胺(A)+氯化钠(B) ②三乙醇胺(A)+亚硝酸钠(B)+氯化钠(C) ③三乙醇胺(A)+亚硝酸钠(B)+二水石膏(C) ④硫酸盐复合早强剂(NC)
适宜掺量(占水泥质量)(%)	0.5～1.0	0.5～2.0	0.02～0.05 一般不单独用,常与其他早强剂复合用	①(A)0.05+(B)0.5 ②(A)0.05+(B)0.5+(C)0.5 ③(A)0.05+(B)1.0+(C)2.0 ④(NC)2.0～4.0
早强效果	显著 3d强度可提高50%～100%; 7d强度可提高20%～40%	显著 掺1.5%时达到混凝土设计强度70%的时间可缩短一半	显著 早期强度可提高50%左右,28d强度不变或稍有提高	显著 2d强度可提高70%; 28d强度可提高20%

（1）氯盐早强剂：氯化钙

氯化钙的早强作用主要是因为它能与 C_3A 和 $Ca(OH)_2$ 反应，生成不溶性复盐水化氯铝酸钙和氧氯酸钙，增加水泥浆体中固相比例，提高早期强度；同时液相中 $Ca(OH)_2$ 浓度降低，也使 C_3S、C_2S 加速水化，使早期强度提高。因此掺入氯化钙能缩短水泥的凝结时间，提高混凝土密实度、强度和抗冻性。

氯化钙适宜掺量为 1%～2%。氯化钙早强效果显著，能使混凝土 3d 强度提高 50%～100%，7d 强度提高 20%～40%。同时能降低混凝土中水的冰点，防止混凝土早期受冻。但后期强度不一定提高，甚至可能低于基准混凝土。此外，氯化钙早强剂会产生氯离子，易促使钢筋产生锈蚀，并导致混凝土开裂。我国规范中规定：在钢筋混凝土中氯化钙掺量不得超过水泥质量的 1%；在无筋混凝土中掺量不得超过 3%。为了抑制氯化钙对钢筋的锈蚀作用，常将氯化钙与阻锈剂亚硝酸钠（$NaNO_2$）复合使用。

（2）硫酸盐早强剂：硫酸钠

硫酸盐的早强作用主要是与水泥的水化产物 $Ca(OH)_2$ 反应，生成高分散性的化学石膏，它与 C_3A 的化学反应比外掺石膏的作用快得多，能迅速生成水化硫铝酸钙，增加固相体积，提高早期结构的密实度，同时也会加快水泥的水化速度，因而提高混凝土的早期强度。

硫酸钠适宜掺量为 0.5%～2%，可使 3d 强度提高 20%～40%，早强效果不及 $CaCl_2$。对矿渣水泥混凝土早强效果较显著，但后期强度略有下降。

硫酸钠对钢筋无锈蚀作用，适用于不允许掺用氯盐的混凝土，它与氢氧化钙作用生成强碱 NaOH。为防止碱骨料反应，硫酸钠严禁用于含有活性骨料的混凝土，同时应注意不能超量掺加，以免导致混凝土产生后期膨胀开裂破坏及混凝土表面产生“白霜”。

（3）有机胺早强剂：三乙醇胺

三乙醇胺的掺量极微，一般为水泥重的 0.02%～0.05%，可提高 3d 强度 20%～40%，虽然早强效果不及 $CaCl_2$，但后期强度不下降并略有提高，且无其他影响混凝土耐久性的不利作用。但掺量不宜超过 0.1%，否则可能导致混凝土后期强度下降。三乙醇胺单独使用早强效果不明显，与其他盐类组成复合早强剂，早强效果较明显。通常与其他早强剂复合使用。

适用范围：适用于蒸养混凝土及常温、低温和最低温度不低于－50℃环境中施工的有早强或防冻要求的混凝土工程。

3. 引气剂

在搅拌混凝土的过程中，能引入大量分布均匀、稳定且封闭的微小气泡的外加剂称为引气剂。

引气剂属憎水性表面活性剂，由于能显著降低水的表面张力和界面能，使水溶液在搅拌过程中极易产生许多微小的封闭气泡，同时，因引气剂定向吸附在气泡表面，形成较为牢固的液膜，使气泡稳定而不破裂。由于有大量微小、封闭并均匀分布的气泡的存在，使混凝土的某些性能得到明显改善或改变。

（1）引气剂的作用

1）改善混凝土拌合物的和易性。在拌合物中，相互封闭的微小气泡能起到滚珠作用，减小骨料间的摩阻力，从而提高混凝土的流动性。若保持流动性不变，则可减少用水量，一般每增加 1%的含气量可减少用水量 6%～10%。同时由于大量微泡的存在，使水分均匀分布在气泡表面，从而改善拌合物的黏聚性和保水性。

2）提高混凝土耐久性。混凝土硬化后，大量的微细气泡形成封闭且均匀分布的微孔，堵塞和隔断了混凝土中的毛细孔通道。因而能大大提高混凝土的抗渗性、抗冻性及抗腐蚀性能，从而大大提高混凝土耐久性。

3）由于引气剂导致混凝土含气量提高，混凝土有效受力面积减小，故混凝土强度将下降，一般每增加 1%含气量，抗压强度下降 5%左右，抗折强度下降 2%～3%，故引气剂的掺量必须通过含气量试验严格加以控制。同时，大量气泡的存在，增大混凝土的弹性变形，使混凝土弹性模量有所降低。

（2）常用引气剂

有松香树脂、烷基苯磺碱盐、脂肪醇磺酸盐等。最常用的为松香热聚树脂和松香皂两种。掺量一般为 0.005%～0.01%。

4. 其他品种的外加剂

（1）缓凝剂

缓凝剂是能延缓混凝土的凝结时间，对混凝土后期物理力学性能无不利影响的外加剂。缓凝剂分为有机和无机两大类。有机类缓凝剂，多为表面活性剂，掺入混凝土中，能吸附在水泥颗粒表面，形成同种电荷的亲水膜，使水泥颗粒相互排斥，阻碍水泥水化产物粘连和凝结，起缓凝作用；无机类缓凝剂，一般是在水泥颗粒表面形成一层难溶的薄膜，对水泥的正常水化起阻碍作用，从而导致缓凝。

缓凝剂的主要功能有：

1）降低大体积混凝土的水化热和推迟温峰出现时间，有利于减小混凝土内外温差引起的应力开裂。

2）便于夏季施工和连续浇捣的混凝土，防止出现混凝土施工缝。

3）便于泵送施工、滑模施工和远距离运输。

4）通常具有减水作用，故亦能提高混凝土后期强度或增加流动性或节约水泥用量。

缓凝剂主要用于大体积工程、土木工程、滑模施工、炎热夏期施工的混凝土工程或搅拌与浇筑成型时间间隔较长的工程。

缓凝剂主要有四类——糖类、木质素磺酸盐类、羟基羧酸类及无机盐类，常用的缓凝剂是木钙和糖蜜，其中糖蜜的缓凝效果最好，见表 5-13。

常用缓凝剂品种及性能　　表 5-13

类别	品种	掺量(占水泥质量)(%)	延缓凝结时间(h)
糖类	糖、蜜等	0.2～0.5(水剂) 0.1～0.3(粉剂)	2～4
木质素磺酸盐类	木质素磺酸钙(钠)等	0.2～0.3	2～3
羟基羧酸盐类	柠檬酸、酒石酸钾(钠)等	0.03～0.1	4～10
无机盐类	锌盐、硼酸盐、磷酸盐等	0.1～0.2	3～4

（2）速凝剂

速凝剂是指能使混凝土迅速凝结硬化的外加剂。大部分速凝剂的主要成分为铝酸钠

(铝氧熟料)，速凝剂产生速凝的原因是：速凝剂中的铝酸钠、碳酸钠在碱溶液中迅速与水泥中的石膏反应生成硫酸钠，使石膏丧失缓凝作用或迅速生成钙矾石所致。

速凝剂主要用于喷射混凝土和喷射砂浆。喷射混凝土是利用喷射机中的压缩空气，将混凝土喷射到基体（岩石、坚土等）表面，并迅速硬化产生强度的一种混凝土。主要用于矿山井巷、隧道、涵洞及地下工程的岩壁衬砌、坡面支护等。用于喷射混凝土的速凝剂主要起三种作用：抵抗喷射混凝土因重力而引起的脱落和空鼓；提高喷射混凝土的粘结力，缩短间隙时间，增大一次喷射厚度，减少回弹率；提高早期强度，及时发挥结构的承载能力。为了降低喷射混凝土 28d 强度损失率，减少回弹率，减少粉尘，可将高效减水剂与速凝剂复合使用。

常用的速凝剂主要有红星Ⅰ型、711 型、782 型等品种，见表 5-14。

常用速凝剂品种及性能　　表 5-14

种类	红星Ⅰ型	711 型	782 型
主要成分	铝酸钠＋碳酸钠＋生石灰	铝氧熟料＋无水石膏	矾泥＋铝氧熟料＋生石
适宜掺量(占水泥质量)(%)	2.5～4.0	3.0～5.0	5.0～7.0
初凝时间(min)	≥5	2～4	1～5
终凝时间(min)	≤10	4～8	5～10
强度	1h 产生强度，1d 强度可提高 2～3 倍，28d 强度约为不掺时的 80%～90%		

(3) 泵送剂

能改善混凝土拌合物泵送性能的外加剂称为泵送剂。混凝土的可泵性主要体现在混凝土拌合物的流动性和稳定性（即有足够的黏聚性，不离析、不泌水），以及克服混凝土拌合物与管壁及自身的摩擦阻力三个方面。

泵送剂是流化剂中的一种，它除了能大大提高拌合物流动性以外，还能使拌合物在 60～180min 时间内保持其流动性，剩余坍落度应不小于原始的 55%。此外，它不是缓凝剂，缓凝时间不宜超过 120min。

制作泵送剂的材料有高效减水剂、缓凝剂、引气剂和增稠剂。

泵送剂主要适用于：工业与民用建筑及其他建筑物的泵送施工混凝土；大体积混凝土、高层建筑和超高层建筑和滑模施工。

使用泵送时应严格控制用水量，在施工过程中不得随意加水。尽量减少新拌混凝土的运输距离和减少出料到浇筑的时间，以降低坍落度的损失。如损失过大，可采用二次掺减水剂，不得加水以增大坍落度。

(4) 防冻剂

能使混凝土在负温下硬化，并在规定的时间内达到足够的防冻强度的外加剂称为防冻剂。在负温条件下，施工的混凝土工程须掺入防冻剂。一般，防冻剂除了能降低冰点外，还有促凝、早强、减水等作用，所以多为复合防冻剂。

5. 外加剂使用的注意事项

在混凝土中掺入外加剂，可明显改善混凝土的技术性能，取得显著的技术经济效果。若选择和使用不当，则会造成事故。因此，在选择和使用外加剂时，应注意以下几点：

（1）外加剂品种的选择

外加剂品种、品牌很多，效果各异，特别是对不同品种水泥，其效果不同。在选择外加剂时，应根据工程需要、现场的材料条件、环境情况等，参考有关资料，通过试验确定。

（2）外加剂掺量的确定

混凝土外加剂均应适宜掺量，掺量过小，往往达不到预期效果；掺量过大，则会影响混凝土的质量，甚至造成质量事故。因此，在大批量使用前要通过基准混凝土（不掺外加剂的混凝土）与试验混凝土对比，取得实际性能指标的对比后，再确定最佳掺量。

（3）外加剂的掺加方法

外加剂的掺加方法按照外加剂的形态可分为粉剂掺入法与水剂掺入法。按照与拌合水掺加时间，可分为：1）先掺法（将减水剂与水泥混合后再与骨料和水一起搅拌），特点是：使用方便，但减水剂有粗粒时不易分散，搅拌时间要延长，工程上不常采用；2）同掺法（将减水剂预先溶于水中形成溶液，再加入拌合物中一起搅拌），特点是：计量准确，搅拌均匀，工程上常采用；3）滞水法（在搅拌过程中减水剂滞后于水 2～3min 加入）；4）后掺法（在混凝土拌合物运送到浇筑地点后，再分次加入减水剂进行搅拌），特点是：可避免混凝土在运输途中的分层、离析和坍落度损失，提高水泥的适应性，常用于商品混凝土。

不同的掺加方法将会带来不同的使用效果，不同品种的减水剂，由于作用机理不同，其掺加方法也不一样。如对于萘系高效减水剂，为了避开水泥中的 C_3A、C_4AF 矿物成分的选择性吸附，以后掺法为好；又如木钙类减水剂，由于其作用机理是大分子保护作用，故不同的掺加方法影响不显著。

外加剂的掺量很少，必须保证其均匀分散，一般不能直接加入混凝土搅拌机内。

对于可溶于水的外加剂，应先配成一定浓度的溶液，随水加入搅拌机。对于不溶于水的外加剂，应与适量水泥或砂混合均匀后再加入搅拌机内。另外，外加剂的掺入时间对其效果的发挥有很大影响，为保证外加剂的效果，要采用相适应的掺入方法。

（4）外加剂应用技术要点

为了科学、合理选择外加剂，达到较好的外加剂使用经济效果。防止因使用不当造成工程质量事故，根据应用技术规范及有关科研、应用实践特提出以下应用技术要点：

1）选择外加剂品种，应根据使用外加剂的主要目的（如改善和易性、增加含气量、调节凝结时间、提高强度及耐久性、节约水泥、节约能源、加速模板及场地周转等），通过技术经济比较而确定。

2）确定外加剂掺量应根据使用要求、施工条件、气温、原材料等因素通过试验确定。

3）选用的外加剂必须有质量检验部门鉴定的产品合格证。凡无质量检验合格证、技术文件不全、包装不符、分量不足、产品受潮变质以及超过有效期限的不得使用。

4）普通减水剂宜用于日最低气温 5℃的混凝土施工，不宜单独使用于蒸养混凝土。高效减水剂宜用于日最低气温 0℃的混凝土施工，凡普通减水剂适用的范围，高效减水剂亦适用，更适用于制备流动性混凝土、高强混凝土、蒸养混凝土。

5）引气剂、引气减水剂适用于抗冻混凝土、防渗混凝土、泵送混凝土、流动性混凝土及普通混凝土。引气剂不得采用干掺法及后掺法。引气减水剂也以溶液掺加为宜。

6）缓凝剂、缓凝减水剂适用于炎热气温条件下施工的混凝土、大体积混凝土、滑模施工用混凝土、泵送混凝土、长时间停放或长距离运输的混凝土等。缓凝剂、缓凝减水剂不宜用于日最低气温 5℃施工的混凝土，不宜单独用于有早强要求的混凝土及蒸养混凝土。

7）用石膏或工业废料石膏作调凝剂的水泥，在掺用糖类缓凝剂、普通减水剂木质素磺酸钙时，宜先做适应性试验，合格后方可使用。

6. 常用外加剂在典型工程中的应用

（1）商品混凝土

目的：克服混凝土运输途中坍落度损失、节约水泥及满足特种要求，如可泵性、早强性及降低水泥初期水化热等。商品混凝土中主要应用减水剂，冬期施工时用早强减水剂。

（2）泵送混凝土

目的：提高混凝土的可泵性及确保混凝土的质量。泵送混凝土中应用的外加剂主要是泵送剂。

（3）大模板施工

大模板施工的特点是墙体薄、浇筑高度大、表面要求平整、拆模早。为此，应用外加剂的目的：1）提高混凝土的流动性、保水性和黏聚性，泵送时坍落度 8～12cm，用料斗浇筑时坍落度为 4～6cm；2）要求混凝土 8～10h 达到拆模强度（大于 1MPa，冬期大于 4MPa），24～28h 达到扣板强度（大于 4MPa）。所以，夏期一般用缓凝减水剂，冬期用早强减水剂或高效减水剂。

（4）滑模施工

滑升模板是随着混凝土的浇筑而沿结构或构件表面垂直向上移动的模板。施工时在建筑物或构筑物的底部，按照建筑物或构筑物平面，沿其结构周边安装高 1.2m 左右的模板和操作平台，随着向模板内不断分层浇筑混凝土，利用液压提升设备不断使模板向上滑升，使结构连续成型，逐步完成建筑物或构筑物的混凝土浇筑工作。

目的：滑升时阻力小，不拉裂或带起混凝土；出模的混凝土易于抹平，同时能支撑上部混凝土的自重。滑模施工夏期用缓凝减水剂，冬期用 AF 等高效减水剂或复合早强减水剂。

（5）夏期施工

坍落度损失快，水分蒸发快，浇筑及抹平困难。常用缓凝外加剂。

（6）冬期施工

强度发展慢，施工周期长，混凝土受冻遭致破坏。5℃以上时主要采用早强减水剂或早强剂；−5～5℃正负交变情况下采用草袋等覆盖时可使用早强减水剂或早强剂；−5℃以下时应用防冻剂。

（7）高强混凝土

主要是高效减水剂。

（8）流态混凝土

流态混凝土就是指坍落度 5～10cm 的塑性混凝土（称基准混凝土），浇筑前加入流化剂，经搅拌后坍落度增大至 18～22cm 的混凝土拌合物。流态混凝土适用于泵送混凝土、钢筋或钢丝束密集的构件或部位，以及需要较长溜槽或导管施工的场合。基准混凝土一般使用普通减水剂，流化剂主要用萘系高效减水剂。若以普通减水剂为流化剂，虽然坍落度能达到，但强度显著降低。

（9）大体积混凝土

大型设备基础等大体积混凝土中主要应用缓凝外加剂，其目的是降低水泥初期水化热，避免混凝土出现裂缝。

（10）蒸养混凝土

目的：节省蒸养能耗，缩短蒸养时间，提高蒸养质量。目前常用的外加剂是早强高效减水剂及高效减水剂。

（11）砌筑砂浆

砌筑砂浆常用混合砂浆（水泥、砂、石灰膏加水拌合而成）。石灰膏作用是改善施工和易性。砌筑砂浆中应用微末剂可节约50%以上石灰膏。

5.6 混凝土的配合比设计

混凝土配合比设计是确定混凝土中各组成材料质量比。配合比有两种表示方法，一种是以1m^3混凝土中各材料的质量表示，如水泥300kg、水180kg、砂720kg、石子1200kg；另一种是以各材料相互间的质量比来表示，以水泥质量为1，按水泥、水、砂和石子的顺序排列，换算质量比为1∶0.60∶2.40∶4.00。

5.6.1 混凝土配合比设计要求

1. 配合比设计的基本要求

混凝土配合比设计必须达到以下四项基本要求：

1）满足施工所要求的混凝土拌合物和易性；

2）满足混凝土结构设计所要求的强度等级；

3）满足与使用环境相适应的耐久性要求；

4）在满足以上三项技术性质的前提下，尽量节约水泥，降低混凝土成本，符合经济性原则。

2. 配合比设计的三个重要参数

（1）水灰比

水灰比是混凝土中水和水泥质量的比值，对混凝土的强度和耐久性起到关键性的作用。原则是在满足工程要求的强度和耐久性的前提下，尽量选择较大值，以节约水泥。

（2）单位用水量

单位用水量是指1m^3混凝土的用水量。在水灰比已定的情况下，反映了水泥浆与骨料的关系，是控制混凝土拌合物和易性的主要因素。同时也影响其强度和耐久性，其确定原则是在混凝土达到流动性要求的前提下取最小值。

（3）砂率

砂率是指混凝土中砂的质量占砂石总量的百分比，对混凝土拌合物和易性，特别是其中的黏聚性和保水性有很大的影响。

水灰比、单位用水量和砂率是混凝土配合比设计的三个重要参数，其选择是否合理，将直接影响到混凝土的性能和成本。

3. 配合比设计的基准

1）以计算 $1m^3$ 混凝土拌合物中各材料的用量（质量）计算为基准。

2）计算时，骨料以干燥状态质量为基准。所谓干燥状态，是指细骨料含水率小于 0.5%，粗骨料含水率小于 0.2%。

常用符号的含义为：C 表示水泥（cement），S 表示砂（sand），G 表示石子（gravel），W 表示水（water），ρ_0 表示表观密度。如 ρ_{0S} 表示砂的表观密度，W/B 表示水胶比，W/C 表示水灰比。

5.6.2　配合比设计的方法与步骤

1. 初步配合比的计算

（1）确定混凝土的配制强度（$f_{cu,o}$）

为了使所配制的混凝土在使用时其强度标准值达到具有不小于 95% 的强度保证率，设计配合比时混凝土强度应高于设计要求的强度标准值。根据混凝土强度分布规律，配制强度按下式计算：

1）当混凝土的设计强度等级小于 C60 时，配制强度应按下式计算：

$$f_{cu,o} \geqslant f_{cu,k} + 1.645\sigma \tag{5-9}$$

式中　$f_{cu,o}$——混凝土配制强度（MPa）；

$f_{cu,k}$——混凝土立方体抗压强度标准值，即设计要求的混凝土强度等级值（MPa）；

σ——混凝土强度标准差（MPa）。

2）当设计强度等级不小于 C60 时，配制强度应按下式计算：

$$f_{cu,o} \geqslant 1.15 f_{cu,k} \tag{5-10}$$

式（5-9）中的 σ 的大小表示施工单位的管理水平，σ 越低，说明混凝土施工质量越稳定。当无统计资料计算混凝土标准差时，其值按表 5-15 定取用。

混凝土标准差 σ 值（JGJ 55—2011）（单位：MPa）　　表 5-15

混凝土强度标准值	≤C20	C25～C45	C50～C55
σ	4.0	5.0	6.0

（2）确定混凝土水灰比（W/C）

1）满足强度要求的水灰比。当混凝土强度等级小于 C60 时，混凝土水灰比直接按下式计算：

$$\frac{W}{C} = \frac{\alpha_a \cdot f_{ce}}{f_{cu,o} + \alpha_a \cdot \alpha_b \cdot f_{ce}} \tag{5-11}$$

式中　W/C——混凝土水灰比；

f_{ce}——水泥 28d 抗压强度的实测值（MPa）；

α_a、α_b——回归系数；当不具备试验统计资料时，碎石：$\alpha_a = 0.53$、$\alpha_b = 0.20$；卵石：$\alpha_a = 0.49$、$\alpha_b = 0.13$。

当水泥 28d 胶砂抗压强度无实测值时，f_{ce} 值可按下式计算：

$$f_{ce}=\gamma_{c}\cdot f_{ce,g} \tag{5-12}$$

式中　γ_{c}——水泥强度等级值的富余系数，可按实际统计资料确定；

$f_{ce,g}$——水泥强度等级值（MPa）。

2）满足耐久性要求的水灰比。根据表 5-16 查出满足耐久性要求的最大水灰比值。

混凝土最大水灰比和最小水泥用量限值（JGJ 55—2011）　　表 5-16

<table>
<tr><th rowspan="2" colspan="2">环境条件</th><th rowspan="2">结构类型</th><th colspan="3">最大水灰比</th><th colspan="3">最小水泥用量（kg/m^3）</th></tr>
<tr><th>素混凝土</th><th>钢筋混凝土</th><th>预应力混凝土</th><th>素混凝土</th><th>钢筋混凝土</th><th>预应力混凝土</th></tr>
<tr><td colspan="2">干燥环境</td><td>正常的居住或办公用房室内部件</td><td>不作规定</td><td>0.65</td><td>0.60</td><td>200</td><td>260</td><td>300</td></tr>
<tr><td rowspan="2">潮湿环境</td><td>无冻害</td><td>高湿度的室内部件；
室外用部件；
在非侵蚀性土和（或）水中的部件</td><td>0.70</td><td>0.60</td><td>0.60</td><td>225</td><td>280</td><td>300</td></tr>
<tr><td>有冻害</td><td>经受冻害的室外部件；
在非侵蚀性土和（或）水中且经受冻害的部件；
高湿度且经受冻害的室内部件</td><td>0.55</td><td>0.55</td><td>0.55</td><td>250</td><td>280</td><td>300</td></tr>
<tr><td colspan="2">有冻害和除冰剂的潮湿环境</td><td>经受冻害和除冰剂作用的室内和室外部件</td><td>0.50</td><td>0.50</td><td>0.50</td><td>300</td><td>300</td><td>300</td></tr>
</table>

同时满足强度、耐久性要求的水灰比，取以上两种方法求得的水灰比较小值。

（3）确定单位用水量（m_{wo}）

混凝土单位用水量的确定，应符合以下规定计算出未掺外加剂时的混凝土单位用水量。

1）干硬性或塑性混凝土单位用水量的确定。

① 水灰比在 0.40～0.80 范围时，根据骨料的品种、粒径及施工要求的混凝土拌合物稠度，其单位用水量可以按表 5-17 用。

② 水灰比小于 0.40 的混凝土以及采用特殊成型工艺的混凝土用水量应通过试验确定。

2）流动性或大流动性混凝土单位用水量的确定宜按下列步骤计算：

① 以表 5-17 中坍落度为 90mm 的单位用水量为基础，按坍落度每增大 20mm，单位用水量就增加 5kg；

② 掺外加剂时混凝土的单位用水量可按下式计算：

$$m_{wo}=m'_{wo}(1-\beta) \tag{5-13}$$

式中　m_{wo}——掺外加剂时混凝土的单位用水量（kg）；

m'_{wo}——未掺外加剂时混凝土的单位用水量（kg）；

β——外加剂的减水率（%），经试验确定。

混凝土单位用水量选用表（JGJ 55—2011） 表 5-17

项目	指标	卵石最大公称粒径(mm)				碎石最大公称粒径(mm)			
		10	20	31.5	40	16	20	31.5	40
坍落度(mm)	10～30	190	170	160	150	200	185	175	165
	35～50	200	180	170	160	210	195	185	175
	55～70	210	190	180	170	220	205	195	185
	75～90	215	195	185	175	230	215	205	195
维勃稠度(s)	16～20	175	160		145	180	170		155
	11～15	180	165		150	185	175		160
	5～10	185	170		155	190	180		165

注：1. 本表用水量采用中砂的平均取值。采用细砂时，$1m^3$ 混凝土用水量可增加 5～10kg；采用粗砂则可减少 5～10kg；

2. 掺用各种外加剂或掺合料时，用水量应相应调整。

(4) 计算水泥用量（m_{co}）

根据已选定的单位用水量（m_{wo}）和水灰比（W/C）值，可由下式求出水泥用量：

$$m_{co}=\frac{m_{wo}}{W/C} \tag{5-14}$$

根据结构使用环境条件和耐久性要求，查表 5-16，查出满足耐久性要求的混凝土最小水泥用量，取以上两种方法求得的水泥用量中的较大值。

(5) 确定砂率（β_s）

当无历史资料可参考时，混凝土的砂率确定应符合下列规定：

1）坍落度为 10～60mm 的混凝土砂率，可根据粗骨料品种、粒径及水灰比按表 5-18。

混凝土砂率选用表（JGJ 55—2011）(单位:%) 表 5-18

水灰比(W/C)	卵石最大公称粒径(mm)			碎石最大公称粒径(mm)		
	10.0	20.0	40.0	16.0	20.0	40.0
0.40	26～32	25～31	24～30	30～35	29～34	27～32
0.50	30～35	29～34	28～33	33～38	32～37	30～35
0.60	33～38	32～37	31～36	36～41	35～40	33～38
0.70	36～41	35～40	34～39	39～44	38—43	36～41

注：1. 本表数值系中砂的选用砂率，对细砂或粗砂，可相应地减小或增大砂率；

2. 只用一个单粒级粗骨科配制混凝土时，砂率应适当增大；

3. 采用人工砂配制混凝土时，砂率可适当增大。

2）坍落度大于 60mm 的混凝土砂率，可经试验确定，也可在表 5-18 的基础上，按坍落度每增大 20mm，砂率增大 1%的幅度予以调整。

3）坍落度小于 10mm 的混凝土，其砂率应经试验确定。

(6) 计算砂和石子用量（m_{so}、m_{go}）

1）质量法：根据经验，如果原材料情况比较稳定，所配制的混凝土拌合物的表观密度接近一个固定值。假设每立方米混凝土拌合物的质量为 m_{cp}，则：

$$\begin{cases} m_{co}+m_{fo}+m_{so}+m_{go}+m_{wo}=m_{cp} \\ \beta_S=\dfrac{m_{so}}{m_{so}+m_{go}}\times 100\% \end{cases} \tag{5-15}$$

式中 m_{co}——每立方米混凝土的水泥用量（kg/m^3）；

m_{fo}——每立方米混凝土的矿物掺合料用量（kg/m^3）；

m_{so}——每立方米混凝土的细骨料用量（kg/m^3）；

m_{go}——每立方米混凝土的粗骨料用量（kg/m^3）；

m_{wo}——每立方米混凝土的水用量（kg/m^3）；

β_s——砂率（%）；

m_{cp}——每立方米混凝土拌合物的假定质量（kg/m^3），可取 2350～2450kg/m^3。

2）体积法。假定混凝土拌合物的体积等于其各组成材料的绝对体积及拌合物所含的少量空气体积之总和，则可用下式计算 1m^3 混凝土拌合物的砂石用量：

$$\begin{cases} \dfrac{m_{co}}{\rho_c}+\dfrac{m_{fo}}{\rho_f}+\dfrac{m_{so}}{\rho_s}+\dfrac{m_{go}}{\rho_g}+\dfrac{m_{wo}}{\rho_w}+0.01\alpha=1 \\ \beta_S=\dfrac{m_{so}}{m_{so}+m_{go}}\times 100\% \end{cases} \tag{5-16}$$

式中 ρ_c——水泥密度（kg/m^3），可取 2900～3100kg/m^3；

ρ_f——矿物掺合料密度（kg/m^3）；

ρ_s——细骨料的表观密度（kg/m^3）；

ρ_g——粗骨料的表观密度（kg/m^3）；

ρ_w——水的表观密度（kg/m^3），可取 1000kg/m^3；

α——为混凝土含气量的百分数（%），在不使用引气型外加剂时，α 仅可取 1。

2. 试配、调整，确定基准配合比

以上计算的混凝土配合比，是初步配合比，它还不能用于工程施工，须采用工程中实际使用的材料进行试配，经调整和易性、检验强度等后方可用于施工。

根据《普通混凝土配合比设计规程》JGJ 55—2011 的规定：每盘混凝土试配的最小拌合量应符合：当骨料最大粒径≤31.5mm 时，拌合物最小拌合体积为 20L；当骨料最大粒径 40.0mm 时，拌合物最小拌合体积为 25L。并应不小于搅拌机公称容量的 1/4 且应不大于搅拌机的公称容量。

试拌混凝土和易性调整方法是：

1）实测坍落度小于设计要求。保持水灰比不变，增加水泥浆，每增大 10mm 坍落度，约需增加水泥浆 5%～8%；

2）实测坍落度大于设计要求。保持砂率不变，增加骨料，每减小 10mm 坍落度，约增加骨料 5%～10%；

3）黏聚性、保水性不良。单独加砂，即增大砂率；

4）试拌调整完后，应测定和易性满足设计要求的混凝土拌合物的表观密度 $\rho_{c,t}$；

5）计算调整后的各材料拌合物的用量：水泥 m_{cb}、砂 m_{sb}、石 m_{gb}、水 m_{wb}，则基准配合比为：

$$m_{cj}=\frac{m_{cb}}{m_{cb}+m_{sb}+m_{gb}+m_{wb}}\times\rho_{c,t}$$

$$m_{sj}=\frac{m_{sb}}{m_{cb}+m_{sb}+m_{gb}+m_{wb}}\times\rho_{c,t}$$

$$m_{gj}=\frac{m_{gb}}{m_{cb}+m_{sb}+m_{gb}+m_{wb}}\times\rho_{c,t}$$

$$m_{wj}=\frac{m_{wb}}{m_{cb}+m_{sb}+m_{gb}+m_{wb}}\times\rho_{c,t} \tag{5-17}$$

式中 m_{cb}、m_{sb}、m_{gb}、m_{wb}——分别指试拌混凝土拌合物和易性合格后 $1m^3$ 的水泥、砂、石子、水的实际拌合用量（kg）；

$\rho_{c,t}$——混凝土拌合物表观密度实测值（kg/m^3）。

3. 强度及耐久性复核——确定试验室配合比

由基准配合比配制的混凝土虽然满足了和易性要求，但强度是否能满足要求尚不知道，须按下列方法来进行确定：

（1）调整水灰比

用三个不同水灰比的配合比，其中一个是基准配合比，另外两个配合比的水灰比较基准。配合比分别增加和减少 0.05，用水量与基准配合比相同，砂率可增加或减少 1%。每种配合比按标准方法制作 1 组（三块）试件，标准养护 28d 时，进行抗压强度试验。

（2）确定达到配制强度时各材料的用量

将 3 个灰水比值（C/W）与对应的混凝土强度值（f_{cu}）作图（C/W-f_{cu} 的关系曲线应为直线）或计算，求出混凝土配制强度（$f_{cu,o}$）对应的灰水比。最后按下列原则确定 $1m^3$ 混凝土各材料用量：

1）用水量（m_w）。取基准配合比中的用水量，并根据制作强度试件时测得的坍落度或维勃稠度进行调整确定。

2）水泥用量（w_c）。用 m_w 乘以选定的灰水比计算确定。

3）砂、石骨料用量（m_s，m_g）。取基准配合比中的粗、细骨料用量，并按选定的灰水比作适当调整确定。

（3）确定试验室配合比

强度复核后的配合比，应根据实测混凝土拌合物的表观密度 $\rho_{c,t}$ 作校正，以确定 $1m^3$ 混凝土拌合物的各材料用量

1）按下式计算出混凝土拌合物的计算表观密度 $\rho_{c,c}$：

$$\rho_{c,c}=m_c+m_w+m_s+m_g \tag{5-18}$$

2）计算出校正系数 δ：

$$\delta=\frac{\rho_{c,t}}{\rho_{c,c}} \tag{5-19}$$

当混凝土表观密度实测值与计算值之差的绝对值不超过计算值的 2%时，按式（5-18）（确定达到配制强度时各材料的用量）得到的配合比（m_c、m_s、m_g、m_w）即为确定的设计配合比；当两者之差超过计算值的 2%时，应将配合比中每项材料用量乘以校正系数 δ，即为确定的设计配合比。

4. 确定施工配合比

试验室配合比中砂、石均以干燥状态计量，而施工工地的骨料一般采用露天堆放，其含水率随气候变化而变化，砂、石中会含有一定的水分，因此必须扣除骨料中的水分，换算施工配合比。设施工现场砂子含水率为 $a\%$，石子含水率为 $b\%$，则施工配合比为：

$$m_c'=m_c$$
$$m_s'=m_s(1+a\%)$$
$$m_g'=m_g(1+b\%)$$
$$m_w'=m_w-m_s a\%-m_g b\% \tag{5-20}$$

5.6.3 混凝土配合比设计实例

工程实例 5-1

某工程现浇室内钢筋混凝土梁，混凝土设计强度等级为 C30，施工采用机械拌合和振捣，坍落度为 35～50mm。施工单位无历史资料统计，所用原材料如下：

水泥：普通水泥 42.5MPa，$\rho_c=3100\text{kg/m}^3$；砂：中砂，级配 2 区合格，$\rho_s'=2650\text{kg/m}^3$；石子：卵石 5～40mm，$\rho_g'=2650\text{kg/m}^3$；水：自来水（未掺外加剂），$\rho_w=1000\text{kg/m}^3$。取水泥的强度富余系数为 $\gamma_c=1.16$。外加剂：NF 非引气高效减水剂，适宜掺量为 0.4%。

（1）试计算该混凝土的初步配合比。

（2）若掺入 NF 非引气高效减水剂后，减水 12%，减少水泥用量 5%，求掺此减水剂混凝土的配合比。

（3）若经试配混凝土的和易性和强度等均符合要求，无需作调整，又知现场砂子含水率为 2%，石子含水率为 1%，试计算混凝土施工配合比。

1. 初步配合比的计算

解：（1）计算混凝土的施工配制强度 $f_{cu,o}$

根据题意可得：$f_{cu,k}=30.0\text{MPa}$，施工单位无历史资料统计，查表 5-15 取 $\sigma=5.0\text{MPa}$，则：

$$f_{cu,o}\geqslant f_{cu,k}+1.645\sigma=30.0+1.645\times5.0=38.2\text{MPa}$$

（2）确定混凝土水灰比 W/C

1）按强度要求计算混凝土水灰比 W/C

$f_{ce}=1.16\times42.5\text{MPa}$；根据《普通混凝土配合比设计规程》JGJ 55—2011 的规定，当不具备试验统计资料时，取回归系数 $\alpha_a=0.49$、$\alpha_b=0.13$，则混凝土水灰比为：

$$\frac{W}{C}=\frac{\alpha_a\cdot f_{ce}}{f_{cu,o}+\alpha_a\cdot\alpha_b\cdot f_{ce}}=\frac{0.49\times1.16\times42.5}{38.2+0.49\times0.13\times1.16\times42.5}=0.58$$

2）按耐久性要求复核 W/C

由于该工程是室内钢筋混凝土梁，属于正常的居住或办公用房屋内，查表 5-16 知混凝土的最大水灰比值为 0.65，计算出的水灰比 0.58 未超过规定的最大水灰比值，因此 0.58 能够满足混凝土耐久性要求。

(3) 确定用水量 m_{wo}

根据题意，骨料为中砂、卵石，最大粒径为 40mm，查表 5-17 取 $m_{wo}=160kg$。

(4) 计算水泥用量 m_{co}

1) 计算：$m_{co}=\dfrac{m_{wo}}{W/C}=\dfrac{160}{0.58}=276kg$

2) 复核耐久性

由于该工程是室内钢筋混凝土梁，属于正常的居住或办公用房屋内，查表 5-16 知每立方米混凝土的最小水泥用量为 260kg，计算出的水泥用量 276kg 不低于最小水泥用量，因此混凝土耐久性合格。

(5) 确定砂率 β_s

根据题意，混凝土采用中砂、卵石（最大粒径 40mm）、水灰比 0.58，查表 5-18 可得 $\beta_s=31\%\sim36\%$，取 $\beta_s=35\%$。

(6) 计算砂、石子用量 m_{so}、m_{go}

1) 体积法计算：$\alpha=0.01$

$$\begin{cases}\dfrac{m_{so}}{2650}+\dfrac{m_{go}}{2650}=1-\dfrac{276}{3100}-\dfrac{160}{1000}-0.01\\[2ex]\dfrac{m_{so}}{m_{so}+m_{go}}\times100\%=35\%\end{cases}$$

解方程组，可得 $m_{so}=687kg$、$m_{go}=1276kg$。

2) 重量法计算：

$$\begin{cases}276+160+m_{so}+m_{go}=2400\\[2ex]\dfrac{m_{so}}{m_{so}+m_{go}}\times100\%=35\%\end{cases}$$

解方程组，可得 $m_{so}=688kg$、$m_{go}=1277kg$。

通过上面的计算发现，体积法计算结果和重量法计算结果是相近的。在配合比计算时，可任选一种方法进行设计，无需同时用两种方法计算。

(7) 确定混凝土初步配合比

$1m^3$ 混凝土各材料用量为：水泥 276kg、砂 687kg、碎石 1276kg、水 160kg。

$m_{co}:m_{so}:m_{go}=276:687:1277=1:2.49:4.62$，$m_w/m_c=0.58$。

2. 计算掺减水剂混凝土的配合比

设 $1m^3$ 掺减水剂混凝土中水泥、水、砂、石和减水剂的用量分别为 m_c、m_w、m_s、m_g 和 m_j，则各材料用量如下：

1) 水泥：$m_c=276\times(1-5\%)=262kg$

2) 水：$m_w=160\times(1-12\%)=140.8kg$

3) 砂、石用量：

$$\begin{cases}\dfrac{m_{so}}{2650}+\dfrac{m_{go}}{2650}=1-\dfrac{276}{3100}-\dfrac{140.8}{1000}-0.01\\[2ex]\dfrac{m_{so}}{m_{so}+m_{go}}\times100\%=35\%\end{cases}$$

解得 $m_{so}=705.1kg$、$m_{go}=1309.4kg$。

4）减水剂 NF：$m_{jo}=276\times0.4\%=1.104kg$

3. 换算成施工配合比

设施工配合比 $1m^3$ 混凝土中水泥、水、砂、石和减水剂的用量分别为 m_c、m_w、m_s、m_g、m_j，则施工配合比为：

$m'_c=m_c=276kg$

$m'_s=m_s(1+a\%)=705.1\times(1+2\%)=726.3kg$

$m'_g=m_g(1+b\%)=1309.4\times(1+1\%)=1322.5kg$

$m'_w=m_w-m_s\cdot a\%-m_g\cdot b\%=140.8-705.1\times2\%-1309.4\times1\%=113.6kg$

$m'_j=m_j=1.104kg$

5.7 混凝土质量的控制

5.7.1 混凝土质量的控制

普通混凝土通常作为承重结构材料来用，其质量的优劣将严重影响建筑物或构筑物的坚固性、耐久性和适用性。由于混凝土现浇成型后其质量的好坏不能立即被评定，而混凝土施工作业又是连续进行，所以标准条件下需 28d 方可知晓。

混凝土在施工过程中由于受原材料质量（如水泥的强度、骨料的级配及含水率等）的波动、施工工艺（如配料、拌合、运输、浇筑及养护等）的不稳定性、施工条件和气温的变化、施工人员素质等因素的影响，即使在正常施工条件下，混凝土的质量也总是波动的。

混凝土质量控制的目的就是分析并掌握其质量波动因素，发现并排除异常波动的因素，使混凝土质量波动控制在规定范围内，以达到既保证混凝土质量又节约用料的目的。

1. 原材料进场质量检验控制

为保证结构的可靠性，必须对原材料、混凝土拌合物及硬化后的混凝土进行必要的质量检验和控制。运到工地的原材料需具有出厂合格证和出厂检验报告，同时使用单位还应进行进场复验。对于商品混凝土的原材料质量控制应在混凝土搅拌站进行。

在施工现场，石子的级配容易不合格，应加强分筛配制，针片状颗粒偏多的现象比较常见，应进行筛选；同时检查粗骨料最大粒径是否与施工规范的规定值相符，是否与混凝土配合比通知单中填写的情况相符；检查骨料的含泥量是否与复验报告明显不符，如果含泥量过大，应要求承包商淋洗至符合要求方可使用。

2. 混凝土配合比的质量控制

进行混凝土施工前，应委托具有相应资质的试验室进行混凝土配合比设计。首次使用的混凝土配合比应进行开盘鉴定，其性能应满足设计配合比的要求。混凝土拌制前，应审查水灰比、单位用水量、坍落度、砂率和胶凝材料（水泥和掺合料）用量。做到称量准确，其误差须满足《混凝土结构工程施工质量验收规范》GB 50204—2015 的规定。同时选择正确的搅拌方式，严格控制搅拌时间，拌合物在运输过程中要防止分层、泌水、流浆等现象，且尽量缩短运输时间。

（1）开盘鉴定

开盘鉴定是通过在现场用搅拌机或人工试拌一盘或几盘混凝土，来验证现场砂、石的含水率，检查现浇混凝土的配合比是否能够达到和易性要求，必要时还应进行强度试验。

开盘鉴定的方法是：

1）用简便方法（如用锅炒、酒精烧等）测定现场砂、石的含水率。

2）用砂石料的含水率来计算施工配合比。

3）试拌一盘或几盘混凝土，测定其坍落度，当实测的坍落度与配合比通知单中的一致时，说明砂石料含水率测定正确，水泥、砂、石、掺合料、外加剂与水用量均准确，即开盘鉴定合格。

（2）计量

混凝土原材料的计量环节十分重要，如果不能按配合比通知单进行投料，所生产的混凝土就可能达不到设计强度，也可能造成材料的浪费。

1）把每盘材料的施工配合比写在小黑板上，挂在搅拌机旁，并应根据砂石料的实际含水率及时调整施工配合比。

2）如果是人工投料，应在搅拌机上料斗前的地上嵌埋一个磅秤，每车砂石料均要称量。在混凝土实际施工过程中，常先用小车在磅秤上称量出一盘混凝土所需各材料的数量，然后不再称量，仅用车数来代替质量计量。这种方法实际上已是体积计量，因砂的堆积体积随含水率而变化（称为砂的容胀），如当砂的含水率为5%～8%时，砂的堆积体积为干燥时堆积体积的1.2～1.3倍，显然如果用车数计量，会使混凝土拌合物的砂量不足，所以这种计量方法不应提倡。而是在有条件的情况下，应尽量采用自动上料、自动称量的机械化、自动化设备。

3）用水量计量一定要准确，要禁止随意加水的不良习惯。水灰比是影响混凝土强度最主要的因素，要告知搅拌机操作人员，多加的水将在混凝土中形成毛细孔，导致混凝土强度严重下降。要记住的是在混凝土拌制中节约水比节约水泥更重要，而一些人错误地认为在拌制混凝土时只要水泥用量不少，混凝土强度就可以保证，这种观念一定要更改。

4）搅拌机操作人员应固定，上岗前应熟知混凝土施工配合比，并要求挂牌上岗，未经监理同意，施工单位不得随意更换操作人员，杜绝不熟悉混凝土施工配合比的人员来操作的情况。

3. 施工过程的质量控制

（1）混凝土搅拌

为了获得质量优良的混凝土拌合物，除正确选择搅拌机外，还应控制好搅拌时间、投料顺序和进料容量等。根据混凝土的品种、数量并结合施工单位自身机械设备情况选用混凝土搅拌机。搅拌机分自落式和强制式两种，前者适合于搅拌塑性混凝土或低流动性混凝土；后者适用于搅拌干硬性混凝土或轻骨料混凝土，也可搅拌低流动性混凝土。

1）搅拌时间

为了保证混凝土的质量，混凝土拌合物应充分搅拌。混凝土宜采用强制式搅拌机搅拌，并应搅拌均匀。混凝土搅拌的最短时间应根据《混凝土结构工程施工质量验收规范》GB 50204—2015 的规定值见表 5-19，当能保证搅拌均匀时可适当缩短搅拌时间。当搅拌强度等级 C60 及以上的混凝土时，搅拌时间应适当延长。

混凝土搅拌的最短时间（GB 50204—2015）（单位：s）　表 5-19

混凝土坍落度(mm)	搅拌机机型	搅拌机出料量(L)		
		＜250	250～500	＞500
≤40	强制式	60	90	120
＞40 且＜100	强制式	60	60	90
≥100	强制式	60		

注：1. 混凝土搅拌的最短时间是指全部材料装入搅拌筒中起，到开始卸料止的时间；
2. 当掺有外加剂与矿物掺合料时，搅拌时间宜适当延长；
3. 采用自落式搅拌机时，搅拌时间宜延长 30s；
4. 当采用其他形式的搅拌设备时，搅拌的最短时间也可按设备说明的规定或经试验确定。

2）投料顺序

在上料斗中先装石子，再加水泥和砂，然后一次投入搅拌机。对自落式搅拌机要在搅拌筒内先加部分水，装入石子、水泥和砂后搅拌一段时间，然后边搅拌边加完剩余的水。对立轴强制式搅拌机，因出料口在下部，不能先加水，应在投料的同时，缓慢均匀分散地加水。

3）进料容量

进料容量 V_j 与搅拌机搅拌筒的几何容量 V_g 的比例关系应控制在：$V_j/V_g=0.22\sim0.40$。如任意超载（进料容量超过 10%），就会使材料在搅拌筒内无充分的空间进行拌合，影响混凝土拌合物的均匀性。反之，如装料过少，则又不能充分发挥搅拌机的效能。

（2）混凝土拌合物的运输

拌合物在运输过程中要防止分层、泌水、流浆等现象，保证浇筑时规定的坍落度和在混凝土初凝之前能有充分时间进行浇筑和捣实。此外，运输混凝土的工具要不吸水、不漏浆。

根据《混凝土结构工程施工质量验收规范》GB 50204—2015 规定，混凝土运输、浇筑及间歇的全部时间不应超过混凝土的初凝时间。《混凝土质量控制标准》GB 50164—2011 规定，混凝土从搅拌机中卸出后到浇筑完毕的延续时间不宜超过表 5-20 规定的运输时间。

混凝土拌合物从搅拌机中卸出后到浇筑完毕的延续时间（GB 50164—2011）（单位：min）

表 5-20

混凝土生产地点	气温	
	≤25℃	＞25℃
预拌混凝土搅拌站	150	120
施工现场	120	90
混凝土制品厂	90	60

4. 绘制混凝土质量管理图

为了掌握分析混凝土质量波动情况，及时分析发现的问题，可将水泥强度、混凝土坍落度、强度等质量结果绘成图，称为质量管理图。

质量管理图的横坐标为按时间顺序测得的质量指标子样编号，纵坐标为质量指标的特征值，中间一条横坐标为中心控制线，上、下两条线为控制界限，如图 5-8 所示。

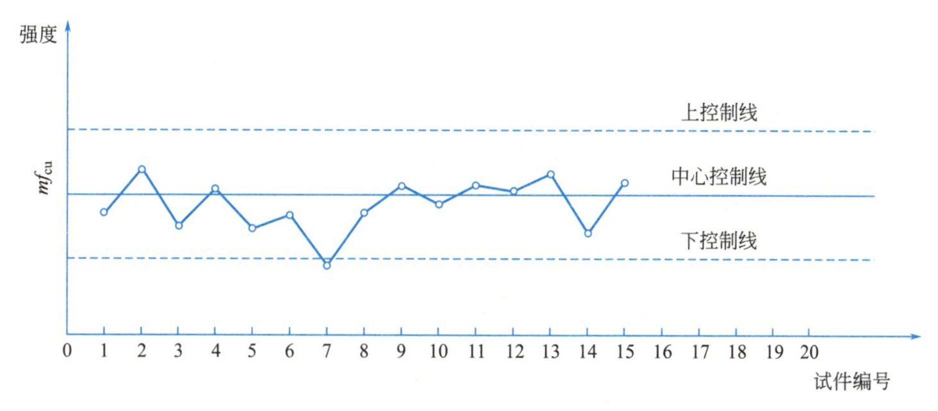

图 5-8　质量管理图

从质量管理图变动趋势，可以判断施工是否正常。若点在中心线附近较多，即为施工正常。若点显著偏离中心线或分布在一侧，尤其是有些点超出上、下控制界限，说明混凝土质量均匀性已下降，应立即查明原因，加以解决。

5.7.2　混凝土强度的评定

1. 混凝土质量会产生波动

混凝土在生产过程中由于受到许多因素的影响，其质量不可避免地存在波动。造成混凝土质量波动的主要因素有如下几个：

（1）混凝土生产前的因素

主要包括组成材料、配合比、设备使用状况等。

（2）混凝土生产过程中的因素

主要包括计量、搅拌、运输、浇筑、振捣和养护，试件的制作与养护等。

（3）混凝土生产后的因素

主要包括批量划分、验收界限、检测方法和检测条件等。

虽然混凝土的质量波动是不可避免的，但并不意味着不去控制混凝土的质量。相反，要认识到混凝土质量控制的复杂性，必须将质量管理贯穿于生产的全过程，使混凝土的质量在合理范围内波动，确保建筑工程的结构安全。

2. 混凝土强度的波动规律——正态分布

在正常生产条件下，影响混凝土强度的因素是随机变化的，对同一种混凝土进行系统的随机抽样，则试验结果表明其强度的波动规律符合正态分布，混凝土强度正态分布曲线有以下特点：以强度平均值为对称轴，左右两边的曲线是对称的。距离对称轴越远的值，出现的概率越小，并渐渐趋于0，曲线与横坐标之间的面积为概率的总和等于100%；对称轴两边出现的概率相等，在对称轴两边的曲线上各有一拐点，拐点离强度平均值的距离即为标准差，如图5-9所示。

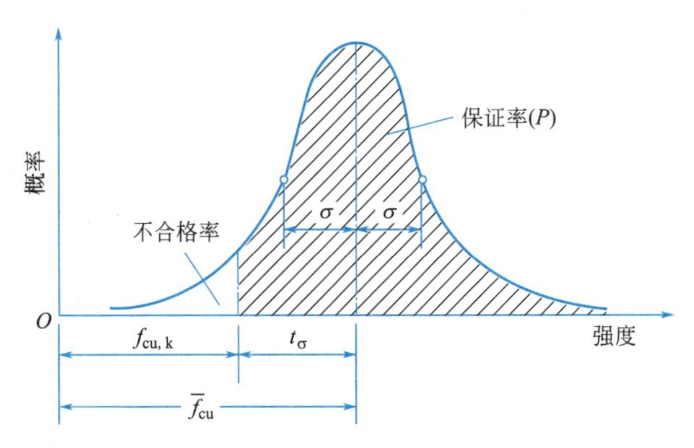

图5-9　混凝土强度正态分布曲线

3. 衡量混凝土施工质量的指标

混凝土施工质量的衡量指标主要包括正常生产控制条件下混凝土强度的标准差、变异系数和强度保证率等。

（1）混凝土强度平均值 f_{cu}

混凝土强度平均值 f_{cu} 可按下式计算：

$$\overline{f}_{cu}=\frac{1}{n}\sum_{i=1}^{n}f_{cu,i} \tag{5-21}$$

式中　n——试验组数，$n\geqslant25$；

$f_{cu,i}$——第 i 组试件的立方体抗压强度值（MPa）。

（2）混凝土强度标准差（σ）

混凝土强度标准差又称均方差，其计算式为：

$$\sigma=\sqrt{\frac{\sum_{i=1}^{n}(f_{cu,i}-\overline{f}_{cu})^2}{n-1}}=\sqrt{\frac{\sum_{i=1}^{n}f_{cu,i}^2-n\overline{f}_{cu}^{2\ 2}}{n-1}} \tag{5-22}$$

式中　n——试验组数，$n\geqslant25$；

$f_{cu,i}$——第 i 组试件的抗压强度（MPa）；

$\overline{f}_{cu}$——n 组抗压强度的算术平均值（MPa）；

σ——n 组抗压强度的标准差（MPa），取值范围见表5-5。

（3）变异系数（C_v）

变异系数又称离散系数，其计算式为：

$$C_v=\frac{\sigma}{\overline{f}_{cu}} \tag{5-23}$$

由于混凝土强度的标准差随强度等级的提高而增大，故也可采用变异系数作为评定混凝土质量均匀性的指标。C_v 值越小，表明混凝土质量越稳定；C_v 值越大，则表示混凝土质量稳定性越差。

（4）强度保证率（P）

混凝土强度保证率 P 是指混凝土强度总体中大于等于设计强度等级（$f_{uc,k}$）的概率，在混凝土强度正态分布曲线图中以阴影面积（图 5-9）表示。

强度保证率 P 可由正态分布曲线方程积分求得，即：

$$t=\frac{\overline{f}_{cu}-f_{cu,k}}{\sigma}=\frac{\overline{f}_{cu}-f_{cu,k}}{C_v\overline{f}_{cu}} \tag{5-24}$$

式中　t——概率度。

t 和 P 间的关系可按表 5-21 查取。

不同 t 值的保证率 P　　表 5-21

t	0.00	0.50	0.84	1.00	1.20	1.28	1.40	1.60
P(%)	50.0	69.2	80.0	84.1	88.5	90.0	91.9	94.5
t	1.645	1.70	1.81	1.88	2.00	2.05	2.33	3.00
P(%)	95.0	95.5	96.5	97.0	97.7	99.0	99.4	99.87

由正态分布曲线的特点可知，如果按设计强度来配制混凝土（即混凝土强度实测值的平均值为设计强度），那么只有 50%的混凝土强度达到设计强度等级，混凝土强度保证率为 50%（图 5-9 中阴影部分），显然，这会给建筑工程造成极大的隐患。

此时，混凝土强度保证率将大于 50%，如图 5-9 中的阴影部分。t 越大，混凝土强度保证率越大，t 的大小可根据施工单位施工管理水平来确定。根据我国标准《普通混凝土配合比设计规程》JGJ 55—2011 和《混凝土强度检验评定标准》GB/T 50107—2010 规定，同批试件的统计强度保证率不得小于 95%。

4. 混凝土强度的合格评定

根据《混凝土强度检验评定标准》GB/T 50107—2010 的规定，混凝土强度评定可分为统计方法和非统计方法两种。前者适用于预拌混凝土厂、预制混凝土构件厂和采用现场集中搅拌混凝土的施工单位；后者适用于零星生产的预制构件厂或现场搅拌批量不大的混凝土。

（1）统计方法评定

采用统计方法评定时，应按下列规定进行：

① 当连续生产的混凝土，生产条件在较长时间内保持一致，且同一品种、同一强度等级混凝土的强度变异性保持稳定时，应按方案 1 的规定进行评定。

② 其他情况应按方案 2 的规定进行评定。

1）方案 1

一个检验批的样本容量应为连续的 3 组试件，其强度应同时符合下列规定：

$$m_{f_{cu}} \geqslant f_{cu,k}+0.7\sigma_0 \tag{5-25}$$

$$f_{cu,min} \geqslant f_{cu,k}-0.7\sigma_0 \tag{5-26}$$

检验批混凝土立方体抗压强度的标准差应按下式计算：

$$\sigma_0=\sqrt{\frac{\sum_{i=1}^{n} f_{cu,i}^2-nm_{f_{cu}}^2}{n-1}} \tag{5-27}$$

当混凝土强度等级不高于C20时，其强度的最小值尚应满足下式要求：

$$f_{cu,min} \geqslant 0.85 f_{cu,k} \tag{5-28}$$

当混凝土强度等级高于C20时，其强度的最小值尚应满足式要求：

$$f_{cu,min} \geqslant 0.90 f_{cu,k} \tag{5-29}$$

式中 $m_{f_{cu}}$——同一检验批混凝土立方体抗压强度的平均值（N/mm²），精确到0.1N/mm²；

$f_{cu,k}$——混凝土立方体抗压强度标准值（N/mm²），精确到0.1N/mm²；

σ_0——检验批混凝土立方体抗压强度的标准差（N/mm²），精确到0.01N/mm²；当检验批混凝土强度标准差σ_0计算值小于2.5N/mm²时，应取2.5N/mm²；

$f_{cu,i}$——前一个检验期内同一品种、同一强度等级的第i组混凝土试件的立方体抗压强度代表值（N/mm²），精确到0.1N/mm²；该检验期不应少于60d，也不得大于90d；

n——前一检验期内的样本容量，在该期间内样本容量不应少于45；

$f_{cu,min}$——同一检验批混凝土立方体抗压强度的最小值（N/mm²），精确到0.1N/mm²。

2）方案2

当样本容量不少于10组时，其强度应同时满足下列要求：

$$m_{f_{cu}} \geqslant f_{cu,k} + \lambda_1 \cdot S_{f_{cu}} \tag{5-30}$$

$$f_{cu,min} \geqslant \lambda_2 \cdot f_{cu,k} \tag{5-31}$$

同一检验批混凝土立方体抗压强度的标准差应按下式计算：

$$S_{f_{cu}} = \sqrt{\frac{\sum_{i=1}^{n} f_{cu,i}^2 - n m_{f_{cu}}^2}{n-1}} \tag{5-32}$$

式中 $S_{f_{cu}}$——同一检验批混凝土立方体抗压强度的标准差（N/mm²），精确到0.01N/mm²；当检验批混凝土强度标准差$S_{f_{cu}}$计算值小于2.5N/mm²时，应取2.5N/mm²；

λ_1，λ_2——合格评定系数，按表5-22取用；

n——本检验期内的样本容量。

混凝土强度的合格评定系数（GB/T 50107—2010） **表5-22**

试件组数	10～14	15～19	≥20
λ_1	1.15	1.05	0.95
λ_2	0.90	0.85	

（2）非统计方法评定

当用于评定的样本容量小于10组时，应采用非统计方法评定混凝土强度。

按非统计方法评定混凝土强度时，其强度应同时符合下列规定：

$$m'_{f_{cu}} \geqslant \lambda_3 \cdot f_{cu,k} \tag{5-33}$$

$$f_{cu,min} \geqslant \lambda_4 \cdot f_{cu,k} \tag{5-34}$$

式中　λ_3，λ_4——合格评定系数，应按表 5-23 取用。

混凝土强度的非统计方法合格评定系数（GB/T 50107—2010）　　表 5-23

试件组数	<C60	≥C60
λ_3	1.15	1.10
λ_4	0.95	

（3）混凝土强度的合格性判定

当检验结果能满足以上评定公式的规定时，则该批混凝土判为合格；当不能满足上述规定时，则该批混凝土强度判定为不合格。对不合格批混凝土制成的结构或构件，可采用钻芯法或其他非破损检验方法，进一步鉴定。同时对不合格的结构或构件必须及时处理。

5.8 特殊性能混凝土

5.8.1 高性能混凝土

高性能混凝土是由高强混凝土发展而来的。高性能混凝土经历了三个发展阶段：

① 振动加压成型获得高强度——工艺创新阶段；

② 掺高效减水剂配制高强混凝土——第五组分创新阶段；

③ 掺用超细矿物掺合料配制高性能混凝土——第六组分创新阶段。

高性能混凝土是以耐久性和可持续发展为基本要求，适应工业化生产与施工，具有高抗渗性、高体积稳定性（低干缩、低徐变、低温度应变率和高弹性模量）和良好的工作性能（高流动性、高黏聚性、达到自密实）。高性能混凝土比高强混凝土具有更有利于工程长期安全使用与便于施工的优异性能，它比高强混凝土具有更广阔的应用前景。

在配制高性能混凝土时须注意的问题有：

1）必须掺入与所用水泥具有相容性的高效减水剂。以降低水灰比、提高强度，使其具有合适的工作性。

2）必须掺入一定量活性的磨细矿物掺合料。利用其活性的磨细矿物掺合料的微粒效应和火山灰活性，来增强高性能混凝土的密实度，从而提高其耐久性。常见的磨细矿物掺合料有磨细矿渣、优质粉煤灰、硅灰等。

3）选用优质砂石骨料。尤其是粗骨料的品质，如骨料中的含泥量、泥块含量、SO_3含量等直接影响到混凝土的耐久性；骨料的颗粒级配与粒形影响着拌合物的和易性；粗骨料的强度高低应与所配制混凝土强度等级相一致。因此，用于高性能混凝土的粗骨料粒径不宜太大，在配制 60～100MPa 的高性能混凝土时，粗骨料粒径不能大于 19.0mm。

高性能混凝土是水泥混凝土的发展方向之一，随着土木工程技术的发展，它将更广泛地应用于高层建筑、工业厂房、桥梁工程、港口及海洋工程、水工结构工程等。

5.8.2 轻骨料混凝土

凡是用轻粗骨料、轻细骨料（或普通砂）、水泥和水配制而成的干表观密度小于1950kg/m^3 的混凝土称为轻骨料混凝土。轻骨料混凝土常以轻粗骨料的名称来命名，如粉煤灰陶粒混凝土、浮石混凝土、陶粒珍珠岩混凝土等。

轻骨料按其来源可分为：①天然轻骨料（以天然形成的多孔岩石为原料，经加工而成的轻骨料，如浮石、火山渣等）；②工业废料轻骨料（以工业废料为原料，经加工而成的轻骨料，如粉煤灰陶粒、煤矸石陶粒、膨胀矿渣珠等）；③人造轻骨料（以地方材料为原料，经加工而成的轻骨料，如黏土陶粒、页岩陶粒、膨胀珍珠岩等）。

轻骨料与普通砂石的区别在于骨料中存在大量孔隙，质轻、吸水率大、强度低、表面粗糙等，轻骨料的技术性质直接影响到所配制混凝土的性质。轻骨料的技术性质主要包括堆积密度、粗细程度与颗粒级配、强度、吸水率等。

轻骨料混凝土的强度等级，按立方体抗压强度标准值，划分为 LC5.0、LC7.5、LC10、LC15、LC20、LC25、LC30、LC35、LC40、LC45、LC50、LC55、LC50 共 13 个强度等级。

强度等级为 LC5.0 的称为保温轻骨料混凝土，主要用于围护结构或热工结构的保温；强度等级≤LC15 的称为结构保温轻骨料混凝土，用于既承重又保温的围护结构；强度等级≥LC15 的称为结构轻骨料混凝土，用于承重构件或构筑物。

由于轻骨料混凝土具有质轻、比强度高、保温隔热性好、耐火性好、抗震性好等特点，因此与普通混凝土相比，更适合用于高层、大跨结构、软土地基、耐火等级要求高的建筑和要求节能的建筑。

5.8.3 防水混凝土（抗渗混凝土）

防水混凝土是通过各种方法提高混凝土的抗渗性能，抗渗等级≥P6 级的能达到防水要求的混凝土。混凝土抗渗等级的选择是根据最大作用水头（水面至防水结构最低处的距离，m）与建筑物最小壁厚的比值来确定的。

防水混凝土一般是通过对混凝土组成材料等进行改善，合理选择混凝土配合比、骨料级配以及掺入适量外加剂，达到混凝土内部密实或是堵塞混凝土内部毛细管通路，使混凝土具有较高的抗渗性。目前，常用的抗渗混凝土有普通防水混凝土、外加剂防水混凝土和膨胀水泥防水混凝土。

1）抗渗混凝土所用原材料要求：粗骨料采用连续级配，其最大粒径不宜大于 40mm，含泥量不得大于 1.0%，泥块含量不得大于 0.5%；细骨料的含泥量不得大于 3.0%，泥块含量不得大于 1.0%；外加剂宜采用防水剂、膨胀剂、引气剂、减水剂或引气减水剂；抗渗混凝土宜掺用矿物掺合料。

2）抗渗混凝土配合比计算方法和试配步骤与普通混凝土相同，但应符合以下规定：

每立方米混凝土中的水泥和矿物掺合料总量不宜小于 320kg；砂率宜为 35%～45%；供试配用的水灰比符合有关规定；使用含气剂的抗渗混凝土，其含气量宜控制在 3%～

5%；进行抗渗混凝土配合比设计时，应增加抗渗性试验；试配要求的抗渗水压值应比设计值提高 0.2MPa；试配时，宜采用水灰比最大的配合比作抗渗试验，其试验结果应符合下式要求：

$$P_{t} \geqslant P/10+0.2 \tag{5-35}$$

式中 P_t——6 个试件中 4 个未出现渗水时的最大水压值（MPa）；

P——设计要求抗渗等级值。

掺引气剂的混凝土还应进行含气量试验，其含气量宜控制在 3%～5%。

抗渗混凝土主要用于有抗渗要求的水工和给水排水工程的构筑物（如水池、水塔等）、地下基础工程、屋面防水工程等。

5.8.4 泵送混凝土

泵送混凝土是在泵压的作用下，经刚性或柔性管道输送到浇筑地点进行浇筑。泵送混凝土除必须满足混凝土设计强度和耐久性的要求外，还应使混凝土满足可泵性要求。因此，对泵送混凝土粗骨料、细骨料、外加剂、掺合料等都必须严格控制。

根据《混凝土泵送施工技术规程》JGJ/T 10—2011 规定，设计泵送混凝土配合比时，胶凝材料总量不宜少于 320kg/m³，用水量与胶凝材料总量之比不宜大于 0.6，粗骨料应满足以下要求：①粗骨料最大粒径与输送管径之比，应符合表 5-24 的规定；②粗骨料采用连续级配，且针片状颗粒含量不宜大于 10%。细骨料应满足以下要求：①宜采用中砂，其通过 0.315mm 筛孔的颗粒含量不应小于 15%；②砂率宜为 35%～45%，掺引气剂型外加剂的泵送混凝土的含气量不宜大于 4%。坍落度对混凝土的可泵性影响很大，泵送混凝土的坍落度应根据泵送的高度和距离，按照《混凝土泵送施工技术规程》JGJ/T 10—2011 选择。

粗骨料最大粒径与输送管径之比　　表 5-24

泵送的高度(m)	碎石	卵石
<50	≤1∶3.0	≤1∶2.5
50～100	≤1∶4.0	≤1∶3.0
>100	≤1∶5.0	≤1∶4.0

由于混凝土输送泵管路可以铺设到吊车或小推车不能到的地方，并使混凝土在一定压力下充填灌注部位，具有其他设备不可替代的特点，改变了混凝土输送的效率低下和传统施工方法，因此近年来泵送混凝土广泛应用于公路、铁路、水利、建筑等工程，并开始在钻孔灌注桩工程中应用。

5.8.5 纤维混凝土

纤维混凝土是指在混凝土中掺入纤维而形成的复合材料。它具有普通钢筋混凝土所没有的许多优良品质，在抗拉强度、抗弯强度、抗裂强度和冲击韧性等方面有明显的改善。

常用的纤维材料有钢纤维、玻璃纤维、石棉纤维、碳纤维和合成纤维等。所用的纤维必须具有耐碱、耐海水、耐气候变化的特性。

在纤维混凝土中，纤维的含量、纤维的几何形状以及纤维的分布情况，对混凝土性能有重要影响。以钢纤维为例：为了便于搅拌，一般控制钢纤维的长径比为60～100，掺量为0.5%～1.3%（体积比），选用直径细、形状非圆形的钢纤维效果较佳，钢纤维混凝土一般可提高抗拉强度2倍左右，提高抗冲击强度5倍以上。

目前，纤维混凝土主要用于对耐磨性、抗冲击性、抗裂性要求高的工程，如机场跑道、高速公路、桥面面层、管道等。

纤维混凝土虽然有普通混凝土不可相比的长处，但目前其使用还受到一定的限制。如施工和易性较差，搅拌、浇筑和振捣时会发生纤维成团和折断等质量问题，粘结性能也有待进一步提高，纤维价格较高等因素也是影响纤维混凝土推广应用的一个重要因素。

5.9 混凝土用骨料试验

混凝土用骨料试验为砂的筛分析试验、砂的表观密度测定试验、砂的堆积密度测定试验、砂的含泥量测定试验、石子的筛分析试验、石子的表观密度测定试验、石子的堆积密度测定试验、石子的含水率试验、石子的压碎指标试验等。

混凝土用骨料的取样方法与验收如下：

（1）粗、细骨料的取样规定和组批原则

1）从料堆上取样时，取样部位应均匀分布。取样前先将取样部位表面铲除，然后从不同部位抽取大致等量的砂8份、石15份，各自组成一组样品。

2）从皮带运输机上取样时，应用接料器在皮带输送机机尾的出料处定时抽取大致等量的砂4份、石8份，各自组成一组样品。

3）从火车、汽车、货船上取样时，从不同部位和深度抽取大致等量的砂8份、石15份，各自组成一组样品。

4）除筛分析之外，当其余检验项目存在不合格项时，应加倍取样进行复验。当复验仍有一项不满足要求时，应按不合格品处理。

进行各项试验的每组试样应不小于表5-25规定的最少取样量。当需要做多项检验时，可在确保试样经一项试验后不致影响另一项试验的结果的前提下，用同一试样进行几项不同的试验。

每项试验所需试样的最少取样量　　表5-25

骨料种类试验项目	细骨料(kg)	粗骨料(kg)							
		骨料最大粒径(mm)							
		9.5	16.0	19.0	26.5	31.5	37.5	63.0	75.0
颗粒级配	4.4	9.5	16.0	19.0	25.0	31.5	37.5	63.0	80.0
表观密度	2.6	8.0	8.0	8.0	8.0	12.0	16.0	24.0	24.0

续表

骨料种类试验项目	细骨料(kg)	粗骨料(kg)							
		骨料最大粒径(mm)							
		9.5	16.0	19.0	26.5	31.5	37.5	63.0	75.0
堆积密度	5.0	40.0	40.0	40.0	40.0	80.0	80.0	120.0	120.0
含水率	1.0	2.0	2.0	2.0	2.0	3.0	3.0	4.0	6.0
含泥量	4.4	8.0	8.0	24.0	24.0	40.0	40.0	80.0	80.0
泥块含量	20.0	8.0	8.0	24.0	24.0	40.0	40.0	80.0	80.0
针片状颗粒含量	—	1.2	4.0	8.0	12.0	20.0	40.0	40.0	40.0
碱骨料反应	20.0	20.0	20.0	20.0	20.0	20.0	20.0	20.0	20.0

每组试样应妥善包装，避免细料散失，防止污染，并附样品卡片，标明样品的编号、取样时间、代表数量、产地、样品数量、要求检验项目及取样方式等。

（2）粗、细骨料的缩分方法

试验时需要按四分法分别缩分获取各项试验所需的数量。

人工四分法缩分的步骤是：将每组试样在自然状态下于平板上拌匀，并堆成厚度约为2cm的圆饼，于饼上划两垂直直径把饼分成大致相等的四份，取其对角的两份重新照上述四分法缩分，直至缩分后试样量略多于该项试验所需的量为止。

粗骨料缩分时，应将每组试样在自然状态下于平板上拌匀，并堆成锥体，然后按四分法缩分，直至缩分后试样量略多于该项试验所需的量为止。

砂石的含水率、堆积密度、紧堆密度检验所用的试样，可不经缩分，拌匀后直接进行试验。

（3）粗、细骨料的验收

使用单位应按砂石的同产地、同规格分批验收。采用大型工具运输的，以 $400m^3$ 或600t为一验收批。采用小型工具运输的，以 $200m^3$ 或300t为一验收批。不足上述数量者，应按一个验收批进行验收。

当砂石的质量比较稳定、进料量又较大时，可按1000t为一验收批。

每验收批的砂石至少应进行颗粒级配、含泥量、泥块含量检验。对于粗骨料，还应检验针片状颗粒含量；对于海砂或有氯离子污染的砂，还应检验氯离子含量；对于海砂，还应检验贝壳含量；对于人工砂及混合砂，还应检验石粉含量；对于重要工程或特殊工程，应根据工程要求，增加检测项目。对其他指标的合格性有怀疑时，应予以检验。

砂或石的数量验收，可按质量计算，也可按体积计算。

测定重量可用汽车地中衡或船舶吃水线为依据。测定体积可按车皮或船舶的容积为依据，若采用其他小型工具运输时，可按量方确定。

5.9.1　砂的筛分析试验

1. 试验目的

通过试验测定砂的颗粒级配，计算砂的细度模数，评定砂的粗细程度；掌握《建设用砂》GB/T 14684—2022 的测试方法，正确使用所用仪器与设备，并熟悉其性能。

2. 主要仪器设备

（1）标准筛；

（2）天平；

（3）鼓风烘箱；

（4）摇筛机；

（5）浅盘、毛刷等。

3. 试样制备

按规定取样，用四分法分取不少于 4400g 试样，并将试样缩分至 1100g，放在烘箱中于（105±5）℃下烘干至恒量，待冷却至室温后，筛除大于 9.50mm 的颗粒（并算出其筛余百分率），分为大致相等的两份备用。

4. 试验步骤

（1）准确称取试样 500g，精确到 1g。

（2）将标准筛按孔径由大到小的顺序叠放，加底盘后，将称好的试样倒入最上层的 4.75mm 筛内，加盖后置于摇筛机上，摇约 10min。

（3）将套筛自摇筛机上取下，按筛孔大小顺序再逐个进行手筛，筛至每分钟通过量小于试样总量的 0.1%为止。通过的颗粒并入下一号筛中，并和下一号筛中的试样一起过筛，按这样的顺序进行，直至各号筛全部筛完为止。

（4）称取各号筛上的筛余量，试样在各号筛上的筛余量不得超过 200g，否则应将筛余试样分成两份，再进行筛分，并以两次筛余量之和作为该号的筛余量。

5. 试验结果计算与评定

（1）计算分计筛余百分率：各号筛上的筛余量与试样总量相比，精确至 0.1%。

（2）计算累计筛余百分率：每号筛上的筛余百分率加上该号筛以上各筛余百分率之和，精确至 0.1%。筛分后，若各号筛的筛余量与筛底的量之和同原试样质量之差超过 1%时，须重新试验。

（3）砂的细度模数按下式计算，精确至 0.1：

$$M_x=\frac{(A_2+A_3+A_4+A_5+A_6)-5A_1}{100-A_1} \tag{5-36}$$

式中 M_x——细度模数；

A_1、A_2、…、A_6——分别为 4.75mm、2.36mm、1.18mm、0.60mm、0.30mm、0.15mm 筛的累计筛余百分率。

（4）累计筛余百分率取两次试验结果的算术平均值，精确至 1%。细度模数取两次试验结果的算术平均值，精确至 0.1；如两次试验的细度模数之差超过 0.20 时，须重新试验。

5.9.2 砂的表观密度测定试验

1. 试验目的

通过试验测定砂的表观密度，为计算砂的空隙率和混凝土配合比设计提供依据。掌握《建设用砂》GB/T 14684—2022 的测试方法，正确使用所用仪器与设备，并熟悉其性能。

2. 主要仪器设备

（1）容量瓶；

（2）天平；

（3）鼓风烘箱；

（4）其他。

3. 试样制备

试样按规定取样，并将试样缩分至 660g，放在烘箱中于（105±5）℃下烘干至恒量，待冷却至室温后，分成大致相等的两份备用。

4. 试验步骤

（1）称取上述试样 300g，装入容量瓶，注入冷开水至接近 500mL 的刻度处，用手旋转摇动容量瓶，使砂样充分摇动，排除气泡，塞紧瓶盖，静置 24h。然后用滴管小心加水至容量瓶颈 500mL 刻度线处，塞紧瓶塞，擦干瓶外水分，称出其质量，精确至 1g。

（2）将瓶内水和试样全部倒出，洗净容量瓶，再向瓶内注水至瓶颈 500mL 刻度线处，擦干瓶外水分，称出其质量，精确至 1g。试验时试验室温度应在 20～25℃。

5. 试验结果计算与评定

（1）砂的表观密度按下式计算，精确至 $10kg/m^3$：

$$\rho_0=\left(\frac{G_0}{G_0+G_2-G_1}-\alpha_t\right)\times\rho_{水} \tag{5-37}$$

式中　ρ_0——砂的表观密度（kg/m^3）；

$\rho_{水}$——水的密度（$1000kg/m^3$）；

G_0——烘干试样的质量（g）；

G_1——试样、水及容量瓶的总质量（g）；

G_2——水及容量瓶的总质量（g）；

α_t——水温对表观密度影响的修正系数（表 5-26）。

不同水温对砂的表观密度影响的修正系数　　表 5-26

水温(℃)	15	16	17	18	19	20	21	22	23	24	25
α_t	0.002	0.003	0.003	0.004	0.004	0.005	0.005	0.006	0.006	0.007	0.008

（2）表观密度取两次试验结果的算术平均值，精确至 $10kg/m^3$；如两次试验结果之差大于 $20kg/m^3$，须重新试验。

5.9.3　砂的堆积密度测定试验

1. 试验目的

通过试验测定砂的堆积密度，为计算混凝土配合比设计和估计运输工具的数量或存放堆场的面积等提供依据。掌握《建设用砂》GB/T 14684—2022 的测试方法，正确使用所用仪器与设备，并熟悉其性能。

2. 主要仪器设备

（1）鼓风烘箱；

（2）容量筒；

（3）天平；

（4）标准漏斗；

（5）直尺、浅盘、毛刷等。

3. 试样制备

按规定取样，用搪瓷盘装取试样约 3L，置于温度为（105±5）℃下的烘箱中烘干至恒量，待冷却至室温后，筛除大于 4.75mm 的颗粒，分成大致相等的两份备用。

4. 试验步骤

（1）松散堆积密度的测定取一份试样，用漏斗或料勺，从容量筒中心上方 50mm 处慢慢装入，等装满并超过筒口后，用钢尺或直尺沿筒口中心线向两个相反方向刮平（试验过程应防止触动容量瓶），称出试样与容量筒的总质量，精确至 1g。

（2）紧密堆积密度的测定取试样一份，分两次装入容量筒。装完第一层后，在筒底垫一根直径为 10mm 的圆钢，按住容量筒，左右交替击地面 25 次。然后装入第二层，装满后用同样的方法进行颠实（但所垫放圆钢的方向与第一层的方向垂直）。再加试样直至超过筒口，然后用钢尺或直尺沿筒口中心线向两个相反的方向刮平，称出试样与容量筒的总质量，精确至 0.1g。

（3）称出容量筒的质量，精确至 1g。

5. 试验结果计算与评定

（1）砂的松散或紧密堆积密度按下式计算，精确至 $10kg/m^3$：

$$\rho_1=\frac{G_1-G_2}{V} \tag{5-38}$$

式中 ρ_1——砂的松散或紧密堆积密度（kg/m^3）；

G_1——试样与容量筒总质量（g）；

G_2——容量筒的质量（g）；

V——容量筒的容积（L）。

（2）堆积密度取两次试验结果的算术平均值，精确至 $10kg/m^3$。

5.9.4 砂的含泥量测定试验

1. 试验目的

通过试验测定砂的含泥量，为评定细骨料的质量等级提供依据。掌握《建筑用砂》GB/T 14684—2022 的测试方法，正确使用所用仪器与设备，并熟悉其性能。

2. 主要仪器设备

（1）天平：称量 1000g，感量 0.1g。

（2）电热鼓风干燥箱：使温度控制在（105±5）℃。

（3）方孔筛：孔径为 1.18mm 和 75μm 的方孔筛各一只，并附有筛盖和筛底。

（4）容器：要求淘洗试样时，保持试样不溅出（深度大于 250mm）。

（5）其他仪器：浅盘、毛刷等。

3. 试样制备

按照规定的取样方法取样并缩分至1100g，放入温度为（105±5)℃下的电热鼓风干燥箱中烘干至恒量，待冷却至室温后，筛除大于9.5mm的颗粒，并计算出筛余百分率，分为大致相等的两份备用。

4. 试验步骤

（1）称取上述试样500g，精确至0.1g。将试样倒入淘洗容器中，注入清水，使水面高于试样面大约150mm，充分搅拌均匀后，浸泡2h，然后用手在水中淘洗试样，使尘屑、淤泥、黏土与砂粒分离，然后将浑水缓缓倒入1.18mm和75μm的方孔套筛上，滤去小于75μm的颗粒。另外，试验前筛子的两面应先用水润湿，在整个过程中应小心防止砂粒流失。

（2）再向容器中注入清水，重复上述操作，直到容器内的水清澈为止。

（3）用水淋洗剩余在筛上的细粒，并将75μm的筛放在水中来回摇动，以充分洗掉小于75μm的颗粒，然后将两只筛的筛余颗粒和清洗容器中已经洗净的试样一并倒入浅盘，放入温度为（105±5)℃下的电热鼓风干燥箱中烘干至恒量，待冷却至室温后，称出其质量，精确至0.1g。

5. 试验结果计算与评定

含泥量的计算按下式计算（精确至0.1%）：

$$Q_a=\frac{m_0-m_1}{m_0}\times 100 \tag{5-39}$$

式中　Q_a——含泥量（%）；

m_0——检测前烘干试样的质量（g）；

m_1——检测后烘干试样的质量（g）。

含泥量取两个检测试样的检测结果的算术平均值为测定值，精确至0.1%。两次结果之差大于0.5%时，应重新取样进行试验。

5.9.5　石子的筛分析试验

1. 试验目的

通过筛分试验测定碎石或卵石的颗粒级配，以便于选择优质粗骨料，达到节约水泥和改善混凝土性能的目的；掌握《建设用卵石、碎石》GB/T 14685—2022的测试方法，正确使用所用仪器与设备，并熟悉其性能。

2. 主要仪器设备

（1）方孔筛孔径为2.36mm、4.75mm、9.50mm、16.0mm、19.0mm、26.5mm、31.5mm、37.5mm、53.0mm、63.0mm、75.0mm及90.0mm的筛各一个，并附有筛底和筛盖。

（2）鼓风烘箱能使温度控制在（105±5)℃。

（3）摇筛机。

（4）台称称量10kg、感量10g。

（5）其他浅盘、烘箱等。

3. 试样制备

按规定取样，用四分法取不少于表5-27的试样数量，经烘干或风干后备用。

粗骨料筛分试验取样规定　　表 5-27

最大粒径(mm)	9.5	16.0	19.0	26.5	31.5	37.5	63.0	75.0
最小试样质量(kg)	1.9	3.2	3.8	5.0	6.3	7.5	12.6	16.0

4. 试验步骤

（1）称取按表 5-27 的规定质量的试样一份，精确至 1g。将试样倒入按孔径大小从上到下组合的套筛上。

（2）将套筛放在摇筛机上，摇 10min。取下套筛，按筛孔大小顺序再逐个进行手筛，筛至每分钟通过量小于试样总量的 0.1%为止。通过的颗粒并入下一号筛中，并和下一号筛中的试样一起过筛，直至各号筛全部筛完。当筛余颗粒的粒径大于 19.0mm 时，在筛分过程中允许用手指拨动颗粒。

（3）称出各号筛的筛余量，精确至 1g。

筛分后，如所有筛余量与筛底的试样之和与原试样总量相差超过 1%，则须重新试验。

5. 试验结果计算与评定

（1）计算分计筛余百分率（各筛上的筛余量占试样总量的百分率），精确至 0.1%。

（2）计算各号筛上的累计筛余百分率（该号筛的分计筛余百分率与该号筛以上各分计筛余百分率之和），精确至 0.1%。

（3）根据各号筛的累计筛余百分率，评定该试样的颗粒级配。粗骨料各号筛上的累计筛余百分率应满足国家规范规定的粗骨料颗粒级配的范围要求。

5.9.6 石子的表观密度测定试验

1. 试验目的

通过试验测定石子的表观密度，为评定石子质量和混凝土配合比设计提供依据。石子的表观密度可以反映骨料的坚实、耐久程度，因此是一项重要的技术指标。应掌握《建设用卵石、碎石》GB/T 14685—2022 的测试方法，正确使用所用仪器与设备，并熟悉其性能。

石子的表观密度测定方法有液体比重天平法和广口瓶法。

2. 主要仪器设备

（1）液体比重天平法

1）鼓风烘箱；

2）吊篮；

3）台秤；

4）方孔筛；

5）盛水容器（有溢水孔）；

6）温度计、浅盘、毛巾等。

（2）广口瓶法

1）广口瓶；

2）天平；

3）方孔筛、鼓风烘箱、浅盘、温度计、毛巾等。

3. 试样制备

按规定取样，用四分法分至不少于表 5-28 规定的数量，经烘干或风干后筛除小于 4.75mm 的颗粒，洗刷干净后，分为大致相等的两份备用。

粗骨料表观密度试验所需试样数量　　表 5-28

最大粒径(mm)	<26.5	31.5	37.5	63.0	75.0
最小试样质量(kg)	2.0	3.0	4.0	6.0	6.0

4. 试验步骤

（1）液体比重天平法

1）取试样一份装入吊篮，并浸入盛有水的容器中，液面至少高出试样表面 50mm。浸水 24h 后，移放到称量用的盛水容器内，然后上下升降吊篮以排除气泡（试样不得露出水面）。吊篮每升降一次约 1s，升降高度为 30～50mm。

2）测定水温后（吊篮应全浸在水中），准确称出吊篮及试样在水中的质量，精确至 5g，称量盛水容器中水面的高度由容器的溢水孔控制。

3）提起吊篮，将试样倒入浅盘，置于烘箱中烘干至恒重，冷却至室温，称出其质量，精确至 5g。

4）称出吊篮在同样温度水中的质量，精确至 5g。称量时盛水容器内水面的高度由容器的溢水孔控制。

注：试验时各项称量可以在 15～25℃范围内进行，且从试样加水静止的 2h 起至试验结束，其温度变化不得超过 2℃。

（2）广口瓶法

1）将试样浸水 24h，然后装入广口瓶（倾斜放置）中，注入清水，摇晃广口瓶以排除气泡。

2）向瓶内加水至凸出瓶口边缘，然后用玻璃片迅速滑行，滑行中应紧贴瓶口水面。擦干瓶外水分，称取试样、水、广口瓶及玻璃片的总质量，精确至 1g。

3）将广口瓶中试样倒入浅盘，然后在温度为（105±5）℃下的烘箱中烘干至恒量，待冷却至室温后称其质量，精确至 1g。

4）将广口瓶洗净，重新注入饮用水，并用玻璃片紧贴瓶口水面，擦干瓶外水分，称取水、广口瓶及玻璃片总质量，精确至 1g。

注：此法为简易法，不宜用于石子的最大粒径大于 37.5mm 的情况。

5. 试验结果计算与评定

（1）石子的表观密度按下式计算，精确至 10kg/m³：

$$\rho_0=\left(\frac{G_0}{G_0+G_2-G_1}-\alpha_t\right)\times\rho_{水} \tag{5-40}$$

式中 ρ_0——石子的表观密度（kg/m³）；

$\rho_{水}$——水的密度（1000kg/m³）；

G_0——烘干试样的质量（g）；

G_1——吊篮及试样在水中的质量（g）；

G_2——吊篮在水中的质量（g）；

α_t——水温对表观密度影响的修正系数（表 5-26）。

（2）表观密度取 2 次试验结果的算术平均值，精确至 10kg/m³；如 2 次试验结果之差大于 20kg/m³，须重新试验。对材质不均匀的试样，如 2 次试验结果之差大于 20kg/m³，可取 4 次试验结果的算术平均值。

5.9.7 石子的堆积密度测定试验

1. 试验目的

石子的表观密度的大小是粗骨料级配优劣和空隙多少的重要标志，且是进行混凝土配合比设计的必要资料，或用以估计运输工具的数量及存放堆场面积等。通过试验应掌握《建设用卵石、碎石》GB/T 14685—2022 的测试方法，正确使用所用仪器与设备，并熟悉其性能。

2. 主要仪器设备

（1）台秤称量 10kg，感量 10g；

（2）磅秤称量 50kg 或 100kg，感量 50g；

（3）容量筒；

（4）垫棒、直尺等。

3. 试样制备

按规定取样，烘干或风干后，拌匀并把试样分为大致相等的两份备用。

4. 试验步骤

（1）松散堆积密度的测定取试样一份，用取样铲从容量筒口中心上方 50mm 处，让试样自由落下，当容量筒上部试样呈锥体并向四周溢满时，停止加料。除去凸出容量筒表面的颗粒，以适当的颗粒填入凹陷处，使凹凸部分的体积大致相等。称出试样和容量筒的总质量，精确至 10g。

（2）紧密堆积密度的测定将容量桶置于坚实的平地上，取试样一份，用取样铲将试样分三次自距容量桶上口 50mm 高度处装入桶中，每装完一层后，在桶底放一根垫棒，将桶按住，左右交替颠击地面 25 次。将三层试样装填完毕后，再加试样直至超过桶口，用钢尺或直尺沿桶口边缘刮去高出的试样，并用适合的颗粒填平凹处，使表面凸起部分与凹陷部分的体积大致相等。称出试样和容量筒的总质量，精确至 10g。

（3）称出容量筒的质量，精确至 10g。

5. 试验结果计算与评定

（1）石子的松散或紧密堆积密度按下式计算，精确至 10kg/m³：

$$\rho_1=\frac{G_1-G_2}{V} \tag{5-41}$$

式中 ρ_1——石子的松散或紧密堆积密度（kg/m³）；

G_1——试样与容量筒总质量（g）；

G_2——容量筒的质量（g）；

V——容量筒的容积（L）。

（2）堆积密度取两次试验结果的算术平均值，精确至 10kg/m³。

5.9.8　石子的压碎指标测定试验

1. 试验目的

通过测定碎石或卵石抵抗压碎的能力，以间接地推测其相应的强度，评定石子的质量。通过试验应掌握《建设用卵石、碎石》GB/T 14685—2022 的测试方法，正确使用所用仪器与设备，并熟悉其性能。

2. 主要仪器设备

（1）压力试验机：试验机的误差不超过±2%，其量程应能使试件的预期破坏荷载值不小于全量程的 20%，不大于全量程的 80%。试验机应按计量仪表规定进行定期检查，以确保试验机工作的准确性；

（2）压碎值测定仪；

（3）方孔筛；

（4）天平；

（5）台秤；

（6）垫棒等。

3. 试样制备

按规定取样，风干后筛除大于 19.0mm 及小于 9.50mm 的颗粒，并除去针片状颗粒，拌匀后分成大致相等的三份备用（每份 3000g）。

4. 试验步骤

（1）置圆模于底盘上，取试样 1 份，分两层装入模内，每装完一层试样后，一手按住模子，一手将底盘放在圆钢上振颤摆动，左右交替颠击地面各 25 次，两层颠实后，平整模内试样表面，盖上压头。

（2）装有试样的模子置于压力机上，开动压力试验机，按 1kN/s 的速度均匀加荷 200kN 并稳荷 5s，然后卸荷，取下受压圆模，倒出试样，用孔径 2.36mm 的筛筛除被压碎的细粒，称取留在筛上的试样质量，精确至 1g。

5. 试验结果计算与评定

（1）压碎指标值按下式计算，精确至 0.1%：

$$Q_e=\frac{G_1-G_2}{G_1}\times100\% \tag{5-42}$$

式中　Q_e——压碎指标值（%）；

G_1——试样的质量（g）；

G_2——压碎试验后筛余的试样质量（g）。

（2）压碎指标值取三次试验结果的算术平均值，精确至 1%。

5.9.9　骨料含水率的检测

1. 试验目的

通过试验测定粗、细骨料的含水率，为混凝土配合比设计提供依据。通过试验应掌握

《建设用砂》GB/T 14684—2022、《建设用卵石、碎石》GB/T 14685—2022 的测试方法，正确使用所用仪器与设备，并熟悉其性能。

2. 主要仪器设备

（1）天平或台秤：称量 10kg，感量 1g；

（2）电热鼓风干燥箱：使温度控制在（105±5)℃；

（3）浅盘等。

3. 试样制备

按照规定的取样方法取样并缩分，在温度为（105±5)℃下的烘箱中烘干至恒量，分成大致相等的两份备用。若为细骨料，由样品中取质量约 500g 的试样两份备用；若为粗骨料，按表 5-27 所要求的数量抽取试样，分为两份备用。

4. 试验步骤

（1）将试样分别放入已知质量（m_1）的干燥容器中称量，记下每盘试样与容器的总质量（m_2），将容器连同试样放入温度为（105±5)℃下的烘箱中烘干至恒量。

（2）烘干试样冷却后称量试样与容器的总质量（m^3）。

5. 试验结果计算与评定

骨料的含水率 W_s 按下式计算（精确至 0.1%）：

$$W_s=\frac{m_2-m_3}{m_3-m_1}\times 100\% \tag{5-43}$$

式中 W_s——骨料的含水率（%）；

m_1——容器质量（g）；

m_2——未烘干的试样与容器的总质量（g）；

m_3——烘干后的试样与容器的总质量（g）。

含水率以两次测定结果的算术平均值作为测定值。

5.10 普通混凝土试验

普通混凝土试验包含普通混凝土拌合物试验室拌合方法、普通混凝土拌合物工作性（和易性）试验（即混凝土的坍落度试验）、普通混凝土拌合物的表观密度试验、普通混凝土立方体抗压强度试验。

5.10.1 普通混凝土拌合物试验室拌合方法

1. 试验目的

学会混凝土拌合物的拌制方法，为测试和调整混凝土的性能，进行混凝土配合比设计打下基础。一般规定：

1）拌制混凝土的原材料应符合技术要求，并与施工实际用料相同，在拌合前，材料的温度应与试验室温度［应保持在（20±5)℃］一致。

2）拌制混凝土的材料用量以质量计。称量的精确度：骨料为±1%，水、水泥及混合材料、外加剂为±0.5%。

3）取样方法：同一组混凝土拌合物的取样应从同一盘混凝土或同一车混凝土中取样。取样量应多于试验所需量的 1.5 倍，且不小于 20L。混凝土拌合物的取样应具有代表性，宜采用多次多样的方法。一般在同一盘混凝土或同一车混凝土中的约 1/4 处、1/2 处和 3/4 处之间分别取样，从第一次取样到最后一次取样不宜超过 15min，然后人工搅拌均匀。从取样完毕到开始做各项性能试验不宜超过 5min。

2. 主要仪器设备

（1）混凝土搅拌机：容量 75～100L，转速 18～22r/min；

（2）磅秤：称量 50kg，感量 50g；

（3）天平：称量 5kg，感量 1g；

（4）其他用具：量筒（200cm^3、1000cm^3）、拌铲、拌板（1.5m×2m 左右）盛器等。

3. 拌合方法

（1）人工拌合

按所定配合比计算每盘混凝土各材料用量后备料。拌合间温度为（20±5）℃。

将拌板和拌铲用湿布润湿后，将砂倒在拌板上，然后加入水泥，用铲自拌板一端翻至另一端，如此重复，直至充分混合，颜色均匀后，再加上粗骨料，翻拌至混合均匀为止。

将干混合物堆成堆，在中间做一凹槽，将已称量好的水，倒一半左右在凹槽中（勿使水流出），然后仔细翻拌，并徐徐加入剩余的水，继续翻拌，每翻拌一次，用铲在拌合物上铲切一次，直到拌合均匀为止。

拌合时力求动作敏捷，拌合时间从加水时算起，应大致符合以下规定：拌合物体积为 30L 以下时，4～5min；拌合物体积为 30～50L 时，5～9min；拌合物体积为 51～75L 时，9～12min。

混凝土拌合好后，应根据试验要求，立即进行测试或成型试验。从开始加水时算起，全部操作须在 30min 内完成。

（2）机械拌合

搅拌量不应小于搅拌机额定搅拌量的 1/4。

按所定配合比计算每盘混凝土各材料用量后备料。

预拌一次，即用按配合比的水泥、砂和水组成的砂浆及少量石子，在搅拌机中进行涮膛，然后倒出并刮去多余的砂浆，其目的是避免正式拌合时影响拌合物的实际配合比。

开动搅拌机，向搅拌机内依次加入石子、砂和水泥，干拌均匀，再将水徐徐加入，全部加料时间不超过 2min，水全部加入后，再继续拌合 2min。

将拌合物自搅拌机卸出，倾倒在拌板上，再经人工拌合 1～2min，即可进行测试或成型试验，从开始加水时算起，全部操作必须在 30min 内完成。

5.10.2 普通混凝土拌合物工作性（和易性）试验——混凝土的坍落度试验

1. 试验目的

通过测定骨料最大粒径不大于 37.5mm、坍落度值不小于 10mm 的塑性混凝土拌合物坍落度，同时评定混凝土拌合物的黏聚性和保水性，为混凝土配合比设计、混凝土拌合物质量评定提供依据；掌握《普通混凝土拌合物性能试验方法标准》GB/T 50080—2016 的测试方法，正确使用所用仪器与设备，并熟悉其性能。

2. 主要仪器设备

（1）坍落度筒：由薄钢板或其他金属制成的圆台形筒。其内壁应光滑、无凹凸部位，底面和顶面应互相平行并与锥体的轴线垂直。在筒外部 2/3 处安两个手把，下端焊上脚踏板。筒的内部尺寸：底部直径（200±2）mm，顶部直径（100±2）mm，高度（300±2）mm，壁厚不小于 1.5mm（图 5-10）。

（2）捣棒：捣棒直径为 16mm，长为 600～650mm 的钢棒，端部应磨圆。

（3）其他用具：小铁铲、装料漏斗、直尺等。

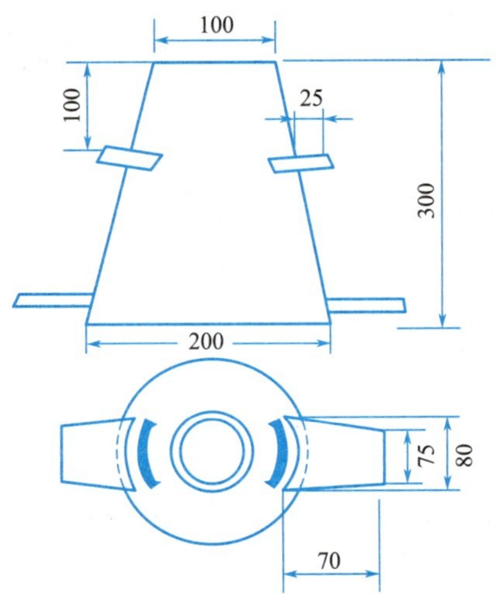

图 5-10　坍落度筒

3. 试验步骤

（1）每次测定前，用湿布湿润坍落度筒、拌合钢板及其他用具，并把筒放在不吸水的刚性水平底板上，然后用脚踩住 2 个脚踏板，使坍落度筒在装料时保持位置固定。

（2）取拌好的混凝土拌合物，用小铲分 3 层均匀地装入筒内，使捣实后每层高度为筒高的 1/3 左右。每层用捣棒沿螺旋方向在截面上由外向中心均匀地插捣 25 次。当插捣筒边混凝土时，捣棒可以稍稍倾斜。插捣底层时，捣棒应贯穿整个深度，插捣第二层和顶层时，捣棒应插透本层至下一层的表面。浇灌顶层时，混凝土应灌到高出筒口，插捣过程中，如混凝土沉落到低于筒口，则应随时加料，顶层插捣完毕后，刮去多余混凝土，并用镘刀抹平。

（3）清除筒边底板上的混凝土后，垂直平稳地提起坍落度筒。坍落度筒的提离过程应在 5～10s 内完成。从开始装料到提起坍落度筒的整个过程应不间断地进行，并应在 150s 内完成。

4. 试验结果确定与处理

（1）提起坍落度筒后，立即量测筒高与坍落后混凝土试体最高点之间的高度差，即为该混凝土拌合物的坍落度值（图 5-11）。混凝土拌合物坍落度以 mm 为单位，结果精确至 1mm。

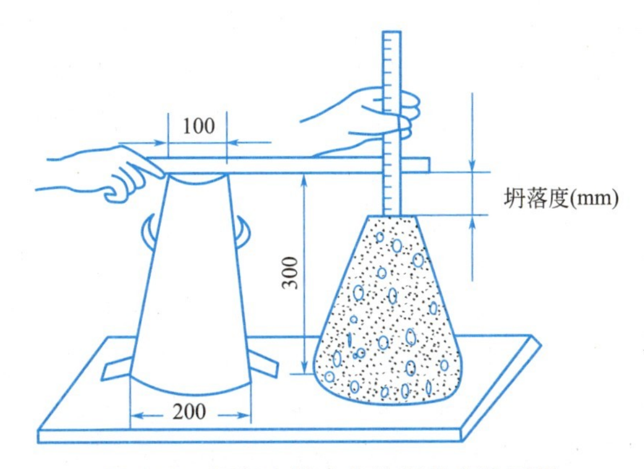

图 5-11　混凝土拌合物的坍落度值测量

(2) 坍落度筒提离后，如混凝土发生崩坍或一边剪坏现象，则应重新取样再测定。如第二次试验仍出现上述现象，则表示该混凝土拌合物和易性不好，应予记录备查。

(3) 观察坍落后的混凝土试体的黏聚性和保水性。1) 黏聚性的检查方法是用捣棒在已坍落的混凝土锥体侧面轻轻敲打，此时，如果锥体逐渐下沉，则表示黏聚性良好，如果锥体倒塌、部分崩裂或出现离析现象，则表示黏聚性不好。2) 保水性以混凝土拌合物中稀浆析出的程度来评定。如坍落度筒提起后无稀浆或仅有少量稀浆自底部析出，则表示此混凝土拌合物保水性良好；若坍落度筒提起后如有较多的稀浆从底部析出且锥体部分的混凝土也因失浆而骨料外露，则表明此混凝土拌合物的保水性能不好。

(4) 和易性的调整

1) 当坍落度低于设计要求时，可在保持水灰比不变的前提下，适当增加水泥浆量。

2) 当坍落度高于设计要求时，可在保持砂率不变的条件下，增加骨料的用量。

3) 当出现含砂量不足，黏聚性、保水性不良时，可适当增加砂率，反之减小砂率。

5.10.3　普通混凝土拌合物的表观密度试验

1. 试验目的

测定混凝土拌合物捣实后的单位体积重量（即表观密度），以提供核实混凝土配合比计算中的材料用量。掌握《普通混凝土拌合物性能试验方法标准》GB/T 50080—2016 的测试方法，正确使用所用仪器设备，并熟悉其性能。

2. 主要仪器设备

(1) 容量筒：金属制成的圆筒，两旁装有提手。对骨料最大粒径不大于 40mm 的拌合物采用容积为 5L 的容量筒，其内径与内高均为 (186±2)mm，筒壁厚 3mm；骨料最大粒径大于 40mm 时，容量筒内径与内高均应大于骨料最大粒径的 4 倍。容量筒上缘及内壁应光滑平整，顶面与底面应平行并与圆柱体的轴垂直。

(2) 台秤：称量 50kg，感量 50g。

(3) 其他仪器：振动台、捣棒等。

3. 试验步骤

(1) 用湿布把容量筒内外擦干净，称出其重量 m_1，精确至 50g。

（2）混凝土的装料及捣实方法应视拌合物的稠度而定。一般来说，坍落度不大于70mm的混凝土，用振动台振实为宜；坍落度大于70mm，用捣棒捣实为宜。采用捣棒捣实时，应根据容量筒的大小决定分层与插捣次数：用5L的容量筒，混凝土拌合物应分两层装入，每层插捣次数应为25次；用大于5L的容量筒，每层混凝土的高度不应大于100mm，每层插捣次数应按每100cm^{2}截面不小于12次计算。各次插捣应由边缘向中心均匀地插捣，插捣底层时捣棒应插透本层至下一层的表面；每一层捣完后用橡皮锤轻轻沿容器外壁敲打5～10次，进行振实，直至拌合物表面插捣孔消失，不见大气泡为止。采用振实台振实时，应一次将混凝土拌合物灌到高出容量筒口。装料时可用捣棒稍加插捣，振动过程中如果混凝土低于筒口，应随时添加混凝土，振动直至表面出浆为止。

（3）用刮刀将筒口多余的混凝土拌合物刮去，表面如有凹陷应予填平。将容量筒外壁擦净，称出混凝土与容量筒总重m_2，精确至50g。

4. 试验结果计算与评定

混凝土拌合物的表观密度按下式计算，精确至kg/m^3：

$$\rho=\frac{m_2-m_1}{V}\times 1000 \tag{5-44}$$

式中 ρ——混凝土的表观密度（kg/m^3）；

m_1——容量筒的质量（kg）；

m_2——容量筒和试样总质量（kg）；

V——容量筒的容积（L）。

5.10.4 普通混凝土立方体抗压强度试验

1. 试验目的

掌握《混凝土物理力学性能试验方法标准》GB/T 50081—2019及《混凝土强度检验评定标准》GB/T 50107—2010，根据检验结果确定、校核配合比，并为控制施工质量提供依据。通过试验，正确使用所用仪器设备，并熟悉其性能。

2. 主要仪器设备

（1）压力试验机：试验机的误差不超过±2%，其量程应能使试件的预期破坏荷载值不小于全量程的20%，不大于全量程的80%。试验机应按计量仪表规定进行定期检查，以确保试验机工作的准确性。

（2）混凝土搅拌机。

（3）振动台：试验所用振动台的振动频率为（50±3）Hz，空载振幅约为0.5mm。

（4）试模：试模由铸铁或钢制成，应具有足够的刚度并拆装方便。试模内表面应机械加工，其不平度应为每100mm不超过0.05mm，组装后各相邻面的不垂直度不超过0.5°。

（5）养护室。

（6）其他仪器：捣棒、小铁铲、金属直尺、镘刀等。

3. 试件制作

（1）制作试件前应检查试模，拧紧螺栓并清刷干净，在其内壁涂上一薄层矿物油脂。一般以3个试件为一组。

（2）混凝土的取样方法

混凝土试样应在混凝土浇筑地点随机抽取，取样频率和数量应符合下列规定：

1）每 100 盘，但不超过 $100m^3$ 的同配合比的混凝土，取样次数不得少于一次。

2）每一工作班拌制的同配合比的混凝土不足 100 盘和 $100m^3$ 时，其取样次数不得少于一次。

3）当一次连续浇筑的同配合比的混凝土超过 $1000m^3$ 时，每 $200m^3$ 取样次数不应少于一次。

4）对房屋建筑，每一层楼、同一配合比的混凝土，取样次数不应少于一次。

（3）试件的成型方法应根据混凝土拌合物的稠度来确定

1）坍落度大于 70mm 的混凝土拌合物采用人工捣实成型。将搅拌好的混凝土拌合物分两层装入试模，每层装料的厚度大约相同。插捣时用钢制捣棒按螺旋方向从边缘向中心均匀进行。插捣底层时，捣棒应达到试模底面；插捣上层时，捣棒应贯穿下层深度约 20～30mm。插捣时捣棒应保持垂直不得倾斜，并用抹刀沿试模内壁插入数次，以防止试件产生麻面。每层插捣次数见表 5-29，一般每 $100cm^2$ 面积不少于 12 次。然后刮去多余的混凝土，并用镘刀抹平。

插捣次数及尺寸换算系数　　表 5-29

试件尺寸(mm×mm×mm)	骨料最大粒径(mm)	每层插捣次数(次)	抗压强度换算系数
100×100×100	31.5	12	0.95
150×150×150	40.0	25	1
200×200×200	63.0	50	1.05

2）坍落度小于 70mm 的混凝土拌合物采用振动台成型。将搅拌好的混凝土拌合物一次装入试模，装料时用镘刀沿试模内壁略加插捣并使混凝土拌合物稍有富余，然后将试模放到振动台上，振动时应防止试模在振动台上自由跳动，直至混凝土表面出浆为止，然后刮去多余的混凝土，并用镘刀抹平。

4. 试件养护

（1）采用标准养护的试件成型后应覆盖表面，以防止水分蒸发，并在温度为（20±5)℃下静置一昼夜至两昼夜，然后拆模编号。再将拆模后的试件立即放在温度为（20±3)℃、湿度为 90%以上的标准养护室的架子上养护，彼此相隔 10～20mm。

（2）无标准养护室时，混凝土试件可放在温度为（20±3)℃的不流动水中养护，水的 pH 值不应小于 7。

（3）与构件同条件养护的试件成型后，应覆盖表面，试件的拆模时间可与实际构件的拆模时间相同，拆模后试件仍需保持同条件养护。

5. 试验步骤

（1）试件从养护地点取出后，应尽快进行试验，以免试件内部的温湿度发生显著变化。

（2）先将试件擦拭干净，测量尺寸，并检查外观，试件尺寸测量精确到 1mm，并据此计算试件的承压面积。

（3）将试件安放在试验机的下压板上，试件的承压面应与成型时的顶面垂直。试件的中心应与试验机下压板中心对准。开动试验机，当上板与试件接近时，调整球座，使接触均衡。

（4）混凝土试件的试验应连续而均匀地加荷，当混凝土强度等级低于C30时，其加荷速度为0.3～0.5MPa/s；若混凝土强度等级高于或等于C30时，则为0.5～0.8MPa/s。当试件接近破坏而开始迅速变形时，应停止调整试验机油门，直到试件破坏，并记录破坏荷载。

（5）试件受压完毕后，应清除上下压板上粘附的杂物，继续进行下一次试验。

6. 试验结果计算与处理

（1）混凝土立方体试件抗压强度按下式计算，精确至0.1MPa：

$$f_{cu}=\frac{P}{A} \tag{5-45}$$

式中 f_{cu}——混凝土立方体试件的抗压强度值（MPa）；

P——试件破坏荷载（N）；

A——试件承压面积（mm^2）。

（2）以3个试件测值的算术平均值作为该组试件的抗压强度值。如3个测值中最大值或最小值中有1个与中间值的差值超过中间值的15%时，则把最大或最小值舍去，取中间值作为该组试件的抗压强度值。如最大值和最小值与中间值的差均超过中间值的15%，则该组试件的试验结果作废。

（3）混凝土立方体抗压强度是以150mm×150mm×150mm的立方体试件作为抗压强度的标准值，其他尺寸试件的测定结果应乘以尺寸换算系数。200mm×200mm×200mm试件，其换算系数为1.05；100mm×100mm×100mm试件，其换算系数为0.95。当混凝土强度等级≥C60时，宜采用标准试件；使用非标准试件时，尺寸换算系数应由试验确定。

知识拓展

港珠澳大桥——桥梁界的“珠穆朗玛峰”

2009年12月15日，港珠澳大桥工程开工建设。2017年7月7日，主体工程全线贯通。2018年10月23日上午，港珠澳大桥开通仪式在广东省珠海市举行。

港珠澳大桥跨越伶仃洋，东接香港特别行政区，西接广东省珠海市和澳门特别行政区，总长约55km，是“一国两制”下粤港澳三地首次合作共建的超大型跨海交通工程。大桥在设计理念、建造技术、施工组织、管理模式等方面进行一系列创新，标志着我国隧岛桥设计施工管理水平走在了世界前列（图5-12）。

1. 港珠澳大桥是国家工程、国之重器，其建设创下多项世界之最，非常了不起，体现了一个国家逢山开路、遇水架桥的奋斗精神，体现了我国的综合国力和自主创新能力。大桥建成通车，进一步坚定了我们对中国特色社会主义的道路自信、理论自信、制度自信和文化自信。

2. 港珠澳大桥作为中国从桥梁大国走向桥梁强国的里程碑之作，该桥被业界誉为桥梁界的“珠穆朗玛峰”，被英媒《卫报》称为“现代世界七大奇迹”之一。

图 5-12　港珠澳大桥

3. 港珠澳大桥不仅代表了中国桥梁先进水平，更是中国国家综合国力的体现。

单元总结

基础应用部分：以普通混凝土为学习重点。掌握对普通混凝土基本组成材料的技术要求，混凝土的第五组成材料——外加剂已成为改善混凝土性能的极有效措施之一，应熟悉各种外加剂的性质和应用。要求掌握混凝土拌合物的和易性、硬化混凝土的强度、耐久性；熟练掌握普通混凝土配合比设计的方法和步骤，配合比设计正确与否需要通过试验检验确定。

拓展知识部分：熟悉高性能混凝土、轻混凝土的性能和应用，了解其他品种混凝土。

实训技能部分：熟悉混凝土施工过程的原材料质量控制方法、混凝土用骨料相关试验方法、混凝土强度合格判定方法。掌握砂石的进场验收、取样、试验；掌握混凝土的取样、试验等基本技能。

习　题

一、填空题

1. 在混凝土硬化前，水泥浆起______作用；在混凝土硬化后，水泥浆起______作用。

2. 水泥是影响混凝土__________及__________的重要因素，是混凝土中最重要的材料。所以，在配制混凝土时要选择合适的水泥______和________。

3. 水泥强度等级的选择应与混凝土的________________相适应。

4. 在混凝土中，砂子表面需用水泥浆包裹，砂子的总表面积愈______，则需要包裹砂粒表面的水泥浆就愈____。一般用粗砂配制混凝土比用细砂要______水泥用量。

5. 在配制混凝土时，一般应同时考虑砂的____________和____________。

6. 为保证混凝土的强度要求，粗骨料必须具有足够的强度。碎石和卵石的强度，一般采用____________________和____________两种方法检验。

7. 压碎指标值愈______，表示粗骨料抵抗受压破坏的能力愈______。

8. 符合国家标准的____________水，可拌制各种混凝土。

9. 在拌制混凝土时，地表水和地下水首次使用前，应________________。

10. 混凝土中外加剂掺量过多，或者缓凝组分掺量过多，容易造成新拌混凝土__________和__________。

11. 在钢筋混凝土结构计算中，计算轴心受压构件（例如柱子、桁架的腹杆等）时，都采用混凝土的________________作为设计依据。

12. 抗拉强度对混凝土的抗裂性具有重要作用，它是结构设计中__________和____________计算控制的主要指标。

13. ____________和__________是影响混凝土强度最主要的因素。

14. 在正常养护条件下，混凝土强度随龄期的增长而增大，一般混凝土强度以________天强度作为质量评定依据。

15. 混凝土浇水养护的时间，对采用硅酸盐水泥、普通硅酸盐水泥或矿渣水泥拌制的混凝土，不得少于________，对掺用缓凝型外加剂或有抗渗要求的混凝土，不得少于________，浇水次数应能保持混凝土处于湿润状态中。

16. 在满足施工和易性和混凝土耐久性要求的条件下，尽可能降低__________和提高__________。

17. 减水剂可在保证和易性不变的情况下，减少____________________________，提高__________________。

18. 使用____________________水泥时，混凝土的干燥收缩较大；而使用____________________水泥时，混凝土的干燥收缩较小。

19. 提高混凝土抗渗性的关键是，提高混凝土的________________或改变混凝土的______________。

20. 通常用混凝土的抗渗性、抗冻性、抗碳化性能、抗腐蚀性能和碱骨料反应综合评价混凝土的____________。

21. 对混凝土用砂进行筛分析试验，其目的是测定砂的________________________和________________。

22. 混凝土拌合物的和易性包括________、________和________等三个方面的含义。

23. 测定混凝土拌合物和易性的方法有________法、________法或________法。

24. 当混凝土拌合物的流动性要求一定时，用______砂拌制混凝土更节约水泥，即细度模数________。

25. 选择坍落度原则：在满足施工要求条件下，尽可能采用__________的坍落度。

26. 在配制混凝土时如砂率过大，拌合物要保持一定的流动性下，就需要______________。

27. 混凝土的变形包括________________、________________、________________

和________________。

28. 混凝土的徐变对钢筋混凝土结构的有利作用是____________________和____________________________，不利作用是____________________。

29. 设计混凝土配合比时应同时满足：__________________、________________、______________、____________________四项基本要求。

30. 混凝土初步配合比计算得出后，还要试配和调整，在此过程中要检验混凝土的________________和________________。

二、单选题

1. 配制混凝土时，水灰比（W/C）过大，则（　　）。

A. 拌合物的保水性变差　　B. 拌合物的黏聚性变差

C. 混凝土的强度和耐久性下降　　D. A+B+C

2. 一般情况下，水泥强度等级为混凝土等级的______倍为宜。

A. 0～0.5　　B. 0.5～1.0　　C. 1.5～2.0　　D. 2.5～3.0

3. 用高强度等级水泥配制低强度混凝土时，为保证工程的技术经济要求，应采用哪种措施？（　　）

A. 掺混合材料　　B. 减少砂率

C. 增大粗骨料粒径　　D. 增加砂率

4. 原来用细度模数为 2.65 的砂子配制混凝土混合料，但由于原料问题，改用细度模数为 1.95 的砂子，为了保持原配混凝土的坍落度和强度不变，最合适的办法是（　　）。

A. 增加砂率　　B. 减少砂率

C. 增加拌合用水量　　D. 减少水泥用量

5. 试配混凝土时，发现混凝土的黏聚性较差，为改善和易性宜（　　）。

A. 增加砂率　　B. 减少砂率　　C. 增加 W/C　　D. 掺入粗砂

6. 提高混凝土流动性的正确做法是（　　）。

A. 增加用水量　　B. 掺入减水剂

C. 保持 W/C 比不变，增加水泥浆　　D. A+B

7. 混凝土按用途分类，可分为结构混凝土、防水混凝土、（　　）、防辐射混凝土、耐热混凝土、耐酸混凝土、装饰混凝土等。

A. 沥青混凝土　　B. 道路混凝土

C. 预拌混凝土　　D. 压力灌浆混凝土

8. 施工所需的混凝土拌合物坍落度的大小主要由（　　）来选取。

A. 水灰比和砂率

B. 水灰比和捣实方式

C. 骨料的性质、最大粒径和级配

D. 构件的截面尺寸大小，钢筋疏密、捣实方式

9. 混凝土的水灰比是根据（　　）要求确定的。

A. 强度　　B. 和易性　　C. 耐久性　　D. 强度和耐久性

10. 混凝土的强度主要取决于（　　）。

A. 骨料的强度　　B. 水泥石的强度

C. 骨料与水泥石的粘结强度　　D. B与C

11. （　　）是决定混凝土强度的最主要因素。

A. 水灰比与水泥强度　　B. 骨料的品种、质量与数量

C. 养护的温度与湿度　　D. 龄期

12. 普通混凝土立方体强度测试，采用100mm×100mm×100mm的试件，其强度换算系数为（　　）。

A. 0.90　　B. 0.95　　C. 1.05　　D. 1.00

13. 下列有关坍落度的叙述，哪一项不正确？（　　）

A. 坍落度是表示塑性混凝土拌合物流动性的指标

B. 干硬性混凝土拌合物的坍落度小于10mm且须用维勃稠度（s）表示其稠度

C. 泵送混凝土拌合物的坍落度不低于100mm

D. 在浇筑板、梁和大型及中型截面的柱子时，混凝土拌合物的坍落度宜选用70～90mm

14. 大体积混凝土施工时，常采用的外加剂是（　　）。

A. 减水剂　　B. 引气剂　　C. 缓凝剂　　D. 早强剂

15. 普通混凝土棱柱体强度 f_c 与立方体强度 f_{cu} 两者数值的关系是（　　）。

A. $f_c = f_{cu}$　　B. $f_c \approx f_{cu}$　　C. $f_c > f_{cu}$　　D. $f_c < f_{cu}$

16. 混凝土配合比设计的三个主要技术参数是（　　）。

A. 单方用水量、水泥用量、砂率　　B. 水灰比、水泥用量、砂率

C. 单方用水量、水灰比、砂率　　D. 水泥强度、水灰比、砂率

17. 测定混凝土强度用的标准试件尺寸是（　　）。

A. 70.7mm×70.7mm×70.7mm　　B. 100mm×100mm×100mm

C. 150mm×150mm×150mm　　D. 200mm×200mm×200mm

18. 维勃稠度法测定混凝土拌合物流动性时，其值越大表示混凝土的（　　）。

A. 流动性越大　　B. 流动性越小　　C. 黏聚性越好　　D. 保水性越差

19. 要提高混合砂浆保水性，掺入（　　）是最经济合理的。

A. 水泥　　B. 石灰　　C. 粉煤灰　　D. 黏土

20. 有关混凝土的知识中，下列哪种说法是错误的？（　　）

A. 环境温度越高，混凝土强度增长越快

B. 混凝土的抗拉强度比抗压强度小得多

C. 水灰比越大，混凝土强度越大

D. 与钢筋的热膨胀系数大致相同

21. 对纵向长度较大的混凝土结构，规定在一定间距内设置建筑变形缝，其原因是（　　）。

A. 为了施工方便　　B. 防止过大温度变形导致结构的破坏

C. 为了将建筑物断开　　D. 防止混凝土干缩导致结构破坏

22. 坍落度是表示塑性混凝土（　　）的指标。

A. 和易性　　B. 流动性　　C. 黏聚性　　D. 保水性

23. 石子级配中，（　　）级配的空隙率最小。

A. 连续　　B. 间断　　C. 单粒级　　D. 没有一种

24. 以什么强度来划分混凝土的强度等级？（　　）

A. 混凝土的立方体试件抗压强度

B. 混凝土的立方体抗压强度标准值

C. 混凝土的棱柱体抗压强度

D. 混凝土的抗弯强度值

25. 配制混凝土用砂、石应尽量使（　　）。

A. 总表面积大些、总空隙率小些

B. 总表面积大些、总空隙率大些

C. 总表面积小些、总空隙率小些

D. 总表面积小些、总空隙率大些

26. 混凝土的徐变是指（　　）。

A. 在冲击荷载作用下产生的塑性变形

B. 在振动荷载作用下产生的塑性变形

C. 在瞬时荷载作用下产生的塑性变形

D. 在长期荷载作用下产生的塑性变形

27. 大体积混凝土施工时内外温差不宜超过（　　）。

A. 10℃　　B. 25℃　　C. 35℃　　D. 50℃

28. 在混凝土用砂量不变的条件下，砂的细度模数愈小，说明（　　）。

A. 该混凝土细骨料的总表面积增大，水泥用量提高

B. 该混凝土细骨料的总表面积减小，可节约水泥

C. 该混凝土用砂的颗粒级配不良

D. 该混凝土用砂的颗粒级配良好

29. 混凝土的碱骨料反应必须具备什么条件才可能发生？（　　）

（1）混凝土中的水泥和外加剂总含碱量偏高；（2）使用了活性骨料；（3）混凝土在有水条件下使用；（4）混凝土在干燥条件下使用。

A. （1）（2）（4）　　B. （1）（2）（3）　　C. （1）（2）　　D. （2）（3）

30. 下列有关外加剂的叙述中，哪一条不正确？（　　）

A. 氯盐、三乙醇胺及硫酸钠均属早强剂

B. 采用泵送混凝土施工时，首选的外加剂通常是减水剂

C. 大体积混凝土施工时，常采用缓凝剂

D. 加气混凝土常用木钙作为发气剂（即加气剂）

三、简答题

1. 某混凝土搅拌站原使用砂的细度模数为2.5，后改用细度模数为2.1的砂。改砂后原混凝土配方不变，发觉混凝土坍落度明显变小。请分析原因。

2. 为何混凝土不是水泥的用量越多越好？

3. 在水泥浆用量一定的条件下，为什么砂率过小和过大多会使混合料的流动性变差？

4. 某市政工程队在夏期正午施工，铺筑路面为水泥混凝土。选用缓凝减水剂。但浇筑完后表面未及时覆盖，后发现混凝土表面形成众多微细龟裂纹，请分析原因。

5. 为什么混凝土在潮湿条件下养护时收缩较小，干燥条件下养护时收缩较大，而在水中养护时却几乎不收缩？

6. 现场浇灌混凝土时严禁施工人员随意向混凝土拌合物中加水，试从理论上分析加水对混凝土质量的危害。

四、计算题

某工程的预制钢筋混凝土梁（不受风雪影响），混凝土设计强度等级 C25，要求混凝土强度保证率为 95%，施工要求坍落度为 35～50mm（混凝土由机械搅拌，机械振捣），该施工单位无历史统计资料。采用材料：

普通水泥：42.5R（实测 28d 强度为 45.9MPa），$\rho_c=3.1g/cm^3$；

中砂：表观密度 $\rho_{os}=2.65g/cm^3$，级配 2 区合格，堆积密度 $\rho_{os}=1.5g/cm^3$，含水率 2%；

碎石：表观密度 $\rho_{og}=2.7g/cm^3$，堆积密度 $\rho_{og}=1.55g/m^3$，含水率 0.5%，最大粒径 $D_{max}=40mm$；

水：自来水。

求：(1) 试计算该混凝土的初步配合比。

(2) 若经试配混凝土的和易性和强度等均符合要求，无需作调整，根据砂、石含水率，试计算该混凝土的施工配合比。

教学单元6

Chapter 06

建筑砂浆

教学目标

1. 知识目标

（1）掌握砌筑砂浆、抹面砂浆对组成材料的要求，掌握砌筑砂浆的技术性能（和易性、强度、耐久性）；

（2）掌握砌筑砂浆技术性质、测定方法及配合比设计；

（3）熟悉抹面砂浆的主要品种性能要求及其配制方法。

2. 能力目标

（1）能够进行建筑砂浆配合比设计，并且合理使用砂浆；

（2）能正确对建筑砂浆进行取样、试验，并具备对建筑砂浆相关试验结果计算与处理的能力。

3. 素质目标

培养学生艰苦朴素、热爱劳动、踏实肯干、善于管理的好习惯。

思维导图

- 建筑砂浆
  - 概述
    - 砂浆的概念
    - 砂浆的分类
  - 砌筑砂浆的组成
    - 胶结材料
    - 掺合料聚合物
    - 细骨料
    - 水
    - 外加剂
  - 砂浆的技术性质
    - 砂浆拌合物的性质
      - 流动性
      - 保水性
    - 硬化砂浆的技术性质
      - 强度
      - 粘结性
      - 变形性
      - 抗冻性
  - 建筑砂浆性能检验
    - 试样准备
    - 稠度试验
    - 分层度试验
    - 立方体抗压强度试验
  - 抹面砂浆
    - 普通抹面砂浆
    - 装饰抹面砂浆
    - 防水砂浆
    - 特种砂浆
  - 砌筑砂浆的配合比设计
    - 初步配合比的确定
    - 试配、调整与确定

6.1 概述

6.1.1 砂浆的概念

砂浆是由胶结材料、细骨料、掺加料和水配制而成的建筑工程材料，在建筑工程中起粘结、衬垫和传递应力的作用。在建筑工程中是用量大、用途广泛的建筑材料。

6.1.2 砂浆的分类

6-1 砂浆的概念、砌筑砂浆组成

根据用途，建筑砂浆可分为砌筑砂浆、抹面砂浆（如普通抹面砂浆、特种砂浆、装饰砂浆等）。根据胶结材料不同，可分为水泥砂浆（由水泥、细骨料和水配制而成的砂浆）、水泥混合砂浆（由水泥、细骨料、掺加料和水配制而成的砂浆）、石灰砂浆等。根据产品形式，砂浆可分为预拌砂浆（有时称湿砂浆）和干粉砂浆。

6.2 砌筑砂浆的组成

用于砖、石、砌块等砌体砌筑的砂浆，称为砌筑砂浆。

6.2.1　胶结材料

1. 水泥

常用水泥均可以用来配制砂浆，水泥品种的选择与混凝土相同，可根据砌筑部位、环境条件等选择适宜的水泥品种。通常对水泥的强度要求并不高，一般采用中等强度等级的水泥就能够满足要求。在配制砌筑砂浆时，选择水泥强度等级一般为砂浆强度等级的 4～5 倍。但水泥砂浆采用的水泥强度等级不宜大于 32.5 级；水泥混合砂浆采用的水泥强度等级不宜大于 42.5 级。如果水泥强度等级过高，可适当加入掺加料。不同品种的水泥，不得混合使用。为合理利用资源、节约材料，在配制砂浆时要尽量选用低强度等级水泥和砌筑水泥。对于一些有特殊用途的砂浆，如修补裂缝、预制构件嵌缝、结构加固等可采用膨胀水泥。装饰砂浆可采用白色与彩色水泥等。

2. 其他胶凝材料与混合材料

当采用较高强度等级水泥配制低强度等级砂浆时，为保证砂浆的和易性应掺入一些廉价的胶凝材料，如石灰膏、粉煤灰等，但必须经过砂浆的技术性质检验，在不影响砂浆质量的前提下才能够使用。

6.2.2　掺合料

为了改善砂浆的和易性和节约水泥，降低砂浆成本，在配制砂浆时，常在砂浆中掺入适量的磨细生石灰、石灰膏、石膏、粉煤灰、黏土膏、电石膏等物质作为掺合料。

为了保证砂浆的质量，通常将生石灰先熟化成石灰膏，制成的膏类物质稠度一般为（120±5）mm。如果现场施工时，当发现石灰膏稠度与试配时不一致的情况下，可参照表 6-1 进行换算。消石灰粉不得直接使用于砂浆中。

石灰膏不同稠度时的换算系数　　表 6-1

石灰膏稠度(mm)	120	110	100	90	80	70	60	50	40	30
换算系数	1.00	0.99	0.97	0.95	0.93	0.92	0.90	0.88	0.87	0.86

6.2.3　聚合物

在许多特殊的场合可采用聚合物作为砂浆的胶凝材料，由于聚合物为链形或体型高分子化合物，且黏性好，在砂浆中可呈膜状大面积分布，因此可提高砂浆的粘结性、韧性和抗冲击性，同时也有利于提高砂浆的抗渗、抗碳化等耐久性能，但是可能会使砂浆抗压强度下降。常用的聚合物有聚乙酸乙烯酯、甲基纤维素醚、聚乙烯醇、聚酯树脂、环氧树脂等。

6.2.4　细骨料

配制砂浆的细骨料最常用的是天然砂。砂应符合混凝土用砂的技术性能要求。由于砂浆层较薄，砂的最大粒径应有所限制，理论上不应超过砂浆层厚度的1/5～1/4，例如砖砌体用砂浆宜选用中砂，砂的最大粒径以不大于2.5mm为宜；石砌体用砂浆宜选用粗砂，砂的最大粒径以不大于5.0mm为宜；光滑的抹面及勾缝的砂浆宜选用细砂，其最大粒径以不大于1.2mm为宜。为保证砂浆质量，尤其在配制高强度砂浆时，应对砂的含泥量予以限制，选用洁净的砂。

砂的粗细程度对砂浆的水泥用量、和易性、强度及收缩等影响很大。有时也可以采用细炉渣等作为细骨料，但应该选用燃烧完全、未燃煤粉和其他有害杂质含量较小的炉渣，否则将影响砂浆的质量。

对用于面层的抹面砂浆时应采用轻砂，如膨胀珍珠岩砂、火山渣等。配制装饰砂浆或混凝土时应采用白色或彩色砂（粒径可放宽到7～8mm）、石屑、玻璃或陶瓷碎粒等。

6.2.5 水

拌制砂浆用水与混凝土拌合用水的要求相同，均需满足《混凝土用水标准》JGJ 63—2006的规定。

6.2.6 外加剂

为改善新拌及硬化后砂浆的各种性能或赋予砂浆某些特殊性能，常在砂浆中掺入适量外加剂。例如为改善砂浆和易性，提高砂浆的抗裂性、抗冻性及保温性，可掺入微沫剂、减水剂等外加剂；为增强砂浆的防水性和抗渗性，可掺入防水剂等；为增强砂浆的保温隔热性能，除选用轻质细骨料外，还可掺入引气剂提高砂浆的孔隙率。混凝土中使用的外加剂，对砂浆也具有相应的作用。

6.3 砂浆的技术性质

建筑砂浆的主要技术性质包括新拌砂浆的和易性，硬化后砂浆的强度、粘结性和收缩等。

6.3.1 砂浆拌合物的性质

砂浆拌合物的技术性质说的是新拌砂浆的和易性。和易性指砂浆拌合物在搅拌运输和施工过程中不易产生分层、析水现象，并且易于在粗糙的砖、石等表面上铺成均匀薄层的综合性能。通常用流动性和保水性两项指标表示。

1. 流动性（稠度）

流动性指砂浆在自重或外力作用下是否易于流动的性能。

砂浆流动性实质上反映了砂浆的稠度。流动性的大小以砂浆稠度测定仪的圆锥体沉入砂浆中深度的毫米数来表示，称为稠度（沉入度）。

砂浆流动性的选择与基底材料种类及吸水性能、施工条件、砌体的受力特点以及天气情况等方面有关。对于多孔吸水的砌体材料和干热的天气，则要求砂浆的流动性大一些；相反对于密实不吸水的砌体材料和湿冷的天气，则要求砂浆的流动性小一些。可参考表 6-2 和表 6-3 来选择砂浆流动性。

砌筑砂浆流动性要求（稠度，单位：mm） 表 6-2

砌体种类	砂浆稠度
烧结普通砖砌体	70～90
石砌体	30～50
轻骨料混凝土小型空心砌块砌体	60～90
烧结多孔砖、空心砖砌体	60～80
烧结普通砖平拱过梁	50～70
空心墙、筒拱	
普通混凝土小型空心砌块砌体	
加量混凝土砌块砌体	

抹面砂浆流动性要求（稠度，单位：mm） 表 6-3

抹灰工程	机械施工	手工操作
准备层	80～90	110～120
底层	70～80	70～80
面层	70～80	90～100
石膏浆面层	—	90～120

影响砂浆流动性的主要因素有：胶凝材料及掺加料的品种和用量，砂的粗细程度、形状及级配，用水量、外加剂品种与掺量、搅拌时间等。

2. 保水性

保水性是指新拌砂浆保存水分的能力，也表示砂浆中各组成材料是否易分离的性能。

新拌砂浆在存放、运输和使用过程中，都必须保持其水分不致很快流失，才能便于施工操作且保证工程质量。如果砂浆保水性不好，在施工过程中很容易泌水、分层、离析或水分易被基面所吸收，使砂浆变得干稠，致使施工困难，同时影响胶凝材料的正常水化硬化，降低砂浆本身强度以及与基层的粘结强度。因此，砂浆要具有良好的保水性。一般来说，砂浆内胶凝材料充足，尤其是掺加了石灰膏和黏土膏等掺合料后，砂浆的保水性均较好，砂浆中掺入加气剂、微沫剂、塑化剂等也能改善砂浆的保水性和流动性。

但是砌筑砂浆的保水性并非越高越好，对于不吸水基层的砌筑砂浆，保水性太高会使得砂浆内部水分早期无法蒸发释放，从而不利于砂浆强度的增长并且也增大了砂浆的干缩裂缝，降低了整个砌体的整体性。

砂浆的保水性用分层度表示。分层度的测定是将已测定稠度的砂浆拌合物一次装入分层度筒内（分层度筒内径为150mm，分为上下两节，上节高度为200mm，下节高度为100mm），轻轻敲击筒周围1～2下，刮去多余的砂浆并抹平。静置30min后，去掉上部200mm砂浆，取出剩余100mm砂浆倒出在搅拌锅中继续拌2min后再测稠度，前后两次测得的稠度差值即为砂浆的分层度（以mm计）。砂浆合理的分层度应控制在10～20mm。分层度大于20mm的砂浆容易离析、泌水、分层或水分流失过快，不便于施工。一般水泥砂浆分层度不宜超过30mm，水泥混合砂浆分层度不宜超过20mm。若分层度过小，如分层度为零的砂浆，虽然保水性好但极易发生干缩裂缝。分层度小于10mm的砂浆硬化后容易产生干缩裂缝。

6.3.2 硬化砂浆的技术性质

1. 抗压强度与强度等级

砂浆强度等级是以70.7mm×70.7mm×70.7mm的立方体试块，按标准条件养护至28d的抗压强度平均值确定。

根据《砌筑砂浆配合比设计规程》JGJ/T 98—2010的规定，水泥砂浆及预拌砂浆的强度等级分为M5、M7.5、M10、M15、M20、M25、M30七个等级；水泥混合砂浆的强度等级可分为M5、M7.5、M10、M15四个等级。

2. 粘结性

由于砖、石、砌块等材料是靠砂浆粘结成一个坚固整体并传递荷载的，因此，要求砂浆与基材之间应有一定的粘结强度。两者粘结得越牢，则整个砌体的整体性、强度、耐久性及抗震性等就越好。

一般砂浆抗压强度越高，则其与基材的粘结强度就越高。此外，砂浆的粘结强度与基层材料的表面状态、清洁程度、湿润状况以及施工养护等条件有很大关系。同时还与砂浆的胶凝材料种类有很大关系，加入聚合物可使砂浆的粘结性大为提高。

实际上，针对砌体这个整体来说，砂浆的粘结性较砂浆的抗压强度更为重要。但是，考虑到我国的实际情况以及抗压强度相对来说容易测定，因此，将砂浆抗压强度作为必检项目和配合比设计的依据。

3. 变形性

砌筑砂浆在承受荷载或在温度变化时，会产生变形。如果变形过大或不均匀容易使砌体的整体性下降，产生沉陷或裂缝，影响到整个砌体的质量。抹面砂浆在空气中也容易产生收缩等变形，变形过大也会使面层产生裂纹或剥离等质量问题。因此要求砂浆具有较小的变形性。

砂浆变形性的影响因素很多，如胶凝材料的种类和用量、用水量、细骨料的种类、级配和质量以及外部环境条件等。

4. 抗冻性

砂浆常用于受冻融影响较多的建筑部位。当设计中有冻融循环要求时，必须进行冻融试验，经冻融试验后，质量损失率不应大于5%，强度损失率不应大于25%。

6.4 砌筑砂浆的配合比设计

砌筑砂浆是将砖、石、砌块等粘结成为砌体的砂浆。砌筑砂浆主要起粘结、传递应力的作用，是砌体的重要组成部分。

砌筑砂浆可根据工程类别及砌体部位的设计要求，确定砂浆的强度等级，然后选定其配合比。一般情况下可以查阅有关手册和资料来选择配合比，但如果工程量较大、砌体部位较为重要或掺入外加剂等非常规材料时，为保证质量和降低造价，应进行配合比设计。经过计算、试配、调整，从而确定施工用的配合比。目前常用的砌筑砂浆有水泥砂浆和水泥混合砂浆两大类。根据《砌筑砂浆配合比设计规程》JGJ/T 98—2010 规定，用于砌筑吸水底面的砂浆配合比设计或选用步骤如下：

6.4.1 现场配制水泥混合砂浆的试配

1. 配合比应按下列步骤进行计算：

（1）计算砂浆试配强度（$f_{m,0}$）；

（2）计算每立方米砂浆中的水泥用量（Q_C）；

（3）计算每立方米砂浆中石灰膏用量（Q_D）；

（4）确定每立方米砂浆砂用量（Q_S）；

（5）按砂浆稠度选每立方米砂浆用水量（Q_W）。

原行业标准《建筑砂浆基本性能试验方法》JGJ 70—1990 规定砂浆强度试验底模为普通黏土砖，而现行行业标准《建筑砂浆基本性能试验方法标准》JGJ/T 70—2009 标准规定砂浆强度试验底模为钢底模，因将钢底模实测值乘以系数换算成砖底模砂浆强度值，砂浆强度实际还是按砖底模确定的，所以配合比计算步骤与原标准基本一致。

2. 砂浆的试配强度应按下式计算：

$$f_{m,0}=kf_2 \tag{6-1}$$

式中　$f_{m,0}$——砂浆的试配强度（MPa），应精确至 0.1MPa；

f_2——砂浆强度等级值（MPa），应精确至 0.1MPa；

k——系数，按表 6-4 取值。

砂浆强度标准差 σ 及 k 值　　表 6-4

施工水平＼强度等级	强度标准差 σ(MPa)							k
	M5	M7.5	M10	M15	M20	M25	M30	
优良	1	1.5	2	3	4	5	6	1.15
一般	1.25	1.88	2.5	3.75	5	6.25	7.5	1.2
较差	1.5	2.25	3	4.5	6	7.5	9	1.25

3. 砂浆现场强度标准差的确定应符合下列规定：

（1）当有统计资料时，应按下式计算：

$$\sigma=\sqrt{\frac{\sum_{i=1}^{n}f_{\mathrm{m},i}^{2}-n\mu_{\mathrm{fm}}^{2}}{n-1}} \tag{6-2}$$

式中 $f_{\mathrm{m},i}$——统计周期内同一品种砂浆第 i 组试件的强度（MPa）；

μ_{fm}——统计周期内同一品种砂浆 n 组试件强度的平均值（MPa）；

n——统计周期内同一品种砂浆试件的总组数，$n\geqslant25$。

（2）当无统计资料时，砂浆强度标准差可按表 6-4 取值。

《砌筑砂浆配合比设计规程》JGJ/T 98—2010 规定了砂浆现场强度标准差的确定方法。计算试配强度时，所需的标准差 σ 是根据现场多年来的统计资料汇总分析而得，凡施工水平优良的取 C_{v} 值为 0.20；施工水平一般的 C_{v} 值为 0.25；施工水平较差的取 C_{v} 值为 0.30。通过计算制成表 6-4，该表是根据多年来砖底模的试验数据统计得来的，改作钢底模后，离散性明显减少，变异系数及标准偏差也明显降低，但考虑到这次钢底模数据不多，因此仍采用原标准偏差，这样计算出的试配强度偏高，工程质量保证率提高，待积累一定数据后再作修改。

4. 水泥用量的计算应符合下列规定：

1）每立方米砂浆中的水泥用量，应按下式计算：

$$Q_{\mathrm{C}}=1000(f_{\mathrm{m},0}-\beta)/(\alpha\cdot f_{\mathrm{ce}}) \tag{6-3}$$

式中 Q_{C}——每立方米砂浆的水泥用量（kg），应精确至 1kg；

f_{ce}——水泥的实测强度（MPa），应精确至 0.1MPa；

α、β——砂浆的特征系数，其中 α 取 3.03，β 取 −15.09。

注：各地区也可用本地区试验资料确定 α、β 值，统计用的试验组数不得少于 30 组。

2）在无法取得水泥的实测强度值时，可按下式计算：

$$f_{\mathrm{ce}}=\gamma_{\mathrm{c}}\cdot f_{\mathrm{ce,k}} \tag{6-4}$$

式中 $f_{\mathrm{ce,k}}$——水泥强度等级值（MPa）；

γ_{c}——水泥强度等级值的富余系数，宜按实际统计资料确定；无统计资料时可取 1.0。

《砌筑砂浆配合比设计规程》JGT/T 98—2010 规定了水泥用量的计算方法，此规程收集了山东、陕西、福建、浙江、上海等地区的试验验证数据，进行数理统计分析，发现水泥混合砂浆的强度与水泥用量是线性显著相关的，且 α 取 3.03，β 取 −15.09 是适用的。

5. 石灰膏用量应按下式计算：

$$Q_{\mathrm{D}}=Q_{\mathrm{A}}-Q_{\mathrm{C}} \tag{6-5}$$

式中 Q_{D}——每立方米砂浆的石灰膏用量（kg），应精确至 1kg；石灰膏使用时的稠度宜为（120±5)mm；

Q_{C}——每立方米砂浆的水泥用量（kg），应精确至 1kg；

Q_{A}——每立方米砂浆中水泥和石灰膏总量（kg），应精确至 1kg，可为 350kg。

6. 每立方米砂浆中的砂用量：

应按干燥状态（含水率小于0.5%）的堆积密度值作为计算值（kg）。

7. 每立方米砂浆中的用水量：

可根据砂浆稠度等要求选用210～310kg（旧规范为240～310kg）。

注：1. 混合砂浆中的用水量，不包括石灰膏中的水；

2. 当采用细砂或粗砂时，用水量分别取上限或下限；

3. 稠度小于70mm时，用水量可小于下限；

4. 施工现场气候炎热或干燥季节，可酌量增加用水量。

210～310kg用水量是砂浆稠度为70～90mm、中砂时的用水量参考范围。该用水量不包括石灰膏（电石膏）中的水：当采用细砂或粗砂时，用水量分别取上限或下限；稠度小于70mm时，用水量可小于下限；施工现场气候炎热或干燥季节，可酌量增加用水量。

6.4.2 现场配制水泥砂浆的试配

1. 水泥砂浆的材料用量（表6-5）

每立方米水泥砂浆材料用量（单位：kg/m³） 表6-5

强度等级	水泥	砂	用水量
M5	200～230	砂的堆积密度值	270～330
M7.5	230～260		
M10	260～290		
M15	290～330		
M20	340～400		
M25	360～410		
M30	430～480		

注：1. M15及M15以下强度等级水泥砂浆，水泥强度等级为32.5级；M15以上强度等级水泥砂浆，水泥强度等级为42.5级；

2. 当采用细砂或粗砂时，用水量分别取上限或下限；

3. 稠度小于70mm时，用水量可小于下限；

4. 施工现场气候炎热或干燥季节，可酌量增加用水量；

5. 试配强度应按式（6-1）计算。

2. 水泥粉煤灰砂浆材料用量（表6-6）

每立方米水泥粉煤灰砂浆材料用量（单位：kg/m³） 表6-6

强度等级	水泥和粉煤灰总量	粉煤灰	砂	用水量
M5	210～240	粉煤灰掺量可占胶凝材料总量的15%～25%	砂的堆积密度值	270～330
M7.5	240～270			
M10	270～300			
M15	300～330			

注：1. 表中水泥强度等级为32.5级；

2. 当采用细砂或粗砂时，用水量分别取上限或下限；

3. 稠度小于70mm时，用水量可小于下限；

4. 施工现场气候炎热或干燥季节，可酌量增加用水量；

5. 试配强度应按式（6-1）计算。

砂浆配合比以各种材料用量的比例形式表示：

$$水泥:石灰膏:砂:水=Q_C:Q_D:Q_S:Q_W$$

6.5 抹面砂浆

涂抹在基底材料的表面，兼有保护基层和增加美观作用的砂浆，可统称为抹面砂浆。

根据抹面砂浆功能不同，一般可将抹面砂浆分为普通抹面砂浆、防水砂浆、装饰砂浆和特种砂浆（如绝热、吸声、耐酸、防射线砂浆）等。

与砌筑砂浆相比，抹面砂浆的特点和技术要求有：

（1）抹面层不承受荷载；

（2）抹面砂浆应具有良好的和易性，容易抹成均匀平整的薄层，便于施工；

（3）抹面层与基底层要有足够的粘结强度，使其在施工中或长期自重和环境作用下不脱落、不开裂；

（4）抹面层多为薄层，并分层涂抹，面层要求平整、光洁、细致、美观；

（5）多用于干燥环境，大面积暴露在空气中。

抹面砂浆的组成材料与砌筑砂浆基本上是相同的。但为了防止砂浆层的收缩开裂，有时需要加入一些纤维材料，或者为了使其具有某些特殊功能需要选用特殊骨料或掺加料。

与砌筑砂浆不同，对抹面砂浆的主要技术性质不是抗压强度，而是和易性以及与基底材料的粘结强度。

6.5.1 普通抹面砂浆

普通抹面砂浆对建筑物和墙体起到保护作用。它可以抵抗风、雨、雪等自然环境对建筑物的侵蚀，并提高建筑物的耐久性，同时经过抹面的建筑物表面或墙面又可以达到平整、光洁、美观的效果。

常用的普通抹面砂浆有水泥砂浆、石灰砂浆、水泥混合砂浆、麻刀石灰砂浆（简称麻刀灰）、纸筋石灰砂浆（简称纸筋灰）等。

普通抹面砂浆通常分为两层或三层进行施工。底层抹灰的作用是使砂浆与基底能牢固地粘结，因此要求底层砂浆具有良好的和易性、保水性和较好的粘结强度；中层抹灰主要是找平，有时可省略；面层抹灰是为了获得平整、光洁的表面效果。

各层抹灰面的作用和要求不同，因此每层所选用的砂浆也不一样。同时，不同的基底材料和工程部位对砂浆技术性能要求也不同，这也是选择砂浆种类的主要依据。

水泥砂浆宜用于潮湿或强度要求较高的部位；混合砂浆多用于室内底层或中层或面层抹灰；石灰砂浆、麻刀灰、纸筋灰多用于室内中层或面层抹灰。水泥砂浆不得涂抹在石灰砂浆层上。

普通抹面砂浆的组成材料及配合比，可根据使用部位及基底材料的特性确定，一般情况下参考有关资料和手册选用。

6.5.2　装饰抹面砂浆

装饰砂浆是指涂抹在建筑物内外墙表面，具有美观装饰效果的抹面砂浆。装饰砂浆的底层和中层抹灰与普通抹面砂浆基本相同，但是其面层要选用具有一定颜色的胶凝材料和骨料或者经各种加工处理，使得建筑物表面呈现各种不同的色彩、线条和花纹等装饰效果。

1. 装饰砂浆的组成材料

（1）胶凝材料：装饰砂浆所用胶结材料与普通抹面砂浆基本相同，只是灰浆类饰面更多地采用白色水泥或彩色水泥。

（2）骨料：装饰砂浆所用骨料，除普通天然砂外，石碴类饰面常使用石英砂、彩釉砂、着色砂、彩色石碴等。

（3）颜料：装饰砂浆中的颜料，应采用耐碱和耐光晒的矿物颜料。

2. 装饰砂浆主要饰面方式

装饰砂浆饰面方式可分为灰浆类饰面和石碴类饰面两大类。

（1）灰浆类饰面：主要通过水泥砂浆的着色或对水泥砂浆表面进行艺术加工，从而获得具有特殊色彩、线条、纹理等质感的饰面。其主要优点是材料来源广泛、施工操作简便、造价比较低廉，而且通过不同的工艺加工，可以创造不同的装饰效果。常用的灰浆类饰面有以下几种：拉毛灰、甩毛灰、仿面砖、拉条、喷涂、弹涂等。

（2）石碴类饰面：使用水泥（普通水泥、白水泥或彩色水泥）、石碴、水拌成石碴浆，同时采用不同的加工手段除去表面水泥浆皮，使石碴呈现不同的外露形式以及水泥浆与石碴的色泽对比时，会构成不同的装饰效果。常用的石碴类饰面有以下几种：水刷石、干粘石、斩假石、水磨石等。

6.5.3　防水砂浆

用作防水层的砂浆称为防水砂浆。砂浆防水层又称作刚性防水层，适用于不受振动和具有一定刚度的混凝土或砖石砌体的表面。防水砂浆主要有三种：

1. 水泥砂浆

是由水泥、细骨料、掺合料和水制成的砂浆。普通水泥砂浆多层抹面用作防水层。

2. 掺加防水剂的防水砂浆

在普通水泥中掺入一定量的防水剂而制成的防水砂浆是目前应用最广泛的防水砂浆。常用的防水剂有硅酸钠类、金属皂类、氯化物金属盐及有机硅类。

3. 膨胀水泥和无收缩水泥配制砂浆

由于该种水泥具有微膨胀或补偿收缩性能，从而能提高砂浆的密实性和抗渗性。

防水砂浆的配合比为水泥与砂的质量比，一般不宜大于 1∶2.5，水灰比应为 0.50～0.60，稠度不应大于 80mm。

防水砂浆施工方法有人工多层抹压法和喷射法等。各种方法都是以防水抗渗为目的，减少内部连通毛细孔，提高密实度。

6.5.4 特种砂浆

1. 隔热砂浆

采用水泥等胶凝材料以及膨胀珍珠岩、膨胀蛭石、陶粒砂等轻质多孔骨料，按照一定比例配制的砂浆。其具有质量轻、保温隔热性能好［导热系数一般为 0.07～0.10W/(m·K)］等特点，主要用于屋面、墙体绝热层和热水、空调管道的绝热层。

常用的隔热砂浆有：水泥膨胀珍珠岩砂浆、水泥膨胀蛭石砂浆、水泥石灰膨胀蛭石砂浆等。

2. 吸声砂浆

一般采用轻质多孔骨料拌制而成的吸声砂浆，由于其骨料内部孔隙率大，因此吸声性能也十分优良。吸声砂浆还可以在砂浆中掺入锯末、玻璃纤维、矿物棉等材料拌制而成。主要用于室内吸声墙面和顶面。

3. 耐腐蚀砂浆

（1）水玻璃类耐酸砂浆：一般采用水玻璃作为胶凝材料拌制而成，常常掺入氟硅酸钠作为促硬剂。耐酸砂浆主要作为衬砌材料、耐酸地面或内壁防护层等。

（2）耐碱砂浆：使用 42.5 级以上的普通硅酸盐水泥（水泥熟料中铝酸三钙含量应小于 9%），细骨料可采用耐碱、密实的石灰岩类（石灰岩、白云岩、大理岩等）、火成岩类（辉绿岩、花岗岩等）制成的砂和粉料，也可采用石英质的普通砂。耐碱砂浆可耐一定温度和浓度下的氢氧化钠和铝酸钠溶液的腐蚀，以及任何浓度的氨水、碳酸钠、碱性气体和粉尘等的腐蚀。

（3）硫磺砂浆：以硫磺为胶结料，加入填料、增韧剂，经加热熬制而成的砂浆。采用石英粉、辉绿岩粉、安山岩粉作为耐酸粉料和细骨料。硫磺砂浆具有良好的耐腐蚀性能，几乎能耐大部分有机酸、无机酸，中性和酸性盐的腐蚀，对乳酸也有很强的耐蚀能力。

4. 防辐射砂浆

可采用重水泥（钡水泥、锶水泥）或重质骨料（黄铁矿、重晶石、硼砂等）拌制而成，可防止各类辐射的砂浆，主要用于射线防护工程。

5. 聚合物砂浆

是在水泥砂浆中加入有机聚合物乳液配制而成，具有粘结力强、干缩率小、脆性低、耐蚀性好等特性，用于修补和防护工程。常用的聚合物乳液有氯丁胶乳液、丁苯橡胶乳液、丙烯酸树脂乳液等。

6.6 预拌砂浆

预拌砂浆指由水泥、砂、水、粉煤灰及其他矿物掺合料和根据需要添加的保水增稠材料、外加剂组分按一定比例，在集中搅拌站（厂）计量、拌制后，用搅拌运输车运至使用地点，放入专用容器储存，并在规定时间内使用完毕的砂浆拌合物。

6.6.1　分类

预拌砂浆按照使用的范围可以分如下种类：RP——预拌抹灰砂浆；RS——预拌地面砂浆；RM——预拌砌筑砂浆。

预拌砂浆与传统砂浆的关系见表 6-7。其他砂浆可以根据其强度要求和操作性要求选用。

预拌砂浆与传统砂浆分类对应表　　表 6-7

种类	预拌砂浆	传统砂浆
抹灰砂浆(RP)	M20 M15 M10 M5.0	1∶2、1∶2.5 水泥砂浆、112 混合砂浆 1∶3 水泥砂浆 114 混合砂浆 116 混合砂浆
地面砂浆(RS)	M20	1∶2 水泥砂浆
砌筑砂浆(RM)	M5.0 M7.5 M10	M5.0 混合砂浆、M5.0 水泥砂浆 M7.5 混合砂浆、M7.5 水泥砂浆 M10 混合砂浆、M10 水泥砂浆

注：块材抹灰、顶棚抹灰等特殊砂浆材料，可向拌站提出购买要求或购买干粉砂浆。

6.6.2　质量标准

抗压强度、分层度、凝结时间、稠度应符合表 6-8 规定或符合设计要求规定；在交货地点测得的砂浆稠度与合同规定的稠度之差，应不超过表 6-9 的允许偏差。稠度损失在规定的时间内应不大于交货时实测稠度的 35%。

预拌砂浆性能　　表 6-8

种类		稠度(mm)	分层度(mm)	凝结时间(h)	28d 抗压强度(MPa)
砌筑	M5.0 M7.5 M10 M15 M20 M25 M30	50～120	≤25	4、8、12	5.0 7.5 10 15 20 25 30
抹灰	M5.0 M7.5 M10 M15 M20	70～100	≤20	4、8、12	5.0 7.5 10 15 20

续表

种类		稠度(mm)	分层度(mm)	凝结时间(h)	28d 抗压强度(MPa)
地面	M15 M20 M25	30～70	≤20	4、8	15 20 25

稠度允许偏差（单位：mm） 表 6-9

规定稠度	允许偏差
≤50	+5
	−10
50～100	±10
≥100	±15

对砂浆其他性能有要求时，应按有关标准规定进行试验。其结果应符合设计规定。

6.6.3 预拌砂浆的施工

1. 各种用途砂浆的稠度选用

宜按表 6-10 的规定选取。

预拌砂浆的稠度（单位：mm） 表 6-10

砌筑工程		
砌体种类	干燥气候或多孔砌块	寒冷气候或密实砌块
砖砌块	80～120	60～80
混凝土砌块砌体	70～90	50～70
石砌体	30～50	20～30
抹灰工程		
施工方法	机械施工	手工施工
准备层	90～120	100～120
底层	70～90	60～80
面层	60～80	80～100

2. 预拌砂浆使用前的拌合重塑

（1）预拌砂浆在储存容器中如出现少量泌水现象，使用前应人工拌匀，如泌水严重应按预拌砂浆取样的要求进行品质检验。

（2）重塑是指砂浆在规定使用时间内造成稠度损失，使用时稠度达不到施工要求，在确保质量前提下，经现场技术负责人确认后，可采取有效措施使砂浆重新获得原定的稠度。且砂浆重塑只能进行一次。

3. 预拌砌筑砂浆

（1）用于基础墙防潮层的预拌砌筑砂浆，应满足设计的抗渗要求。

（2）预拌砌筑砂浆可用原浆对墙面勾缝，但必须“随砌随勾”。

（3）其他按现行《砌体结构工程施工质量验收规范》GB 50203—2011 的有关规定执行。

4. 预拌抹灰砂浆

（1）预拌抹灰砂浆应按表 6-8 选用，或由设计确定其强度等级。

（2）预拌抹灰砂浆的稠度可按表 6-10 选用。

（3）掺有特殊外加剂的预拌抹灰砂浆，应经试验合格后方可使用。

（4）预拌抹灰砂浆抹灰层平均总厚度应符合设计规定，如设计无规定时，应按现行的《建筑装饰装修工程质量验收标准》GB 50210—2018 的有关规定执行。

（5）预拌抹灰砂浆的每遍涂抹厚度宜为 7～9mm，应待前一遍抹灰层凝结后，方可涂抹下一层。

（6）预拌抹灰砂浆不得涂抹在比其强度低的基层上。

（7）其他要求按现行《建筑装饰装修工程质量验收标准》GB 50210—2018 的有关规定进行。

5. 预拌地面砂浆

（1）预拌地面砂浆可用于地面工程（包括屋面）的找平层和面层，应按表 6-8 选用，或由设计确定其强度等级。

（2）预拌地面砂浆用于面层的稠度不应大于 35mm。

（3）有特殊要求的预拌地面砂浆，须经试验合格后方可使用。

（4）配制预拌地面面层砂浆的水泥宜采用硅酸盐水泥、普通硅酸盐水泥，其强度等级不宜低于 32.5；粉煤灰及其他矿物掺合料掺量不宜大于水泥用量的 15%。

（5）其他按现行《建筑地面工程施工质量验收规范》GB 50209—2010 的有关规定进行。

6. 冬期施工

（1）砂浆储存容器应采取保温措施。

（2）砂浆可掺入混凝土防冻剂，其掺量应经试配确定。

（3）预拌砂浆使用温度不宜低于 5℃，低于该温度时应采取保温措施，保证砂浆正常硬化。

（4）砂浆在砌筑、抹灰或找平使用后，硬化前不得受冻。

6.6.4　质量检验的评定

砂浆的质量检验是指：按使用要求对其强度、稠度、分层度、凝结时间等质量指标进行测试；试验方法执行《建筑砂浆基本性能试验方法标准》JGJ/T 70—2009 的规定。

（1）供货方应对所有项目的质量指标进行测试，并对组成材料的质量进行检验。

（2）在预拌砂浆出（站）厂前，应按规程的相关要求，对其质量进行检验，由供货方承担出（站）厂前的取样、检测等试验工作。

（3）供需双方应在合同规定的地点交货，并同时对预拌砂浆质量进行检验。

（4）判定预拌砂浆的质量是否符合要求时，以强度、稠度、分层度、凝结时间的检验结果为评定依据，其他检测（抗渗、冻融等）项目按合同规定执行。

（5）砂浆出厂的必检项目为强度、稠度、分层度、凝结时间，需方的必检项目为强度和稠度。

6.6.5 预拌砂浆的取样

（1）用于出（站）厂检验的砂浆，应在搅拌地点取样，用于交货检验的砂浆，应在交货地点取样。

（2）交货检验的砂浆取样，应在砂浆运到交货地点后，并按规程在30min内完成，稠度测试和强度试块的制作在40min内完成。

（3）试样应随机从运输车出料口抽取，并在卸料过程中卸料量约在1/4～3/4之间采取。

（4）取样量应不少于砂浆质量检测项目所需用量的1.5倍。

（5）砂浆强度检验试样的取样方法及数量应符合：同一种类，同一强度等级每50m^3取试样一组，取样不少于一组。

（6）特殊要求项目的取样与检验，按合同要求及有关规定进行。

6.6.6 订货与交货

（1）订货：需方购买预拌砂浆时，应明确提出各项技术要求，砌筑砂浆应说明砌筑材料，并与供货方签定订货合同。

（2）交货：供货方在交货时，须向需方提供每一车的运输单、配合比申请单、注明砂浆质量相关的检验编号。

6.7 建筑砂浆试验

6.7.1 一般规定

1. 取样

（1）建筑砂浆试验用料应从同一盘砂浆或同一车砂浆中取样。取样量应不少于试验所需量的4倍。

（2）施工中取样进行砂浆试验时，其取样方法和原则应按相应的施工验收规范执行。一般在使用地点的砂浆槽、砂浆运送车或搅拌机出料口，至少从三个不同部位取样。现场取来的试样，试验前应人工搅拌均匀。

（3）从取样完毕到开始进行各项性能试验不宜超过15min。

2. 试样的制备

(1) 在试验室制备砂浆拌合物时，所用材料应提前 24h 运入室内。拌合时试验室的温度应保持在 (20±5)℃。若需要模拟施工条件下所用的砂浆时，所用原材料的温度应与施工现场保持一致。

(2) 试验所用原材料应与现场使用材料一致。砂应通过公称粒径 5mm 筛。

(3) 试验室拌制砂浆时，材料用量应以质量计。称量精度：水泥、外加剂、掺合料等为±0.5%；砂为±1%。

(4) 在试验室搅拌砂浆时应采用机械搅拌。搅拌机应符合《试验用砂浆搅拌机》JG/T 3033—1996 的规定，搅拌的用量宜为搅拌机容量的 30%～70%，搅拌时间不应少于 120s。掺有掺合料和外加剂的砂浆，其搅拌时间不应少于 180s。

6.7.2　砂浆稠度试验

1. 试验目的

本方法适用于确定配合比或施工过程中控制砂浆的稠度，以达到控制用水量为目的。

2. 主要仪器设备

(1) 砂浆稠度仪：由试锥、容器和支座三部分组成（图 6-1）。试锥由钢材或铜材制成，试锥高度为 145mm、锥底直径为 75mm、试锥连同滑杆的质量应为 (300±2)g；盛砂浆容器由钢板制成，筒高为 180mm，锥底内径为 150mm；支座分底座、支架及稠度显示盘三个部分，由铸铁、钢及其他金属制成。

(2) 钢制捣棒：直径 10mm、长 350mm，端部磨圆。

(3) 秒表等。

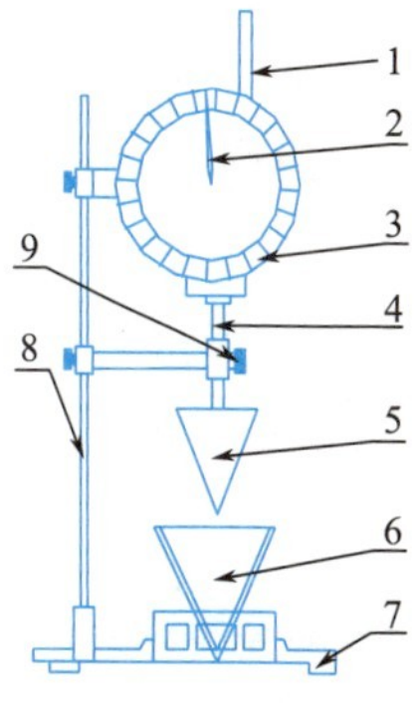

图 6-1　砂浆稠度仪

1—齿条测杆；2—指针；3—刻度盘；4—滑杆；5—试锥；6—盛装容器；7—底座；8—支架；9—旋钮

3. 试验步骤

(1) 盛浆容器和试锥表面用湿布擦净，并用少量润滑油轻擦滑杆，后将滑杆上多余的油用吸油纸擦净，使滑杆能自由滑动。

(2) 将砂浆拌合物一次装入容器，使砂浆表面低于容器口约 10mm 左右，用捣棒自容器中心向边缘插捣 25 次，然后轻轻地将容器摇动或敲击 5～6 下，使砂浆表面平整，随后将容器置于稠度测定仪的底座上。

(3) 拧开试锥滑杆的制动螺丝，向下移动滑杆，当试锥尖端与砂浆表面刚接触时，拧紧制动螺丝，使齿条侧杆下端刚接触滑杆上端，并将指针对准零点。

(4) 拧开制动螺丝，同时计时，待 10s 立即固定螺丝，将齿条侧杆下端接触滑杆上端，从刻度盘上读出下沉深度（精确至 1mm），两次读数的差值即为砂浆的稠度值。

(5) 圆锥形容器内的砂浆，只允许测定一次稠度。重复测定时，应重新取样测定。

4. 试验结果处理

取两次试验结果的算术平均值，计算精确至 1mm；两次试验值之差如大于 10mm，则应另取砂浆搅拌后重新测定。

6.7.3 砂浆分层度试验

1. 试验目的

本方法适用于测定砂浆拌合物在运输及停放时内部组分的稳定性。

2. 主要仪器设备

（1）砂浆分层度筒（图 6-2）：内径为 150mm，上节高度为 200mm、下节带底净高为 100mm，用金属板制成，上、下连接处需加宽到 3～5mm，并设有橡胶垫圈。

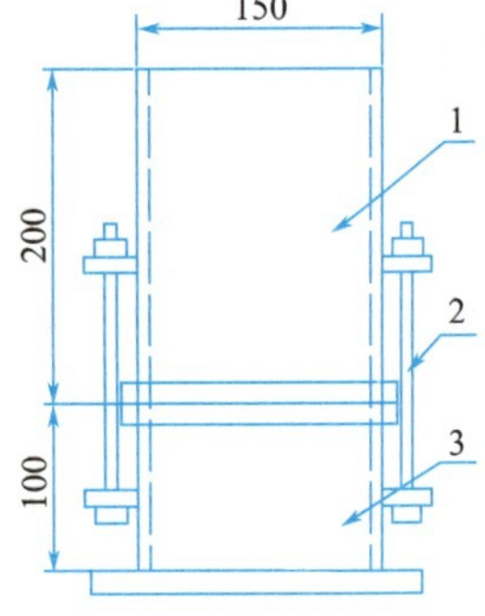

图 6-2 分层度测定仪

1—无底圆筒；2—连接螺栓；3—有底圆筒

（2）振动台：振幅（0.5±0.05）mm，频率（50±3）Hz。

（3）稠度仪、木锤等。

3. 试验步骤

（1）首先将砂浆拌合物按稠度试验方法测定稠度。

（2）将砂浆拌合物一次装入分层度筒内，待装满后，用木锤在容器周围距离大致相等的四个不同地方轻轻敲击 1～2 下，如砂浆沉入到低于筒口，则应随时添加砂浆，然后刮去多余的砂浆并用抹刀抹平。

（3）静置 30min 后，去掉上节 200mm 砂浆，剩余 100mm 砂浆倒出，放在搅拌锅内拌 2min，再测定稠度。前后测得的稠度之差即为该砂浆的分层度值（mm）。

4. 试验结果处理

取两次试验结果的算术平均值作为该砂浆的分层度值；两次试验的分层度值之差如大于 10mm，应重做试验。

6.7.4 立方体抗压强度试验

1. 试验目的

通过检验砂浆的立方体抗压强度，用于配合比设计的检验和评定砌筑砂浆施工质量。

2. 主要仪器设备

（1）压力试验机。

（2）试模（70.7mm×70.7mm×70.7mm，有底试模）。

（3）捣棒、垫板、振动台等。

3. 试验步骤

（1）砂浆立方体试件制作

1）采用立方体试件，每组试件 3 个。

2）试模内壁应事先涂上机油作为隔离剂。然后将拌合好的砂浆一次倒满试模，成型方法视稠度而定。当稠度大于 50mm 时采用人工振捣成型，当稠度小于 50mm 时采用振动台振实成型。

3）试模成型后，在（20±5）℃环境下养护（24±2)h 即可脱模。

（2）养护

试件拆模后应立即放入温度为（20±2）℃，相对湿度为90%以上的标准养护室中养护。养护期间，试件彼此间隔应不小于10mm，混合砂浆试件表面上面应覆盖以防止有水滴在试件上。

（3）抗压强度测定

1）取出经28d养护的立方体试件，先将试件擦干净，测量尺寸，并检查其外观。并据此计算试件的承压面积。如实测尺寸与公称尺寸相差不超过1mm，可按公称尺寸进行计算。

2）将试件放在压力试验机的上下压板之间，开动压力机，连续均匀地加荷，加荷速度为0.25～1.5kN/s，直至试件破坏，记录破坏荷载。

4. 试验结果评定

（1）按下式计算砂浆的抗压强度 $f_{m,cu}$（MPa，精确至0.1MPa）：

$$f_{m,cu}=\frac{P}{A} \tag{6-6}$$

式中　P——试件的破坏荷载（N）；

　　　A——试件的受压面积（mm^2）。

（2）以三个试件测值的算术平均值的1.3倍作为该组试件的抗压强度平均值，精确至0.1MPa。当三个试件强度的最大值或最小值与中间值的差值超过中间值的15%时，则把最大值与最小值一并舍除，取中间值作为该组试件的抗压强度值；如两个测值与中间值的差值均超过15%时，则该组试件的试验结果无效。

知识链接

干粉砂浆是指经干燥筛分处理的骨料（如石英砂）、无机胶凝材料（如水泥）和添加剂（如聚合物）等按一定比例进行物理混合而成的一种颗粒状或粉状，以袋装或散装的形式运至工地，加水拌合后即可直接使用的物料。又称作砂浆干粉料、干混料、干拌粉，有些建筑胶粘剂也属于此类。干粉砂浆在建筑业中以薄层发挥粘结、衬垫、防护和装饰作用，建筑和装修工程应用极为广泛。相对于在施工现场配制的砂浆，干粉砂浆有以下优势：

（1）品质稳定可靠，可以满足不同的功能和性能需求，提高工程质量。

（2）工效提高，有利于自动化施工机具的应用，改变传统建筑施工的落后方式。

（3）对新型墙体材料有较强的适应性，有利于推广应用新型墙材。

（4）使用方便，便于管理。

知识拓展

砂浆的绿色革命——小改变推动大变革

近年来，为了稳定和提高砂浆质量，实现文明施工和保护环境，我国对建筑工程的绿色化要求越来越高，干粉砂浆取代传统砂浆已经成为必然趋势，环保型搅拌设备也必将替代传统设备，干粉砂浆推广使用在扬尘治理等绿色环保工程中发挥了巨大作用（图6-3）。

图 6-3　干粉砂浆罐

传统砂浆一般都在施工现场拌制，原材料质量稳定性差、现场施工配合误差大，工作性能也常不能满足需要，施工质量难以保证，常常造成粉刷开裂、起壳、渗漏等建筑质量问题。现场配制砂浆的计量不是很准确，会不可避免地造成原材料资源浪费和环境污染。干粉砂浆替代现场拌制的传统砂浆，无论从节约投资、提高工程质量，还是减少环境污染和施工现场占有量等方面都具有特殊优越性。

国内建材相关公司通过引进、消化国外技术，结合国内建筑工程实际情况，研发并生产制造出集存储、输送、搅拌为一体的连续式的干粉砂浆储料罐，该设备具有性能优越、结构合理、搅拌快速均匀、能耗低、操作简单、维修及保养方便等特点。

从传统砂浆到干粉砂浆，再到干粉砂浆储料罐，这些都离不开创新意识。创新是一个民族进步的灵魂，同样作为社会中的个体，社会中的任何一个行业，都要有勇于创新的精神，时刻与时代接轨，更好地适应社会发展。

单元总结

本单元介绍了建筑砂浆的组成材料和分类、砂浆拌合物的流动性和保水性的概念和技术指标，着重介绍了硬化后的砂浆强度及强度等级、粘结性、变形性等主要技术性质及其影响因素，阐述了吸水基面砌筑砂浆的配合比设计方法。在砂浆性能的检验中介绍了建筑砂浆取样和试样制备、常见砂浆性能（包括稠度、分层度、强度等）的检验方法。对工程中常见的抹面砂浆及特种砂浆也作以简单的叙述。要求掌握砂浆的主要技术性质和砌筑砂浆的配合比设计。

习　题

一、填空题

1. 建筑砂浆和混凝土在组成上的差别仅在于______。
2. 砂浆按其用途分为：______和________及其他特殊用途的砂浆。
3. 砂浆的流动性指标为______；保水性指标为______。
4. 混凝土的流动性大小用______指标来表示，砂浆的流动性大小用______指标来表示。

5. 混合砂浆的基本组成材料包括______、水、______和______。

6. 抹面砂浆一般分底层、中层和面层三层进行施工，其中底层起着______________的作用，中层起着______________的作用，面层起着__________________的作用。

7. 新拌砂浆应具备的技术性质包括______、______、______、______。

8. 砌筑砂浆为改善其和易性和节约水泥用量，常掺入______、______。

9. 用于砌筑砖砌体的砂浆强度主要取决于______、______。

10. 用于石砌体的砂浆强度主要决定于______、______。

二、单选题

1. 凡涂在建筑物或构件表面的砂浆，可统称为（　　）。

A. 砌筑砂浆　　B. 抹面砂浆　　C. 混合砂浆　　D. 防水砂浆

2. 用于不吸水底面的砂浆强度，主要取决于（　　）。

A. 水灰比及水泥强度　　B. 水泥用量

C. 水泥及砂用量　　D. 水泥及石灰用量

3. 在抹面砂浆中掺入纤维材料可以改变砂浆的（　　）。

A. 强度　　B. 抗拉强度　　C. 保水性　　D. 分层度

4. 用于吸水底面的砂浆强度主要取决于（　　）。

A. 水灰比及水泥强度等级　　B. 水泥用量和水泥强度等级

C. 水泥及砂用量　　D. 水泥及石灰用量

5. 水泥强度等级宜为砂浆强度等级的（　　）倍，且水泥强度等级宜小于 32.5 级。

A. 2～3　　B. 3～4　　C. 4～5　　D. 5～6

6. 砌筑砂浆适宜分层度一般在（　　）mm。

A. 10～20　　B. 10～30　　C. 10～40　　D. 10～50

7. 防水砂浆通常采用 1∶2.5～1∶3 的水泥砂浆，水灰比为（　　）。

A. 0.40～0.45　　B. 0.40～0.50

C. 0.50～0.55　　D. 0.55～0.60

8. 建筑砂浆常以（　　）作为砂浆的最主要的技术性能指标。

A. 抗压强度　　B. 粘结强度　　C. 抗拉强度　　D. 耐久性

三、多选题

1. 砂浆的和易性包括（　　）。

A. 流动性　　B. 保水性　　C. 黏聚性　　D. 稠度

E. 坍落度

2. 砂浆的技术性质有（　　）。

A. 砂浆的和易性　　B. 砂浆的强度

C. 砂浆的粘结力　　D. 砂浆的变形性能

E. 砂浆的徐变

3. 常用的普通抹面砂浆有（　　）等。

A. 石灰砂浆　　B. 水泥砂浆　　C. 混合砂浆　　D. 砌筑砂浆

E. 防水砂浆

4. 石碴类砂浆饰面有（　　）。

A. 拉条　　B. 水刷石　　C. 水磨石　　D. 假面砖

E. 拉假石

5. 灰浆类砂浆饰面有（　　）。

A. 拉毛　　B. 斩假石　　C. 喷涂　　D. 干黏石

E. 弹涂

四、简答题

1. 砂浆的和易性包括哪些含义？各用什么来表示？

2. 配制砂浆时，为什么除水泥外常常还要加入一定量的其他胶凝材料？

3. 观察身边的建筑，想一想哪些地方都采用了哪些砂浆？效果如何？

4. 对于吸水性不同的基层砌筑砂浆，其强度的影响因素有何不同？

5. 装饰砂浆的主要饰面形式有哪些？

五、计算题

某多层住宅楼工程，要求配制强度等级为 M10 的水泥石灰混合砂浆，其原材料供应情况如下：

水泥：P. O 32.5，实测强度 35.2MPa；

砂：中砂，级配良好，堆积密度 $\rho_0'=1500\text{kg/m}^3$；

石灰膏：稠度为 120mm。

施工水平一般，试设计初步配合比。

教学单元7 Chapter 07

墙体材料

1. 知识目标

(1) 了解砌墙砖的种类、规格与强度等级，熟悉砌墙砖的性能特点与应用范围，掌握烧结多孔砖与烧结空心砖的区别；

(2) 了解砌块的种类、规格与等级，掌握加气混凝土砌块的特点及应用，熟悉其他砌块的性能特点与应用范围；

(3) 了解其他新型墙体材料的种类、特点及其应用；

(4) 熟悉各种墙体材料的外观、物理力学性能指标、试验方法及进场验收内容；

(5) 了解建筑节能、墙体材料改革的要求以及墙体材料的发展趋势。

2. 能力目标

(1) 能根据工程环境和施工条件合理选择、使用砌墙砖；

(2) 能根据工程环境和施工条件合理选择、使用砌块；

(3) 能根据工程环境和施工条件合理选择、使用板材等其他墙体材料；

(4) 能够对进场的墙体材料进行质量验收和取样复验；

(5) 能够树立绿色环保和节约资源的意识。

3. 素质目标

培养学生“主人翁”意识，厉行节约、避免浪费；培养学生废物利用的创新环保意识。

思维导图

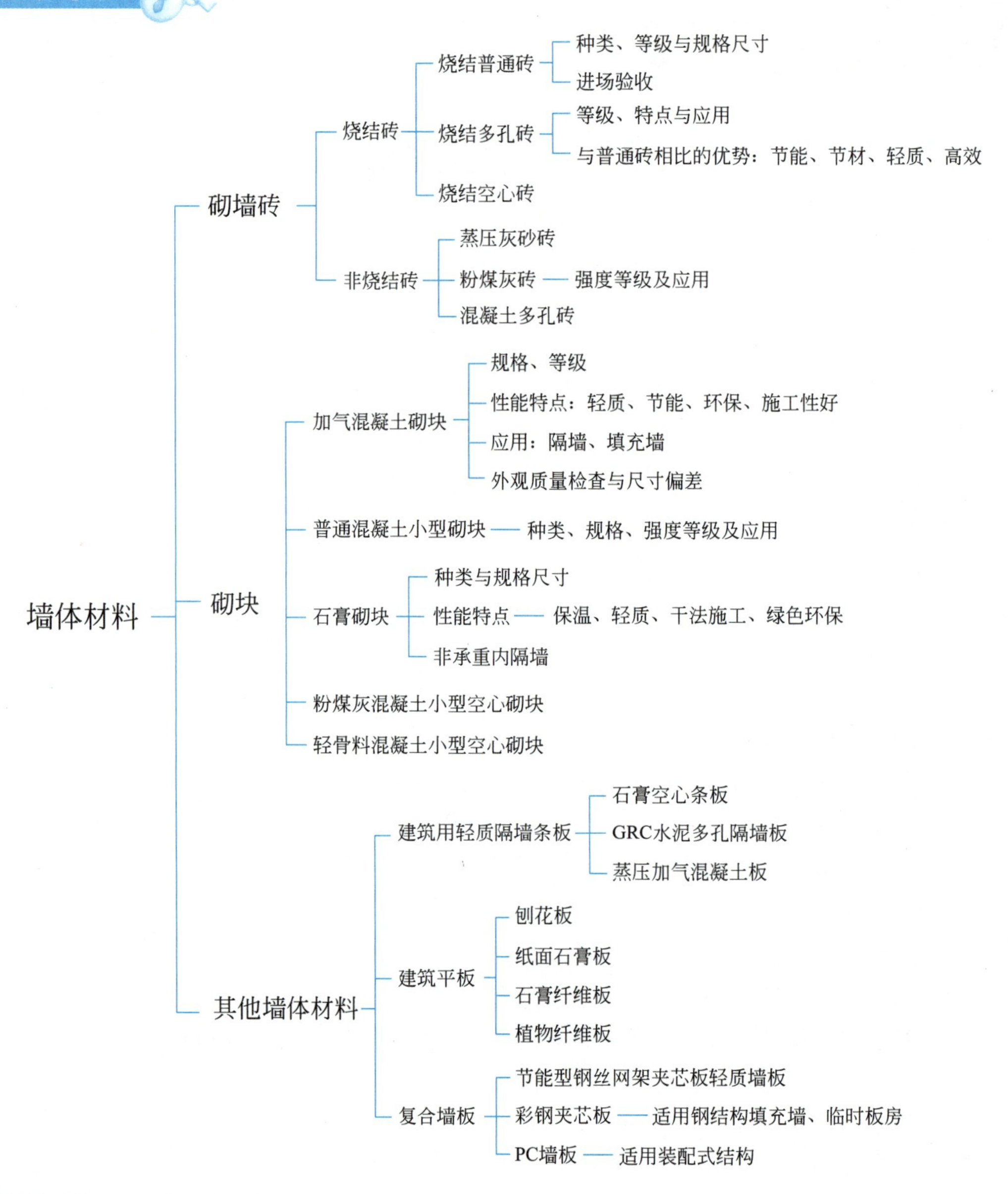

7.1 砌墙砖

砌墙砖的种类很多，按生产工艺不同可分为烧结砖和非烧结砖，其中非烧结砖又可分为压制砖、蒸养砖和蒸压砖等；按有无孔洞可分为空心砖和实心砖；按所用原材料分，有黏土砖、页岩砖、煤矸石砖、粉煤灰砖等。

7.1.1　烧结普通砖（GB/T 5101—2017）

1. 烧结普通砖的种类

烧结普通砖是以黏土、页岩、煤矸石和粉煤灰、建筑渣土、淤泥、污泥等为主要原料，经成型、焙烧而成，主要用于建筑物承重部位的砖。按主要原料分为黏土砖（N）、页岩砖（Y）、粉煤灰砖（F）、煤矸石砖（M）、建筑渣土砖（Z）、淤泥砖（U）、污泥砖（W）和固体废物砖（G）。

烧结普通砖为长方体，其标准尺寸为 240mm×115mm×53mm，加上砌筑灰缝的厚度，则 4 块砖长、8 块砖宽、16 块砖厚分别为 1m，每 $1m^3$ 砖砌体需用砖 512 块。

2. 烧结普通砖的强度等级

烧结普通砖的强度等级根据 10 块砖的抗压强度平均值、标准值或最小值划分，共分为 MU30、MU25、MU20、MU15、MU10 五个等级。

3. 烧结普通砖的技术要求与进场验收

（1）烧结普通砖进场时由厂家提供产品质量合格证等质量证明文件；检查产品种类、强度等级、规格与数量是否与订购单一致。

（2）按 3.5 万～15 万块为一批进行抽样检查，检测烧结砖的尺寸偏差、外观质量、泛霜和石灰爆裂等，送样到材料检测单位复验强度。

1）尺寸偏差检查，尺寸偏差应符合表 7-1 要求。

烧结砖尺寸偏差（单位：mm）　　表 7-1

公称尺寸	指标	
	平均偏差	极差≤
240	±2.0	6.0
115	±1.5	5.0
53	±1.5	4.0

2）外观质量检查，应符合表 7-2 要求。

烧结砖外观质量要求（单位：mm）　　表 7-2

项目		合格品
两条面高度差，≤		2
弯曲，≤		2
杂质凸出高度，≤		2
缺棱掉角的三个破坏尺寸不得同大于		5
裂纹长度，≤	A：大面宽度方向	30
	B：大面长度方向	50
完整面不少于		一条面和一顶面

3）欠火砖、酥砖和螺旋纹砖检查。欠火砖颜色浅、敲击时声音暗哑、强度低、吸水

率大、耐久性差。酥砖会出现破碎、起壳、掉角、裂纹等“症状”，强度低、受力呈粉末状。产品中不允许有欠火砖、酥砖和螺旋纹砖。

4）检查烧结砖的泛霜、石灰爆裂。泛霜是可溶性盐类在砖或砌块表面析出的现象，一般为白色粉末状或絮团状。泛霜不仅有损建筑外观，而且结晶膨胀也会引起砖表层的酥松和剥落。每块砖不得有严重泛霜。

5）检查石灰爆裂。石灰爆裂是原料中夹带石灰石，在焙烧过程中生成过火石灰，过火石灰在砖内吸水膨胀，导致砖爆裂破坏。最大破坏尺寸为2～15mm的区域不得多于15处，其中大于10mm的不多于7处；不得有最大破坏尺寸大于15mm爆裂区；试验后抗压强度损失不得大于5MPa。

7.1.2 烧结多孔砖和烧结空心砖

1. 烧结多孔砖（GB/T 13544—2011）

烧结多孔砖（图7-1）以黏土、页岩、煤矸石、粉煤灰、淤泥（江河湖淤泥）及其他固体废弃物等为主要原料，经焙烧而成、孔洞率不小于33%，孔的尺寸小而数量多，孔型均为矩形孔或矩形条孔，多孔砖的外型一般为直角六面体，在与砂浆的结合面上应设有增加结合力的粉刷槽和砌筑砂浆槽，主要用于承重部位。

烧结多孔砖的强度分为MU30、MU25、MU20、MU15、MU10五个强度等级，密度等级分为1000、1100、1200、1300四个等级，砖规格尺寸（mm）：290、240、190、180、140、115、90。

图7-1 烧结多孔砖

图7-2 烧结空心砖

2. 烧结空心砖（GB/T 13545—2014）

烧结空心砖（图7-2）是以黏土、页岩、煤矸石等为主要原料，经焙烧制成的孔洞率不小于40%，孔洞数量少、尺寸大且为水平孔，主要用于非承重墙和填充墙的烧结砖。

烧结空心砖抗压强度分为MU10.0、MU7.5、MU5.0、MU3.5四个强度等级，同时按表观密度分为800级、900级、1000级、1100级四个密度等级。

普通烧结砖有自重大、体积小、生产能耗高、施工效率低等缺点，用烧结多孔砖和烧结空心砖代替烧结普通砖，可使建筑物自重减轻 30%左右，节约黏土 20%～30%，节省燃料 10%～20%，墙体施工功效提高 40%，并改善砖的隔热隔声性能。通常在相同的热工性能要求下，用空心砖砌筑的墙体厚度比用实心砖砌筑的墙体减薄半砖左右，所以推广使用多孔砖和空心砖是加快我国墙体材料改革，促进墙体材料工业技术进步的重要措施之一。

7.1.3　非烧结砖

非烧结砖又称免烧砖。如蒸养砖、蒸压砖、碳化砖等，其中蒸压砖应用较广泛。主要品种有灰砂砖、粉煤灰砖、混凝土多孔砖等。这些砖的强度较高，可以替代烧结普通砖使用。

1. 蒸压灰砂实心砖（GB/T 11945—2019）

蒸压灰砂实心砖是以石灰和砂为主要原料，经坯料制备、压制成型和蒸压养护而成。蒸压灰砂实心砖根据抗压强度分为 MU10、MU15、MU20、MU25、MU30 五个等级。

蒸压灰砂实心砖组织致密，强度高、大气稳定性好、干缩小、外形光滑平整、尺寸偏差小，色泽淡灰，可加入矿物颜料制成各种颜色的砖，具有较好的装饰效果。强度等级大于 MU15 的砖可用于基础，MU10 的砖可用于砌筑防潮层以上的墙体。

长期使用温度高于 200℃以及承受急冷、急热或有酸性介质侵蚀的建筑部位应避免使用蒸压灰砂实心砖。蒸压灰砂实心砖耐水性好，但抗流水冲刷能力较弱，可长期在潮湿、不受冲刷的环境中使用。

2. 蒸压粉煤灰砖（JC/T 239—2014）

蒸压粉煤灰砖（图 7-3）是用粉煤灰和石灰为主要原料，掺加适量石膏和炉渣，压制成型，通过常压或高压蒸汽养护而制成的一种墙体材料。

图 7-3　蒸压粉煤灰砖

蒸压粉煤灰砖的强度等级分为 MU10、MU15、MU20、MU25 和 MU30 五级。

用粉煤灰砖砌筑的建筑物，应适当增设圈梁及伸缩缝，以避免或减少收缩裂缝，粉煤灰砖不得用于长期受热 200℃以上、受急冷急热和有酸性介质侵蚀的部位。

3. 承重混凝土多孔砖（GB/T 25779—2010）

承重混凝土多孔砖是以水泥为胶结材料，与砂、石等骨料加水搅拌、成型和养护而制成的一种应用于承重结构的多排孔的混凝土制品。强度等级分为 MU15、MU20 和 MU25 三个等级。

承重混凝土多孔砖兼具黏土砖和混凝土小型砌块的特点，外形特征属于烧结多孔砖，材料与混凝土小型空心砌块类同，符合砖砌体施工习惯，各项物理、力学性能均具备代替烧结黏土砖的条件，可直接替代烧结黏土砖用于各类承重、保温承重和框架填充等不同墙体结构中，具有广泛的推广应用前景。

7.2 建筑砌块

砌块是砌筑用的人造块材，多为直角六面体。尺寸比砌墙砖大，砌块主规格尺寸中的长度、宽度和高度至少有一项应大于 365mm、240mm、115mm，但高度应不大于长度或宽度的 6 倍，长度应不超过高度的 3 倍。

按用途可分为承重砌块和非承重砌块；按有无空洞可分为实心砌块和空心砌块；按产品规格可分为大型（高度大于 980mm）、中型（高度为 380～980mm）和小型（高度为 115～380mm）砌块；按生产工艺可分为烧结砌块和蒸养蒸压砌块；按材质可分为轻骨料混凝土砌块、粉煤灰砌块、加气混凝土砌块、普通混凝土砌块等。

砌块是发展迅速的新型墙体材料，生产工艺简单、材料来源广泛、可充分利用地方资源和工业废料、节约耕地资源、造价低廉、制作使用方便，同时由于其尺寸大，可机械化施工，提高施工效率，改善建筑物功能，减轻建筑物自重。

7.2.1 蒸压加气混凝土砌块（GB/T 11968—2020）

1. 蒸压加气混凝土砌块的规格与等级

蒸压加气混凝土砌块（图 7-4）是以钙质材料（水泥、石灰）和硅质材料（砂、矿渣和粉煤灰）加入铝粉作加气剂，经成型、切割、蒸压养护而成的多孔轻质块体材料。

图 7-4　蒸压加气混凝土砌块

蒸压加气混凝土砌块规格应符合表 7-3 要求。按抗压强度分为 A1.0、A2.0、A2.5、A3.5、A5.0 五个等级，按干表观密度分为 B03、B04、B05、B06、B07 五个等级。

蒸压加气混凝土砌块的规格尺寸（单位：mm） 表 7-3

长度 L	宽度 B	高度 H
600	100、120、125 150、180、200 240、250、300	200、240、250、300

注：其他规格，可由供需双方协商解决。

2. 蒸压加气混凝土砌块的性能与应用

蒸压加气混凝土砌块由于其多孔构造，表观密度小，只相当于黏土砖和灰砂砖的 1/3，普通混凝土的 1/5，可以使整个建筑的自重比普通砖混结构降低 40%以上。由于建筑自重减轻，所以大大提高建筑物的抗震能力。同时砌块具有保温隔热、隔声、加工性能好、施工方便、耐火等优点。缺点是干燥收缩较大，易出现与砂浆层粘结不牢现象。

蒸压加气混凝土砌块适用于低层建筑的承重墙，多层和高层建筑的隔墙、填充墙及工业建筑的绝热材料，在无安全防护措施的情况下，不得用于建筑物基础和有侵蚀作用的环境中，也不得用于水中或高湿度环境中。

3. 蒸压加气混凝土砌块的进场验收

1）进场产品应有产品质量说明书。说明书应包括：生产厂名、商标、产品标记、本批产品主要技术性能和生产日期。核对品种、规格、等级与数量是否与采购单一致。

2）尺寸偏差与外观检验应符合表 7-4 的要求。

蒸压加气混凝土砌块尺寸偏差和外观质量（单位：mm） 表 7-4

项目		优等品(A)	合格品(B)
尺寸允许偏差	长度	±3	±4
	宽度	±1	±2
	高度	±1	±2
缺棱掉角	最小尺寸，≤	0	30
	最大尺寸，≤	0	70
	三个方向尺寸之和不大于 120mm 的缺棱掉角个数，≤	0	2
裂纹长度	裂纹长度	0	70
	任一面不大于 70mm 裂纹条数	0	1
	每块裂纹总数	0	2
损坏深度≤		0	10
平面弯曲		1	2
表面疏松、分层、表面油污		不允许	
直角度≤		1	2

4. 蒸压加气混凝土砌块的储运

蒸压加气混凝土砌块运输时，宜成垛绑扎或有其他包装。运输装卸时，宜用专用机具，严禁摔、掷、翻斗卸货。

砌块应存放 5d 以上后出厂。砌块贮存堆放应做到：场地平整，同品种、同规格分级分等，整齐平稳，宜有防雨措施。

7.2.2 普通混凝土小型砌块（GB/T 8239—2014）

普通混凝土小型砌块（图 7-5）是以水泥为胶结材料，砂、碎石或卵石、煤矸石、炉渣为骨料，经加水搅拌、振动加压或冲压成型、养护而成的墙体材料。砌块按空心率分为空心砌块（空心率大于 25%）和实心砌块，按砌筑结构受力分为承重和非承重砌块。

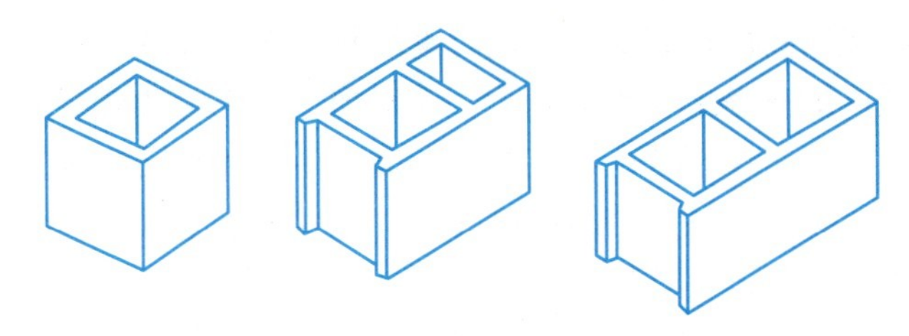

图 7-5　普通混凝土小型空心砌块

混凝土小型砌块规格符合表 7-5 的要求，强度等级符合表 7-6 的要求。

混凝土小型砌块规格尺寸（单位：mm）　　表 7-5

长度	宽度	高度
390	90、120、140、190、240、290	90、140、190

注：其他规格尺寸供需双方协商确定。

混凝土小型砌块强度等级　　表 7-6

砌块种类	承重砌块(L)	非承重砌块(N)
空心砌块(H)	7.5、10.0、15.0、20.0、25.0	5.0、7.5、10.0
实心砌块(S)	15.0、20.0、25.0、30.0、35.0、40.0	10.0、15.0、20.0

砌块在砌筑时一般不宜浇水，但在气候特别干燥炎热时，可在砌筑前稍喷水湿润。装饰混凝土小型空心砌块，外饰面有劈裂、磨光和条纹等面型，做清水墙时不需另做外装饰。

7.2.3 石膏砌块（JC/T 698—2010）

石膏砌块（图 7-6）是以建筑石膏为主要原料，经加水搅拌、浇筑成型和干燥而制成的块状轻质建筑石膏制品。在生产中还可以加入各种轻骨料、填充料、纤维增强材料、发泡剂等辅助材料。石膏砌块有实心（S）和空心（K）两种，主要品种有磷石膏空心砌块、粉煤灰石膏内墙多孔砌块、植物纤维石膏渣空心砌块等。

图 7-6　石膏砌块

石膏砌块的标准外形为平面长方体，在纵横四边分别设有凸榫和凹槽（企口）。石膏砌块推荐尺寸为长度为 600mm、666mm，高度为 500mm，厚度有 80mm、100mm、120mm、150mm，即三块砌块组成 $1m^2$ 墙面。石膏砌块的外观质量符合表 7-7 要求。

石膏砌块的外观质量　　表 7-7

项目	指标
缺角	同一砌块不得多于 1 处，缺角尺寸应小于 30mm×30mm
板面裂纹	非贯穿裂纹不得多于 1 条，裂纹长度小于 30mm，宽度小于 1mm
油污	不允许
气孔	直径 5～10mm，不多于 2 处；大于 10mm，不允许出现

石膏砌块与混凝土相比，其耐火性能要高 5 倍，具有良好的保温、隔声特性，墙体轻，相当于黏土实心砖墙重量的 1/4～1/3，抗震性好。石膏砌块可钉、可锯、可刨、可修补，加工处理十分方便，干法施工，施工速度快，石膏砌块配合精密，墙体光洁平整，墙面不需抹灰；另外石膏砌块具有“呼吸”水蒸气功能，提高了居住舒适度。

在生产石膏砌块的原料中可掺加一部分粉煤灰、炉渣，除使用天然石膏外，还可使用化学石膏，如烟气脱硫石膏、氟石膏、磷石膏等，使废渣变废为宝；其次，在生产石膏砌块的过程中，基本无三废排放；最后，在使用过程中，不会产生对人体有害的物质。因此石膏砌块是很好地保护和改善生态环境的绿色建材。

石膏砌块强度较低，耐水性较差，主要用于框架结构的非承重墙体，一般作为内隔墙用。若采用合适的固定及支撑结构，墙体还可以承受较重的荷载（如挂吊柜、热水器、厕所用具等）。掺入特殊添加剂的防潮砌块，可用于浴室、厕所等空气湿度较大的场合。

7.2.4　粉煤灰混凝土小型空心砌块（JC/T 862—2008）

粉煤灰混凝土小型空心砌块（图 7-7）是一种新型材料，是以粉煤灰、水泥、各种轻重骨料、水为主要组分拌合制成的小型空心砌块，其中粉煤灰用量不应低于原材料重量的 20%，水泥用量不应低于原材料重量的 10%。适用于非承重墙和填充墙。

图 7-7 粉煤灰混凝土小型空心砌块

按孔的排数分为：单排孔、双排孔、多排孔三类。主规格尺寸为 390mm×190mm×190mm。按抗压强度分为 MU3.5、MU5、MU7.5、MU10、MU15、MU20 六个强度等级。

粉煤灰小型空心砌块有较好的韧性，不易脆裂，抗震性能好，而且电锯切割开槽、冲击钻钻孔、人工钻凿洞时，均不易引起砌块破损，有利于装修及暗埋管线，同时运输装卸过程中也不易损坏。粉煤灰砌块具有良好的保温性能和抗渗性。粉煤灰小型砌块所用原料中，粉煤灰和炉渣等工业废料占 80%，水泥用量比同强度的混凝土小型空心砌块少 30%，因而成本低，具有良好的经济效益和社会效益。

7.2.5 轻骨料混凝土小型空心砌块（GB/T 15229—2011）

轻骨料混凝土小型空心砌块是由轻骨料混凝土拌合物，经砌块成型机成型、养护制成的一种空心率大于 25%，表观密度小于 $1400kg/m^3$ 的轻质墙体材料。

按所用原料可分为天然轻骨料（如浮石、火山渣）混凝土小砌块；工业废渣类骨料（如煤渣、自燃煤矸石）混凝土小砌块；人造轻骨料（如黏土陶粒、页岩陶粒、粉煤灰陶粒）混凝土小砌块。按孔的排数分为单排孔、双排孔、三排孔和四排孔四类。主规格尺寸为 390mm×190mm×190mm。

轻骨料混凝土小型空心砌块按干表观密度可分为 700、800、900、1000、1100、1200、1300、1400 八个等级，按抗压强度可分为 MU2.5、MU3.5、MU5.0、MU7.5、MU10.0 五个等级。

轻骨料混凝土小砌块具有轻质、保温隔热性能好、抗震性能好等特点，在保温隔热要求较高的围护结构中应用广泛，是取代普通黏土砖的最有发展前途的墙体材料之一。

7.3 其他新型墙体材料

随着建筑结构体系的改革、墙体材料的发展，各种墙用板材、轻质墙板也迅速兴起，以板材为围护墙体的建筑体系具有轻质、节能、施工便捷、开间布置灵活、节约空间等特点，具有很好的发展前景。

墙体板材主要有条板、平板、复合墙板等品种，按制作材料主要有水泥混凝土类、石膏类、纤维类和发泡塑料类等。

7.3.1　建筑用轻质隔墙条板（GB/T 23451—2023）

轻质隔墙条板（图 7-8）是采用轻质材料或轻质构造制作，面密度符合标准要求，长宽比不小于 2.5 的预制板。常见种类有石膏空心条板、GRC 水泥多孔隔墙板、蒸压加气混凝土条板。

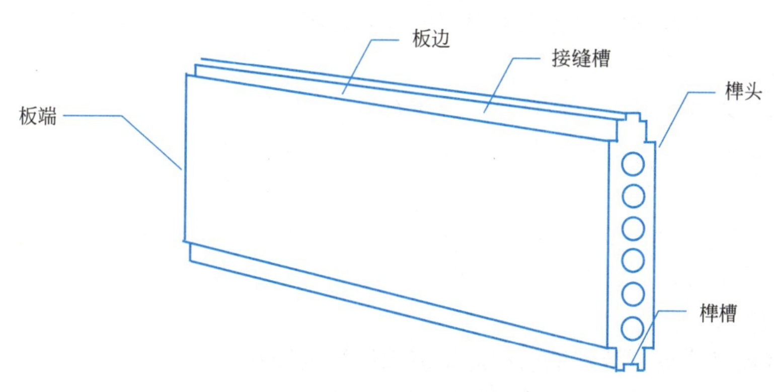

图 7-8　轻质隔墙条板示意图

1. 石膏空心条板

石膏空心条板以天然石膏为主要材料，添加适当的辅料，搅拌成料浆，浇筑成型、抽芯、干燥等工艺制成的轻质板材。石膏空心条板具有重量轻、强度高、隔热、隔声、防水等性能，可锯、可刨、可钻、施工简便。与纸面石膏板相比，石膏用量多、不用纸和胶粘剂、不用龙骨，工艺设备简单，所以比纸面石膏板造价低。石膏空心条板主要用于工业与民用建筑的内隔墙，其墙面可做喷浆、涂料、贴瓷砖、贴壁纸等各种饰面。

2. 玻璃纤维增强水泥轻质多孔隔墙条板（GRC 水泥多孔隔墙板）

GRC 水泥多孔隔墙板是以高强水泥为胶结料、珍珠岩为骨料、高强耐碱玻璃纤维为增强材料，加入适量粉煤灰及发泡剂和防水剂等，经搅拌、振动成型、养护而成，具有防老化、防水、防裂、耐火不燃及可锯切等优点，安装速度快，可提高工效，缩短工期，扩大室内使用空间，同时降低工程基础造价。

3. 蒸压加气混凝土板

蒸压加气混凝土板是以水泥、石灰、石英砂等为主要原料，再根据结构要求配置经防腐处理的钢筋网片的一种轻质多孔板材。

轻质隔墙条板主规格尺寸宽度为 600mm，厚度有 90mm、120mm，长度不大于 3300mm。

轻质隔墙条板共同特点：强度高、重量轻、保温效果好；可锯、刨、钉、钻孔，施工方便；墙板之间可横向、纵向穿管线，板和板之间的拼接处设计有公、母榫结构，结合牢固，抗震抗冲击；拼接起来墙面平整，不开裂；可直接处理墙面，结构占地面积小，节约空间。

这类板材广泛应用于各种类高、低层建筑的内外非承重墙、活动用房、旧房改造、装饰装修、商场、宾馆、写字楼等墙体隔断。

7.3.2 建筑平板

此类板材为厚度 20mm 以下的实心板，强度较低，不能单独做墙体隔断，一般结合龙骨使用，或与其他材料一起做成复合墙体。主要品种有水泥类、石膏类和植物纤维类。

1. 刨花板

该板以水泥、石膏和木材加工的下脚料——刨花为主要原料，加入适量水和化学助剂，经搅拌、成型、加压、养护而成。具有自重轻、强度高、防水、防火、防蛀、保温、隔声等性能，可加工性强。主要用于建筑的内外墙板、天花板、壁橱板等。

2. 纸面石膏板

纸面石膏板以掺入纤维增强材料的建筑石膏板作芯材，两面用纸作护面而成，有普通型、耐水型、耐火型三种。板的长度为 1800～3600mm，宽度为 900mm、1200mm，厚度有 9mm、12mm、15mm、18mm。纸面石膏板具有表面平整、尺寸稳定、轻质、隔热、吸声、防火、抗震，施工方便，能调节室内湿度等特点。广泛应用于室内隔墙板、复合墙板内墙板、天花板等。

3. 石膏纤维板

石膏纤维板以建筑石膏、纸筋和短切玻璃纤维为原料。表面无护面纸，规格尺寸及性能同纸面石膏板，抗弯强度高、价格较便宜。可用于框架结构的内墙隔断。

4. 植物纤维复合板

主要是利用农作物的废弃物（如稻草、麦秸、玉米秆、甘蔗渣等）经适当处理后与合成树脂或石膏石灰等胶结材料混合、热压成型。主要品种有稻草板、稻壳板、蔗渣板等，这类板材具有质量轻、保温隔声效果好、节能、废物利用等特点，适用于非承重的内隔墙、天花板以及复合墙体的内壁板。

7.3.3 复合墙板

复合墙板是以两种以上的材料结合在一起的墙板，一般由结构层、保温层和装饰层组成。该墙体强度高、绝热性好、施工方便，使承重材料和轻质保温材料都得到应用，克服了单一材料的局限性。

1. 泰柏墙板

泰柏板（图 7-9）又称舒乐板、3D 板、三维板、节能型钢丝网架夹芯板轻质墙板，是一种新型建筑材料，选用强化钢丝焊接而成的三维笼为构架，阻燃 EPS 泡沫塑料或岩棉板芯材组成，两侧配以直径为 2mm 冷拔钢丝网片，钢丝网目 50mm×50mm，腹丝斜插过芯板焊接而成。施工时直接拼装，不需龙骨，表面涂抹砂浆层后形成无缝隙的整体墙面。

泰柏墙板具有节能，重量轻、强度高、防火、抗震、隔热、隔声、抗风化，耐腐蚀的优良性能，并有组合性强、易于搬运，安装方便、速度快、节省工期的优点。使用该产品制作的墙体，整体性能好，整面墙为一整体。

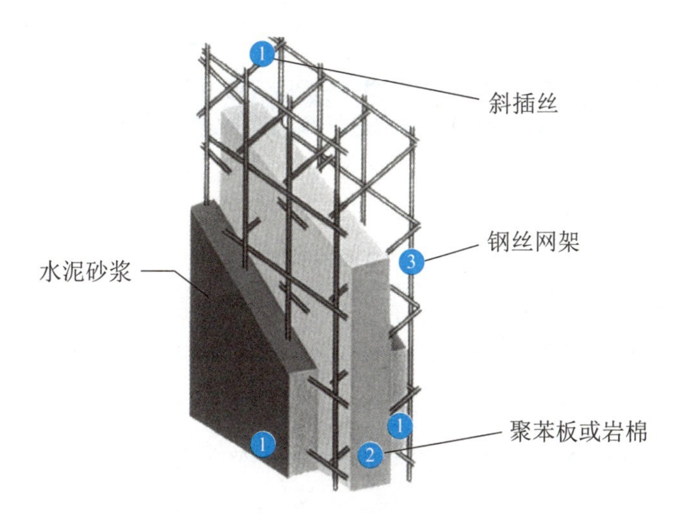

图 7-9　泰柏墙板示意图

适用于高层、多层建筑围护墙，保温复合外墙和双轻体系（轻板、轻框架）的承重墙，屋面、吊顶和新旧楼房加层。

2. 轻型夹芯板

该类板材是外层用轻质高强的薄板，中间以轻质的保温隔热材料为芯材组成的复合板。用于外层的薄板主要有铝合金板、不锈钢板、彩色镀锌钢板、石膏纤维板等，芯材有玻璃棉毡、岩棉、阻燃型发泡聚苯乙烯、硬质发泡聚氨酯等，规格尺寸宽度为 1000mm，厚度有 30mm、40mm、50mm、60mm、80mm、100mm。具有高强度、轻质量、保温隔热、隔声、阻燃等特点，并且易于连接，安装方便快速、稳固耐用。

轻型夹芯板主要用于框架结构的隔断、厂房、活动板房、屋面板等。

3. PC 墙板

PC 外墙板（图 7-10）是指预制混凝土外墙构件，可分为普通型混凝土 PC 板，轻量型混凝土 PC 板和超轻量型混凝土 PC 板三种类型。板的表面可以采用瓷砖、大理石等材料做饰面，也可以采用喷涂方式进行饰面处理，而且这些饰面处理工作均可以在工厂完成，大大地减轻了工地的负担，降低了施工费用，同时又由于 PC 板的形状多样化，更能体现设计者的设计意图，并且具有自重轻、整体抗震性能好，保温、防水、隔声性能好等诸多优点，成为众多发达国家建筑水平的一个标志，对改造城市景观，创造城市形象起了重要作用。

PC 外墙板具有施工速度快、质量可靠、节能环保、工业化程度高及劳动力投入量少等优点。由于外墙窗框在生产时就预埋在其中，以及使用抗渗混凝土和板缝接口密封好的特点，有效地防止外墙渗漏的发生；PC 外墙板采用工厂化生产，工业化程度高，劳动力技术水平高，产品质量可以得到可靠保证。PC 外墙板也具有节能环保的优点，生产时不毁坏耕地，耗材少，减少扬尘和噪声等。PC 外墙板其板面平整、光滑，强度高，无需抹平就可以进行粉刷施工，减少了劳动力投入量。

图 7-10　PC 墙板

7.4 砌墙砖试验

7.4.1 取样

本试验适用于烧结砖和非烧结砖。每 3.5 万～15 万块为一批，不足 3.5 万块按一批计。

7.4.2 尺寸测量

1. 量具

砖用卡尺，分度值 0.5mm。如图 7-11 所示。

2. 测量

在砖的两个大面中间处，分别测量两个长度尺寸和两个宽度尺寸，在两个条面的中间处分别测量两个高度尺寸。当被测处有缺损或凸出时可在其旁边测量，应选择不利的一侧。如图 7-12 所示。

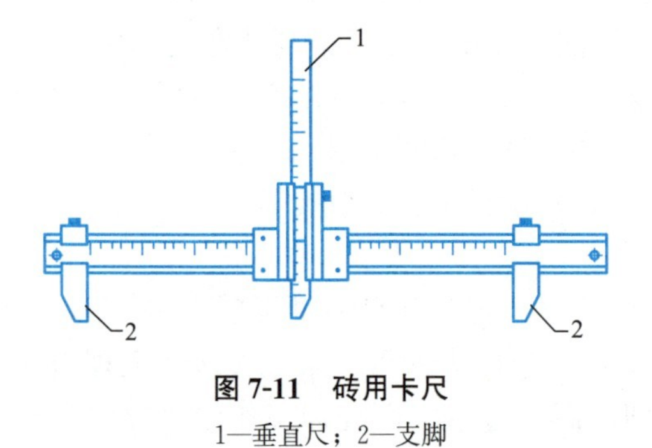

图 7-11 砖用卡尺

1—垂直尺；2—支脚

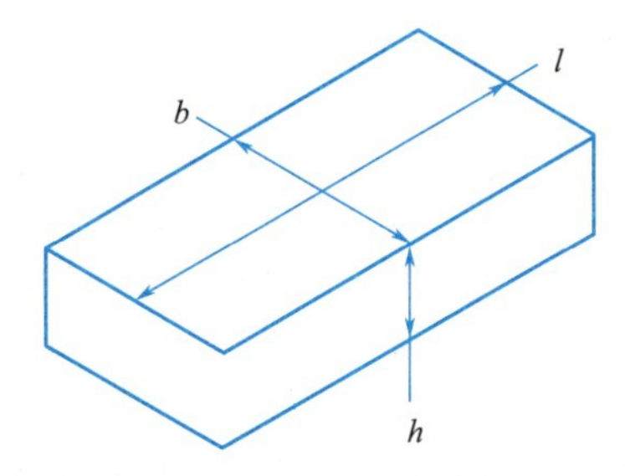

图 7-12 砖的尺寸测量

3. 结果评定

分别以长度、宽度、高度的最大偏差值表示，精确至 1mm。

7.4.3 外观质量检查

1. 试验目的

作为评定砖的产品质量等级的依据。

2. 仪器设备

砖用卡尺（分度值 0.5mm）、钢直尺（分度值 1mm）。

3. 试验步骤

（1）缺损测量

缺棱掉角在砖上造成的缺损程度以缺损部分对长、宽、高三个棱边的投影尺寸来度量，称为破坏尺寸。缺损造成的破坏面是指缺损部分对条、顶面的投影面积。如图 7-13 和图 7-14 所示。

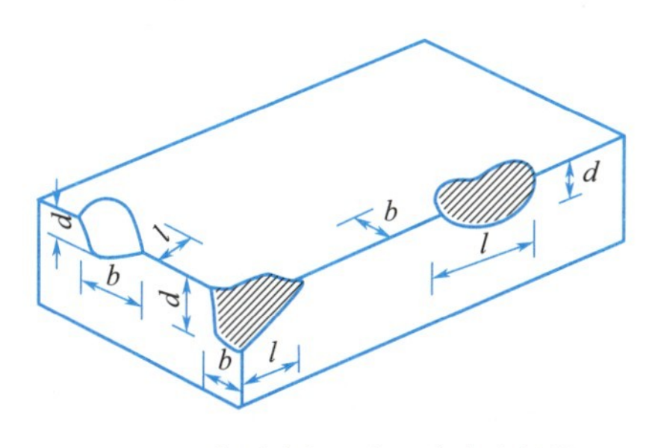

l、b、d 分别为长、宽、高方向投影

图 7-13　缺棱掉角破坏尺寸测量方法

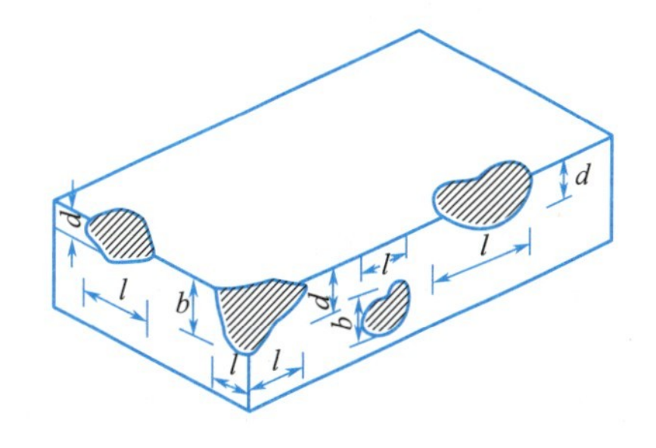

l、b、d 分别为长、宽、高方向投影

图 7-14　条、顶面缺损破坏尺寸测量方法

（2）裂纹测量

裂纹分为长度、宽度、水平方向三种，以投影方向的投影尺寸来表示，以 mm 计。如果裂纹从一个面延伸到其他面上时，累计其延伸的投影长度。多孔砖的孔洞与裂纹相通时，则将孔洞包括在裂纹内一并测量，裂纹应在三个方向上分别测量，以测得的最长裂纹作为测量结果。如图 7-15 和图 7-16 所示。

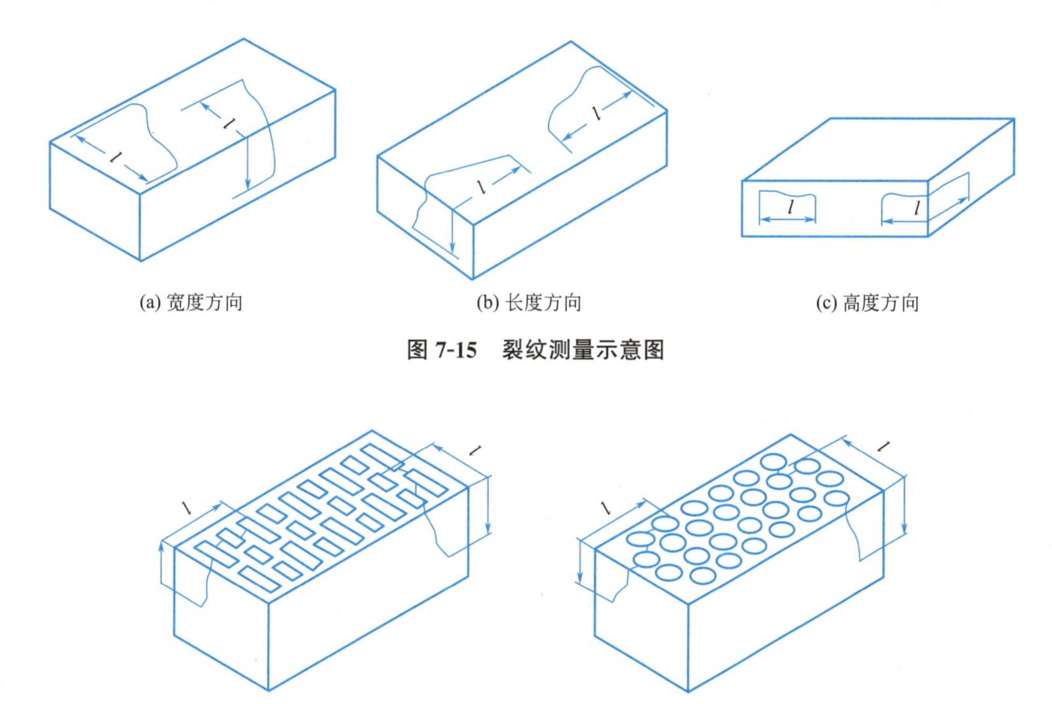

图 7-15　裂纹测量示意图

图 7-16　多孔砖裂纹测量示意图

（3）弯曲测量

分别在大面和条面上测量，测量时将砖用卡尺的两支脚置于两端，选择弯曲最大处将垂直尺推至砖面。以弯曲中测得最大值作为测量结果，不应将因杂质或碰伤造成的凹处计

算在内。如图 7-17 所示。

（4）杂质凸出高度的测量

杂质在砖面上造成的凸出高度，以杂质距砖面的最大距离表示。测量时，将砖用卡尺的两支脚置于凸出两边的砖面上以垂直尺测量。外观测量以 mm 为单位，不足 1mm 者以 1mm 计。如图 7-18 所示。

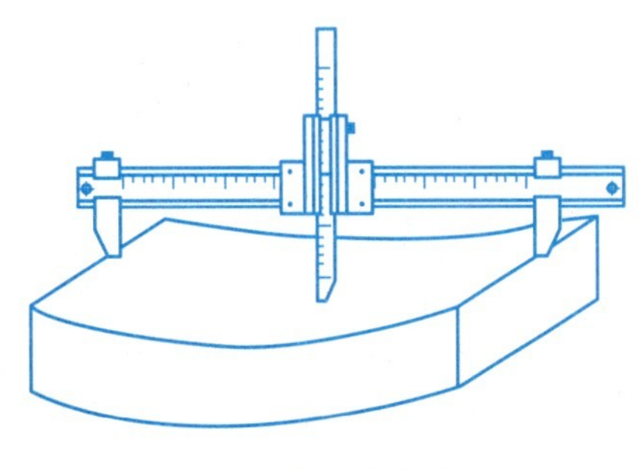

图 7-17　砖的弯曲测量

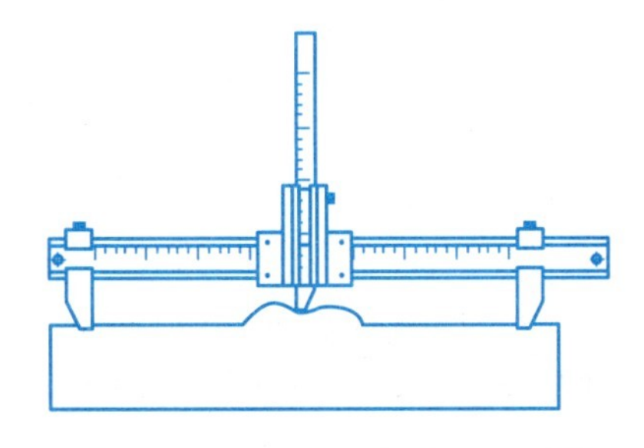

图 7-18　砖的杂质凸出高度测量

7.4.4　抗压强度试验

1. 试验目的

测定烧结普通砖的抗压强度，用以评定砖的强度等级。

2. 试验仪器设备

材料试验机示值误差不超过±1%，下压板应为球铰支座，预期破坏荷载应在量程的 20%～80%之间；抗压试件制作平台必须平整水平，可用金属材料或其他材料制成；其他工具需要水平尺（250～300mm）；钢直尺（分度值为 1mm）、制样模具、插板。如图 7-19 所示。

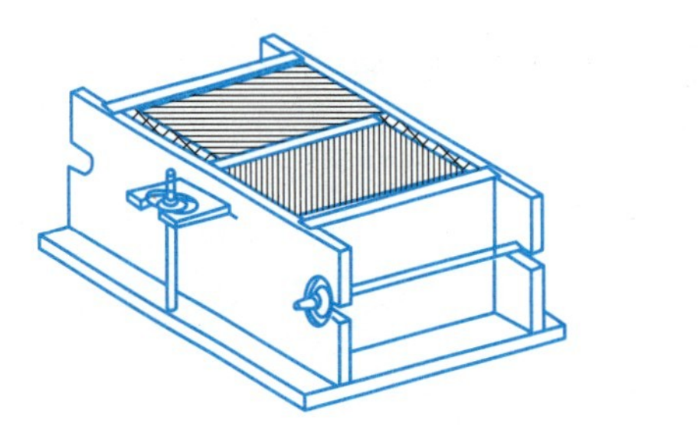

图 7-19　制样模具及插板

3. 试件制备

（1）烧结普通砖取 10 块试样，将砖样锯成两个半截砖，如图 7-20 所示，半截砖长不得少于 100mm。在试样平台上，将制好的半截砖放在室温的净水中浸 10～20min 后取出，以断口方向相反叠放，两者之间抹以不超过 5mm 厚的水泥净浆，上下两面用不超过 3mm 的同种水泥净浆抹平，上、下两面必须相互平行，并垂直于侧面。如图 7-21 所示。

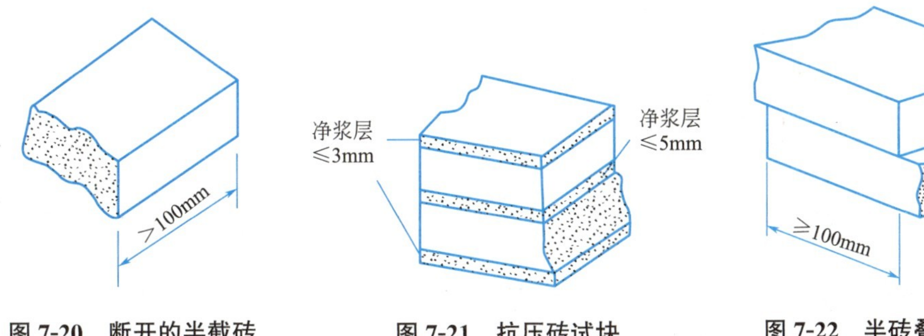

图 7-20　断开的半截砖　　图 7-21　抗压砖试块　　图 7-22　半砖叠合示意图

(2) 多孔砖取 10 块试样，以单块整砖沿竖孔方向加压，空心砖以单块整砖大面、条面方向（各 5 块）分别加压。

(3) 采用坐浆法制作试件：将玻璃板置于试件制作平台上，其上铺一张湿的垫纸，纸上铺不超过 5mm 厚的水泥净浆，在水中浸泡试件 10～20min 后取出，平稳地坐放在水泥浆上。在一受压面上稍加用力，使整个水泥层与受压面相互粘结，同时砖的侧面应垂直于玻璃板，待水泥浆凝固后，连同玻璃板翻放在另一铺纸放浆的玻璃板上，再进行坐浆，用水平尺校正玻璃板的水平。

采用模具制样法制作试件：

将试样（烧结普通砖）切断成两段，截断面应平整，断开的半截砖长度不得小于 100mm。如图 7-22 所示。

将断开的半截砖放入室温的净水中浸 20～30min 后取出，在钢丝网架上滴水 20～30min，以断口相反方向装入模具中，用插板控制两半块砖间距为 5mm，砖大面与模具间距 3mm，断面、顶面与模具间垫橡胶垫或其他密封材料，模具内表面应涂油或隔离剂。

将经过 1mm 筛的干净细砂 2%～5%与强度等级 42.5 的普通硅酸盐水泥，用砂浆搅拌机搅拌砂浆，水灰比为 0.50 左右。

将装好样砖的模具置于振动台，在样砖上加少量水泥砂浆，边振动边向砖缝间加入水泥砂浆，振动过程为 0.5～1min。之后在振动停止后静置片刻，将模具上表面刮平。

两种方法并行使用，仲裁检验采用模具制样。

(4) 非烧结砖：同一块试样的两半截砖断口相反叠放，叠合部分不得小于 100mm，如果不足 100mm，则应另取试件。

(5) 将制好的试件置于不低于 10℃的不通风室内养护 3d 后试压。非烧结砖不需养护，直接试验。

4. 试验步骤

测量每个试件的连接面或受压面的长度和宽度尺寸各两个，取算术平均值，精确至 1mm，计算其受压面积；将试件平放在加压板上，垂直于受压面匀速加压，加荷速度以 4kN/s 为宜，直至破坏，记录最大破坏荷载 P。

5. 结果计算及评定

(1) 每块试样的抗压强度按下式计算：

$$R_{\mathrm{P}}=\frac{P}{LB} \tag{7-1}$$

式中 R_P——抗压强度（MPa），精确至 0.1MPa；

P——最大破坏荷载（N）；

L——受压面（连接面）长度（mm）；

B——受压面（连接面）长度（mm）。

（2）变异系数不大于 0.21 时，按抗压强度平均值，强度标准值评定砖的强度等级；变异系数大于 0.21 时，按抗压强度平均值，单块最小抗压强度值评定砖的强度等级。

知识拓展

被动式低能耗建筑——低碳环保先锋

双碳，即碳达峰与碳中和。“双碳”目标倡导绿色、环保、低碳的生活方式。加快降低碳排放步伐，有利于引导绿色技术创新，提高产业和经济的全球竞争力。

为实现“双碳”目标，使用节能、节材、利废的新型墙体材料，改善建筑物功能，发展超低能耗绿色建筑是大势所趋。山东城市建设职业学院实验实训中心是我国中德合作被动式低能耗建筑示范项目之一，该项目推广使用了新型节能墙体材料和真空门窗，在采光、通风方面也有创新性的设计。特别是在施工建设方面，施工方将本着“鲁班精神”，将被动式低能耗建筑“三分设计、七分施工”的精髓切实贯彻在施工工地始终，不仅实现精细化设计，更实现精细化施工（图 7-23）。

图 7-23　山东城市建设职业学院实验实训中心

随着全球环境问题的日益严重，低碳理念逐渐被提上日程。现如今，低碳已成为全球社会发展的热门话题，低碳环保就在我们身边，作为未来社会的主力军，我们更应该积极践行低碳理念，进行节约能源与材料、绿色出行、低碳饮食、培养环保意识以及低碳生活的推广。只有通过每个个体的努力，才能实现全社会的低碳转型，为未来保护地球的可持续发展作出贡献。

单元总结

本单元主要介绍了烧结普通砖与烧结多孔砖、空心砖的种类、强度等级、性能特点与应用；灰砂砖、粉煤灰砖、混凝土空心砖等免烧砖的性能特点与应用；粉煤灰砌块、加气混凝土砌块、混凝土小型空心砌块、石膏砌块的规格、等级、性能特点与应用；建筑用轻质隔墙条板、复合墙板、墙用平板的种类、性能特点与应用，培养学生推广使用新型墙体材料的能力和意识。

习　题

一、填空题

1. 烧结砖的尺寸为______________，$1m^3$ 砌体标准砖的块数是______。

2. 烧结砖按原材料成分主要有_________、_________、_________、_________。

3. 烧结多孔砖的孔特点：__________________，适用_________墙。

4. 烧结空心砖的孔特点：__________________，适用_________墙。

5. 灰砂砖不适用的环境为______________________。

6. 粉煤灰砌块的主要尺寸有______________和______________两种。

7. 泰柏墙板是由______________和______________组成的。

8. 建筑用轻质隔墙条板按构造分为___________、___________、___________。

9. 石膏砌块的特点是：______________________。

10. 复合墙板一般由_______层、___________层和___________层组成。

11. 烧结普通砖按_______为一批进行抽样检查。

12. 蒸压粉煤灰砖的强度等级分为______、______、______、______和 MU10 五级。

13. 蒸压加气混凝土砌块适用于低层建筑的承重墙，多层和高层建筑的______、填充墙及工业建筑的_______。

14. 烧结空心砖按表观密度分为：______、______、______、______四个密度等级。

15. 石膏砌块的外观质量检测项目有：______、______、______、______。

二、单选题

1. 下面哪些不属于加气混凝土砌块的特点？（　　）

A. 轻质　　B. 保温隔热　　C. 加工性能好　　D. 韧性好

2. 烧结普通砖的外型为直角六面体，其标准尺寸为（　　）。

A. 240mm×115mm×53mm　　B. 250mm×115mm×53mm

C. 250mm×120mm×60mm　　D. 240mm×120mm×60mm

3. 烧结普通砖的质量等级评价依据不包括（　　）。

A. 尺寸偏差　　B. 砖的外观质量　　C. 泛霜　　D. 自重

4. 轻骨料混凝土小型空心砌块其轻骨料最大粒径不宜大于（　　）mm。

A. 40　　B. 20　　C. 10　　D. 5

5. 蒸压加气混凝土砌块进行出厂检验以 10000 块为一批，不足 10000 块也为一批，随机抽取（　　）块砌块进行尺寸偏差，外观检验。

A. 100　　B. 80　　C. 50　　D. 20

6. 轻骨料混凝土小型空心砌块按砌块密度等级分为 700 级、800 级、900 级、1000 级、1100 级、1200 级、1300 级、（　　）级。

A. 1400　　B. 1500　　C. 1600　　D. 1700

7. 烧结多孔砖 N290×140×90，25AGB13544，其长度方向（290mm）样本均偏差允许值为（　　）mm。

A. ±3.0　　B. ±2.5　　C. ±2.0　　D. ±1.5

8. 烧结多孔砖尺寸偏差检验样品数量为（　　）。

A. 10　　B. 20　　C. 30　　D. 50

9. 烧结普通砖抗压强度试件制备时，应将试样切断或锯成两个半截砖，断开的半截砖长不得小于（　　）mm。

A. 120　　B. 110　　C. 100　　D. 90

10. 烧结多孔砖的抗压强度平均值为 26MPa，变异系数 $\delta \leqslant 0.21$ 时强度标准值为 13.8MPa，该砖强度等级为（　　）。

A. MU30　　B. MU25　　C. MU20　　D. MU15

11. 混凝土实心砖制备样品用强度等级（　　）的普通硅酸盐水泥调成稠度适宜的水泥净浆。

A. 42.5　　B. 32.5　　C. 42.5R　　D. 52.5

12. 保温要求高的非承重墙应优先选用（　　）。

A. 加气混凝土砌块　　B. 烧结普通砖

C. 混凝土小型空心砌块　　D. 灰砂砖

三、简答题

1. 为什么烧结普通黏土砖被禁止使用？
2. 烧结多孔砖、空心砖相对实心普通砖有什么优势？
3. 砌块相对砖类有什么优势？
4. 砌墙砖有哪些常用种类？
5. 砌块有哪些常用种类？
6. 墙板有哪些常用种类？

教学单元 8 Chapter 08

建筑钢材

教学目标

1. 知识目标

(1) 了解钢的冶炼和分类；

(2) 了解钢材防锈和防火方法；

(3) 了解钢材的加工性质；

(4) 掌握钢材的主要力学性能和工艺性能；

(5) 掌握常用建筑钢材的技术标准。

2. 能力目标

(1) 能根据工程环境和施工图要求，正确选用钢材；

(2) 能对钢材进行现场取样；

(3) 能对进场钢材进行验收；

(4) 能正确保管钢材；

(5) 能正确地对钢材力学性能和工艺性能进行试验，并根据试验结果对钢材是否符合工程要求做出正确判断。

3. 素质目标

培养学生团结合作、互相帮助的品质。

思维导图

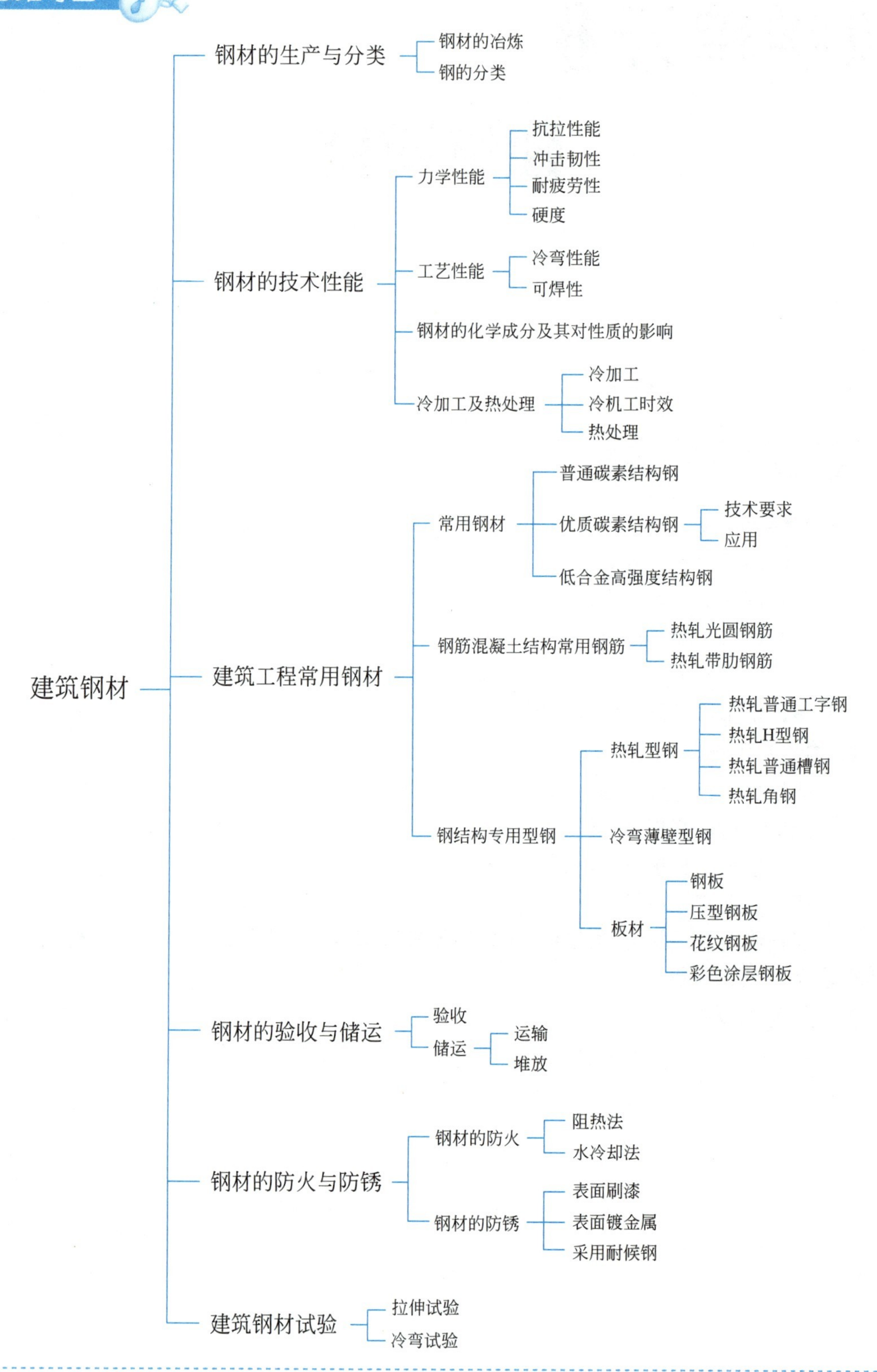

建筑钢材
钢材的生产与分类
钢材的冶炼
钢的分类
钢材的技术性能
力学性能
抗拉性能
冲击韧性
耐疲劳性
硬度
工艺性能
冷弯性能
可焊性
钢材的化学成分及其对性质的影响
冷加工及热处理
冷加工
冷机工时效
热处理
建筑工程常用钢材
常用钢材
普通碳素结构钢
优质碳素结构钢
技术要求
应用
低合金高强度结构钢
钢筋混凝土结构常用钢筋
热轧光圆钢筋
热轧带肋钢筋
钢结构专用型钢
热轧型钢
热轧普通工字钢
热轧H型钢
热轧普通槽钢
热轧角钢
冷弯薄壁型钢
板材
钢板
压型钢板
花纹钢板
彩色涂层钢板
钢材的验收与储运
验收
储运
运输
堆放
钢材的防火与防锈
钢材的防火
阻热法
水冷却法
钢材的防锈
表面刷漆
表面镀金属
采用耐候钢
建筑钢材试验
拉伸试验
冷弯试验

8.1 钢材的生产与分类

8.1.1 钢材的冶炼

钢是由生铁冶炼而成。生铁的冶炼过程是：将铁矿石、熔剂（石灰石）、燃料（焦炭）置于高炉中，约在 1750℃高温下，石灰石与铁矿石中的硅、锰、硫、磷等经过化学反应，生成铁渣，浮于铁水表面，铁渣和铁水分别从出渣口和出铁口放出；排出的生铁中含有碳、硫、磷、锰等杂质。生铁又分为炼钢生铁（白口铁）和铸造生铁（灰口铁）。生铁硬而脆、无塑性和韧性、不能焊接、锻造、轧制。炼钢的过程就是将生铁进行精炼，使碳的含量降低到一定的限度，同时把其他杂质的含量也降低到允许范围内。所以，在理论上凡含碳量在 2%以下，含有害杂质较少的 Fe-C 合金可称为钢。

钢的冶炼方法主要有氧气转炉法、电炉法和平炉法三种，见表 8-1。目前，氧气转炉法已成为现代炼钢的主要方法，而平炉法则已基本被淘汰。

炼钢方法的特点和应用　　表 8-1

炉种	原料	特点	生产钢种
氧气转炉	铁水、废钢	冶炼速度快、生产效率高，钢质较好	碳素钢、低合金钢
电炉	废钢	容积小，耗电大，控制严格，钢质好，但成本高	合金钢、优质碳素钢
平炉	生铁、废钢	容量大，冶炼时间长，钢质较好且稳定，成本较高	碳素钢、低合金钢

在冶炼钢的过程中，由于氧化作用使部分铁被氧化成 FeO，使钢的质量降低，因而在炼钢后期精炼时，需在炉内或钢包中加入锰铁、硅铁或铝锭等脱氧剂进行脱氧，脱氧剂与 FeO 发生化学反应生成氧化物，成为钢渣而被除去。若脱氧不完全，钢水浇入锭模时，会有大量的 CO 气体从钢水中逸出，引起钢水呈沸腾状，产生所谓沸腾钢。沸腾钢组织不够致密，成分不够均匀，硫、磷等杂质偏析较严重，故钢材的质量差。

8.1.2 钢的分类

钢的品种繁多，分类方法很多，通常有按化学成分、质量等几种分类方法。钢的分类见表 8-2。

8-1
钢的分类

建筑工程中目前常用的钢种是普通碳素结构钢和普通低合金结构钢。

钢材的产品一般分为型材、板材、线材和管材等。型材包括钢结构用的角钢、工字钢、槽钢、方钢、吊车轨、钢板桩等；板材包括用于建造房屋、桥梁及建筑机械的中、厚钢板，用于屋面、墙面、楼板等的薄钢板；线材包括钢筋混凝土和预应力钢筋混凝土用的钢筋、钢丝和钢绞线等；管材包括钢桁架和供水、供气（汽）管线等。

钢材的分类　　表 8-2

分类方法	类别		特性
按化学成分分类	碳素钢	低碳钢	含碳量<0.25%
		中碳钢	含碳量 0.25%~0.60%
		高碳钢	含碳量>0.60%
	合金钢	低合金钢	合金元素总含量<5%
		中合金钢	合金元素总含量 5%~10%
		高合金钢	合金元素总含量>10%
按脱氧程度分类	沸腾钢		脱氧不完全，硫、磷等杂质偏析较严重，代号为“F”
	镇静钢		脱氧完全，同时去硫，代号为“Z”
	半镇静钢		脱氧程度介于沸腾钢和镇静钢之间，代号为“b”
	特殊镇静钢		比镇静钢脱氧程度还要充分彻底，代号为“TZ”
按质量分类	普通钢		含硫量≤0.050%，含磷量≤0.045%
	优质钢		含硫量≤0.035%，含磷量≤0.035%
	高级优质钢		含硫量≤0.030%，含磷量≤0.035%

8.2 钢材的技术性能

8-2
钢材的
技术性能

钢材的技术性质主要包括力学性能（抗拉性能、冲击韧性、耐疲劳和硬度等）和工艺性能（冷弯和焊接）两个方面。

8.2.1 力学性能

1. 抗拉性能

拉伸是建筑钢材的主要受力形式，所以拉伸性能是表示钢材性能和选用钢材的重要指标。将低碳钢（软钢）制成一定规格的试件，放在材料试验机上进行拉伸试验，可以绘出图 8-1 所示的应力-应变关系曲线。从图中可以看出，低碳钢受拉至拉断，经历了四个阶段：弹性阶段（O—A）、屈服阶段（A—B）、强化阶段（B—C）和缩颈阶段（C—D）。

（1）弹性阶段

曲线中 OA 段是一条直线，应力与应变成正比。如卸去外力，试件能恢复原来的形状，这种性质即为弹性，此阶段的变形为弹性变形。与 A 点对应的应力称为弹性极限，以 σ_p 表示。在弹性受力范围内，应力与应变的比值为常数，即弹性模量 $E=\sigma/\varepsilon$。E 的单位为 MPa，例如 Q235 钢的 E=0.21×106MPa，25MnSi 钢的 E=0.2×106MPa。弹性模量反映钢材抵抗弹性变形的能力，是钢材在受力条件下计算结构变形的重要指标。

（2）屈服阶段

应力超过 A 点后，应力、应变不再成正比关系，开始出现塑性变形。应力的增长滞后

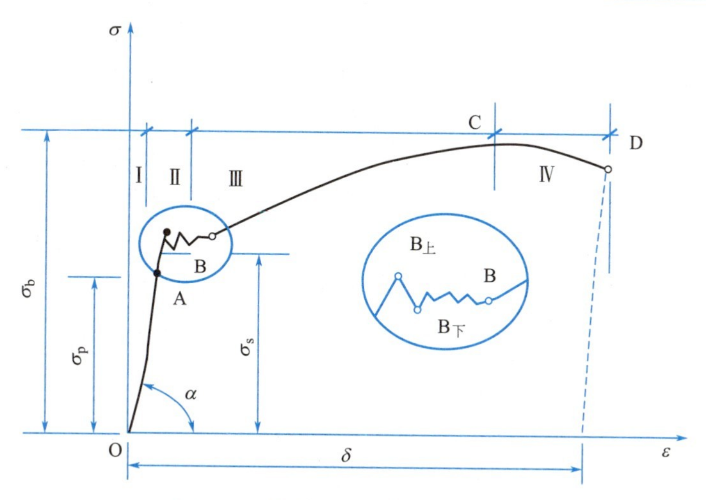

图 8-1　低碳钢受拉的应力-应变图

于应变的增长，当应力达 B 上点后（屈服上限），瞬时下降至 B 下点（屈服下限），变形迅速增加，而此时外力则大致在恒定的位置上波动，直到 B 点，这就是所谓的“屈服现象”，似乎钢材不能承受外力而屈服，所以 AB 段称为屈服阶段。与 B 下点（此点较稳定、易测定）对应的应力称为屈服点（屈服强度），用 σ_s 表示。常用碳素结构钢 Q235 的屈服极限 σ_s 不应低于 235MPa。

中碳钢与高碳钢（硬钢）的拉伸曲线与低碳钢不同，屈服现象不明显，难以测定屈服点，则规定产生残余变形为原标距长度的 0.2%时所对应的应力值，作为硬钢的屈服强度，也称条件屈服强度，用 $\sigma_{0.2}$ 表示，如图 8-2 所示。

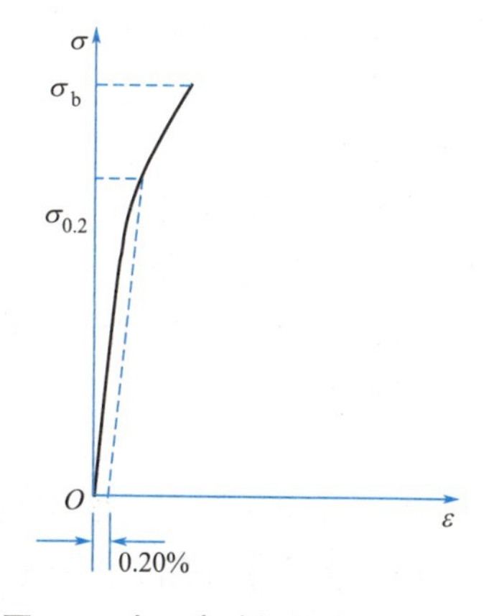

图 8-2　中、高碳钢的应力-应变图

（3）强化阶段

应力超过屈服点后，由于钢材内部组织中的晶格发生了畸变，阻止了晶格进一步滑移，使钢材得到强化，所以钢材抵抗塑性变形的能力又重新提高，B—C 段呈上升曲线，称为强化阶段。对应于最高点 C 的应力值（σ_b）称为极限抗拉强度，简称抗拉强度。显然，σ_b 是钢材受拉时所能承受的最大应力值，Q235 钢约为 380MPa。钢材受力大于屈服点后，会出现较大的塑性变形，已不能满足使用要求，因此屈服强度是设计上钢材强度取值的依据，是工程结构计算中非常重要的一个参数。屈服强度和抗拉强度之比（即屈强比$=\sigma_s/\sigma_b$）能反映钢材的利用率和结构安全可靠程度。屈强比越小，其结构的安全可靠程度越高，但屈强比过小，又说明钢材强度的利用率偏低，会造成钢材浪费。所以建筑结构钢合理的屈强比一般为 0.60～0.75。

（4）颈缩阶段

试件受力达到最高点 C 点后，其抵抗变形的能力明显降低，变形迅速发展，应力逐渐下降，试件被拉长，在有杂质或缺陷处，断面急剧缩小，直到断裂。故 C—D 段称为缩颈阶段。

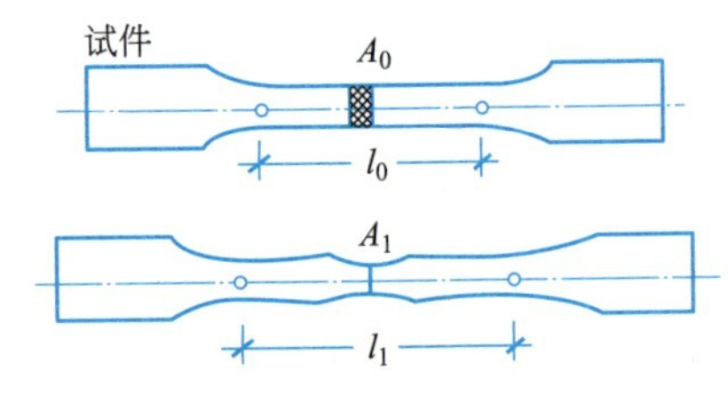

图 8-3 钢材的伸长率

建筑钢材应具有很好的塑性。钢材的塑性通常用断后伸长率和断面收缩率表示。将拉断后的试件拼合起来，测定出标距范围内的长度 L_1（mm），其与试件原标距 L_0（mm）之差称为塑性变形值，塑性变形值与 L_0 之比称为断后伸长率（δ），如图 8-3 所示。试件断面处面积收缩量与原面积之比，称为断面收缩率（Ψ）。伸长率（δ）、断面收缩率（Ψ）计算公式见式（8-1）和式（8-2）。

$$\delta=\frac{L_1-L_0}{L_0}\times 100\% \tag{8-1}$$

$$\psi=\frac{A_0-A_1}{A_0}\times 100\% \tag{8-2}$$

断后伸长率是衡量钢材塑性的一个重要指标，δ 越大说明钢材的塑性越好。而一定的塑性变形能力，可保证应力重新分布，避免应力集中，从而钢材用于结构的安全性越大。塑性变形在试件标距内的分布是不均匀的，缩颈处的变形最大，离缩颈部位越远其变形越小。所以原标距与直径之比越小，则缩颈处伸长值在整个伸长值中的比重越大，计算出来的 δ 值就越大。通常以 δ_5 和 δ_{10} 分别表示 $L_0=5d_0$ 和 $L_0=10d_0$ 时的伸长率。对于同一种钢材，其 $\delta_5>\delta_{10}$。δ 和 Ψ 都是表示钢材塑性大小的指标。

钢材在拉伸试验中得到的屈服点强度 σ_s、抗拉强度 σ_b、伸长率 δ 是确定钢材牌号或等级的主要技术指标。

2. 冲击韧性

与抵抗冲击作用有关的钢材的性能是韧性。韧性是钢材断裂时吸收机械能能力的量度。吸收较多能量才断裂的钢材，是韧性好的钢材。在实际工作中，用冲击韧度衡量钢材抗脆断的性能。

冲击韧度是以试件冲断时缺口处单位面积上所消耗的功（J/cm^2）来表示，其符号为 a_k。试验时将试件放置在固定支座上，然后以摆锤冲击试件刻槽的背面，使试件承受冲击弯曲而断裂，如图 8-4 所示。显然，a_k 值越大，钢材的冲击韧性越好。

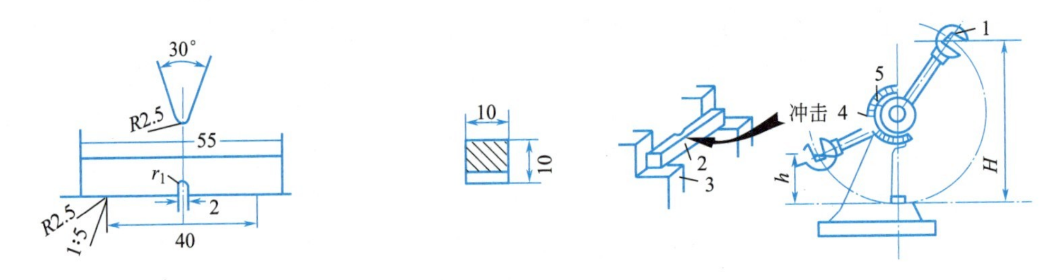

图 8-4 冲击韧性试验示意图

1—摆锤；2—试件；3—试验台；4—刻度盘；5—指针

钢材的化学成分、组织状态、内在缺陷及环境温度都会影响钢材的冲击韧性。试验表明，冲击韧性随温度的降低而下降，其规律是开始下降缓和，当达到一定温度范围时，突然下降很多而呈脆性，这种脆性称为钢材的冷脆性。发生冷脆时的温度称为脆性临界温度，其数值越低，说明钢材的低温冲击性能越好。所以在负温下使用的结构，应当选用脆性临界温度较工作温度低的钢材。

3. 耐疲劳性

受交变荷载反复作用，钢材在应力低于其屈服强度的情况下突然发生脆性断裂破坏的现象，称为疲劳破坏。钢材的疲劳破坏一般是由拉应力引起的，首先在局部开始形成细小断裂，随后由于微裂纹尖端的应力集中而使其逐渐扩大，直至突然发生瞬时疲劳断裂。

在一定条件下，钢材疲劳破坏的应力值随应力循环次数的增加而降低，如图 8-5 所示。钢材在无限多次交变荷载作用下而不会产生破坏最大应力值，称为疲劳强度或疲劳极限。

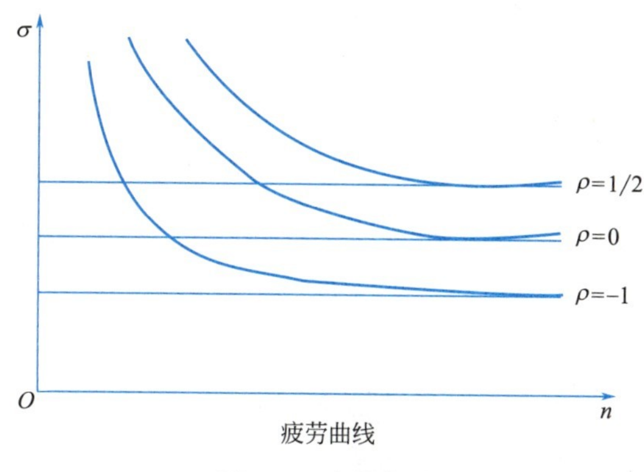

图 8-5　疲劳曲线

钢材的疲劳强度与很多因素有关，如组织结构、表面状态、合金成分、夹杂物和应力集中几种情况。一般来说，钢材的抗拉强度高，其疲劳极限也较高。

4. 硬度

钢材的硬度是指其表面抵抗硬物压入产生局部变形的能力。测定钢材硬度的方法有布氏硬度测试法、洛氏硬度测试法和维氏硬度测试法等。建筑钢材硬度常用布氏硬度表示，其代号为 HB。

布氏硬度测试法的测定原理是利用直径为 D 的淬火钢球，以荷载 P 将其压入试件表面，经规定的持续时间后卸去荷载，得直径为 d 的压痕，以压痕表面积 A 除以荷载 P，即得布氏硬度（HB）值，此值无量纲。布氏硬度测试如图 8-6 所示。

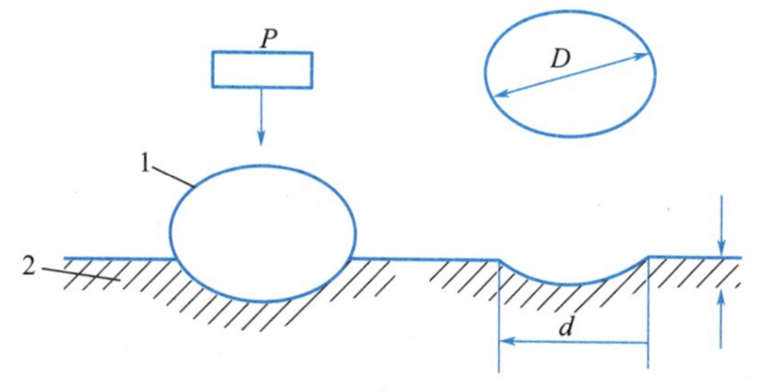

图 8-6　布氏硬度测试示意图

1—淬火钢球；2—试件

8.2.2　钢材的工艺性能

1. 冷弯性能

冷弯性能是指钢材在常温下承受弯曲变形的能力。冷弯是通过检验试件经规定的弯曲程度后，弯曲处外面及侧面有无裂纹、起层、鳞落和断裂等情况进行评定的，其测试方法

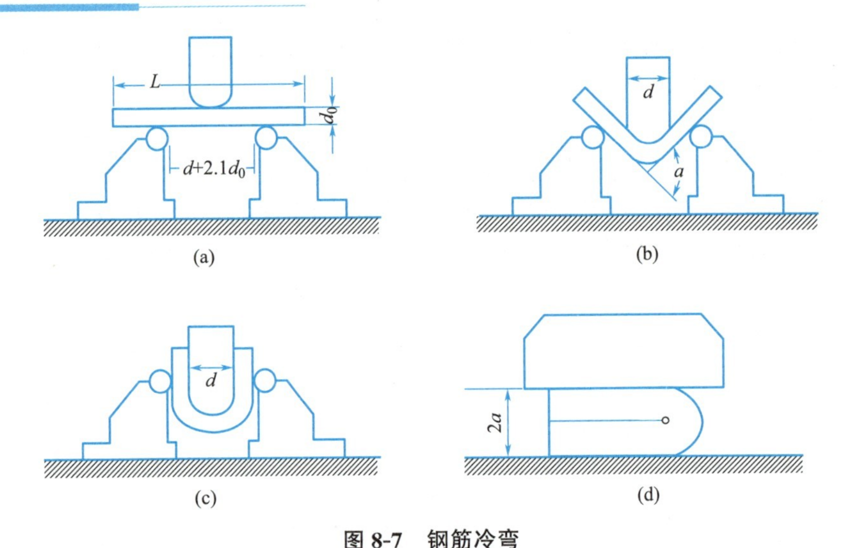

图 8-7　钢筋冷弯

（a）试样安装；（b）弯曲 90°；（c）弯曲 180°；（d）弯曲至两面重合

如图 8-7 所示。一般用弯曲角度以及弯心直径 d 与钢材的厚度 a 或直径的比值 $n=\frac{d}{a}$ 来表示。弯曲角度 α 越大，而弯心直径 d 与钢材的厚度或直径的比值 n 越小，表明钢材的冷弯性能越好。

2. 可焊性

可焊性是指钢材是否适应通常的焊接方法与工艺的性能。在焊接过程中，由于高温作用和焊接后的急剧冷却作用，会使焊缝及附近的过热区发生晶体组织及结构的变化，产生局部变形，内应力和局部硬脆，降低了焊接质量。

钢的可焊性主要与钢的化学成分及其含量有关。当含碳量超过 0.3%时，钢的可焊性变差，特别是硫含量过高，会使焊接处产生热裂纹并硬脆（热脆性），其他杂质含量多也会降低钢材的可焊性。

采取焊前预热以及焊后热处理的方法，可使可焊性较差的钢材的焊接质量提高。施工中正确地选用焊条及正确的操作均能防止夹入焊渣、气孔、裂纹等缺陷，提高其焊接质量。

8.2.3　钢材的化学成分及其对性质的影响

钢是含碳量小于 2%的铁碳合金，当碳大于 2%时则为铸铁。碳素结构钢由纯铁、碳及杂质元素组成，其中纯铁约占 99%，碳及杂质元素约占 1%。低合金结构钢中，除上述元素外还加入合金元素，后者总量通常不超过 3%。除铁、碳外，钢材在冶炼过程中会从原料、燃料中引入一些的其他元素。化学元素对钢材性能的影响见表 8-3。

化学元素对钢材性能的影响　　　　表 8-3

化学元素	强度	硬度	塑性	韧性	可焊性	其他
碳(C)<1%↑	↑	↑	↓	↓	↓	冷脆性↑
硅(Si)>1%↑			↓	↓↓	↓	冷脆性↑

续表

化学元素	强度	硬度	塑性	韧性	可焊性	其他
锰(Mn)↑	↑	↑		↑		脱氧、硫剂
钛(Ti)↑	↑↑		↓	↑		强脱氧剂
钒(V)↑	↑					时效↓
磷(P)↑	↑		↓	↓	↓	偏析、冷脆↑↑
氮(N)↑	↑		↓	↓↓	↓	冷脆性↑
硫(S)↑	↓				↓	热脆性↑
氧(O)↑	↓				↓	热脆性↑

8.2.4　钢材的冷加工及热处理

1. 钢材的冷加工

将钢材在常温下进行冷加工（如冷拉、冷拔、冷轧、冷扭等），使之产生塑性变形，从而提高屈服强度，但钢材的塑性、韧性及弹性模量则会降低，这个过程称为冷加工强化处理。建筑工地或预制构件厂常用的方法是冷拉和冷拔。

（1）冷拉

将热轧钢筋用冷拉设备进行张拉，拉伸至产生一定的塑性变形后，卸去荷载。冷拉参数的控制直接关系到冷拉效果和钢材质量。一般钢筋冷拉仅控制冷拉率，称为单控，对用作预应力的钢筋，须采用双控，即既控制冷拉应力，又控制冷拉率。冷拉时当拉至控制应力时可以未达到控制冷拉率，反之钢筋则应降级使用。钢筋冷拉后，屈服强度可提高 20%～30%，可节约钢材 10%～20%，钢材经冷拉后屈服阶段缩短，伸长率降低，材质变硬。

（2）冷拔

将直径为 6.5～8mm 的碳素结构钢的 Q235（或 Q215）盘条，通过拔丝机中钨合金做成的比钢筋直径小 0.5～1.0mm 的冷拔模孔，冷拔成比原直径小的钢丝，称为冷拔低碳钢丝。经过多次冷拔，可得规格更小的钢丝。冷拔作用比纯拉伸的作用强烈，钢筋不仅受拉，而且同时受到挤压作用。经过一次或多次冷拔后得到的冷拔低碳钢丝，其屈服点可提高 40%～60%，但同时也失去软钢的塑性和韧性，而具有硬质钢材的特点。

（3）冷轧

冷轧是将圆钢在轧钢机上轧成断面形状规则的钢筋，可以提高其强度及与混凝土的粘结力。钢筋在冷轧时，纵向与横向同时产生变形，因而能较好地保持其塑性和内部结构的均匀性。

2. 冷加工的时效

冷加工后的钢材，随着时间的延长，钢材的屈服强度、抗拉强度与硬度还会进一步提高，塑性、韧性继续降低的现象称为时效。时效是一个十分缓慢的过程，有些钢材即使未经过冷加工，长期搁置后也会出现时效，但不如冷加工后表现明显。钢材冷加工后，由于产生塑性变形，使时效大大加快。

钢材冷加工的时效处理有两种方法。

（1）自然时效。将经过冷拉的钢筋在常温下存放15～20d，称为自然时效，它适用于强度较低的钢材。

（2）人工时效。对强度较高的钢材，自然时效效果不明显，可将经冷加工的钢材加热到100～200℃并保持2～3h，则钢筋强度将进一步提高，这个过程称为人工时效。它适用于强度较高的钢材。

3. 钢材的热处理

将钢材按一定规则加热、保温和冷却处理，以改变其组织，得到所需要的性能的一种工艺过程。钢材热处理的方法有以下几种：

（1）退火

退火是将钢材加热到一定温度，保温后缓慢冷却（随炉冷却）的一种热处理工艺，有低温退火和完全退火之分。退火的目的是细化晶粒，改善组织，减少加工中产生的缺陷、减轻晶格畸变，消除内应力，防止变形、开裂。

（2）正火

正火是退火的一种特例。正火在空气中冷却，两者间冷却速度不同。与退火相比，正火后钢材的硬度、强度较高，而塑性减小。

（3）淬火

淬火是将钢材加热到基本组织转变温度以上（一般为900℃以上），保温使组织完全转变，即放入水或油等冷却介质中快速冷却，使之转变为不稳定组织的一种热处理操作。其目的是得到高强度、高硬度的组织。淬火会使钢材的塑性和韧性显著降低。

（4）回火

回火是将钢材加热到基本组织转变温度以下（150～650℃内选定），保温后在空气中冷却的一种热处理工艺，通常回火和淬火是两道相连的热处理过程。其目的是促进不稳定组织转变为需要的组织，消除淬火产生的内应力，改善机械性能等。

8.3 建筑工程常用钢材

建筑钢材可分为钢结构用型钢和钢筋混凝土结构用钢筋。各种型钢和钢筋的性能主要取决于所用钢种及其加工方式。在建筑工程中，钢结构所用各种型钢，钢筋混凝土结构所用的各种钢筋、钢丝、锚具等钢材，基本上都是碳素结构钢和低合金结构钢等钢种，经热轧或冷拔、热处理等工艺加工而成。

8.3.1 建筑工程常用钢材

8-3
常用钢材

1. 普通碳素结构钢

（1）牌号及其表示方法

碳素结构钢的牌号由四个部分组成：屈服点的字母（Q）、屈服点数值（N/mm^2）、质量等级符号（A、B、C、D）、脱氧程度符号（F、b、Z、

TZ)。碳素结构钢的质量等级是按钢中硫、磷含量由多至少划分的，随 A、B、C、D 的顺序质量等级逐级提高。当为镇静钢或特殊镇静钢时，则牌号表示“Z”与“TZ”符号可予以省略。

按标准规定，我国碳素结构钢分四个牌号，即 Q195、Q215、Q235 和 Q275。例如 Q235—A·F，它表示：屈服点为 235N/mm^2 的平炉或氧气转炉冶炼的 A 级沸腾碳素结构钢。

（2）技术要求

按照《碳素结构钢》GB/T 700—2006 规定，碳素结构钢的技术要求如下：碳素结构钢的拉伸性能和冲击试验应符合表 8-4 的规定，冷弯试验应符合表 8-5 的规定。

碳素结构钢的力学性能（GB/T 700—2006）　　表 8-4

牌号	等级	屈服强度[a] σ_s(MPa)，不小于						抗拉强度[b] σ_b (MPa)	断后伸长率 δ_5(%)，不小于					冲击试验	
		钢材厚度(直径)(mm)							钢材厚度(直径)(mm)					温度(℃)	V 形纵向冲击功(J)
		≤16	>16—40	>40—60	>60—100	>100—150	>150—200		≤40	>40—60	>60—100	>100—150	>150—200		
Q195	—	195	185	—	—	—	—	315～430	33	—	—	—	—	—	—
Q215	A	215	205	195	185	175	165	335～450	31	30	29	27	26	—	—
	B													+20	27
Q235	A	235	225	215	215	195	185	370～500	26	25	24	22	21	—	—
	B													+20	27[c]
	C													0	
	D													−20	
Q275	A	275	265	255	245	225	215	410～540	22	21	20	18	17	—	—
	B													+20	27
	C													0	
	D													−20	

注：a. Q195 的屈服强度值仅供参考，不作交货条件；

b. 厚度大于 100mm 的钢材，抗拉强度下限允许降低 20N/mm^2。宽带钢（包括剪切钢板）抗拉强度上限不作交货条件；

c. 厚度小于 25mm 的 Q235 钢材，如供方能保证冲击吸收功值合格，经需方同意，可不作检验。

碳素结构钢的冷弯要求（GB/T 700—2006）　　表 8-5

牌号	试样方向	冷弯试验 弯曲角度=180°　$B=2a$[a]	
		钢材厚度[b](直径)(mm)	
		≤60	>60～100
		弯心直径 d	
Q195	纵	0	—
	横	0.5a	

续表

牌号	试样方向	冷弯试验 弯曲角度=180° $B=2a$[a]	
		钢材厚度[b]（直径）(mm)	
		≤60	>60～100
		弯心直径 d	
Q215	纵	0.5a	1.5a
	横	a	2a
Q235	纵	a	2a
	横	1.5a	2.5a
Q275	纵	1.5a	2.5a
	横	2a	3a

注：a. B 为试样宽度，a 为试样厚度（或直径）；

b. 钢材厚度（或直径）大于100mm时，弯曲试验由双方协商确定。

从表8-5中可以看出，碳素结构钢随着牌号的增大，其含碳量和含锰量增加，强度和硬度提高，而塑性和韧性下降，冷弯性能逐渐变差。

（3）特性与用途

建筑工程中常用的碳素结构钢牌号为Q235，由于该牌号钢既具有较高的强度，又具有较好的塑性和韧性，可焊性也好，故能较好地满足一般钢结构和钢筋混凝土结构的用钢要求。Q235号钢冶炼方便，成本较低，故在建筑中应用广泛。由于塑性好，在结构中能保证在超载、冲击、焊接、温度应力等不利条件下的安全；并适于各种加工，大量被用作轧制各种型钢、钢板及钢筋。其力学性能稳定，对轧制、加热、急剧冷却时的敏感性较小。其中Q235-A级钢，一般仅适用于承受静荷载作用的结构，Q235-C和D级钢可用于重要焊接的结构。另外，由于Q235-D级钢含有足够的形成细晶粒结构的元素，同时对硫、磷有害元素控制严格，故其冲击韧性很好，具有较强的抗冲击、振动荷载的能力，尤其适宜在较低温度下使用。

Q195和Q215号碳素结构钢，虽塑性很好，但强度太低；Q275号钢，强度很高，但塑性较差，可焊性亦差；Q195和Q215号钢常用作生产一般使用的钢钉、铆钉、螺栓及钢丝等；Q275号钢多用于生产机械零件和工具等。

2. 优质碳素结构钢

优质碳素结构钢是含碳小于0.8%的碳素钢，其所含的硫、磷及非金属夹杂物比碳素结构钢少，机械性能较为优良。

（1）牌号及其表示方法

钢中除含有碳（C）元素和为脱氧而含有一定量硅（Si）（一般不超过0.40%）、锰（Mn）（一般不超过0.80%，较高可达1.20%）合金元素外，不含其他合金元素（残余元素除外）。此类钢必须同时保证化学成分和力学性能。其硫（S）、磷（P）杂质元素含量一般控制在0.035%以下，若控制在0.030%以下为高级优质钢，其牌号后面应加“A”，例如20A；若P控制在0.025%以下、S控制在0.020%以下时，称特级优质钢，其牌号后面应加“E”以示区别。

《优质碳素结构钢》GB/T 699—2015 中共有 31 个牌号。优质碳素结构钢的牌号用两位数字表示，即是钢中平均含碳量的万分位数。表示方法以平均含碳量、锰含量标注、脱氧程度符号组合而成。如牌号为 10F 的优质碳素结构钢表示平均含碳量为 0.10%的沸腾钢；牌号为 45Mn 表示平均含碳量 0.45%、较高含锰量的镇静钢。

（2）技术要求

优质碳素结构钢是依靠调整含碳（C）量来改善钢的力学性能，因此，根据含碳量的高低分为：

低碳钢——含碳量一般小于 0.25%，包括：05F、08F、08、10F、10、15F、15、20F、20、25、20Mn、25Mn 等；

中碳钢——含碳量一般在 0.25%～0.60%之间，包括：30、35、40、45、50、55、60、30Mn、40Mn、50Mn、60Mn 等；

高碳钢——含碳量一般大于 0.60%，包括：65、70、65Mn 等。

优质碳素结构钢中 08、10、15、20、25 等牌号的钢塑性好，易于拉拔、冲压、挤压、锻造和焊接。30、35、40、45、50、55 等牌号钢，其强度和硬度较前提高，淬火后的硬度可显著增加。其中，以 45 钢最为典型，它不仅强度、硬度较高，且兼有较好的塑性和韧性，即综合性能优良。60、65、70、75 等牌号钢经过淬火、回火后不仅强度、硬度提高，且弹性优良。

（3）应用

建筑工程中，30～45 号钢主要用于重要结构的钢铸件高强度螺栓等；45 号钢用作预应力钢筋混凝土锚具；65～80 号钢用于生产预应力钢筋混凝土用钢丝和钢绞线。

3. 低合金高强度结构钢

低合金高强度结构钢是在碳素结构钢的基础上，添加少量的一种或多种合金元素（总含量<5%）的一种结构钢。其目的是提高钢的屈服强度、抗拉强度、耐磨性、耐蚀性与耐低温性等。因而它是综合性较为理想的建筑钢材，在大跨度、承重动荷载和冲击荷载的结构中更适用。此外，与使用碳素钢相比，可以节约钢材 20%～30%。

（1）牌号及其表示方法

《低合金高强度结构钢》GB/T 1591—2018 规定，我国低合金结构钢共有 8 个牌号，所加元素主要有锰、硅、钒、钛、铌、铬、镍及稀土元素。其牌号的表示由屈服点字母 Q、规定的最小上屈服强度数值、交货状态代号和质量等级符号（B、C、D、E、F）四部分组成。交货状态为热轧时，交货状态代号 AR 或 WAR 可省略，交货状态为正火或正火轧制状态时，交货状态代号均用 N 表示。例如 Q355ND 表示屈服强度数值不小于 355MPa 的正火轧制 D 级低合金结构钢。

当需方要求钢板具有厚度方向性能时，则在上述规定的牌号后加上代表厚度方向（Z 向）性能级别的符号，如 Q355NDZ25。

（2）技术要求

《低合金高强度结构钢》GB/T 1591—2018 规定，热轧钢材的拉伸性能应符合表 8-6 和表 8-7 的规定，工艺性能应符合表 8-8 的规定。

热轧钢材的拉伸性能　　表 8-6

牌号		上屈服强度 R_{eh}[a]（MPa）不小于									抗拉强度 R_m（MPa）			
钢级	质量等级	≤16	>16～40	>40～63	>63～80	>80～100	>100～150	>150～200	>200～250	>250～400	≤100	>100～150	>150～250	>250～400
Q355	B、C	355	345	335	325	315	295	285	275	—	470～630	450～600	450～600	—
	D									265[b]				450～600[b]
Q390	B、C、D	390	380	360	340	340	320	—	—	—	490～650	470～620	—	—
Q420[c]	B、C	420	410	390	370	370	350	—	—	—	520～680	500～650	—	—
Q460[c]	C	460	450	430	410	410	390	—	—	—	550～720	530～700	—	—

注：a. 当屈服不明显时，可用规定塑性延伸强度 $R_p0.2$ 代替上屈服强度；

b. 只适用于质量等级为 D 的钢板；

c. 只适用于型钢和棒材。

热轧钢材的伸长率　　表 8-7

牌号		断后伸长率 A 不小于（%）						
钢级	质量等级	公称厚度或直径（mm）						
		试样方向	≤40	>40～63	>63～100	>100～150	>150～250	>250～400
Q355	B、C、D	纵向	22	21	20	18	17	17[a]
		横向	20	19	18	18	17	17[a]
Q390	B、C、D	纵向	21	20	20	19	—	—
		横向	20	19	19	18	—	—
Q420[b]	B、C	纵向	20	19	19	19	—	—
Q460[b]	C	横向	18	17	17	17	—	—

注：a. 只适用于质量等级为 D 的钢板；

b. 只适用于型钢和棒材。

低合金高强度结构钢的冷弯性能（GB/T 1591—2018）　　表 8-8

试样方向	180°弯曲试验 [d＝弯心直径，a＝试样厚度（直径）]	
	钢材厚度（直径，边长）	
	≤16mm	>16～100mm
对于公称宽度不小于 600mm 的钢板及钢带，拉伸试验取横向试样；其他钢材的拉伸试样取纵向试样	$2a$	$3a$

（3）应用

低合金高强度结构钢与碳素结构钢相比，具有较高的强度，综合性能好，所以在相同使用条件下，可比碳素结构钢节省用钢 20%～30%，对减轻结构自重有利。同时还具有良好的塑性、韧性、可焊性、耐磨性、耐蚀性、耐低温性等性能，具有良好的可焊性及冷加工性，易于加工与施工。

低合金高强度结构钢主要用于轧制各种型钢（角钢、槽钢、工字钢）、钢板、钢管及钢筋，广泛用于钢结构和钢筋混凝土结构中，特别适用于各种重型结构、大跨度结构、高层结构及桥梁工程等，尤其对用于大跨度和大柱网的结构，其技术经济效果更为显著。

8.3.2　钢筋混凝土结构常用钢筋

热轧钢筋是建筑工程中用量最大的钢材品种之一，主要用于钢筋混凝土结构和预应力钢筋混凝土结构的配筋。根据表面特征不同，热轧钢筋分为光圆钢筋和带肋钢筋两大类。

1. 热轧光圆钢筋

热轧光圆钢筋，横截面为圆形，表面光圆，国家标准推荐的钢筋公称直径有 6mm、8mm、10mm、12mm、16mm、20mm 六种。热轧光圆钢筋用钢以氧气转炉、电炉冶炼，按屈服强度值分为 300 一个级别。热轧光圆钢筋的牌号表示方法见表 8-9。其屈服强度 R_{eL}、抗拉强度 R_m、断后伸长率 A、最大力总伸长率 A_{gt} 等力学性能特征值应符合表 8-10 的规定，冷弯试验时受弯曲部位外表面不得产生裂纹。

热轧光圆钢筋牌号的构成及其含义（GB/T 1499.1—2017）　　表 8-9

产品名称	牌号	牌号构成	英文字母含义
热轧光圆钢筋	HPB300	由 HPB+屈服强度特征值构成	HPB—热轧光圆钢筋的英文(Hot rolled Plain Bars)缩写

热轧光圆钢筋的力学性能及冷弯性能（GB/T 1499.1—2017）　　表 8-10

牌号	R_{eL}(MPa)	R_m(MPa)	A(%)	A_{gt}(%)	冷弯试验 180°，d—弯芯直径，a—钢筋公称直径
	不小于				
HPB300	300	420	25.0	10.0	$d=a$

热轧光圆钢筋的强度较低，但塑性及焊接性能很好，便于各种冷加工，故广泛用于普通钢筋混凝土构件的受力筋及各种钢筋混凝土结构的构造筋。

2. 热轧带肋钢筋

热轧带肋钢筋通常为圆形横截面，且表面通常带有两条纵肋和沿长度方向均匀分布的横肋。按《钢筋混凝土用钢 第 2 部分：热轧带肋钢筋》GB/T 1499.2—2018 中给出的月牙肋钢筋表面及截面形状如图 8-8 所示。

热轧带肋钢筋按屈服强度值分为 400、500、600 三个等级，其牌号由 HRB 和规定屈服强度构成。热轧带肋钢筋牌号的构成及其含义见表 8-11。其技术要求，主要有化学成分、力学性能和工艺性能。力学性能及工艺性能分别符合表 8-12、表 8-13 的规定。热轧

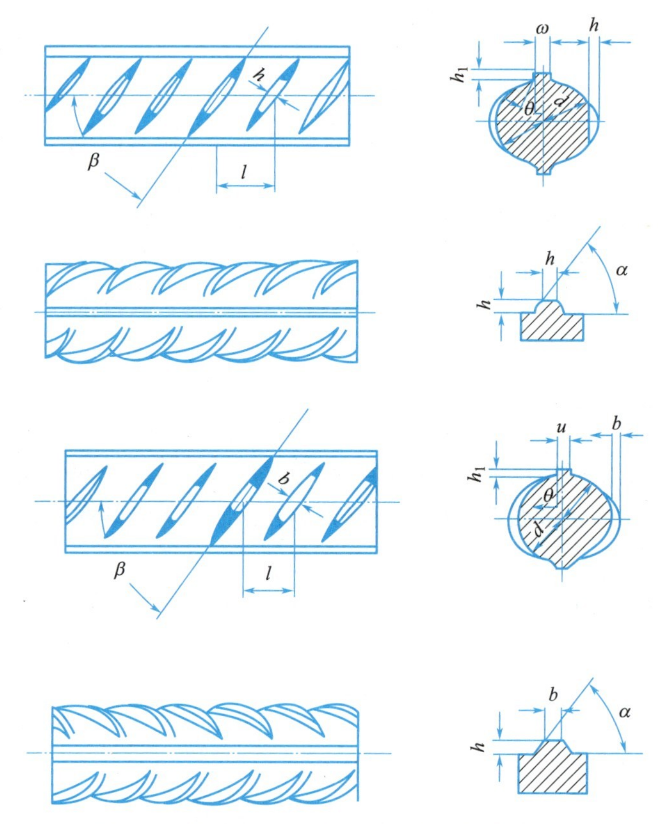

图 8-8　月牙肋钢筋（带纵肋）表面及截面形状

带肋钢筋的工艺性能，按表 8-13 中最右边一栏规定的弯心直径弯曲 180°后，钢筋受弯曲部位外表面不得产生裂纹。根据需方要求，钢筋还可以作反向弯曲试验，弯心直径比弯曲试验相应增加一个钢筋公称直径，先正向弯曲 90°后再反向弯曲 20°。两个弯曲角度均应在去载之前测量。经反向弯曲试验后，钢筋受弯曲部位外表面不得产生裂纹。

热轧带肋钢筋牌号的构成及其含义（GB/T 1499.2—2018）　　表 8-11

类别	牌号	牌号构成	英文字母含义
普通热轧钢筋	HRB400	由 HRB+屈服强度特征值构成	HRB—热轧带肋钢筋的英文(Hot rolled Ribbed Bars)缩写。E-“地震”的英文(Earthquake)首位字母
	HRB500		
	HRB600		
	HRB400E	由 HRB+屈服强度特征值+E 构成	
	HRB500E		
细晶粒热轧钢筋	HRBF400	由 HRBF+屈服强度特征值构成	HRBF—在热轧带肋钢筋的英文缩写后加“细”的英文(Fine)首位字母。E-“地震”的英文(Earthquake)首位字母
	HRBF500		
	HRBF400E	由 HRBF+屈服强度特征值+E 构成	
	HRBF500E		

热轧带肋钢筋的力学性能（GB/T 1499.2—2018）　　表 8-12

牌号	R_{el}(MPa)	R_m(MPa)	A(%)	A_{gt}(%)
	不小于			
HRB400 HRBF400	400	540	16	7.5
HRB400E HRBF400E			—	9.0
HRB500 HRBF500	500	630	15	7.5
HRB500E HRBF500E			—	9.0
HRB600	600	730	14	7.5

热轧带肋钢筋的冷弯性能（GB/T 1499.2—2018）　　表 8-13

牌号	公称直径 d(mm)	弯心直径
HRB400 HRBF400 HRB400E HRBF400E	6～25	$4d$
	28～40	$5d$
	>40～50	$6d$
HRB500 HRBF500 HRB500E HRBF500E	6～25	$6d$
	28～40	$7d$
	>40～50	$8d$
HRB600	6～25	$6d$
	28～40	$7d$
	>40～50	$8d$

热轧带肋钢筋中的 HRB400 和 HRB500 的强度较高，塑性和焊接性能也较好，广泛用作大、中型钢筋混凝土结构的受力钢筋。HRB600 带肋钢筋强度高，但塑性和焊接性较差，适宜作预应力钢筋使用。

8.3.3　钢结构专用型钢

钢结构用钢一般可直接选用各种规格与型号的型钢，构件之间可直接连接或附以板进行连接。连接方式为铆接、螺栓连接或焊接。因此，钢结构所用钢材主要是型钢和钢板。型钢和钢板的成型有热轧和冷轧。

1. 热轧型钢

热轧型钢主要采用碳素结构钢 Q235-A，低合金高强度结构钢 Q345 和 Q390 热轧成型。

常用的热轧型钢有角钢、工字钢、槽钢、T 型钢、H 型钢、Z 型钢等，如图 8-9 所示。

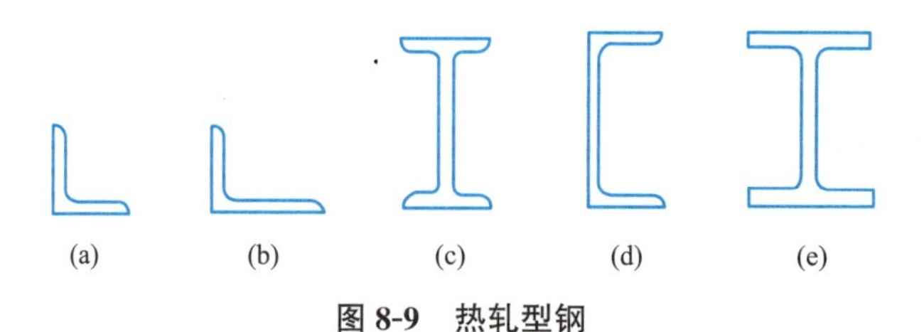

图 8-9 热轧型钢

（a）等边角钢；（b）不等边角钢；（c）工字钢；（d）槽钢；（e）H 型钢

（1）热轧普通工字钢

工字钢是截面为工字型、腿部内侧有 1∶6 斜度的长条钢材，其规格以“腰高度×腿宽度×腰厚度”（mm）表示，也可用“腰高度＃”（cm）表示；规格范围为 10＃～63＃。若同一腰高的工字钢，有几种不同的腿宽和腰厚，则在其后标注 a、b、c 表示相应规格。

工字钢广泛应用于各种建筑结构和桥梁，主要用于承受横向弯曲（腹板平面内受弯）的杆件，但不宜单独用作轴心受压构件或双向弯曲的构件。

（2）热轧 H 型钢

H 型钢由工字型钢发展而来，优化了截面的分布。与工字型钢相比，H 型钢具有翼缘宽，侧向刚度大，抗弯能力强，翼缘两表面相互平行、连接构造方便，重量轻、节省钢材等优点。

H 型钢分为宽翼缘（代号为 HW）、中翼缘（代号为 HM）和窄翼缘 H 型钢（HN）以及 H 型钢桩（HP）。

宽翼缘和中翼缘 H 型钢适用于钢柱等轴心受压构件，窄翼缘 H 型钢适用于钢梁等受弯构件。

H 型钢的规格型号以“代号 腹板高度×翼板宽度×腹板厚度×翼板厚度”（mm）表示，也可用“代号　腹板高度×翼板宽度”表示。

H 型钢截面形状经济合理，力学性能好，常用于要求承载力大、截面稳定性好的大型建筑（如高层建筑）的梁、柱等构件。

（3）热轧普通槽钢

槽钢是截面为凹槽形、腿部内侧有 1∶10 斜度的长条钢材。

规格以“腰高度×腿宽度×腰厚度”（mm）或“腰高度＃”（cm）来表示。

同一腰高的槽钢，若有几种不同的腿宽和腰厚，则在其后标注 a、b、c 表示该腰高度下的相应规格。

槽钢主要用于承受轴向力的杆件、承受横向弯曲的梁以及联系杆件，主要用于建筑钢结构、车辆制造等。

（4）热轧等边角钢、热轧不等边角钢

角钢是两边互相垂直成直角形的长条钢材。主要用作承受轴向力的杆件和支撑杆件，也可作为受力构件之间的连接零件。

等边角钢的两个边宽相等。规格以“边宽度×边宽度×厚度”（mm）或“边宽＃”（cm）表示。规格范围为 20×20×（3—4）～200×200×（14—24）。

不等边角钢的两个边不相等。规格以“长边宽度×短边宽度×厚度”（mm）或“长边宽度/短边宽度”（cm）表示。规格范围为 25×16×（3—4）～200×125×（12—18）。

2. 冷弯薄壁型钢

冷弯薄壁型钢指用钢板或带钢在常温下弯曲成的各种断面形状的成品钢材。冷弯型钢是一种经济的截面轻型薄壁钢材，也称为钢质冷弯型材或冷弯型材。其截面各部分厚度相同，在各转角处均呈圆弧形。

冷弯薄壁型钢的类型有 C 型钢、U 型钢、Z 型钢、带钢、镀锌带钢、镀锌卷板、镀锌 C 型钢、镀锌 U 型钢、镀锌 Z 型钢。图 8-10 为常见形式的冷弯薄壁型钢。冷弯薄壁型钢的表示方法与热轧型钢相同。

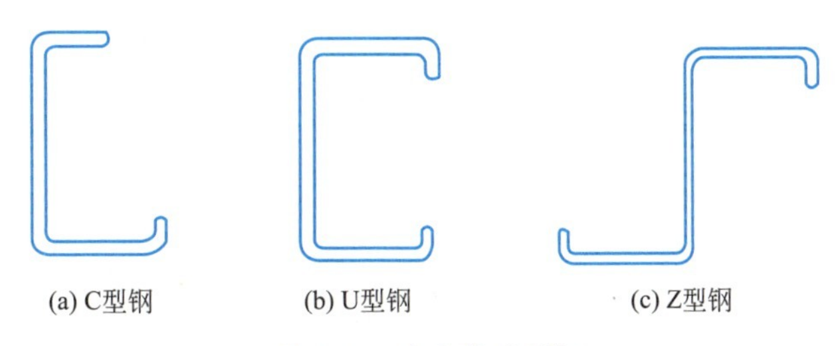

图 8-10　冷弯薄壁型钢

冷弯型钢作为承重结构、围护结构、配件等在轻钢房屋中也大量应用。在房屋建筑中，冷弯型钢可用作钢架、桁架、梁、柱等主要承重构件，也被用作屋面檩条、墙架梁柱、龙骨、门窗、屋面板、墙面板、楼板等次要构件和围护结构。冷弯薄壁型钢结构构件通常有檩条、墙梁、钢架等。

3. 板材

（1）钢板

钢板是用碳素结构钢和低合金高强度结构钢经热轧或冷轧生产的扁平钢材。按轧制方式可分为热轧钢板和冷轧钢板。

表示方法：宽度×厚度×长度（mm）。

厚度大于 4mm 以上的为厚板；厚度小于或等于 4mm 的为薄板。

热轧碳素结构钢厚板，是钢结构的主要用钢材。低合金高强度结构钢厚板，用于重型结构、大跨度桥梁和高压容器等。薄板用于屋面、墙面或轧型板原料等。

在钢结构中，单块钢板不能独立工作，必须用几块板组合成工字型、箱型等结构来承受荷载。

（2）压型钢板

是用薄板经冷轧成波形、U 形、V 形等形状，如图 8-11 所示。压型钢板有涂层、镀锌、防腐等薄板。压型钢板具有单位质量轻、强度高、抗震性能好、施工快、外形美观等优点。主要用于围护结构、楼板、屋面板和装饰板等。

（3）花纹钢板

表面压有防滑凸纹的钢板，主要用于平台、过道及楼梯等的铺板。钢板的基本厚度为 2.5～8.0mm，宽度为 600～1800mm，长度为 2000～12000mm。

（4）彩色涂层钢板

彩色涂层钢板是以冷轧钢板、电镀锌钢板、热镀锌钢板或镀铝锌钢板为基板经过表面脱脂、磷化、络酸盐处理后，涂上有机涂料经烘烤而制成的产品。

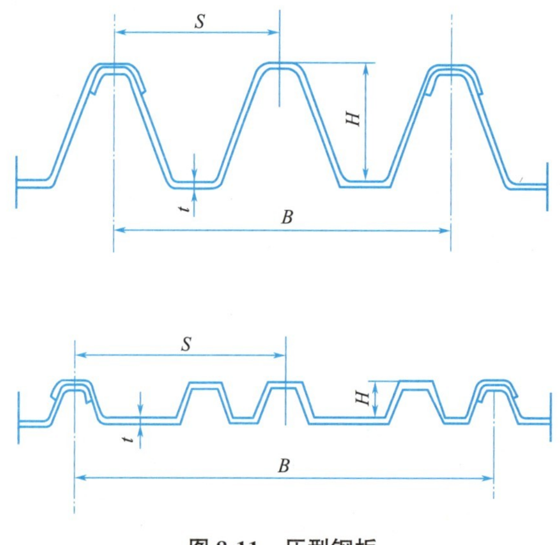

图 8-11　压型钢板

彩色涂层钢板的常用涂料是聚酯（PE）、其次还有硅改性树脂（SMP）、高耐候聚酯（HDP）、聚偏氟乙烯（PVDF）等，涂层结构分“二涂一烘”和“二涂二烘”，涂层厚度一般在表面 20～25μm，背面 8～10μm，建筑外用不应该低于表面 20μm，背面 10μm。彩色涂层可以防止钢板生锈，使钢板使用寿命长于镀锌钢板。

按用途分：建筑外用（JW）、建筑内用（JN）和家用电器（JD）。

按表面状态分：涂层板（TC）、印花板（YH）和压滑板（YaH）。

彩色涂层钢板的标记方式为：钢板　用途代号—表面状态代号—涂料代号—基材代号—板厚×板宽×板长。

涂层钢板具有轻质、美观和良好的防腐蚀性能，可直接加工，给建筑业、造船业、车辆制造业、家具行业、电气行业等提供了一种新型原材料，起到了以钢代木、高效施工、节约能源、防止污染等良好效果。

8.4 钢材的验收与储运

1. 钢材的验收

钢材的验收按批次检查验收，验收主要内容如下：

(1) 钢材的数量和品种是否与订货单符合。

(2) 钢材表面质量检验。钢材表面不允许有结疤、裂纹、折叠和分层、油污等缺陷。

(3) 钢材的质量保证书是否与钢材上打印的记号相符合：每批钢材必须具备生产厂家提供的材质证明书，写明钢材的炉号、钢号、化学成分和机械性能等，根据国家技术标准核对钢材的各项指标。

(4) 按国家标准按批次抽取试样检测钢材的力学性能。同一级别、种类，同一规格、批号、批次不大于 60t 为一检验批（不足 60t 也为一检验批），取样方法应符合国家标准规定。

2. 钢材的储运

（1）运输

钢材在运输中要求不同钢号、炉号、规格的钢材分别装卸，以免混乱。装卸中钢材不得摔掷，以免破坏。在运输过程中，其一端不能悬空及伸出车身的外边。另外，装车时要注意荷重限制，不许超过规定，并须注意装载负荷的均衡。

（2）堆放

钢材的堆放要减少钢材的变形和锈蚀，节约用地，且便于提取钢材。

1）钢材应按不同的钢号、炉号、规格、长度等分别堆放；

2）堆放在有顶棚的仓库时，可直接堆放在草坪上（下垫楞木），对小钢材亦可放在架子上，堆与堆之间应留出走道；堆放时每隔5～6层放置楞木。其间距以不引起钢材明显的弯曲变形为宜。楞木要上下对齐，在同一垂直平面内；

3）露天堆放时，应加上简易的篷盖，或选择较高的堆放场地，四周有排水沟。堆放时尽量使钢材截面的背面向上或向外，以免积雪、积水；

4）为增加堆放钢材的稳定性，可使钢材互相勾连，或采用其他措施。标牌应标明钢材的规格、钢号、数量和材质验收证明书号。并在钢材端部根据其钢号涂以不同颜色的油漆；

5）钢材的标牌应定期检查。选用钢材时，要按顺序寻找，不准乱翻；

6）完好的钢材与已有锈蚀的钢材应分别堆放。凡是已经锈蚀者，应拣出另放，进行适当的处理。

8.5 钢材的防火与防锈

8.5.1 钢材的防火

钢材是一种不会燃烧的建筑材料，但是，钢材作为建筑材料在防火方面存在一些难以避免的缺陷，它的机械性能，如屈服点、抗拉强度及弹性模量等均会因温度的升高而急剧下降。钢结构通常在450～650℃温度中就会失去承载能力，发生很大的形变，导致钢柱、钢梁弯曲，结构因过大的形变而不能继续使用，一般不加保护的钢结构的耐火极限为15min左右。这一时间的长短还与构件吸热的速度有关。要使钢结构材料在实际应用中克服防火方面的不足，必须进行防火处理。

钢结构防火保护措施按原理分为两类：一是阻热法，二是水冷却法。

1. 阻热法

阻热法根据防火涂料阻热和包封材料阻热，分为喷涂法和包封法。喷涂法通过涂覆或喷洒防火涂料把构件保护起来，包封法又可分为空心包封法和实心包封法。空心包封法一般采用防火板或耐火砖，沿钢构件的外围边界将钢构件包裹起来；实心包封法一般通过浇筑混凝土将钢构件包裹起来，完全封闭钢构件。

2. 水冷却法

水冷却法包括水淋冷却法和充水冷却法。水淋冷却法是在钢结构上布置自动或手动喷淋系统，发生火灾时，启动喷淋系统，在钢结构表面形成一层连续的水膜，火焰蔓延到钢结构表面时，水分蒸发带走热量，延缓钢结构建筑达到其界限温度；充水冷却法是在空心钢构件内充水，通过水在钢结构内的循环，吸收钢材本身受热的热量，从而使钢结构在火灾中能保持较低的温度，不会因升温过高而丧失承载能力。

8.5.2 钢材的防锈

钢材的锈蚀是指钢材表面与周围介质发生作用而引起破坏的现象。根据钢材与环境介质作用的机理，锈蚀可分为化学锈蚀和电化学锈蚀两种。化学锈蚀是指钢材直接与周围介质发生化学反应而产生的锈蚀，这种锈蚀多数是氧化作用，使钢材的表面形成疏松的氧化物；电化学锈蚀是指钢材与电解质溶液接触而产生电流，形成微电池而引起的锈蚀，是钢材在存放和使用过程中发生锈蚀的主要形式。防止钢材锈蚀的措施主要有以下几种：

1. 表面刷漆

表面刷漆是钢结构防止锈蚀的常用方法。刷漆通常有底漆、中间漆和面漆三道。底漆要求有较好的附着力和防锈能力，常用的有红丹、环氧富锌漆、云母氧化铁和铁红环氧底漆等。

2. 表面镀金属

用耐腐蚀性好的金属，以电镀或喷镀的方法覆盖在钢材的表面，提高钢材的耐腐蚀能力。常用的方法有镀锌（如白铁皮）、镀锡（如马口铁）、镀铜和镀铬等。

3. 采用耐候钢

耐候钢是在碳素钢和低合金钢中加入少量的铜、铬、镍、钼等合金元素而制成。耐候钢既有致密的表面防腐保护，又有良好的焊接性能，其强度级别与常用碳素钢和低合金钢一致，技术指标相近。

8.6 建筑钢材试验

8.6.1 钢筋拉伸性能试验

8-4 钢筋拉伸试验

1. 试验目的

测定低碳钢的屈服强度、抗拉强度与伸长率。注意观察拉力与变形之间的变化。确定应力与应变之间的关系曲线，评定钢筋的强度等级。

2. 主要仪器设备

（1）万能材料试验机。为保证机器安全和试验准确，其吨位选择最好会使试件达到最大荷载时，指针位于指示度盘第三象限内。试验机的测力示值误差不大于1%，如图 8-12 所示。

（2）游标卡尺（精确度为 0.1mm）、直钢尺、两脚扎规、打点机等。如图 8-13 和图 8-14 所示。

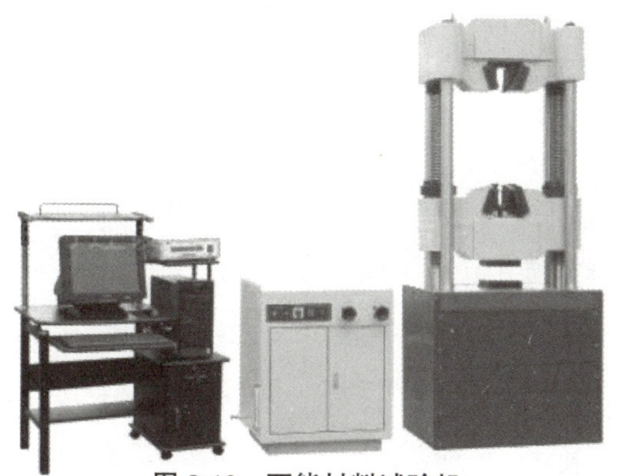

图 8-12　万能材料试验机

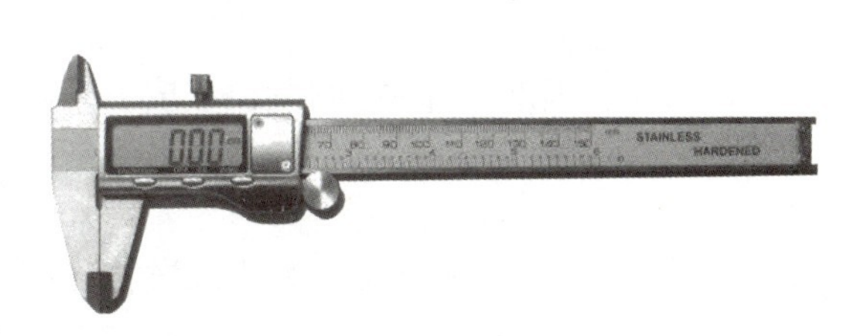

图 8-13　游标卡尺

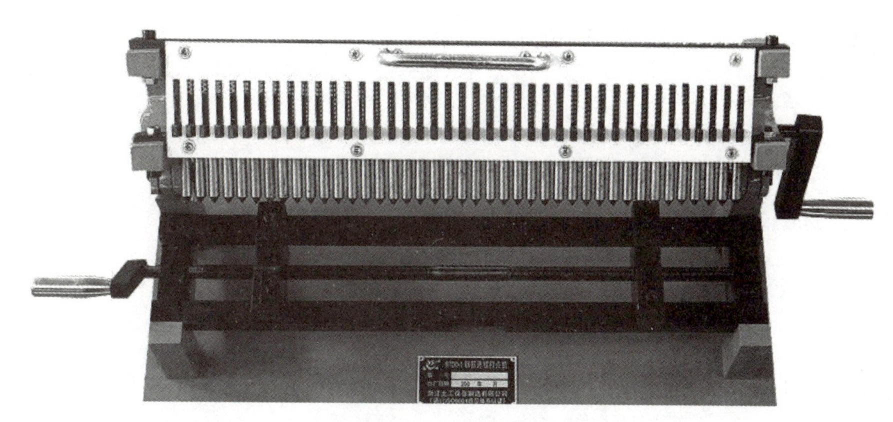

图 8-14　钢筋打点机

3. 试件制作和准备

（1）8～40mm 直径的钢筋试件一般不经车削。

（2）如果受试验机吨位的限制，直径为 22～40mm 的钢筋可制成车削加工试件。

（3）在试件表面用钢筋划一平行其轴线的直线，在直线上冲浅眼或划线标出标距端点（标点），并沿标距长度用油漆划出 10 等分点的分格标点。

（4）测量标距长度 L_0（精确至 0.1mm），如图 8-15 所示。

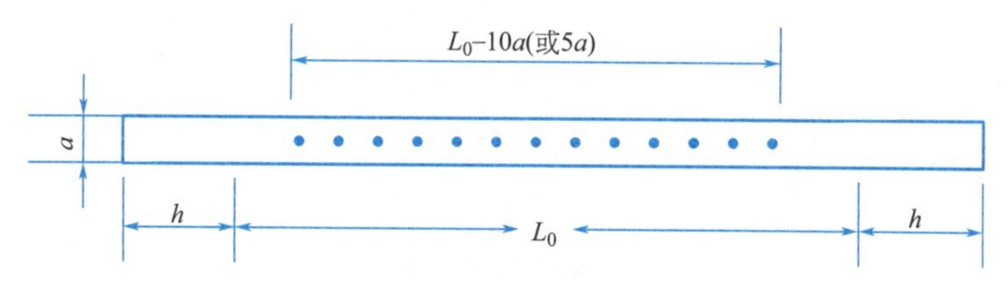

图 8-15　不经切削的试件

4. 试验步骤

（1）调整试验机刻度盘的指针，对准零点，拨动副指针与主指针重叠。

（2）将试件固定在试验机夹头内，开动试验机进行拉伸，拉伸速度为：屈服前应力增加速度为每秒 10MPa；屈服后试验机活动夹头在荷载下的移动速度为不大于 0.5L/min。

（3）钢筋在拉伸试验时，读取刻度盘指针首次回转前指示的恒定力或首次回转时指示的最小力，即为屈服点荷载；钢筋屈服之后继续施加荷载直至将钢筋拉断，从刻度盘上读取试验过程中的最大力。

（4）量取拉断后标距长度 L_1。

5. 检测结果确定

（1）屈服强度 σ_s 和抗拉强度 σ_b 按下式计算（精确至 1MPa）：

$$\sigma_s = \frac{F_S}{A},\ \sigma_b = \frac{F_b}{A} \tag{8-3}$$

式中 σ_s、σ_b——分别为屈服强度和抗拉强度（MPa）；

F_S、F_b——分别为屈服点荷载和最大荷载（N）。

（2）伸长率按下式计算（精确至 1%）：

$$\delta_5(\text{或}\ \delta_{10}) = \frac{L_1 - L_0}{L_0} \times 100\% \tag{8-4}$$

式中 δ_{10}、δ_5——分别表示 $L_0=10d$ 或 $L_0=5d$ 时的伸长率；

L_0——原标距长度 $10d$（$5d$）（mm）；

L_1——试件拉断后标距的长度（mm）。

如试件在标距端点上或标距处断裂，则试验结果无效，应重做试验。

8.6.2 钢材的冷弯性能试验

冷弯是钢材的重要工艺性能，用以检验钢材在常温下承受规定弯曲程度的弯曲变形能力，并显示其缺陷。

1. 试验目的

检验钢筋承受弯曲程度的变形性能，从而确定其可加工性能，并显示其缺陷。

2. 主要仪器设备

压力机或万能试验机，如图 8-12 所示，具有不同直径的弯心。

3. 试验步骤

以采用支辊式弯曲装置为例介绍试验步骤与要求。

（1）试样放置于两个支点上，将一定直径的弯心在试样两个支点中间施加压力，使试样弯曲到规定的角度，或出现裂纹、裂缝、断裂为止，如图 8-16 所示。

（2）试样在两个支点上按一定弯心直径弯曲至两臂平行时，可一次完成试验，也可先按步骤（1）弯曲至 90°，然后放置在试验机平板之间继续施加压力，压至试样两臂平行，如图 8-16 所示。

（3）试验时应在平稳压力作用下，缓慢施加试验力。

（4）弯心直径必须符合相关产品标准中的规定，弯心宽度必须大于试样的宽度或直

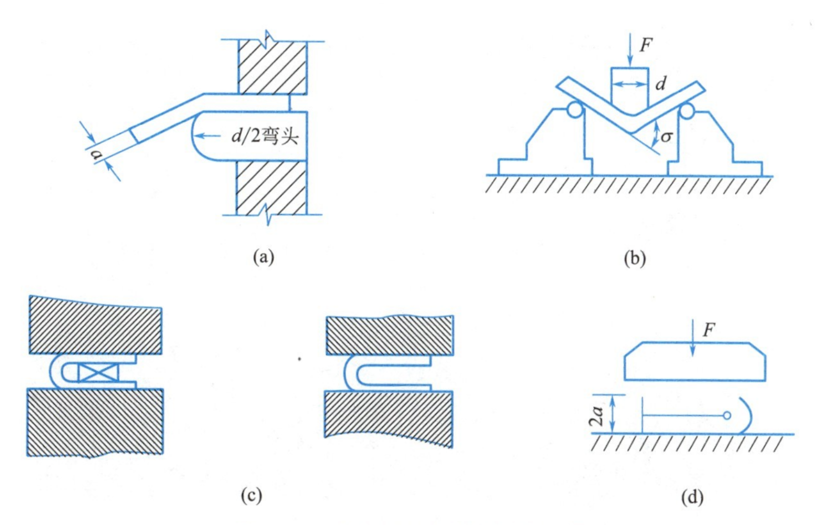

图 8-16　钢筋冷弯试验装置示意图

(a) 弯曲 45°；(b) 弯曲 90°；(c) 弯曲 180°；(d) 重叠弯曲 180°

径，两支辊间距离为（d+30）mm±0.50mm，并且在试验过程中不允许有变化。

（5）试验应在 10～35℃下进行，在控制条件下，试验在（23±2)℃下进行。

（6）卸除试验荷载以后，按有关规定进行检查并进行结果评定。

4. 结果评定

弯曲后，按有关标准规定检查试样弯曲外表面，进行结果评定。若无裂纹或裂断，则评定试样合格。

取样方法和结果评定规定：自每批钢筋中任意抽取两根，于每根距端部 500mm 处各取一套试样（两根试件），在每套试样中取一根作拉力试验，另一根作冷弯试验。在拉力试验的两根试件中，如其中一根试件的屈服点、抗拉强度和伸长率三个指标中有一个指标达不到标准中规定的数值，应再抽取双倍钢筋，制取双倍试件重做试验，如仍有一根试件的指标达不到标准要求，则不论这个指标在第一次试件中是否达到标准要求，拉力试验项目也视为不合格。在冷弯试验中，如有一根试件不符合标准要求，应同样抽取双倍钢筋，制成双倍试件重做试验，如仍有一根试件不符合标准要求，冷弯试验项目即为不合格。

知识拓展

国电舟山普陀 6 号海上风电场——海上风电示范标杆工程

国电舟山普陀 6 号海上风电场工程是浙江省首个海上风电项目，也是国内风机承台最高、试桩桩长最长的海上风电场，该工程荣获“国家优质工程金奖”。该工程建成标志着我国一定程度上掌握了强台风、厚淤泥海域海上风电建设的领先技术，促进了新装备、新工艺、新技术的研发升级，打造了可复制、可推广、可借鉴的海上风电示范标杆工程，对提高海洋资源开发能力，培育壮大海洋战略性新兴产业，推进我国海上风电建设迈入世界领先水平、大幅提升中国企业国际竞争力、实现碧水蓝天中国梦贡献巨大（图 8-17）。

图 8-17　国电舟山普陀 6 号海上风电场

荣誉的背后，是风电人不懈地努力。更难能可贵的是，这个创造了一个个奇迹的团队，有一半以上都是 90 后。“没有只争朝夕的精神，没有坚忍不拔的意志，没有坚守初心使命的责任和担当，工作根本做不好”“梦想是奋斗出来的”“有条件要上，没有条件创造条件也要上，社会主义是干出来的”，这些话不仅是舟山海上风电建设者们的口头禅，更是他们干事创业的座右铭。“筚路蓝缕再出发，驾海驭风立新功”，未来，我们在座的大学生们要向这群舟山海上风电人学习，带着激情燃烧岁月的豪迈情怀，在学习和工作岗位上努力拼搏，不负使命，向着伟大的宏伟目标阔步前行。

单元总结

建筑钢材在建筑工程中起骨架作用，是建筑工程结构中必不可少的材料，其质量好坏将直接影响建筑物的结构安全。在工程应用中钢材分为钢筋混凝土用钢筋和钢结构用型钢两大类，各种型钢和钢筋的性能主要取决于所用钢种及其加工方式。本单元主要介绍了建筑钢材的分类、性质、技术标准及选用原则等内容。钢材的性质分为力学性质（抗拉性能、冲击韧性、耐疲劳性、硬度）、工艺性质（冷弯性能、焊接性能）和化学性质，钢材的技术标准随钢种的不同而变化，需注意碳素钢和低合金钢在牌号、性能和应用上的区别。另外本单元还介绍了关于钢材的防火与防锈、建筑钢材试验等内容。

习　题

一、填空题

1. 钢材按照化学成分不同可以分为__________和__________两类。

2. 钢材按照脱氧程度不同可以分为__________、__________、__________和__________四种。

3. 低碳钢受拉至拉断，共经历了四个阶段，分别是__________、__________、__________、__________。

4. 中碳钢与高碳钢的拉伸曲线和低碳钢不同，__________现象不明显。

5. 设计上钢材取值的依据是__________强度。

6. __________可以反映钢材的利用率和结构安全可靠程度。

7. 断后伸长率是反映钢材塑性的一个重要指标，伸长率越大说明钢材的塑性__________。

8. 受交变荷载反复作用，钢材在应力低于其屈服强度的情况下突然发生脆性断裂破坏的现象，称为__________。

9. 弯曲角度越大，而弯心直径与钢材的厚度或直径的比值越小，表明钢材的冷弯性能__________。

10. 钢材的热处理方式有__________、__________、__________和__________。

11. 热轧光圆钢筋的牌号是__________。

12. HRB500 表示__________。

13. 合金元素含量小于 5%的钢材称为__________。

14. 碳素钢按含碳量的不同分为__________、__________和__________。

15. 钢材中硫元素含量增多，会使钢材产生__________。

16. 钢材中氮元素含量增多，会使钢材产生__________。

17. 钢材经冷拉后屈服阶段缩短，伸长率__________，材质变硬。

18. 冷加工后的钢材，随着时间的延长，钢材的屈服强度、抗拉强度与硬度还会进一步提高，塑性、韧性继续降低的现象称为__________。

19. 钢材冷加工的时效处理方法有__________和__________两种。

20. 碳素结构钢随着牌号的增大，其含碳量和含锰量增加，强度和硬度__________，而塑性和韧性__________，冷弯性能逐渐变差。

二、单选题

1. 普通碳素钢按屈服点、质量等级及脱氧方法划分为若干个牌号。随牌号提高，钢材（　　）。

A. 强度提高，伸长率提高　　B. 强度降低，伸长率降低

C. 强度提高，伸长率降低　　D. 强度降低，伸长率提高

2. 热轧钢筋级别提高，则其（　　）。

A. σ_s、σ_b、δ 提高　　B. σ_s 与 σ_b 提高，δ 下降

C. δ 提高，σ_s 下降　　D. σ_s 与 σ_b 及冷弯性能提高

3. 提高含（　　）量的钢材，产生热脆性。

A. 硫　　B. 磷　　C. 碳　　D. 氮

4. 建筑中主要应用的是（　　）。

A. Q195　　B. Q215　　C. Q235　　D. Q275

5. 钢材随时间延长而表现出强度提高，塑性和冲击韧度下降，这种现象称为（　　）。

A. 钢的强化　　B. 时效　　C. 时效敏感性　　D. 钢的冷脆

6. 钢筋经冷拉和时效处理后，其性能的变化中，以下何种说法是不正确的？（　　）

A. 屈服强度提高　　B. 抗拉强度提高
C. 断后伸长率减小　　D. 冲击吸收功增大

7. HRB400 表示（　　）钢筋。

A. 冷轧带肋　　B. 热轧光面　　C. 热轧带肋　　D. 余热处理钢筋

8. 在钢结构中常用（　　），轧制成钢板、钢管、型钢来建造桥梁、高层建筑及大跨度钢结构建筑。

A. 碳素钢　　B. 低合金钢　　C. 热处理钢筋　　D. 冷拔低碳钢丝

9. 钢材中（　　）的含量过高，将导致其冷脆现象发生。

A. 碳　　B. 磷　　C. 硫　　D. 硅

10. 钢结构设计中，钢材强度取值的依据是（　　）。

A. 屈服强度　　B. 抗拉强度　　C. 弹性极限　　D. 屈强比

三、多选题

1. 目前我国钢筋混凝土结构中普遍使用的钢材有（　　）。

A. 热轧钢筋　　B. 冷拔低碳钢丝　　C. 钢绞线　　D. 热处理钢筋
E. 碳素钢丝

2. 碳素结构钢的质量等级包括（　　）。

A. A　　B. B　　C. C　　D. D
E. E　　F. F

3. 钢材热处理的方法有（　　）。

A. 淬火　　B. 回火　　C. 退火　　D. 正火
E. 明火

4. 经冷拉时效处理的钢材其特点是（　　）进一步提高，（　　）进一步降低。

A. 塑性　　B. 韧性　　C. 屈服点　　D. 抗拉强度
E. 弹性模量

5. 按钢材脱氧程度分为（　　）。

A. 沸腾钢　　B. 平炉钢　　C. 转炉钢　　D. 镇静钢
E. 半镇静钢　　F. 特殊镇静钢

四、计算题

1. 某钢材试件，直径为 25mm，原标距为 125mm，做拉伸试验，当屈服点荷载为 201.0kN 时，达到最大荷载为 250.3kN，拉断后测得的标距长为 138mm。求该钢筋的屈服强度、抗拉强度及断后伸长率。

2. 某建筑工地有一批热轧钢筋，其标签上牌号字迹模糊，为了确定其牌号，截取两根钢筋做拉伸试验，测得结果如下：屈服点荷载分别为 73.0kN、72.5kN；抗拉极限荷载分别为 92.0kN、93.0kN。钢筋实测直径为 14mm，标距为 70mm，拉断后长度分别为 83.0mm、82.0mm。计算该钢筋的屈服强度、抗拉强度及伸长率，并判断这批钢筋的牌号。

教学单元9 Chapter 09

木材

1. 知识目标

(1) 了解木材的分类；

(2) 了解木材的宏观构造和微观构造；

(3) 了解木材的规格及等级标准；

(4) 理解木材的物理性质和力学性质；

(5) 掌握木材的含水率对木材物理力学性能的影响；

(6) 掌握木材防腐与防火的方法。

2. 能力目标

(1) 能根据工程环境和施工图的要求正确选用木材及其制品；

(2) 能正确识别木材的等级；

(3) 能对木材进行正确的防腐和防火处理。

3. 素质目标

引导学生从内心树立起“绿水青山就是金山银山”的环保理念。

思维导图

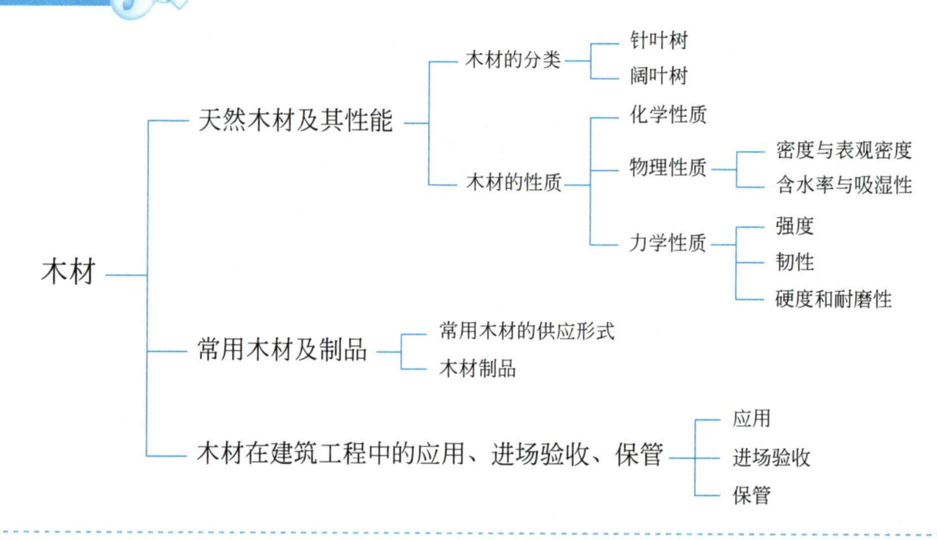

9.1 天然木材及其性能

木材是人类最早使用的建筑材料之一，有悠久的历史。它曾与钢材、水泥并称为三大建筑材料。我国在木材建筑技术和木材装饰艺术上都有很高的水平和独特的风格。近年来，我国为保护有限的林木资源，在建筑工程中，木材大部分被钢材、混凝土塑料等取代，已很少用做外部结构材料，但由于木材具有美丽的天然纹理，良好的装饰效果，被广泛用作装饰与装修材料。

木材是天然生长的有机高分子材料，具有轻质高强、耐冲击和振动、导热性低、保温性好、易于加工及装饰性好等优点。同时，木材的组成和构造是由树木生长的需要而决定的，所以具有构造不均匀、各向异性；湿胀干缩性大，易翘曲开裂；耐火性差，易燃烧；天然疵病多，易腐朽、虫蛀等缺点。不过这些缺点经过适当的加工和处理，可以得到一定程度的改善。此外，木材的生长周期长，因此要采用新技术、新工艺对木材进行综合利用。

9.1.1 木材的分类

树木的种类很多，木材是取自于树木躯干或枝干的材料，按树种的不同常分为针叶树材和阔叶树材。

1. 针叶树材

针叶树树叶细长如针，多为常绿树，树干通直而高大，易得大材，纹理平顺，材质均匀，木质较软，易于加工，故又称软木材。针叶树表观密度和胀缩变形较小，强度较高，耐腐蚀性较好，多用作承重构件。针叶树常用的品种有松、柏、杉等。

2. 阔叶树材

阔叶树树叶宽大，叶脉呈网状，多为落叶树，树干通直部分一般较短，其木质较硬，结疤较多，难以加工，故又称硬木材。阔叶树表观密度较大，强度较高，经湿度变化后变形较大，容易产生翘曲或开裂，在建筑中常用作尺寸较小的装饰和装修构件。阔叶树常用的材质较硬的品种有榆木、水曲柳、柞木等，材质较软的品种有椴木、杨木、桦木等。

9.1.2　木材的性质

1. 化学性质

木材的化学成分可归纳为：构成细胞壁的主要化学组成；存在于细胞壁和细胞腔中的少量有机可提取物；含量极少的无机物。

细胞壁的主要化学组成是纤维素（约 50%）、半纤维素（约 24%）和木质素（约 25%）。

木材中的有机可提取物一般有：树脂（松脂）、树胶（黏液）、单宁（鞣料）、精油（樟脑油）、生物碱（可作药用）、蜡、色素、糖和淀粉等。

木材的化学性质复杂多变。在常温下木材对稀的盐溶液、稀酸、弱碱有一定的抵抗能力，但在强酸、强碱作用下，会使木材发生变色、湿胀、水解、氧化、酯化、降解交联等反应。随着温度升高，木材的抵抗能力显著降低，即使是中性水也会使木材发生水解等反应。木材的上述化学性质也正是木材进行处理、改性以及综合利用的工艺基础。

2. 物理性质

(1) 木材的密度与表观密度

各种树种的木材其分子构造基本相同，所以木材的密度基本相等，平均值约为 $1550kg/m^3$。

木材的表观密度是指木材单位体积质量，随木材孔隙率、含水量以及其他一些因素的变化而不同。因为木材细胞组织中的细胞腔及细胞壁中存在大量微小的孔隙，所以木材的表观密度较小，一般只有 $400 \sim 600kg/m^3$。

(2) 木材的含水率与吸湿性

木材中所含的水根据其存在形式可分为三类：

结合水是木纤维中有机高分子形成过程中所吸收的化学结合水。是构成木材必不可少的组分，也是木材中最稳定的水分。

吸附水是吸附在木材细胞壁内各木纤维之间的水分，其含量多少与细胞壁厚度有关。木材受潮时，细胞壁会首先吸水而使体积膨胀，而木材干燥时吸附水会缓慢蒸发而使体积收缩。因此，吸附水含量的变化将直接影响木材体积的大小和强度的高低。

自由水是填充于细胞腔或细胞间隙中的水分，木细胞对其约束很弱。当木材处于较干燥环境时，自由水首先蒸发。通常自由水含量随环境湿度的变化幅度很大，它会直接影响木材的表观密度、抗腐蚀性和燃烧性。

木材含水量与木材的表观密度、强度、耐久性、加工性、导热性、导电性等有着一定关系。木材的含水率是指木材中的水分质量与干燥木材质量的百分率。新伐木材含水率常在35%以上，风干木材含水率为15%～25%，室内干燥的木材含水率常为8%～15%。

1）木材的纤维饱和点

木材干燥时首先是自由水蒸发，而后是吸附水蒸发。木材吸潮时，先是细胞壁吸水，细胞壁吸水达到饱和后，自由水开始吸入。木材的纤维饱和点是指木材中吸附水达到饱和，并且尚无自由水时的含水率。木材的纤维饱和点是木材物理力学性质的转折点，一般木材多为25%～35%，平均约为30%。

2）木材的平衡含水率

木材的含水率随环境温度、湿度的改变而变化。木材含水率较低时，会吸收潮湿环境中的水分。当木材的含水率较高时，其中的水分就会向周围较干燥的环境中释放水分。当木材长时间处于一定温度和湿度的空气中，则会达到相对稳定的含水率，亦即水分的蒸发和吸收趋于平衡，此时木材的含水率称为平衡含水率。

当环境的温度和湿度变化时，木材的平衡含水率会发生较大的变化，如图9-1所示。达到平衡含水率的木材，其性能保持相对稳定，因此在木材加工和使用之前，应将木材干燥至使用周围环境的平衡含水率。

3）湿胀干缩

当木材从潮湿状态干燥至纤维饱和点时，其尺寸并不会改变，继续干燥，亦即当细胞壁中的水分蒸发时，木材将发生收缩。反之，干燥木材吸湿后，将发生膨胀，直到含水率达到纤维饱和点时为止，此后即使含水率继续增大，也不再膨胀。木材含水率与胀缩变形的关系如图9-2所示。

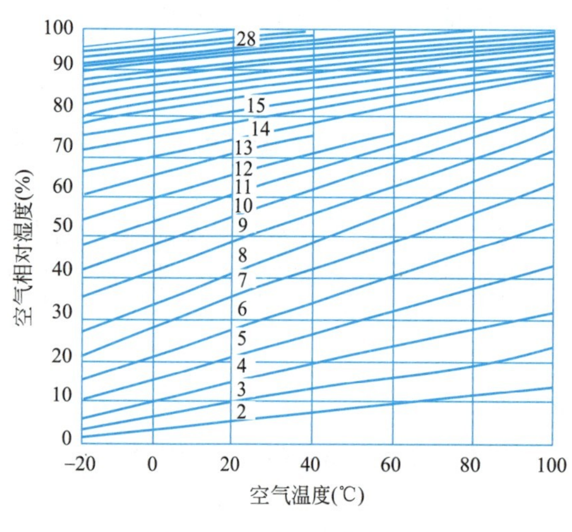

图9-1　木材的平衡含水率

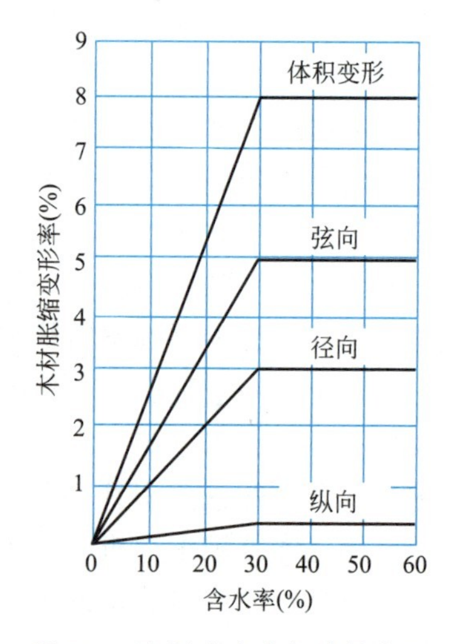

图9-2　木材含水率与胀缩变形

木材的湿胀干缩变形随树种的不同而异，一般情况下表观密度大的，夏材含量多的木材胀缩变形较大。木材由于构造不均匀，使各方向胀缩也不一样，在同一木材中，这种变化沿弦向最大，径向次之，纤维方向最小。木材的湿胀干缩对木材的使用有严重的影响，干缩使木结构构件连接处产生隙缝而松弛，湿胀则造成凸起。为了避免这种情况，在木材制作前将其进行干燥处理，使木材的含水率与使用环境常年平均含水率相一致。

3. 木材的力学性质

（1）木材的强度

木材的强度按受力状态分为抗拉、抗压、抗弯和抗剪四种强度。其中抗拉、抗压、抗剪强度又有顺纹和横纹之分。顺纹是指作用力方向与木材纤维方向平行，横纹是指作用力方向与木材纤维方向垂直。

1）抗压强度

顺纹受压破坏是木材细胞壁丧失稳定性的结果，并非纤维的断裂。木材的顺纹抗压强度较高，仅次于顺纹抗拉和抗弯强度，且木材的疵病对其影响较小。工程中常用的柱、桩、斜撑及桁架等构件均为顺纹受压。

木材横纹受压时，细胞壁产生弹性变形，变形与外力成正比。当超过比例极限时，细胞壁失去稳定，细胞腔被压扁，随即产生大量变形。木材横纹抗压强度比顺纹抗压强度低得多，通常只有其顺纹抗压强度的 10%～20%。

2）抗拉强度

木材的顺纹抗拉强度是木材各种力学强度中最高的。顺纹受拉破坏时往往不是纤维被拉断而是纤维间被撕裂。木材的疵病如木节、斜纹、裂缝等都会使顺纹抗拉强度显著降低。同时，木材受拉杆件连接处应力复杂，使顺纹抗拉强度难以被充分利用。

木材的横纹抗拉强度很小，仅为顺纹抗拉强度的 1/40～1/10，因为木材纤维之间的横向连接薄弱，工程中一般不使用。

3）抗弯强度

木材受弯曲时会产生压、拉、剪等复杂的内部应力。受弯构件上部是顺纹抗压，下部是顺纹抗拉，而在水平面中则有剪切力。木材受弯破坏时，通常在受压区首先达到强度极限，开始形成微小而不明显的皱纹，但不会立即破坏，随着外力增大，皱纹会慢慢在受压区扩展，产生大量塑性变形，以后当受拉区内许多纤维均达到强度极限时，则会因纤维本身及纤维间联结的断裂而最后破坏。木材的抗弯强度很高，为顺纹抗压强度的 1.5～2.0 倍，因此在建筑工程中常用作桁架、梁、桥梁、地板等。用于抗弯的木构件应尽量避免在受弯区有木节和斜纹等缺陷。

4）抗剪强度

木材的剪切分为顺纹剪切、横纹剪切和横纹剪断三种，如图 9-3 所示。

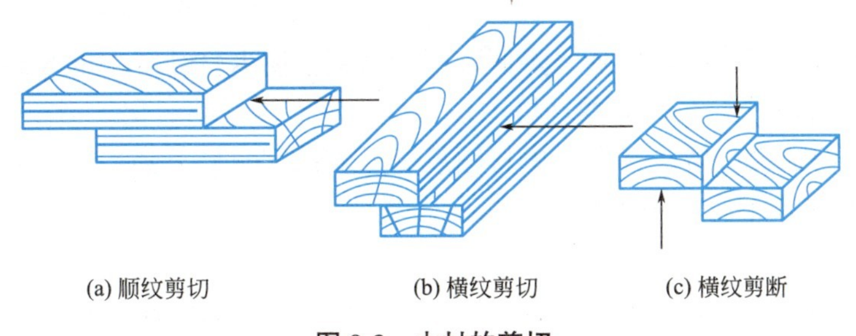

(a) 顺纹剪切　　(b) 横纹剪切　　(c) 横纹剪断

图 9-3　木材的剪切

顺纹剪切破坏是破坏剪切面中纤维间的连接，绝大部分纤维本身并不会发生破坏，所以木材的顺纹抗剪强度很小。

横纹剪切破坏是因剪切面中纤维的横向连接被撕裂，因此木材的横纹剪切强度比顺纹剪切强度还要低。

横纹剪断破坏是将木纤维切断，因此强度较大，一般为顺纹剪切强度的 4～5 倍。

木材是非匀质的各向异性材料，所以各向强度差异很大，木材各种强度的关系见表 9-1。

木材各种强度之间的关系　　表 9-1

抗拉		抗压		抗剪		弯曲
顺纹	横纹	顺纹	横纹	顺纹	横纹	
2～3	1/20～1/3	1	1/10～1/3	1/7～1/3	1/2～1	1.5～2.0

5）影响木材强度的主要因素

① 木材纤维组织

木材受力时，主要是靠细胞壁承受外力，细胞壁越厚，纤维组织越密实，强度就越高。夏材含量越高，木材强度就越高，因为夏材比春材的结构密实、坚硬。

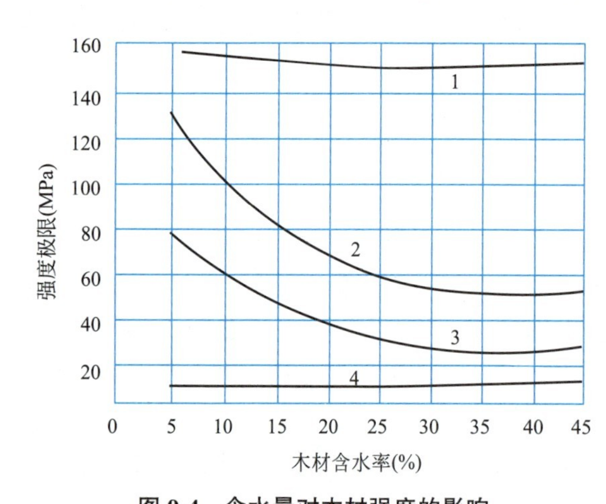

图 9-4　含水量对木材强度的影响

1—顺纹抗拉；2—弯曲；3—顺纹抗压；4—顺纹抗剪

② 含水量

木材的强度随其含水量变化而异。含水量在纤维饱和点以上变化时，木材强度不变，在纤维饱和点以下时，随含水量降低，即吸附水减少，细胞壁趋于紧密，木材强度增大，反之强度减小。试验证明，木材含水量的变化，对木材各种强度的影响是不同的，对抗弯和顺纹抗压影响较大，对顺纹抗剪影响较小，而对顺纹抗拉几乎没有影响，如图 9-4 所示。故此对木材各种强度的评价必须在统一的含水率下进行，目前规定测定强度时木材含水率为 12%，并规定木材含水率为 12%时的强度为标准强度。

③ 温度

随环境温度升高木材的强度随之降低，因为高温会使木材纤维中的胶结物质处于软化状态。当木材长期处于 40～60℃的环境中，木材会发生缓慢的炭化。当温度在 100℃以上时，木材中部分组成会分解、挥发，木材颜色变黑，强度明显下降。因此如果环境温度可能长期超过 50℃时，不应采用木结构。

④ 负荷时间

木材的长期承载能力低于暂时承载能力。木材在外力长期作用下，只有当其应力远低于强度极限的某一范围以下时，才可避免木材因长期负荷而破坏。这是因为木材在外力作用下产生等速蠕滑，经过长时间以后，急剧产生大量连续变形的结果。

木材在长期荷载作用下不致引起破坏的最大强度，称为持久强度。木材的持久强度比极限强度小得多，一般为极限强度的 50%～60%。一切木结构都处于某一种负荷的长期作用下，因此在设计木结构时，应考虑负荷时间对木材强度的影响。

⑤ 疵病

木材在生长、采伐、保存过程中，所产生的内部或外部的缺陷，统称为疵病。木材的疵病包括天然生长的缺陷（如木节、斜纹、裂纹、腐朽、虫害等）和加工后产生的缺陷（如裂缝、翘曲等）。一般木材或多或少都存在一些疵病，使木材的物理力学性能受到影响。

木节使木材顺纹抗拉强度显著降低，对顺纹抗压强度影响较小。在木材受横纹抗压和剪切时，木节反而增加其强度。斜纹为木纤维与树轴成一定夹角，斜纹木材严重降低其顺纹抗拉强度，抗弯次之，对顺纹抗压影响较小。裂纹、腐朽、虫害等疵病，会造成木材构造的不连续性或破坏其组织，因此严重地影响木材的力学性质，有时甚至能使木材完全失去使用价值。

完全消除木材的各种缺陷是不可能的，也是不经济的。所以应当根据木材的使用要求，正确地选用，减少各种缺陷所带来的影响。

（2）木材的韧性

木材的韧性较好，因而木结构具有较好的抗震性。木材的韧性受到很多因素影响，如木材的密度越大，冲击韧性越好；高温会使木材变脆，韧性降低；任何缺陷的存在都会严重影响木材的冲击韧性。

（3）木材的硬度和耐磨性

木材的硬度和耐磨性主要取决于细胞组织的紧密度，各个截面上相差显著。木材横截面上的硬度和耐磨性都较径切面和弦切面高。木髓线发达的木材其弦切面的硬度和耐磨性比径切面高。

9.2 常用木材及制品

9.2.1 常用木材的供应形式

我国木材供应的形式主要有原条、原木和板枋三种。根据不同的用途，要求木材采用不同的形式。

原条是指除去皮、根、树梢的木材，但尚未按一定尺寸加工成规定直径和长度的材料。主要用途：建筑工程的脚手架、建筑用材、家具等。

原木是指除去皮、根、树梢的木材，并已按一定尺寸加工成规定直径和长度的材料。主要用途：1）直接使用的原木：建筑工程（屋架、檩、椽等）、桩木、电杆、坑木等；2）加工原木：用于胶合板、造船、车辆、机械模型及一般加工用材等。

板枋是指原木经锯解加工而成的木材，宽度为厚度 3 倍或 3 倍以上的称为板材，不足 3 倍的称为枋材。锯木用途：建筑工程、桥梁、家具、造船、车辆、包装箱板等；枕木用途：铁道工程。

9.2.2 木材制品

我国是木材资源贫乏的国家。为了保护和扩大现有森林面积，必须合理综合地利用木材。充分利用木材加工后的边角废料以及废木材，加工制成各种人造板材是综合利用木材的主要途径。

人造板材幅面宽、表面平整光滑、不翘曲、不开裂，经加工处理后具有防水、防火、耐酸等性能。主要的人造板材如下：

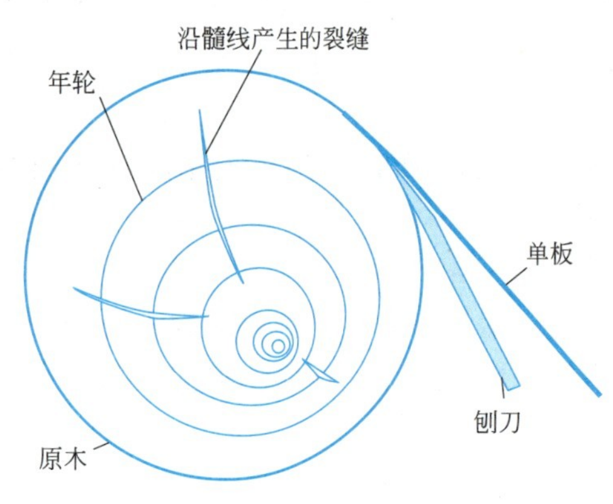

图 9-5　木段旋切单板示意图

1. 胶合板

胶合板又称层压板，是由木段旋切成单板（图 9-5）或方木刨成薄木，再用胶粘剂胶合而成的三层以上的板状材料。胶合板的层数为 3～13 不等，并以层数取名，如三合板、五合板等。所用胶料有动植物胶和耐水性好的酚醛、脲醛等合成树脂胶。

为了改善天然木材各向异性的特性，使胶合板性质均匀、形状稳定，一般胶合板在结构上都要遵守两个基本原则：一是对称，二是相邻层单板纤维相互垂直。对称原则就是要求胶合板对称中心平面两侧的单板，无论木材性质、单板厚度、层数、纤维方向、含水率等，都应该互相对称。在同一张胶合板中，可以使用单一树种和厚度的单板，也可以使用不同树种和厚度的单板，但对称中心平面两侧任何两层互相对称的单板树种和厚度要一样。

胶合板可用于隔墙板、天花板、门芯板、室内装修和家具。

2. 纤维板

纤维板是用木材或植物纤维作为主要原料，经机械分离成单体纤维，加入添加剂制成板坯，通过热压或胶粘剂组合成人造板。纤维板因做过防水处理，其吸湿性比木材小，形状稳定性、抗菌性都较好，并且构造均匀，克服了木材各向异性和有天然疵病的缺陷，不易翘曲和开裂，表面适于粉刷各种涂料或粘贴装裱。按容重纤维板可分为：硬质纤维板（又称高密度纤维板，密度大于 800kg/m^3）、半硬质纤维板（又称中密度纤维板，密度为 500～700kg/m^3）、软质纤维板（又称低密度纤维板，密度小于 400kg/m^3）。

硬质纤维板，强度高，在建筑工程应用最广，它可代替木板使用，主要用做室内壁板、门板、地板、家具等，通常在板表面施以仿木油漆处理，可达到以假乱真的效果；半硬质纤维板，常制成带有一定孔型的盲孔板，板表面常施以白色涂料，这种板兼具吸声和装饰效果，多用于宾馆等室内顶棚材料；软质纤维板具有良好吸音和隔热性能，主要用于高级建筑的吸音结构或作保温隔热材料。

3. 细木工板

细木工板是由两片单板中间黏压拼接木板而成，如图 9-6 所示。由于芯板是用已处理过的小木条拼成，因此，它的特点是结构稳定，不像整板那样易翘曲变形，上下面覆以单板或胶合板，所以强度高。与同厚度的胶合板相比，耗胶量少、重量轻、成本低等，可利用木材加工厂内的加工剩余物或小规格材作芯板原料，节省了材料，提高了木材利用率。

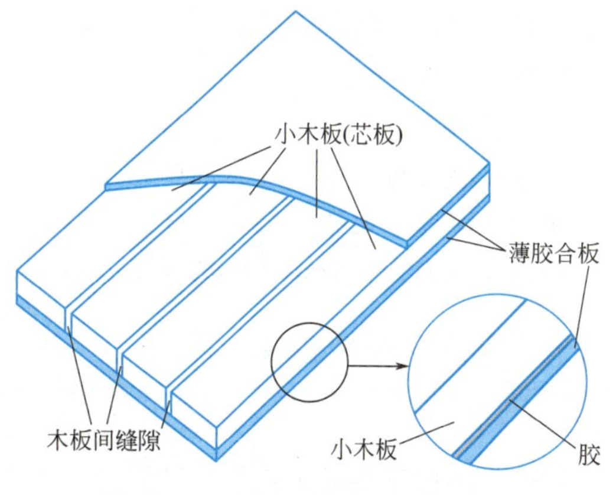

图 9-6　细木工板组成示意图

4. 刨花板、木丝板、木屑板

刨花板、木丝板、木屑板是利用刨花碎片、短小废料刨制的木丝、木屑等为原料，经干燥后拌入胶凝材料，再经热压而制成的人造板材。所用胶凝材料可以是合成树脂，也可为水泥、菱苦土等无机胶凝材料。这类板材一般体积密度小、强度低，主要用做绝热和吸声材料，也可做隔墙。其中热压树脂刨花板和木屑板，其表面可粘贴塑料贴面或胶合板做饰面层，这样既增加了板材的强度，又使板材具有装饰性，可用做吊顶、隔墙、家具等材料。

9.3 木材在建筑工程中的应用、进场验收、保管

木材是传统的建筑材料，我国许多古建筑物均为木结构，它们在建筑技术和艺术上均有很高的水平，并具有独特的风格。尽管现在已经研发生产了许多种新型建筑材料，但由于木材具有其独特的优点，特别是木材具有美丽的天然纹理，是其他装饰材料无法比拟的。所以木材在建筑工程尤其是装饰领域中始终保持着重要的地位。

9.3.1　木材在建筑工程中的应用

在结构上木材主要用于构架和屋顶，如梁、柱、桁檩、望板、斗栱、椽等。木材表面经加工后，被广泛应用于房屋的门窗、地板、墙裙、天花板、扶手、栏杆、隔断等。另外，木材在建筑工程中还常用作混凝土模板及木桩等。

9.3.2　进场验收

1. 外观、质量验收

木方：两头须一致，量度每根木方两边和中间三个位置的宽、厚尺寸，取平均值为该木方的实际尺寸，木方尺寸不得低于约定尺寸，有变形、腐朽、裂断的拒绝验收。

跳板：大头不小于 50cm，小头不能低于 20cm，厚度不能低于 5cm，长度不得少于 400cm。有变形、木结大小、木结数量多少影响跳板使用的、腐朽、断裂的不予验收。

多层板：检查板面是否有变形、起层、起泡等现象，整张板是否存在厚薄不均匀、变

形、开裂、腐朽、断裂等缺陷，并在进场前做24h浸泡试验，有变形、开裂、起泡等现象不予验收、进场。

2. 数量验收

木方：落地查根数，计算进场量。

跳板：落地查块数，每块中间量方。

模板：落地查张数，计算进场平方数量。

9.3.3 保管及存放要求

存放场地面硬化且不积水；存放时上盖下垫，堆放高度≤2m。

知识拓展

山西应县佛宫寺释迦塔——现存最古老、最高大的木结构佛塔建筑

在世界建筑史中，中国古代建筑特别是木结构建筑，以其独特的取材、巧妙的结构和别具风格的造型艺术占有重要地位，被誉为“凝固的诗，立体的画”。

应县木塔，即佛宫寺释迦塔，坐落于山西省朔州市应县佛宫寺内，建于辽代，平面呈八角形，外观5层，夹有暗层4层，实为9层，通高67.13m。塔内明层均有塑像。佛宫寺释迦塔是现存最古老、最高大的木结构佛塔建筑。这座千年古塔由纯木搭成，采用了中国传统的榫卯结构，正如塔上牌匾所写，可谓“天下奇观”（图9-7）。

图9-7　山西应县佛宫寺释迦塔

著名建筑学家梁思成先生曾评价它是个独一无二的伟大作品。不见此塔，就不知木构建筑的可能性达到了什么程度。

佛宫寺释迦木塔体现了中国古代建筑的智慧和工艺水平，作为当代青年，我们肩负重任，应努力钻研学习，像佛宫寺释迦木塔结构体系一样，团结一致、协同配合将中国古代建筑发扬光大，将中国古代文明展示于世人。

单元总结

木材是人类最早使用的建筑材料之一，由于木材具有美丽的天然纹理、良好的装饰效果，被广泛用作装饰与装修材料。本单元重点介绍了木材的性质、应用、储存、保管与验收等内容。木材的含水率和吸湿性在工程中应用较多，木材中的水可以分为三种形式，即结合水、吸附水和自由水，这三种水分含量的变化对木材的体积和强度都会产生一定的影响。木材是各向异性材料，所以各向强度差异很大，各种强度中数值最大的是顺纹抗拉强度，要多加以利用。常见的木材制品有胶合板、纤维板、细木工板、刨花板、木丝板、木屑板等，被广泛用于装饰工程中。

习　题

一、填空题

1. 木材中吸附水达到饱和，并且尚无自由水时的含水率称为________________。

2. 当木材长时间处于一定温度和湿度的空气中，则会达到相对稳定的含水率，此时木材的含水率称为____________。

3. 木材中所含水的形式有三种：自由水、____________、____________。

4. 含水量在纤维饱和点以上变化时，木材强度________，体积__________。

5. 一般胶合板在结构上都要遵守两个基本原则：一是__________，二是相邻层单板纤维相互__________。

6. ____________是用木材或植物纤维作为主要原料，经机械分离成单体纤维，加入添加剂制成板坯，通过热压或胶粘剂组合成人造板。

7. 木材是非匀质的各向________性材料，所以各向强度差异很大。

8. 新伐木材干燥时首先是________蒸发，而后是________蒸发。

二、单选题

1. 木材中（　　）含量的变化，是影响木材强度和胀缩变形的主要原因。

A. 自由水　　B. 吸附水　　C. 化学结合水　　D. 蒸发水

2. 用标准试件测木材的各种强度以（　　）强度最大。

A. 顺纹抗拉　　B. 顺纹抗压　　C. 顺纹抗剪　　D. 抗弯

3. 木材在进行加工使用之前，应预先将其干燥至含水率达（　　）。

A. 纤维饱和点　　B. 饱和含水率　　C. 标准含水率　　D. 平衡含水率

4. 在纤维饱和点以下，随着含水率增加，木材的强度（　　）。

A. 降低　　B. 提高　　C. 不变　　D. 无法判断

5. 在纤维饱和点以下，随着含水率增加，木材的体积（　　）。

A. 收缩　　B. 膨胀　　C. 不变　　D. 无法判断

6. 用原木旋切成薄片，经干燥处理后，再用胶粘剂按奇数层数，以各层纤维互相垂直的方向，粘合热压而成的人造板材，称为（　　）。

A. 胶合板　　B. 纤维板　　C. 木丝板　　D. 刨花板

7.（　　）是木材物理、力学性质发生变化的转折点。

A. 纤维饱和点　　B. 平衡含水率　　C. 标准含水率　　D. 气干状态

8. 木材之所以成为重要的建筑材料，是因为它有很多特性。下列（　　）不是它的优点。

A. 质轻而强度高，易于加工

B. 随空气的温湿度变化，形状及强度改变

C. 有较高的弹性和韧性，能承受冲击和振动

D. 分布广，可以就地取材

三、简答题

1. 请结合实际谈一谈：木材在我们的生活中发挥着怎样的作用?

2. 简单介绍一下你周围的生活环境里，哪些事物是由木材构成的?

教学单元 10 防水材料

Chapter 10

1. 知识目标

（1）掌握石油沥青的技术性质和建筑石油沥青的选用原则；

（2）掌握各类防水卷材、涂料及密封材料的组成、特点及分类，理解针对防水工程选用卷材、涂料及密封材料的原则。

2. 能力目标

（1）能针对防水工程的特点正确恰当的选用沥青、卷材、涂料及密封材料；

（2）能够检验改性沥青防水卷材的基本性质，验收现场的沥青防水卷材；

（3）能正确对石油沥青进行取样、试验，并具备对石油沥青相关试验结果的计算与处理能力。

3. 素质目标

培养学生建立态度严谨、做事专注认真的作风。

思维导图

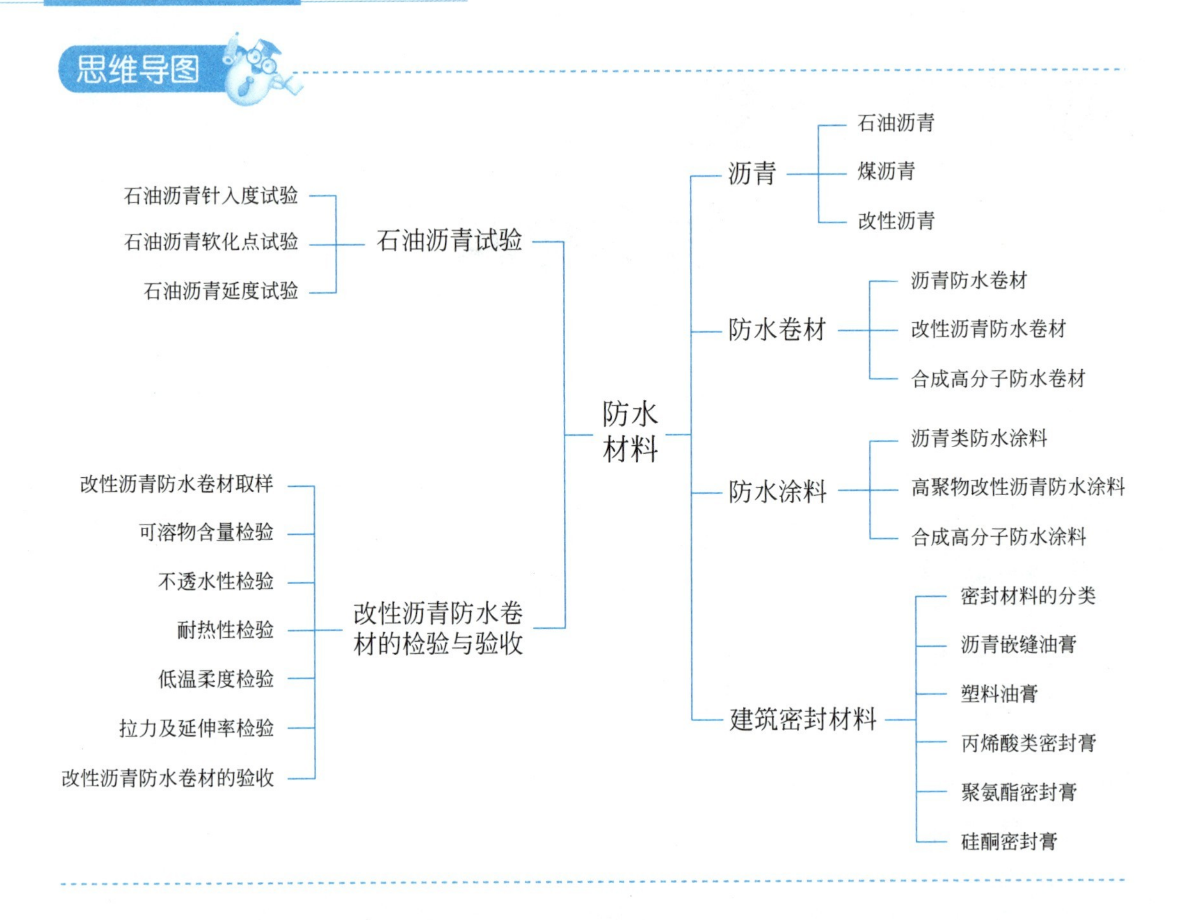

10.1 沥青

沥青是一种有机胶凝材料，它是由复杂的高分子碳氢化合物及非金属（氧、硫、氮等）衍生物的混合物。在常温下呈固体、半固体或黏性液体状态，颜色由黑褐色至黑色，能溶于多种有机溶剂，但极难溶于水，具有良好的憎水性、粘结性和塑性，能抵抗冲击荷载的作用，且耐酸、耐碱、耐腐蚀。在建筑工程中被广泛地用作防水、防潮、防腐和路面等材料。

沥青可分为地沥青和焦油沥青两大类，如图 10-1 所示。

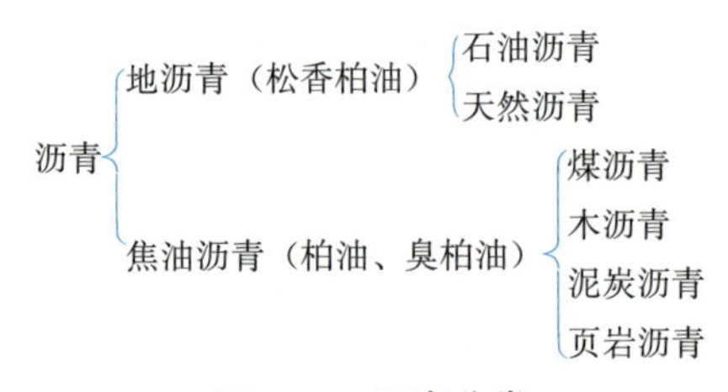

图 10-1　沥青分类

（1）地沥青：俗称松香柏油，按其产源不同分为石油沥青和天然沥青两种。石油沥青是由石油原油炼制出汽油、煤油、柴油及润滑油等后的副产品经过加工而成；天然沥青是由沥青矿提炼而成。

（2）焦油沥青：俗称柏油、臭柏油，是干馏各种固体或液体燃料及其他有机材料所得的副产品，包括煤焦油蒸馏后的残余物即煤沥青，木焦油蒸馏后的残余物即木沥青等。页岩沥青是由页岩提炼石油后的残渣加工制得的。

工程中常用的沥青材料主要为石油沥青和煤沥青，石油沥青的技术性质优于煤沥青，在工程中应用更为广泛，本单元主要介绍常用的石油沥青及沥青防水材料。

10.1.1　石油沥青

石油沥青是由天然原油炼制各种成品油后，经加工所得的重质产品，是黑色或棕褐色的黏稠状或固体状物质，燃烧时略有松香或石油味，但无刺激臭味，韧性较好，略有弹性。

1. 石油沥青的分类

（1）按原油的成分：石蜡基沥青、沥青基沥青和混合基沥青。

（2）按加工方法不同：直馏沥青、氧化沥青、裂化沥青等。

（3）按沥青用途不同：道路石油沥青、建筑石油沥青、专用石油沥青和普通石油沥青。

道路石油沥青是石油蒸馏的残留物或将残留物氧化而制得的，适用于铺筑道路及制作屋面防水层的胶粘剂，或制造防水纸及绝缘材料用。

建筑石油沥青是用原油蒸馏后的重油经氧化所得的产物，适用于建筑工程及其他工程的防水、防潮、防腐蚀、胶结材料和涂料，常用于制造油毡、油纸和绝缘材料等。

专用石油沥青指有特殊用途的沥青，是石油经减压蒸馏的残渣经氧化而制得的高熔点沥青，适用于电缆防潮防腐、电气绝缘填充材料、配制油漆等。

普通石油沥青（又称多蜡沥青）是由石蜡基原油减压蒸馏的残渣经空气氧化而得。由于其含有较多的石蜡，所以温度稳定性、塑性较差，黏性较小，一般不宜直接用于防水工程，常与建筑石油沥青等掺配使用，或经脱蜡处理后使用。

2. 石油沥青的组分与结构

（1）石油沥青的组分

沥青是一种化学成分相当复杂的混合物，为了便于研究，可将沥青中化学性质与物理性质相似的成分划分为一个组分。一般情况下，沥青分为三大组分：油分、树脂和地沥青质。沥青中除了三大组分以外，还含有其他成分，但由于含量很少，因此可忽略不计。

1）油分：油分是淡黄色至红褐色的黏性透明液体，分子量为 200～700，几乎溶于所有溶剂，密度小于 $1g/cm^3$，含量 40%～60%，它使沥青具有流动性。

2）树脂：树脂是红褐色至黑褐色的黏稠的半固体，分子量为 500～3000，密度略大于 $1g/cm^3$，含量 15%～30%。在沥青中绝大部分属于中性树脂，它使沥青具有良好的塑性和粘结性，其含量增加，沥青的粘结力和延伸性增大；另有少量的酸性树脂（约 1%），是沥青中表面活性物质，能增强沥青与矿质材料的粘结。

3）地沥青质：是深褐色至黑褐色粉末状固体颗粒，分子量为1000～5000，密度大于1.0g/cm^3，含量10%～30%，加热时不熔化而碳化，在高温时分解成焦炭状物质和气体。它能提高沥青的黏滞性、耐热性和硬度，但含量增多时会降低沥青的低温塑性，是决定沥青性质的主要成分。

此外，沥青中还含有少量的石蜡、沥青碳和似碳物等有害物质。

（2）石油沥青的结构

沥青中的油分和树脂可以互溶，而只有树脂才能浸润地沥青质。以地沥青质为核心，周围吸附部分树脂和油分，构成胶团，无数胶团分散在油分中形成胶体结构，并随着各化学组分的含量及温度而变化，使沥青形成了不同类型的胶体结构，这些结构使石油沥青具有各种不同的技术性质。

当地沥青质含量较少时，油分及树脂含量较多，地沥青质在胶体结构中运动较为自由，形成了溶胶结构。这是液体石油沥青的结构特征。具有溶胶结构的石油沥青，黏滞性小而流动性大，塑性好，但温度稳定性较差。

当地沥青质含量适当，并有较多的树脂作为保护层时，它们组成的胶团之间有一定的吸引力。这类沥青在常温下变形的最初阶段，表现出明显的弹性效应。大多数优质沥青属于溶、凝胶型沥青，也称弹性溶胶。在常温下的黏稠沥青（固体、半固体状）即属于此种结构。

当地沥青质含量增多，油分及树脂含量减少时，地沥青质成为不规则空间网状的凝胶结构。这种结构的石油沥青具有弹性，且粘结性及温度稳定性较好，但塑性较差。

石油沥青的结构状态随温度不同而改变。当温度升高时，固体石油沥青中易熔成分逐渐转变为液体，使原来的凝胶结构状态逐渐转变为溶胶状态；但当温度降低时，它又可以恢复为原来的结构状态。

3. 石油沥青的主要技术性质

（1）黏滞性

黏滞性是沥青在外力作用下抵抗发生变形的性能指标。

液体沥青黏滞性指标是黏滞度。黏滞度是液体沥青在一定温度（25℃或60℃）条件下，经规定直径（3.5mm或10mm）的孔漏下50mL所需的秒数。黏滞度常以符号C_t^d表示。其中d为孔径，t为试验时沥青的温度。黏滞度大，表示沥青的稠度大、黏性高，反映液态沥青流动时内部的阻力大。

半固体沥青、固体沥青的黏滞性指标是针入度。针入度通常是指在温度为25℃的条件下，以质量为100g的标准针，经5s插入沥青中的深度（每0.1mm为1度）来表示。针入度值大，表示沥青流动性大、黏性差，反映沥青抵抗剪切变形的能力差。针入度是沥青很重要的技术指标，是沥青划分牌号的主要依据。

（2）塑性

沥青在外力作用下产生变形，除去外力后仍保持变形后的形状不变，而且不发生破坏（裂缝或断开）的性能称为塑性。塑性反映了沥青开裂后自愈能力及受机械应力作用后变形而不破坏的能力。

沥青的塑性用“延伸度”或“延度”表示。按标准试验方法，将待测定沥青试样制成“8”字形标准试件，试件中间最狭处断面为1cm^2，在规定温度（一般为25℃）和规定速度（5cm/min）的条件下在延伸仪上进行拉伸，延伸度以试件能够拉成细丝的延伸长度

（cm）表示。沥青的延伸度越大，沥青的塑性越好。

（3）温度稳定性

温度稳定性也称温度敏感性，是指沥青的黏滞性和塑性在温度变化时不产生较大变化的性能。温度稳定性包括耐高温的性质及耐低温的性质。

耐高温即耐热性，是指石油沥青在高温下不软化、不流淌的性能。固态、半固态沥青的耐热性用软化点表示。软化点是指沥青受热由固态转变为一定流动状态时的温度。软化点越高，表示沥青的耐热性越好。

软化点通常用环球法测定，是将熔化的沥青注入标准铜环内制成试件，冷却后表面放置标准小钢球，然后在水或甘油中按标准试验方法加热升温，使沥青软化而下垂，当沥青下垂至与底板接触时的温度，即为软化点。

耐低温一般用脆点表示。脆点是将沥青涂在一标准金属片上（厚度约 0.5mm），将金属片放在脆点仪中，一边降温，一边将金属片反复弯曲，至沥青薄层开始出现裂缝时的温度。在寒冷地区使用的沥青应考虑沥青的脆点。

沥青的软化点越高，脆点越低，则沥青的温度敏感性越小，温度稳定性越好。

（4）大气稳定性

大气稳定性也称沥青的耐久性，是指沥青在热、阳光、氧气和潮湿等大气因素的长期综合作用下，抵抗老化的性能。在大气因素的综合作用下，沥青中各组分会发生不断递变，低分子化合物将逐步转变成高分子物质，即油分和树脂逐渐减少，而地沥青质逐渐增多，沥青的流动性和塑性将逐渐减小，硬脆性逐渐增大，直至脆裂，丧失使用功能，这个过程称为石油沥青的老化。

大气稳定性可用蒸发损失加蒸发后针入度比表示。

此外，沥青的闪点、燃点、溶解度等，对沥青的使用都有影响。各种沥青都必须有其固定的最高加热温度，其值必须低于闪点和燃点。施工现场在熬制沥青时，应特别注意加热温度，当超过闪点温度时，由于油分的挥发，可能发生沥青锅起火、爆炸、烫伤人等事故。

4. 石油沥青技术标准

我国生产的沥青产品，主要有道路石油沥青、建筑石油沥青、普通石油沥青等。沥青产品按其针入度的大小划分成不同的牌号（表 10-1）。道路石油沥青分为 200 号、180 号、140 号、100 号、60 号五个牌号；建筑石油沥青分为 10 号、30 号、40 号三个牌号。在同一种沥青中牌号越小，沥青越硬；牌号越大，沥青越软。

石油沥青技术指标　　表 10-1

项目	道路石油沥青（NB/SH/T 0522—2010）					建筑石油沥青（GB/T 494—2010）		
	200 号	180 号	140 号	100 号	60 号	10	30	40
针入度（25℃，100g，5s）（1/10mm）	200～300	150～200	110～150	80～110	50～80	10～25	25～40	36～50
延度（25℃）（cm）　不小于	20	100	100	90	70	1.5	2.5	3.5
软化点（环球法）（℃）　不低于	30～48	35～48	38～51	42～55	45～58	95	75	60
溶解度（三氯乙烯、三氯甲烷或苯）（%）　不小于	99.0					99.0		

续表

项目		道路石油沥青（NB/SH/T 0522—2010）					建筑石油沥青（GB/T 494—2010）		
		200号	180号	140号	100号	60号	10	30	40
质量变化(%)	不小于	1.3	1.3	1.3	1.2	1.0	1		
闪点(开口)(℃)	不低于	180	200	230	230	230	260		
蜡含量(%)	不大于	4.5					—		

注：① 当25℃延伸度达不到100cm时，如15℃延伸度不小于100cm也认为是合格的；

② 测定蒸发损失后的样品针入度与原针入度之比乘以100，即得出残留物针入度占原针入度的百分数，称为蒸发后针入度比。

5. 石油沥青的简易鉴别

使用沥青时，应对其质量、牌号加以鉴别，在施工现场的简易鉴别方法见表10-2和表10-3。

石油沥青外观简易鉴别　　表10-2

沥青形态	外观简易鉴别
固体	敲碎，检查新断口处，色黑而发亮的质好，暗淡的质差
半固体	即膏状体。取少许，拉成细丝，愈细长，质量愈好
液体	黏性强，有光泽，没有沉淀和杂质的较好。也可用一根小木条插入液体内，轻轻搅动几下后提起，细丝愈长的质量愈好

石油沥青牌号简易鉴别　　表10-3

牌号	简易鉴别方法
140～100	质软
60	用铁锤敲，不碎，只变形
30	用铁锤敲，成为较大的碎块
10	用铁锤敲，成为较小的碎块，表面黑色而有光

注：鉴别时的气温为15～18℃。

6. 石油沥青的应用

建筑石油沥青主要用于屋面、地下防水及沟槽防水、防腐蚀等工程。道路石油沥青主要用于配制沥青混凝土或沥青砂浆，用于道路路面或工业厂房地面等工程。根据工程需要还可以将建筑石油沥青与道路石油沥青掺合使用。

一般屋面使用的沥青，软化点应比本地区屋面可能达到的最高温度高20～25℃，以避免夏季流淌。

10.1.2　煤沥青

煤沥青是炼焦或生产煤气的副产品。烟煤干馏时所挥发的物质冷凝为煤焦油，煤焦油经分馏加工以后剩余的残渣即为煤沥青。

煤沥青可分为硬煤沥青和软煤沥青两种。硬煤沥青是从煤焦油中蒸馏出轻油、中油、重油及蒽油之后的残留物，常温下一般呈硬的固体；软煤沥青是从煤焦油中蒸馏出水分、轻油及部分中油后得的产品。由于软煤沥青中保留一部分油质，故常温下呈黏稠液体或半固体。建筑工程中使用硬煤沥青时需掺一定量的焦油进行回配。

煤沥青与石油沥青都是一种复杂的高分子碳氢化合物，它们的外观相似，具有共同点，但由于组分不同，它们之间也存在着很大区别。石油沥青与煤沥青的主要区别见表 10-4。

石油沥青与煤沥青的主要区别　　表 10-4

性质	石油沥青	煤沥青
密度(g/cm^3)	近于 1.0	1.25～1.28
燃烧	烟少、无色、有松香味、无毒	烟多、黄色、臭味大、有毒
锤击	韧性较好	韧性差、较脆
颜色	呈辉亮褐色	浓黑色
溶解	易溶于煤油或汽油中，呈棕黑色	难溶于煤油或汽油中，呈黄绿色
温度稳定性	较好	较差
大气稳定性	较高	较低
防水性	较好	较差（含酚，能溶于水）
抗腐蚀性	差	强

煤沥青的主要技术性质多都不如石油沥青好，成分不稳定且有毒，易污染水质，因此，在建筑工程中很少应用，主要用于防腐及路面工程。

使用煤沥青时，应严格遵守国家规定的安全操作规程，防止中毒。煤沥青与石油沥青一般不宜混合使用。

10.1.3　改性沥青

改性沥青是对沥青进行氧化、乳化、催化或者掺入橡胶树脂等物质，使沥青的性质得到不同程度的改善。

改性沥青一般分为橡胶改性沥青、树脂改性沥青、橡胶树脂改性沥青、再生胶改性沥青及矿物填充剂改性沥青等。

1. 橡胶改性沥青

沥青与橡胶的混溶性较好，二者混溶后的改性沥青高温变形很小，低温时具有一定塑性。所用的橡胶有天然橡胶、合成橡胶（氯丁橡胶、丁基橡胶和丁苯橡胶等）、废旧橡胶。使用不同品种橡胶及掺入的量与方法不同，形成的改性沥青性能也不同。

2. 树脂改性沥青

在沥青中掺入树脂改性。可以改善耐寒性、耐热性、粘结性和不透气性。树脂与石油沥青的相溶性较差，与煤沥青较好。常用的树脂有聚乙烯、聚丙烯、无规聚丙烯等。

3. 橡胶树脂改性沥青

是指沥青、橡胶和树脂三者混溶的改性沥青。在加热熔融状态下，沥青与高分子聚合物之间发生相互侵入和扩散，形成凝聚的网状混合结构，混溶后兼有橡胶和树脂的特性，可以制作成卷材、防水涂料、密封材料等产品，能获得较好的技术经济效果。

4. 矿物填充剂改性沥青

在沥青中掺入矿物填充料，用以增加沥青的粘结力、柔韧性等。常用的矿物粉有滑石粉、石灰粉、云母粉、石棉粉、硅藻土等。

10.1.4 沥青材料的贮运

沥青贮运时，应按不同的品种及牌号分别堆放，避免混放混运，贮存时应尽可能避开热源及阳光照射，还应防止其他杂物及水分混入。沥青热用时其加热温度不得超过最高加热温度，加热时间不宜过长，同时避免反复加热，使用时要防火，对于有毒性的沥青材料还要防止中毒。

10.2 防水卷材

在工程中，常把沥青与其他材料配合使用，制成各种沥青防水材料。

10.2.1 沥青防水卷材

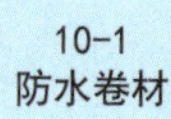

沥青防水卷材种类较多，主要有以下品种：

1. 油纸和油毡

油纸是用低软化点石油沥青浸渍原纸（一种生产油毡的专用纸）而成的一种无涂盖层的防水卷材。油纸按原纸 $1m^2$ 的质量克数分为 200、350 两个标号。油纸多适用于防潮层。

油毡是采用高软化点沥青涂盖油纸的两面，再涂撒隔离材料所制成的一种纸胎防水材料。涂散粉状材料（如滑石粉）称“粉毡”，涂撒片状材料（如云母）称“片毡”。

油毡的幅宽分为 915mm 和 1000mm 两种规格。

油毡分为Ⅰ型、Ⅱ型和Ⅲ型三种标号。Ⅰ型油毡适用于简易防水或临时性建筑防水、防潮；Ⅱ型和Ⅲ型油毡常用做多层防水。片毡适用于单层防水。各种石油沥青油毡的物理性能见表 10-5。

各种标号等级石油沥青油毡的物理性能（GB/T 326—2007）　　表 10-5

标号		Ⅰ型	Ⅱ型	Ⅲ型
单位面积浸涂材料总量不小于(g/m^2)		600	750	1000
不透水性	压力不小于(MPa)	0.02	0.02	0.10
	保持时间不小于(mim)	20	30	30
吸水率(%)　不大于		3.0	2.0	1.0

续表

标号	Ⅰ型	Ⅱ型	Ⅲ型
耐热度	(85±2)℃，2h 涂盖层无滑动、流淌和集中性气泡		
拉力在(25±2)℃时纵向(N/50mm)　不小于	240	270	340
柔度	(18±2)℃，绕 ϕ20mm 圆棒或弯板无裂纹		

2. 玻璃丝油毡及玻璃布油毡

用石油沥青浸渍玻璃丝薄毡和玻璃布的两面，并撒以粉状防粘物质而成。玻璃丝油毡的抗拉强度略低于 350 号纸胎油毡，其他性能均高于纸胎油毡。沥青玻璃布油毡的抗拉强度不仅高于 500 号纸胎油毡，还具有柔性好、耐腐蚀性强、耐久性高的特点。这种油毡适用于地下防水层、防腐层及屋面防水等。

3. 铝箔面油毡

铝箔面油毡是采用玻纤毡为胎基，浸涂氧化沥青，在其表面用压纹铝箔贴面，底面撒以细颗粒矿物材料或覆盖聚乙烯（PE）膜，制成一种具有反射和装饰功能的防水卷材。油毡幅宽为 1000mm，按每卷标称质量（kg）分为优等品（A）、一等品（B）和合格品（C）三个等级，各等级的质量要求应符合《铝箔面石油沥青防水卷材》JC/T 504—2007 规定。30 号油毡适用于多层防水工程的面层；40 号油毡适用于单层或多层防水工程的面层。

除纸胎油毡和玻璃丝布油毡外，沥青防水卷材还可用石棉布、麻布等作胎料，制成石棉布油毡和麻布油毡等。其抗拉强度及耐久性能均较纸胎油毡好，但价格较高。

4. 再生胶油毡

再生胶油毡是无胎油毡，它是由废橡胶粉掺入石油沥青，经高温脱硫为再生胶，再掺入填料经炼胶机混炼，以压延机压延而成的一种质地均匀的防水卷材。它的延伸性大、低温柔性好、耐腐蚀性强、耐水性及耐热性高。适用于屋面及地下有缝的防水层，尤其适用于沉降变形较大或沉降不均匀的建筑物中的变形缝防水。

5. 焦油沥青耐低温油毡

焦油沥青耐低温油毡是以煤焦油为基料，以聚氯乙烯为主要改性材料而制成的纸胎油毡。其特点是具有优良的耐热和耐低温性能，其技术要求与 350 号石油沥青纸胎油毡相当，而最低开卷温度为－15℃，比石油沥青油毡降低 25℃左右，延长了冬期施工期，产品价格与石油沥青油毡相当，具有较好的技术经济指标。

焦油沥青耐低温油毡用 CCTP 抗腐耐水冷胶料（煤沥青经氯化聚烯烃改性而制成的一种新型粘结材料）作胶粘剂，以冷粘贴法施工。施工时除能在干燥的基层涂刷粘结外，还能在较潮湿的基层上粘结，随着基层的逐步干燥，粘结性能也变得越来越好。

10.2.2　改性沥青防水卷材

普通沥青防水卷材的低温柔性、延伸性、拉伸强度等性能不理想，耐久性也不高，使用年限一般为 5～8 年。但是采用新型胎料和改性沥青，可有效地提高沥青防水卷材的使用年限、技术性能、冷施工及操作性能，还可降低污染，有效地提高了防水质量。目前，我国改性沥青防水卷材主要有以下几种：

1. SBS弹性体改性沥青防水卷材

（1）生产原材料和生产工艺

生产SBS弹性体改性沥青防水卷材主要原材料包括：石油沥青、SBS橡胶、填充料、胎基材料和覆面材料。其涂盖料的基本工艺配方如下：

石油沥青52～60份；SBS改性剂9～11份；填充料25～30份；增塑剂6～7份。SBS弹性体改性沥青防水卷材生产过程如下：展开胎基→烘干贮存→浸涂改性沥青涂盖料→覆膜撒砂→冷却→缓冲贮存→卷毡计量→包装下线→检验出厂。

（2）类型及规格

SBS改性沥青防水卷材是以聚酯毡、玻纤毡、玻纤增强聚酯毡为胎基，苯乙烯-丁二烯-苯乙烯（SBS）热塑性弹性体作改性剂，两面覆以隔离材料所制成的建筑防水卷材，简称SBS卷材。

SBS卷材胎基分为聚酯毡（PY）、玻纤毡（G）、玻纤增强聚酯毡（PYG）三类。按上表面隔离材料分为聚乙烯膜（PE）、细砂（S）及矿物粒料（M）三种。按下表面隔离材料分为聚乙烯膜（PE）、细砂（S）。按材料性能分为Ⅰ型和Ⅱ型。

卷材公称宽度为1000mm。聚酯毡卷材厚度为3mm、4mm和5mm；玻纤胎卷材厚度为3mm和4mm；玻纤增强聚酯毡厚度为5mm。每卷面积为15m^2、10m^{2}和7.5m^{2}三种。

产品按名称、型号、胎基、上表面材料、下表面材料、厚度、面积和标准编号顺序进行标注，例如标记为“SBS Ⅰ PY M PE 3 10 GB 18242—2008”表示：面积10m^2、厚度3mm、上表面为矿物粒料、下表面为聚乙烯膜、聚酯胎Ⅰ型弹性体改性沥青防水卷材。

SBS卷材适用于工业与民用建筑的屋面及地下防水工程，尤其适用于较低气温环境的建筑防水。

（3）技术要求

1）卷重、面积及厚度

SBS卷材单位面积质量、面积及厚度应符合表10-6的规定。

单位面积质量、面积及厚度（GB 18242—2008）　　表10-6

规格(公称厚度)(mm)		3			4			5		
上表面材料		PE	S	M	PE	S	M	PE	S	M
下表面材料		PE	PE、S		PE	PE、S		PE	PE、S	
面积(m^2/卷)	公称面积	10、15			10、7.5			7.5		
	偏差	±0.10			±0.10			±0.10		
单位面积质量(kg/m^2) ≥		3.3	3.5	4.0	4.3	4.5	5.0	5.3	5.5	6.0
厚度(mm)	平均值 ≥	3.0			4.0			5.0		
	最小单值	2.7			3.7			4.7		

2）外观

① 应卷紧卷齐，端面里进外出不超过10mm。

② 成卷卷材在4～50℃任一产品温度下展开，在距卷芯1m长度外不应有10mm以上的裂纹或粘结。

③ 胎基应浸透，不应有未被浸渍的条纹。

④ 卷材表面必须平整，不允许有孔洞、缺边和裂口、疙瘩，矿物粒料粒度应均匀一致并紧密粘附于卷材表面。

⑤ 每卷卷材接头处不应超过一个，较短的一段长度不应少于 1000mm，接头应剪切整齐，并加长 150mm。

3）卷材性能

SBS 卷材的性能应符合表 10-7 规定。

SBS 防水卷材性能（GB 18242—2008） **表 10-7**

项目		Ⅰ		Ⅱ		
胎基		PY	G	PY	G	PYG
可溶物含量(g/m^2)，≥	3mm	2100				—
	4mm	2900				—
	5mm	3500				
	试验现象	—	胎基不燃	—	胎基不燃	—
不透水性	压力(MPa) ≥	0.3	0.2	0.3		
	保持时间(min) ≥	30				
耐热性	℃	90		105		
	≤mm	2				
	试验现象	无流淌、滴落				
拉力	最大峰(N/50mm) ≥	500	350	800	500	900
	次大峰(N/50mm) ≥	—	—	—	—	800
	试验现象	拉伸过程中，试件中部无沥青涂盖层开裂或与胎基分离现象				
延伸率	最大峰时延伸率(%) ≥	30	—	40	—	—
	第二峰时延伸率(%) ≥	—		—		15
低温柔度(℃)		−20		−25		
		无裂缝				
浸水后质量增加(%)≤	PE、S	1.0				
	M	2.0				
人工气候加速老化	外观	无滑动、流淌、滴落				
	拉力保持率(%) ≥	80				
	低温柔度(℃)	−15		−20		
		无裂缝				
老化	拉力保持率(%) ≥	90				
	延伸率保持率(%) ≥	80				
	低温柔度(℃)	−15		−20		
		无裂缝				
	尺寸变化率(%) ≤	0.7	—	0.7	—	0.3
	质量损失(%) ≤	1.0				

续表

项目		I	II
渗油性	张数 ≤	2	
接缝剥离强度(N/mm) ≥		1.5	
钉杆撕裂强度①(N) ≥		1.5	
矿物粒料粘附性②(g) ≤		—	300
卷材下表面沥青涂盖层厚度③(mm) ≥		1.0	

注：① 仅适用于单层机械固定施工方式卷材；
② 仅适用于矿物粒料表面的卷材；
③ 仅适用于热融施工方式卷材。

2. APP塑性体改性沥青防水卷材

（1）生产原材料和生产工艺

生产APP塑性体改性沥青防水卷材主要原材料包括：石油沥青、APP塑料体、填充料、胎基材料和覆面材料。其涂盖料的基本工艺配方如下：

石油沥青52～60份；APP改性剂10～13份；填充料25～30份；增塑剂3～5份。生产APP塑性体改性沥青防水卷材的生产工艺过程同SBS改性沥青防水卷材。

（2）APP改性沥青防水卷材性能

APP改性沥青防水卷材是以无规聚丙烯（APP）使沥青改性，将沥青包在网状结构中并形成弹性键，从而达到提高软化温度、硬度和低温柔性的目的。因该类产品的塑性好，故常称为塑性体沥青防水卷材。APP卷材适用于工业与民用建筑的屋面和地下防水工程，以及道路、桥梁等建筑物的防水。

APP改性沥青防水卷材具有良好的橡胶质感，加之用优质聚酯或玻纤作基胎，故抗拉强度大，延伸率高，−50℃不龟裂、120℃不变形、150℃不流淌，老化期长。又因其耐紫外线能力强，适应温度范围广，适合用于有强烈阳光辐射的地区，尤其适用于较高气温环境的建筑防水。

APP卷材的品种、规格与SBS卷材相同。4mm厚、10m^2面积矿物颗粒面聚酯毡塑性体改性沥青防水卷材标记为：APP I PY M 4 10 GB 18243—2008。

（3）技术要求

1）卷重、面积及厚度

APP卷材的单位面积质量、面积及厚度应同表10-6的规定。

2）外观

① 应卷紧卷齐，端面里进外出不超过10mm。

② 成卷卷材在4～60℃任一产品温度下展开，在距卷芯1m长度外不应有10mm以上的裂纹或粘结。

③ 胎基应浸透，不应有未被浸渍处。

④ 卷材表面必须平整，不允许有孔洞、缺边和裂口、疙瘩，矿物粒料粒度应均匀一致并紧密黏附于卷材表面。

⑤ 每卷卷材接头处不应超过一个，较短的一段长度不应少于1000mm，接头应剪切整齐，并加长150mm。

3）材料性能

APP 卷材的性能应符合表 10-8 规定。

APP 防水卷材物理力学性能（GB 18243—2008） 表 10-8

序号	项目		指标				
			Ⅰ		Ⅱ		
			PY	G	PY	G	PYG
1	可溶物含量（g/m^2） ≥	3mm	2100				—
		4mm	2900				—
		5mm	3500				
		试验现象	—	胎基不燃	—	胎基不燃	—
2	耐热性	℃	110		130		
		≤/mm	2				
		试验现象	无流淌、滴落				
3	低温柔性(℃)		−7		−15		
			无裂缝				
4	不透水性(120min)		0.3MPa	0.2MPa	0.3MPa		
5	拉力	最大峰拉力(N/50mm) ≥	500	350	800	500	900
		次高峰拉力(N/50mm) ≥	—	—	—	—	800
		试验现象	拉伸过程中，试件中部无沥青涂盖层开裂或与胎基分离现象				
6	延伸率	最大峰时延伸率(%) ≥	25	—	40	—	—
		第二峰时延伸率(%) ≥	—		—		15
7	浸水后质量增加(%) ≤	PE/S	1.0				
		M	2.0				
8	热老化	拉力保持率(%) ≥	90				
		延伸率保持率(%) ≥	80				
		低温柔性(℃)	−2		−10		
			无裂缝				
		尺寸变化率(%) ≤	0.7	—	0.7	—	0.3
		质量损失(%) ≤	1.0				
9	接缝剥离强度(N/mm) ≥		1.0				
10	钉杆撕裂强度①(N) ≥		—				300
11	矿物粒料粘附性②(g) ≤		2.0				
12	卷材下表面沥青涂盖层厚度③(mm) ≥		1.0				
13	人工气候老化	外观	无滑动、流淌、滴落				
		拉力保持率(%) ≥	80				
		低温柔度(℃)	−2		−10		
			无裂缝				

注：① 仅适用于单层机械固定施工方式卷材；

② 仅适用于矿物粒料表面的卷材；

③ 仅适用于热熔施工方式卷材。

10.2.3 合成高分子防水卷材

合成高分子防水卷材是以合成橡胶、合成树脂或两者的共混体为基料，加入适量的化学助剂和填充剂等，经不同工序（混炼、压延或挤出等）加工而成的可卷曲的片状防水材料。

其品种有橡胶系列（聚氨酯、三元乙丙橡胶、丁基橡胶等）防水卷材、塑料系列（聚乙烯、聚氯乙烯等）和橡胶塑料共混系列防水卷材三大类，其中又可分为加筋增强型与加筋非增强型两种类型。

合成高分子防水卷材具有拉伸强度和抗撕裂强度高、断裂伸长率大、耐热性和低温柔性好、耐腐蚀、耐老化等一系列优异的性能，是新型高档防水卷材。常见的有三元乙丙橡胶防水卷材、聚氯乙烯防水卷材、氯化聚乙烯防水卷材、氯化聚乙烯-橡胶共混防水卷材等。

1. 三元乙丙橡胶（EPDM）防水卷材

（1）三元乙丙橡胶防水卷材的组分

EPDM卷材是以乙烯、丙烯和少量双环戊二烯三种单体共聚合成的三元乙丙橡胶为主要原料，掺入适量的丁基橡胶、硫化剂、促进剂、软化剂、补强剂和填充剂等，经素炼、拉片、过滤、挤出（或压延）成型、硫化等工序加工制成，是一种高弹性的新型防水材料。

（2）三元乙丙橡胶防水卷材的性能

三元乙丙橡胶的耐候性、耐老化性、化学稳定性好，耐臭氧性、耐热性和低温柔性甚至超过氯丁橡胶与丁基橡胶，具有质量轻（1.2～2.0kg/m^2）、抗拉强度高（>7.5MPa）、延伸率大（450%以上）、耐酸碱腐蚀等特点，对基层材料的伸缩或开裂变形适应性强，使用寿命达20年以上，可以广泛用于防水要求高、耐久年限长的防水工程中。其物理性能见表10-9。

三元乙丙防水卷材物理力学性能　　表10-9

序号	项目		指标	
			一等品	合格品
1	拉伸强度(MPa),纵横向均应　≥		8	7
2	断裂延伸率(%),纵横向均应　≥		450	450
3	不透水性	0.3MPa,30min	不透水	—
		0.1MPa,30min	—	不透水
4	粘合性能(胶与胶)	无处理	合格	合格
5	低温弯折性	−40℃	无断裂或裂纹	无断裂或裂纹

2. 聚氯乙烯（PVC）防水卷材

PVC防水卷材是以聚氯乙烯树脂为主要原料，掺加填充料和适量的改性剂、增塑剂，经混炼、压延或挤出成型、分卷包装而成的防水卷材。

PVC防水卷材根据基料的组成分及其特性分为两种类型：S型和P型。S型是以焦油与聚氯乙烯树脂溶料为基料的柔性卷材，其厚度有1.5mm、2.0mm、2.5mm等；P型是以增塑聚氯乙烯为基料的塑性卷材，其厚度有 1.2mm、1.5mm、2.0mm 等。PVC 防水卷材的宽度为 1000mm、1200mm、1500mm 等。

3. 氯化聚乙烯-橡胶共混防水卷材

该卷材是以氯化乙烯树脂和合成橡胶为主体，加入适量的硫化剂、促进剂、稳定剂、软化剂和填充剂等，经过素练、混炼、过滤、压延（或挤出）成型、硫化等工序加工制成的高弹性防水卷材，它不仅具有氯化聚乙烯所特有的高强度和优异的耐臭氧、耐老化性能，而且具有橡胶类材料所特有的高弹性、高延伸性和良好的低温柔性，特别适用于寒冷地区或变形较大的建筑防水工程。

常见合成高分子防水卷材的特点和使用范围见表 10-10。

常见合成高分子防水卷材的特点和使用范围　　表 10-10

卷材名称	特点	使用范围	施工工艺
三元乙丙橡胶防水卷材	防水性能优异，耐候性好，耐臭氧性、耐化学腐蚀性好，弹性和抗拉强度大，对基层变形开裂的适应性强，质量轻，使用温度范围宽，寿命长，但价格高，粘结材料尚需配套完善	防水要求较高，防水层耐用年限要求长的工业与民用建筑，单层或复合使用	冷粘法或自粘法施工
丁基橡胶防水卷材	有较好的耐候性、耐油性、抗拉强度和延伸率，耐低温性能稍低于三元乙丙防水卷材	单层或复合使用，适用于要求较高的防水工程	冷粘法施工
氯化聚乙烯防水卷材	具有良好的耐候性、耐臭氧、耐热老化、耐油、耐化学腐蚀及抗撕裂的性能	单层或复合使用，宜用于紫外线强的炎热地区	冷粘法施工
氯磺化聚乙烯防水卷材	延伸率较大，弹性很好，对基层变形开裂的适应性较强，耐高温、低温性能好，耐腐蚀性能优良，难燃性好	适于有腐蚀介质影响及在寒冷地区的防水工程	冷粘法施工
聚氯乙烯防水卷材	具有较高的拉伸和撕裂强度，延伸率较大，耐老化性能好，原材料丰富，价格便宜，容易粘结	单层或复合使用，适于外露或有保护层的防水工程	冷粘法施工或热风焊接法施工
氯化聚乙烯-橡胶共混防水卷材	不但具有氯化聚乙烯特有的高强度和优异的耐臭氧、耐老化性能，而且具有橡胶所特有的高弹性、高延伸性以及良好的低温柔性	单层或复合使用，尤其适用于寒冷地区或变形较大的防水工程	冷粘法施工
三元乙丙橡胶-聚乙烯共混防水卷材	是热塑性弹性材料，有良好的耐臭氧和耐老化性能，使用寿命长，低温柔性好，可在负温条件下施工	单层或复合外露防水层面，宜在寒冷地区使用	冷粘法施工

10.3 防水涂料

防水涂料是一种流态或半流态物质，涂布在基层表面，经溶剂或水分挥发或各组分间的化学反应，形成具有一定弹性和一定厚度的连续薄膜，使基层与水隔绝，起到防水、防潮的作用。防水涂料固化成膜后具有良好的防水性能，特别适合于各种复杂，不规则部位的防水，能形成无接缝的完整防水膜。它大多采用冷施工，不必加热熬制，既减少了环境污染，改善了劳动条件，又便于施工操作，加快了施工进度。此外，涂布的防水涂料既是防水的主体，又是胶粘剂，因而施工质量容易保证，维修也比较简单。因此，防水涂料广泛应用于工业与民用建筑的屋面防水工程、地下室防水工程和地面防潮、防渗等。但是，防水涂料须采用刷子或刮板等逐层涂刷（刮），故防水膜的厚度较难保持均匀一致。

防水涂料按液态类型可分为溶剂型、水乳型和反应型三种；按成膜物质的主要成分可分为沥青类、高聚物改性沥青类和合成高分子类。

10.3.1 沥青类防水涂料

1. 沥青溶液（冷底子油）

沥青溶液（冷底子油）是沥青加稀释剂而制成的一种渗透力很强的液体沥青。多用建筑石油沥青和道路石油沥青，与汽油、煤油、柴油等稀释剂配制。

沥青溶液由于黏度小，能渗入混凝土和木材等材料的毛细孔中，待稀释剂挥发后，在其表面形成一层粘附牢固的沥青薄膜。建筑工程中常用于防水层的底层，以增强底层与其他防水材料的粘结。因此，常把沥青溶液称为冷底子油。

2. 乳化沥青

将液态的沥青、水和乳化剂在容器中经强烈搅拌，沥青则以微粒状分散于水中，形成的乳状沥青液体，称为乳化沥青。

通常用的乳化剂有石灰膏、肥皂、洗衣粉、十八烷基氯化铵及烷基丙烯二胺等。石灰膏乳化剂来源广泛，价格低廉，使用较多，但要注意其稳定性较差。乳化沥青的存储时间一般不超过半年，一般不能在0℃以下存储、运输、施工使用。其分层变质后更不能使用。

乳化沥青用于结构上，其中的水分蒸发后、沥青颗粒紧密结合形成沥青膜而起防水作用。乳化沥青是一种冷用防水涂料，施工工艺简便，造价低，已被广泛用于道路、房屋建筑等工程的防水结构；涂于混凝土墙面作为防水层；掺入混凝土或砂浆中（沥青用量约为混凝土干料用量的1%）提高其抗掺性；也可用作冷底子油涂于基底表面上。

3. 沥青胶

沥青胶又称沥青玛琋脂，是沥青与矿质填充料及稀释剂均匀拌合而成的混合物。沥青胶按所用材料及施工方法不同可分为：热用沥青胶及冷用沥青胶。热用沥青胶是由加热溶化的沥青与加热的矿质填充料配制而成；冷用沥青胶是由沥青溶液或乳化沥青与常温状态的矿质填充料配制而成。

沥青胶应具有良好粘结性、柔韧性、耐热性，还要便于涂刷或灌注。工程中常用的热用沥青胶，其性能主要取决于原材料的性质及其组成。

常用的粉状填充料有滑石粉、石灰石粉，也可用水泥及粉煤灰；纤维状填充料主要有石棉，两种填充料也可混合使用。矿质填充料可以提高沥青胶的耐热性、减少低温脆性，增加粘结力。为了提高沥青胶的粘结力，矿质填充料应选用碱性的。

热用沥青胶的各种材料用量：一般沥青材料占70%～80%，粉状矿质填充料（矿粉）为20%～30%，纤维状填充料为5%～15%。矿粉越多，沥青胶的耐热性越高、粘结力越大，但柔性降低，施工流动性也较差。

配制热用沥青胶，是先将矿粉加热到 100～110℃，然后慢慢地倒入已熔化的沥青中，继续加热并搅拌均匀，直到具有需要的流动性即可使用。沥青的加热温度和沥青胶搅拌控制温度，视沥青牌号而定，一般为 160～200℃，牌号小的沥青可选择较高的加热温度。

冷用沥青胶中沥青用量为 40%～50%，稀释剂 25%～30%，矿粉 10%～30%。它可在常温下施工，能涂刷成均匀的薄层，但成本高，使用较少。

沥青胶的用途较广，可用于粘结沥青防水卷材、沥青混合料、水泥砂浆及水泥混凝土，并可用作接缝填充材料等。

10.3.2　高聚物改性沥青防水涂料

高聚物改性沥青防水涂料是指以沥青为基料，用合成高分子聚合物进行改性，制成水乳型或溶剂型防水涂料。这类涂料在柔韧性、抗裂性、拉伸强度、耐高低温性能、使用寿命等方面比沥青类涂料而言有很大的改善。其品种有再生橡胶改性沥青防水涂料、水乳型氯丁橡胶沥青防水涂料、SBS 橡胶改性沥青防水涂料等。适用于Ⅰ、Ⅱ、Ⅲ级防水等级的屋面、地面、混凝土地下室和卫生间等防水工程。高聚物改性沥青防水涂料的物理性能应符合表 10-11 的要求。涂膜厚度选用应符合表 10-12 的规定。

高聚物改性沥青防水涂料物理性能（GB 50207—2012）　　表 10-11

项目		性能要求
固体含量(%)		≥43
耐热度		无流淌、起泡和滑动
柔度(−10℃)		3mm 厚，绕 ϕ20mm 厚圆棒无裂纹
不透水性	压力(MPa)	≥0.1
	保持时间(min)	≥30
延伸(20℃±2℃拉伸/mm)		≥4.5

涂膜厚度选用表（GB 50207—2012）　　表 10-12

屋面防水等级	设防道数	高聚物改性沥青防水涂料	合成高分子防水涂料
Ⅰ级	三道或三道以上设防	—	不应<1.5mm
Ⅱ级	二道设防	不应<3mm	不应<1.5mm
Ⅲ级	一道设防	不应<3mm	不应<1.5mm
Ⅳ级	一道设防	不应<2mm	—

10.3.3　合成高分子防水涂料

合成高分子防水涂料指以合成橡胶或树脂为主要成膜物质制成的单组分或多组分的防水涂料。这类涂料具有高弹性、高耐久性及优良的耐高温性能，品种有高聚氨酯防水涂料、丙烯酸酯防水涂料、聚合物水泥涂料和有机硅防水涂料等。适用于Ⅰ、Ⅱ、Ⅲ级防水等级的屋面、地下室、水池及卫生间等防水工程。合成高分子防水涂料的物理性能应符合表 10-13 的要求。涂料厚度选用应符合表 10-12 的规定。

合成高分子防水涂料物理性能（GB 50207—2012）　表 10-13

项目		性能要求		
		反应固化型	挥发固化型	聚合物水泥涂料
固体含量(%)		≥94	≥65	≥65
拉伸强度(MPa)		≥1.65	≥1.5	≥1.2
断裂延伸性(%)		≥350	≥300	≥200
柔性(℃)		−30，弯折无裂纹	−20，弯折无裂纹	−10，绕 ϕ10mm 圆棒无裂纹
不透水性	压力(MPa)	≥0.3		
	保持时间(min)	≥30		

10.4 建筑密封材料

建筑密封材料是嵌入建筑物缝隙中，承受位移、起到气密和水密作用的材料。

10.4.1 密封材料的分类

建筑密封材料分为定型密封材料和非定型密封材料两类。定型密封材料如密封条、压条等；非定型密封材料如密封膏。其按原材料及性能又可以分为三大类：塑性密封膏、弹性密封膏和弹塑性密封膏。

10.4.2 常用建筑密封材料

工程上常用的建筑密封材料有：沥青嵌缝油膏、塑料油膏、丙烯酸类密封膏、聚氨酯密封膏、聚硫密封膏和硅酮密封膏等。

1. 沥青嵌缝油膏

沥青嵌缝油膏是以石油沥青为基料，加入改性材料、稀释剂及填充料混合制成的密封膏。改性材料有废橡胶粉和硫化鱼油；稀释剂有松焦油、松节重油和机油；填充料有石棉绒和滑石粉等。

沥青嵌缝油膏主要用作屋面、墙面、沟和槽的防水嵌缝材料。使用沥青嵌缝油膏嵌缝时，缝内应洁净干燥，先刷涂冷底子油一道，待其干燥后即嵌填油膏。油膏表面可加石油沥青、油毡、砂浆、塑料为覆盖物。

2. 聚氯乙烯接缝膏和塑料油膏

聚氯乙烯接缝膏是以煤焦油和聚氯乙烯（PVC）树脂粉为基料，按一定比例加入塑化剂、稳定剂及填充料等，在 140℃温度下塑化而成的膏状密封材料，简称 PVC 接缝膏。

塑料油膏使用废旧聚氯乙烯（PVC）塑料代替聚氯乙烯树脂粉，其他原料和生产方法同聚氯乙烯接缝膏。塑料油膏成本较低。

PVC 接缝膏和塑料油膏有良好的粘结性、防水性、弹塑性、耐热、耐寒、耐腐蚀和抗老化性能也较好。可以热用，也可以冷用。热用时，将聚氯乙烯接缝膏或塑料油膏用文火加热，加热温度不得超过 140℃，达到塑化状态后，应立即浇灌于清洁干燥的缝隙或接头等部位；冷用时，应加溶剂稀释。

这种油膏适用于各种屋面嵌缝或表面涂布作为防水层，也可用于水渠、管道等接缝，用于工业厂房自防水屋面嵌缝、大型墙板嵌缝等的效果也很好。

3. 丙烯酸类密封膏

丙烯酸类密封膏是丙烯酸树脂掺入增塑剂、分散剂、碳酸钙、增量剂等配制而成，有溶剂型和水乳性两种，工程常用的为水乳性。

丙烯酸类密封膏在一般建筑基底上不产生污渍。它具有良好的抗紫外线性能，尤其是对于透过玻璃的紫外线。它的延伸率很好，初期固化阶段为 200%～600%，经过热老化、气候老化试验后达到完全固化时为 100%～350%，在－34～80℃温度范围内具有良好的性能。丙烯酸类密封膏比橡胶类便宜，属于中等价格及性能的产品。

丙烯酸类密封膏主要用于屋面、墙板、门、窗嵌缝，但它的耐水性能较差，所以不宜用于经常泡在水中的工程，如不宜用于水池、污水处理厂、灌溉系统、堤坝等水下接缝中，且不宜用于广场、公路、桥面等有交通来往频繁的接缝中。丙烯酸类密封膏一般在常温下用挤枪嵌填于各种清洁、干燥的缝内，为节省材料，缝宽不宜太大，一般 9～15mm。

4. 聚氨酯密封膏

聚氨酯密封膏一般用双组分配制，甲组分是含有异氰酸酯基的预聚体，乙组分含有多羟基的固化剂与增塑剂、填充料、稀释剂等。使用时，将甲乙两组分按比例混合，经固化反应成弹性体。

聚氨酯密封膏的弹性、粘结性及耐气候老化性能特别好，与混凝土的粘结性也很好，同时不需要打底。所以聚氨酯密封膏材料可以做屋面、墙面的水平或垂直接缝，尤其适用于游泳池工程。它还是公路及机场跑道的补缝、接缝的适宜材料，也可用于玻璃、金属材料的嵌缝。

10.5 石油沥青试验

10.5.1 石油沥青针入度试验

1. 试验目的

测定石油沥青的针入度，以评价道路黏稠石油沥青的黏滞性，并确定沥青标号。还可以进一步计算沥青的针入度指数，用以描述沥青的温度敏感性；计算当量软化点 800（相当于沥青针入度为 800 时的温度），用以评价沥青的高温稳定性；计算当量脆点 1.2（相当于沥青针入度为 1.2 时的温度），用以评价沥青的低温抗裂性能。

2. 试验仪器

（1）针入度仪为（图 10-2）针和针连杆组合件，总质量为（50±0.05)g，另附砝码一只（50±0.05)g，试验时总质量为（100±0.05)g。仪器设有放置平底玻璃保温皿的平台，并有调节水平的装置，针连杆应与平台相垂直。

（2）标准针：由硬化回火的不锈钢制成，针及针杆总质量（2.5±0.05)g。针应设有固定用装置盒，以免碰撞针尖。

（3）盛样皿为（图 10-3）金属制、圆柱形平底。小盛样皿的内径 55mm，深 35mm（适用于针入度小于 200）；大盛样皿内径 70mm，深 45mm（适用于针入度 200～350）。对于针入度大于 350 的试样需使用特殊盛样皿，其深度应不小于 60mm，试样体积不小于 125mL。

图 10-2　针入度仪

图 10-3　盛样皿

（4）恒温水浴：容量不小于 10L，控温准确度为 0.1℃。水槽中应设有一带孔的搁架，位于水面下不小于 100mm，距水槽底不得少于 50mm 处。

（5）平底玻璃皿：容量不小于 1L，深度不小于 80mm。内设有一不锈钢三脚支架，能使盛样皿稳定。

（6）温度计：0～50℃，分度为 0.1℃。

（7）秒表：分度为 0.1s。

（8）盛样皿盖：平板玻璃，直径不小于盛样皿开口尺寸。

（9）溶剂：三氯乙烯。

（10）其他：电炉或砂浴、石棉网、金属锅或瓷把坩埚等。

3. 试验步骤

（1）沥青试样准备方法。

（2）制备试样方法。

（3）调整针入度仪使之水平。

（4）取出达到恒温的盛样皿，并移入水温控制在试验温度±0.1℃（可用恒温水槽中的水）的平底玻璃皿中的三脚架上，试样表面以上的水层深度不少于 10mm。

（5）将盛有试样的平底玻璃皿置于针入度仪的平台上。慢慢放下针连杆，用适当位置的反光镜或灯光反射观察，使针尖恰好与试样表面接触。拉下刻度盘的拉杆，使与针连杆顶端轻轻接触，调节刻度盘或深度指示器的指针指示为零。

（6）开动秒表，在指针正指的瞬时，用手紧压按钮，使标准针自动下落贯入试样，经规定时间，停压按钮使针停止移动。

（7）拉下刻度盘拉杆与针连杆顶端接触，读取刻度盘指针或位移指示器的读数，准确至 0.5。

4. 试验结果

（1）同一试样平行试验至少三次，各测试点之间及与盛样皿边缘的距离不应少于 10mm。每次试验后应将盛有盛样皿的平底玻璃皿放入恒温水槽，使平底玻璃皿中水温保持试验温度。每次试验应换一根干净的标准针或将标准针取下，用蘸有三氯乙烯溶剂的棉花或布揩净再用干棉花或布擦干。

（2）当测定针入度大于 200 的沥青试样时，应至少用 3 支标准针，每次试验后将针留在试样中，直至 3 次平行试验完成后，才能将标准针取出。

（3）当同一试样 3 次平行试验结果的最大值和最小值之差在所列允许偏差范围内时，计算 3 次试验结果的平均值，取整数作为针入度试验结果，以 0.1mm 为单位。当试验值不符要求时，应重新进行。

10.5.2　石油沥青软化点试验

1. 试验目的

测定沥青的软化点，可以评定黏稠沥青的热稳定性。

2. 试验仪器

（1）软化点仪（图 10-4）。

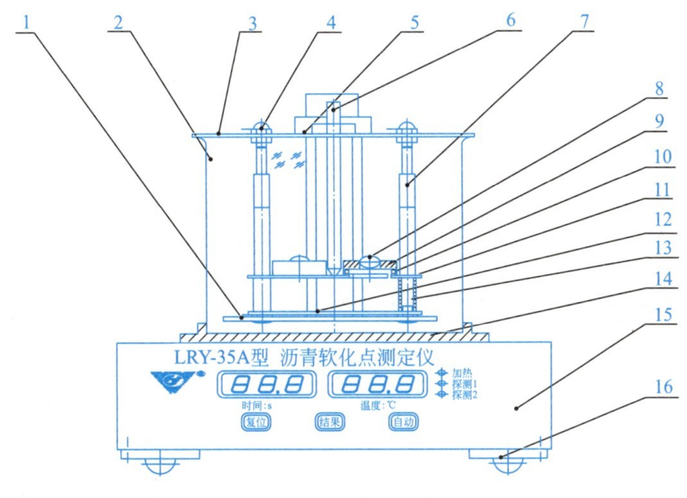

图 10-4　软化点仪

1—电加热器；2—烧杯；3—上盖板；4—螺母；5—插座；6—温度传感器；7—立杆；8—钢球；9—定位环；10—试样环；11—中层板；12—下层板；13—套管；14—杯座；15—电器控制箱；16—底脚

（2）试样底板：金属板或玻璃板。

（3）环夹：由薄钢条制成，用以夹持金属环，以便刮平试样表面。

（4）平直刮刀。

（5）甘油滑石粉隔离剂。

（6）加热炉具。

（7）恒温水槽：控温的准确度为0.5℃。

（8）新煮沸过的蒸馏水。

（9）其他：石棉网。

3. 试验步骤

（1）制备试样。

（2）将装有试样的试样环连同金属板置于（5±0.5)℃水的恒温水槽中至少15min；同时将金属支架、钢球、钢球定位环等亦置于相同水槽中。

（3）烧杯内注入新煮沸并冷却至5℃的蒸馏水，水面略低于立杆上的深度标记。

（4）从恒温水槽中取出盛有试样的试样环放置在支架中层板的圆孔中，并套上定位环；然后将整个环架放入烧杯中，调整水面至深度标记，并保持水温为（5±0.5)℃。环架上任何部分不得附有气泡。将温度计由上层板中心孔垂直插入，使端部测温头底部与试样环下面齐平。

（5）将烧杯移至放有石棉网的加热炉具上，然后将钢球放在定位环中间的试样中央，立即开动振荡搅拌器，使水微微振荡，并开始加热，使杯中水温在3min内调节至维持每分钟上升（5±0.5)℃。在加热过程中，应记录每分钟上升的温度值，如温度上升速度超出此范围时，则试验应重做。

（6）试样受热软化逐渐下坠，至与下层底板表面接触时，应立即读取温度，准确至0.5℃。

4. 试验结果

同一试样平行试验两次，当两次测定值的差值符合重复性试验精密度要求时，取其平均值作为软化点试验结果，准确至0.5℃。

10.5.3 石油沥青延度试验

1. 试验目的

测定沥青的延度，可以评价黏稠沥青的塑性变形能力。本方法适用于测定道路石油沥青、液体沥青蒸馏和乳化沥青蒸发残留物的延度。

2. 试验仪器

（1）延度仪（图10-5)。

（2）延度仪试模（图10-6)。

（3）试模底板：玻璃板、磨光的铜板或不锈钢板。

（4）恒温水槽甘油滑石隔离剂。

（5）温度计：0～50℃，分度为0.1℃。

（6）砂浴或其他加热炉具。

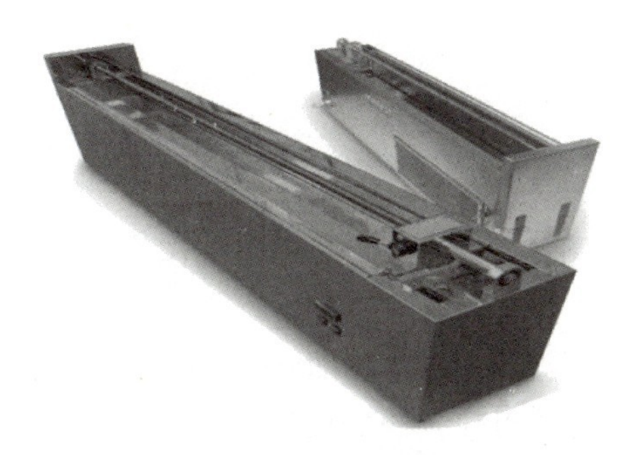

图 10-5　延度仪

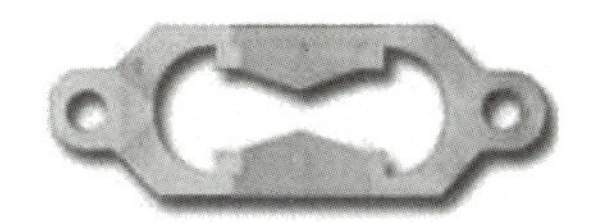

图 10-6　延度仪试模

（7）甘油滑石粉隔离剂（甘油与滑石粉的质量比 2∶1）。

（8）其他：平刮刀、石棉网、酒精、食盐等（溶化沥青器皿、温度计、刮刀）。

3. 试验步骤

（1）制备试样。

（2）检查延度仪拉伸速度是否符合规定要求，然后移动滑板使其指针正对标尺的零点。将延度仪注水，并保温达试验温度±0.5℃。

（3）将保温后的试件连同底板移入延度仪的水槽中，从底板上取下试件，将试模两端的孔分别套在滑板及槽端固定板的金属柱上，取下侧模。水面距试件表面应不小于 25mm。

（4）开动延度仪，并注意观察试样的延伸情况。在试验时，如发现沥青细丝浮于水面或沉入槽底时，则应在水中加入酒精或食盐调整水的密度至与试样密度相近后，再重新试验。

（5）试件拉断时，读取指针所指标尺上的读数，以 cm 表示。在正常情况下，试件延伸时应呈锥尖状，拉断时实际断面接近于零。如不能得到这种结果，则应在报告中注明。

4. 试验结果

同一试样，每次平行试验不少于三个，如三个测定结果均大于 100cm 时，试验结果记作“＞100cm”，特殊需要也可分别记录实测值。如三个测定结果中，有一个以上的测定值小于 100cm 时，若最大值或最小值与平均值之差满足重复性试验精度要求，则取三个测定结果的平均值的整数作为延度试验结果，若平均值大于 100cm，记作“＞100cm”；若最大值或最小值与平均值之差不符合重复性试验精度要求时，试验应重新进行。

10.6 改性沥青防水卷材的检验与验收

改性沥青防水卷材按检验类型分为出厂检验和型式检验，施工现场主要进行出厂检验。出厂检验项目包括：单位面积质量、面积、厚度、外观、可溶物含量、不透水性、耐热性、低温柔度、拉力、延伸率、渗油性（针对 SBS）、卷材下表面沥青涂盖层厚度。

10-2
防水卷材试验

防水卷材的单位面积质量、面积、厚度、外观可在施工现场检验，其余性能检验送到经过认证的试验室进行检验。

10.6.1 改性沥青防水卷材取样

1. 同一类型、同一规格的卷材 10000m^2 为一批，不足 10000m^2 亦可作为一批，从每批中随机抽取 5 卷进行单位面积质量、面积、厚度及外观检查。

2. 在外观质量达到合格的卷材中抽取一卷，将取样卷材切除距外层卷头 2500mm 后，顺纵向切取长度为 1000mm 的全幅卷材试样 2 块进行封扎，一块送检材料性能测定，另一块备用。材料性能检验按表 10-14 规定的试件尺寸和数量切取试件。

SBS 防水卷材试件尺寸和数量　　表 10-14

<table>
<tr><th>序号</th><th colspan="2">试验项目</th><th>试件形状（纵向×横向）
（mm）</th><th>数量
（个）</th></tr>
<tr><td>1</td><td colspan="2">可溶物含量</td><td>100×100</td><td>3</td></tr>
<tr><td>2</td><td colspan="2">耐热性</td><td>125×100</td><td>纵向 3</td></tr>
<tr><td>3</td><td colspan="2">低温柔性</td><td>150×25</td><td>纵向 10</td></tr>
<tr><td>4</td><td colspan="2">不透水性</td><td>150×150</td><td>3</td></tr>
<tr><td>5</td><td colspan="2">拉力及延伸率</td><td>（250～320）×50</td><td>纵横向各 5</td></tr>
<tr><td>6</td><td colspan="2">浸水后质量增加</td><td>（250～320）×50</td><td>纵向 5</td></tr>
<tr><td rowspan="3">7</td><td rowspan="3">热老化</td><td>拉力及延伸率保持率</td><td>（250～320）×50</td><td>纵横向各 5</td></tr>
<tr><td>低温柔性</td><td>150×25</td><td>纵向 10</td></tr>
<tr><td>尺寸变化率及质量损失</td><td>（250～320）×50</td><td>纵向 5</td></tr>
<tr><td>8</td><td colspan="2">渗油性</td><td>50×50</td><td>3</td></tr>
<tr><td>9</td><td colspan="2">接缝剥离强度</td><td>400×200（搭接边处）</td><td>纵向 2</td></tr>
<tr><td>10</td><td colspan="2">钉杆撕裂强度</td><td>200×100</td><td>纵向 5</td></tr>
<tr><td>11</td><td colspan="2">矿物粒料粘附性</td><td>265×50</td><td>纵向 3</td></tr>
<tr><td>12</td><td colspan="2">卷材下表面沥青涂盖层厚度</td><td>200×50</td><td>横向 3</td></tr>
<tr><td rowspan="2">13</td><td rowspan="2">人工气候
加速老化</td><td>拉力保持率</td><td>120×25</td><td>纵横向各 5</td></tr>
<tr><td>低温柔性</td><td>120×25</td><td>纵向 10</td></tr>
</table>

注：渗油性试件只对 SBS 防水卷材。

10.6.2 可溶物含量检验

1. 主要仪器设备

（1）分析天平：称量范围大于 100g，精度 0.001g。

（2）萃取器：500mL 索氏萃取器。

（3）鼓风烘箱：温度波动±2℃。

（4）溶剂：三氯乙烯（化学纯）或其他合适溶剂。

（5）滤纸：直径不小于 150mm。

2. 试件制备

在取好的试样上距边缘 100mm 以上任意裁取，用模板帮助，或用裁刀，正方形试件尺寸为（100±1）mm×（100±1）mm。一组试样的试件数量为 3 个。

试件在试验前至少在（23±2)℃和相对湿度 30%～70%的条件下放置 20h。

3. 检验步骤

对于表面隔离材料为粉状的沥青防水卷材，试件先用软毛刷刷除表面的隔离材料。每个试件用干燥好的滤纸包好，用线扎好，称其质量（M_1）。将包扎好的试件放入萃取器中，溶剂量为烧瓶容量的 1/3～1/2，进行加热萃取，萃取至回流的溶剂第一次变成浅色为止，小心取出滤纸包，不要破裂，在空气中放置 30min 以上使溶剂挥发。然后放入（105±2)℃的鼓风烘箱中干燥 2h，取出后放入干燥器中冷却至室温。将滤纸包从干燥器中取出称其质量（M_2）。

4. 结果表示

可溶物含量按式（10-1）计算：

$$A=(M_1-M_2)\times 100\% \tag{10-1}$$

式中 A——可溶物含量（g/mm^2）。

最终结果取 3 个试件的平均值。

10.6.3 不透水性检验

1. 主要仪器设备

防水材料不透水仪：试验装置示意图如图 10-7 所示，产生的压力作用于试件的一面。试件用有 7 孔圆盘的盖盖上，孔的尺寸形状符合要求。

2. 试件制备

在试样上按表 10-14 规定的尺寸裁取 3 个试件，试件在卷材宽度方向均匀裁取，最外一个距卷材边缘 100mm。

试件在试验前至少在（23±5)℃的条件下放置 6h 后并在此温度下进行试验。

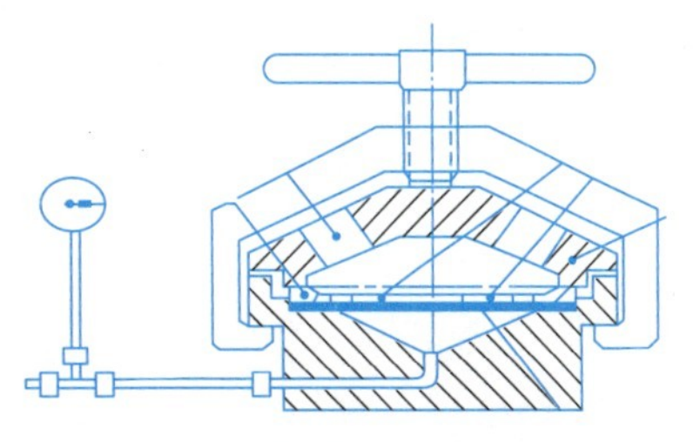

图 10-7 不透水装置示意图

3. 检验步骤

（1）将洁净水充满试验装置，直到满出，彻底排出水管中的空气。

（2）将试件的上表面朝下放置在透水盘上，盖上规定的开缝盘（或 7 孔圆盘），其中一个缝的方向与卷材纵向平行。放上封盖，慢慢夹紧，直到试件夹紧在盘上，再干燥试件的非迎水面。

（3）慢慢加压到规定的压力，保持压力 30min。在试验中观察试件的不透水性。

4. 结果表示

检查试件有无渗漏现象，所有试件在规定的时间不透水认为不透水性试验通过。

10.6.4 耐热性检验

1. 主要仪器设备

（1）鼓风烘箱：在试验范围内最大温度波动±2℃。当门打开30s后，恢复温度到工作温度的时间不超过5min。

（2）热电偶：连接到外面的电子温度计，在规定的范围内能测量到±1℃。

（3）悬挂装置（如夹子）至少100mm宽，能夹住试件的整个宽度在一条线，并被悬挂在试验区内（图10-8）。

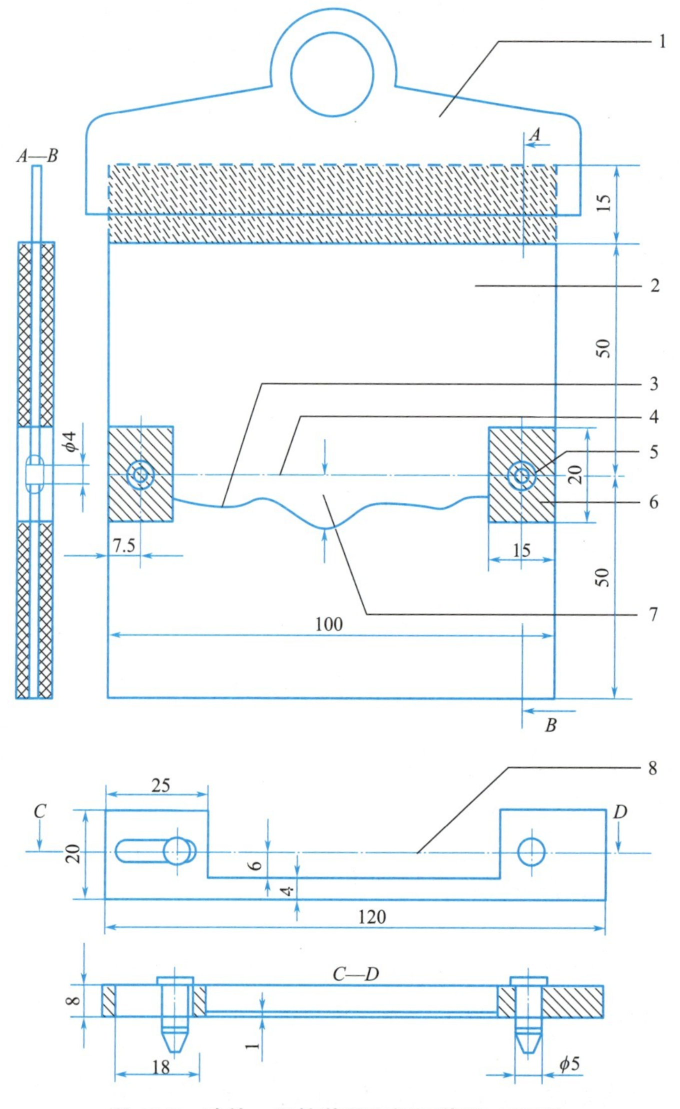

图10-8 试件、悬挂装置和标记装置（示例）

1—悬挂装置；2—试件；3—标记线1；4—标记线2；5—插销，ϕ4mm；6—去除涂盖层；7—滑动 ΔL（最大距离）；8—直边

（4）光学测量装置（如读数放大镜）刻度至少 0.1mm。

（5）金属圆插销的插入装置：内径约 4mm。

（6）画线装置：画直的标记线。

（7）墨水记号：线的宽度不超过 0.5mm，白色耐水墨水。

（8）硅纸。

2. 试件制备

在试样上裁取 3 个尺寸为（115±1)mm×（100±1)mm 的矩形试件，试件沿试样宽度方向均匀裁取，长边是卷材的纵向。试件应距卷材边缘 150mm 以上，试件从卷材的一边开始连续编号，并标记上表面和下表面。

试件首先应去除任何非保护层，然后在试件纵向的横断面一边，上表面和下表面的大约 15mm 一条的涂盖层去除直至胎体，在试件的中间区域的涂盖层也从上表面和下表面的两个接近处去除，直至胎体（图 10-8)；两个内径约 4mm 的插销从裸露区域穿过胎体；标记装置放在试件两边插入插销定位于中心位置，在试件表面整个宽度方向沿着直边用记号笔垂直画一条线，操作时试件应平放。

试件在试验前至少放置在（23±2)℃的平面上 2h，相互之间不要接触或粘住，有必要时，将试件分别放在硅纸上放置粘结。

3. 检验步骤

烘箱预热到规定试验温度；将一组 3 个试件露出的胎体处用悬挂装置夹住，涂盖层不要夹到，必要时，用硅纸的不粘层包住两面，便于在试验结束时除去夹子。

制备好的试件垂直悬挂在烘箱的相同高度，间隔至少 30mm。放入试件后加热时间为(120±2)min。

加热周期一结束，试件和悬挂装置一起从烘箱中取出，相互间不要接触，在（23±2)℃自由悬挂冷却至少 2h；然后除去悬挂装置，按试件制备的方法，在试件两面画第二个标记线；用光学测量装置在每个试件的两面测量两个标记底部间最大距离，精确到 0.1mm。

4. 结果表示

计算卷材每个面三个试件的滑动值的平均值，精确到 0.1mm。卷材上表面和下表面的滑动平均值不超过 2.0mm 即认为该卷材在该温度下耐热性合格。

10.6.5　低温柔度检验

1. 主要仪器设备

（1）低温柔性试验仪：试验装置的操作示意如图 10-9 所示。该装置由两个直径（20±0.1)mm 不旋转的圆筒，一个直径（30±0.1)mm 的圆筒或半圆筒弯曲轴组成（可以根据产品规定采用其他直径的弯曲轴，如 20mm、50mm)，该轴在两个圆筒中间，能上下移动，两个圆筒间的距离可以调节，即圆筒和弯曲轴间的距离能调节为卷材的厚度。整个装置能浸入控制温度在−40～20℃、精度 0.5℃温度条件的冷冻液中。试件在试验液中的位置应平放且能完全浸入，用可移动的装置支撑，该支撑装置应至少能放一组 5 个试件。

（2）冷冻液：丙烯乙二醇/水溶液（体积比 1∶1）低至−25℃或低于−20℃乙醇/水混

合物（体积比 2∶1）。

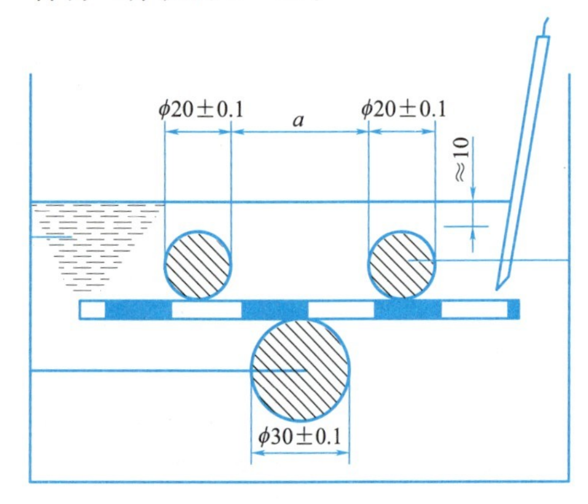

图 10-9　低温柔性试验装置示意图

2. 试件制备

在试样上裁取 10 个尺寸为（150±1）mm×（25±1）mm 的矩形试件，试件沿试样宽度方向均匀裁取，长边是卷材的纵向。试件应距卷材边缘 150mm 以上，试件从卷材的一边开始连续编号，并标记上表面和下表面。

试件试验前应去除表面的任何保护层，并在（23±2）℃的平板上放置至少 4h，相互之间不能接触，也不能粘在板上，可用硅纸垫。

3. 检验步骤

试验前根据产品选择弯曲轴直径，调整两个圆筒间的距离，即“弯曲轴直径＋2mm＋两倍试件的厚度”。将装置放入已冷却的液体中，并且圆筒的上端在冷冻液面下约 10mm，弯曲轴在下面的位置。

冷冻液达到规定的试验温度（误差不超过 0.5℃），试件放于支撑装置上，且在圆筒上端，保证冷冻液完全浸没试件。试件放入冷冻液达到规定温度后，开始保持在该温度 1h±5min，并检查冷冻液温度。

两组各 5 个试件，即一组是上表面试验，另一组是下表面试验。将试件放置在圆筒和弯曲轴之间，试验面朝上；然后设置弯曲轴以（360±40）mm/min 速度顶着试件向上移动，试件同时绕轴弯曲，轴移动的终点在圆筒上面（30±1）mm 处。

在完成弯曲过程 10s 内，在适宜的光源下用肉眼检查试件有无裂纹，必要时，用辅助光源协助。假若有一条或更多条裂纹从涂盖层深入到胎体层，或完全贯穿无增强卷材，即存在裂缝。

4. 结果表示

一个试验面的 5 个试件在规定的温度下至少有 4 个无裂缝，即为通过，上表面和下表面的试验结果要分别记录。

10.6.6　拉力及延伸率检验

1. 主要仪器设备

（1）拉伸试验机：有连续记录拉力和对应距离的装置，能按（100±10）mm/min 的速度均匀地移动夹具。试验机应有足够的量程（至少 2000N），夹具宽度不小于 50mm。

（2）裁刀或模板。

2. 试件制备

整个拉伸试验应制备两组试件，一组纵向 5 个试件，一组横向 5 个试件。

在取好的试样上距边缘 100mm 以上任意裁取，用模板或用裁刀裁取矩形试件宽为（50±0.5）mm，长度为（200mm±2×夹持长度），长度方向为试验方向。将卷材表面的非持久层去除。

试件在试验前在（23±2）℃和相对湿度 30%～70%的条件下至少放置 20h。

3. 检验步骤

将试件夹紧在拉伸试验机的夹具中，注意试件长度方向的中线与试验机夹具中心应在一条线上。夹具间距离为（200±2）mm，为防止试件从夹具中滑移，应作标记，当使用引伸计时，试验前应设置标距间距离为（180±2）mm。

试验在（23±2）℃进行，夹具移动的恒定速度为（100±10）mm/min。

连续记录拉力和对应的夹具（或引伸计）间的距离。

4. 结果表示

（1）拉力：分别计算纵向和横向 5 个试件拉力的算术平均值，作为卷材的纵向和横向拉力，拉力的平均值精确到 5N。

（2）最大拉力时的延伸率：最大拉力时对应的由夹具（或引伸计）间距离与起始距离的百分率。分别计算纵向和横向 5 个试件最大拉力对应延伸率的算术平均值，作为卷材的纵向和横向延伸率，延伸率的平均值约为 1%。

对于复合增强的卷材在应力应变图上有两个或更多个峰值，拉力和延伸率应记录两个最大值。

知识拓展

品质才是硬道理

粤港澳大湾区是世界第四大湾区，也是我国建设世界级城市群和参与全球竞争的重要空间载体，因此可以说是我国经济活力最强区域之一。

位于珠海横琴新区的粤澳合作中医药科技产业园孵化器项目，其防水案例非常的经典，在这项著名工程的建设中，项目方定位标准高、要求高、质量高，因此防水项目施工方本着“善待建筑，让每一栋房子都用上好材料”的使命，为项目安全、优质、高效建设添砖加瓦（图 10-10）。

图 10-10　粤澳合作中医药科技产业园

防水材料的质量非常重要，它直接关系到建筑物的安全性和使用寿命。因此，同学们务必增强质量意识和责任感，努力学习，不断增强自身竞争力，埋头苦干，为保家卫国奉献自己的力量。

单元总结

本单元主要介绍了防水材料，内容包括沥青、防水卷材、防水涂料和建筑密封材料。要掌握建筑石油沥青的技术性质，建筑石油沥青不仅本身作为重要的防水材料，而且是制作防水卷材、防水涂料和建筑密封材料的主要原料。学习防水卷材、防水涂料和建筑密封材料，并与合成高分子材料结合起来。目前，防水材料品种多、规范标准更新速度快，要了解其主要性能指标、适用范围和施工工艺，并结合防水材料的试验与检测去学习防水材料的性质，学会鉴别防水材料的优劣，针对工程特点选择合适的防水材料。

习　题

一、填空题

1. 石油沥青的组成结构为________、________和__________三个主要组分。

2. 沥青混合料是指________与____________拌合而成的混合料的总称。

3. 一般同一类石油沥青随着牌号的增加，其针入度________，延度________，而软化点__________。

4. 沥青的塑性指标一般用__________来表示，温度感应性用________来表示。

5. 沥青混凝土是由沥青和________、________和____________所组成。

6. 沥青混合料的技术指标有：________、__________、__________、__________。

7. 沥青的牌号是根据________、________、__________技术指标来划分的。

8. 常用做沥青矿物填充料的物质有：________、________、________、________。

9. 石油沥青材料属于____________结构。

10. 根据用途不同，沥青分为________、________、__________。

二、单选题

1. 乳化沥青防水涂料为（　　）涂料。

A. 水乳型　B. 溶剂型　C. 反应型　D. 水乳和溶剂型

2. 焦油沥青冷底子油中，只能使用（　　）作溶剂。

A. 苯油　B. 苯　C. 煤油　D. 汽油

3. 石油沥青的牌号是依据（　　）划分。

A. 针入度　B. 软化点　C. 延度　D. 燃点

4. 下列不是石油沥青技术性质的是（　　）。

A. 防水性　B. 抗挤压性　C. 黏性和塑性　D. 温度敏感性

5. APP 防水卷材立放贮存时不得超过（　　）层。

A. 1　B. 2　C. 3　D. 4

三、多选题

1. 沥青胶根据使用条件应有良好的（　　）。

A. 耐热性　B. 粘结性　C. 大气稳定性　D. 温度敏感性

E. 柔韧性

2. SBS 改性沥青防水卷材按厚度有（　　）。

A. 2mm　　B. 3mm　　C. 4mm　　D. 5mm

E. 6mm

3. 改性沥青防水卷材依据不同厚度单卷面积有（　　）m^2。

A. 5　　B. 7.5　　C. 10　　D. 15

E. 20

四、简答题

1. 试分析乳化沥青和冷底子油生产和使用的不同点是什么。

2. 试分析石油沥青油毡与改性沥青防水卷材性能有何差异。

3. 我们经常会看到一些沥青混凝土路面出现等间距的横向裂缝，在气温较低时或者使用年限较久的路面上尤为明显，试通过沥青的基本知识解释其原因。

教学单元11 Chapter 11

合成高分子材料

教学目标

1. 知识目标

（1）了解高分子材料的性能和分类；

（2）理解高分子化合物的定义，建筑塑料、建筑涂料和建筑胶粘剂的组成；

（3）掌握常用的建筑塑料、建筑涂料、建筑胶粘剂的品种、性能和用途，以及它们的保管和验收方法。

2. 能力目标

（1）能结合工程实际，合理选用建筑塑料、建筑涂料和建筑胶粘剂；

（2）能在工程中正确验收建筑塑料制品；

（3）能正确保管建筑涂料和建筑胶粘剂。

3. 素质目标

（1）培养学生刻苦钻研，大胆创新的精神。

（2）培养学生严谨认真的工作习惯；

（3）培养学生的节能环保意识；

（4）增强学生的职业认同感。

思维导图

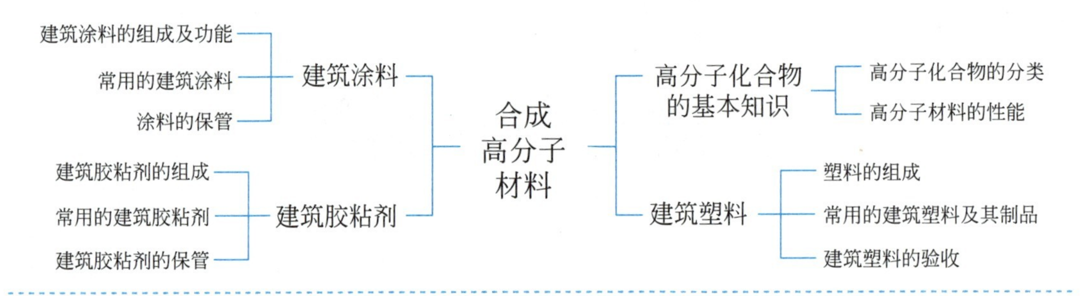

高分子材料是指由高分子化合物组成的材料。高分子材料按来源分为天然高分子材料和合成高分子材料。天然高分子是存在于生物体内的高分子物质，可分为天然纤维、天然树脂、天然橡胶、动物胶等；合成高分子材料主要是指塑料、合成橡胶和合成纤维三大合成材料，此外还包括胶粘剂、涂料以及各种功能性高分子材料。合成高分子材料具有天然高分子材料所没有的较为优越的性能，如较小的密度，较高的力学性能，较好的耐磨性、耐腐蚀性、电绝缘性等。随着石油化学工业的发展，合成高分子材料资源日益扩大，其应用在建筑市场中占据了重要地位，已成为主要的建筑材料。

11.1 高分子化合物的基本知识

组成合成高分子材料的高分子化合物，是指由千万个原子以共价键相互连接而成的大分子化合物，又称高聚物或聚合物。高分子化合物虽然分子量很大，但是化学组成非常简单，一般由简单的结构单元以重复的方式连接起来，形成链或空间网。例如：聚氯乙烯的分子是由许多氯乙烯结合而成的：

$$\underset{\text{单体}}{n\mathrm{CH_2{=}CHCl}} \longrightarrow \cdots\mathrm{CH_2{-}\underset{\mid\atop Cl}{CH}}\underbrace{-\mathrm{CH_2{-}\underset{\mid\atop Cl}{CH}}-}_{\text{链节}}\mathrm{CH_2{-}\underset{\mid\atop Cl}{CH}}\cdots\ (\text{聚合物})\quad \text{简写：}\ \underbrace{\left[\mathrm{CH_2{-}\underset{\mid\atop Cl}{CH}}\right]}_{\text{链节}}{}_{n}\ (n\text{：聚合度})$$

式中　单体——聚合成高分子化合物的低分子化合物；

　　链节——组成高分子链的重复结构单元；

聚合度——高分子链所含链节的数目。

平均聚合度 $n\times$链节的式量＝高聚物的平均相对分子质量。

11.1.1　高分子化合物的分类

1. 按分子链的形状分类

按分子链的形状不同，可将高分子材料分为线型、支链型、体型三种。

（1）线型高分子化合物

其大分子链的链节排列成线型主链，且线型大分子间以分子间力结合在一起。线型高分子化合物在低温或受拉条件下易呈直链形状，当温度较高或在有机溶剂作用下，则变成卷曲状。线型结构的高分子化合物，强度较低、弹性高、易热熔、可塑性好，能溶于有机溶剂中，有形成晶体的倾向，易加工成形，并能反复使用，但耐腐蚀性较差。具有线型结构的高分子材料包括聚乙烯、聚氯乙烯等。线型聚合物树脂均为热塑性树脂。

（2）支链型高分子化合物

其主链也是长链形状，但带有大量的支链，因分子排列较松，分子间作用力较弱，因而密度、熔点及强度等低于线型高分子化合物。具有支链型结构的高分子材料包括 ABS 树脂、聚苯乙烯树脂等。

（3）体型高分子化合物

其主链是由线型大分子间通过化学键交联作用而形成的三维网状结构，又称网状结构。体型高分子化合物由于主链、支链之间彼此交联，所以使链段（分子链的一部分）甚至整个大分子链活动困难，导致其弹性、塑性降低，以至出现硬脆性。体型高分子化合物加热时不会熔化，只能软化，不溶于有机溶剂，最多只能溶胀，不能重复加工和使用，但耐腐蚀性较好。具有体型结构的高分子材料包括硫化橡胶、酚醛塑料等。体型聚合物树脂均为热固性树脂。

2. 按受热后表现出来的性质分类

按受热后表现出来的性质，高分子化合物可以分为热塑性和热固性两类。

（1）热塑性高分子化合物

指可反复受热软化、冷却硬化的高分子化合物，一般是线型分子结构。这类高分子化合物用途非常广、产量非常大，常见的有聚乙烯、聚丙烯、聚氯乙烯等。

（2）热固性高分子化合物

指经一次受热软化（或熔化）后，在热和催化剂或热和压力作用下发生化学反应变成坚硬的体型结构而逐渐固化，不溶不熔，受热后只能分解，不能软化，不能恢复到可塑状态的高分子化合物。如环氧树脂、不饱和聚酯树脂、酚醛树脂等。

3. 按高分子化合物的集聚状态分类

高分子化合物存在晶态和非晶态两种不同的集聚状态。

（1）晶态高分子化合物

高分子化合物的分子量很大，结构复杂，其晶体结构与一般低分子量晶体有很大不同。按“晶区结构模型”，在结晶聚合物中存在着“晶区”和“非晶区”。高分子化合物大分子链的尺寸要比晶区或非晶区大得多，它可以同时跨越几个晶区和非晶区。在晶区内的大分子链部分呈规则紧密排列，在非晶区内则呈卷曲状无序排列。结晶的不完全性，以及晶态和非晶态并存，是晶态高分子化合物在结构上的重要特征。晶区的体积或质量所占的百分数称为结晶度。典型结晶高分子化合物的结晶度一般为 50%～80%。一般来说，结晶度高，则熔点、密度、耐热性、强度、刚度、折光系数均提高，而弹性、冲击韧性、粘附力、溶解度等性能则降低。如聚乙烯塑料中，结晶度低的低密度聚乙烯与结晶度高的高密度聚乙烯比较，二者性能相差颇大。晶态高分子化合物一般为不透明或半透明状。

（2）非晶态高分子化合物

非晶态高分子化合物一般为透明状，体型高分子化合物只有非晶态结构一种。

4. 按聚合反应的种类分类

由低分子单体合成高分子化合物的反应称为聚合反应。根据单体、聚合物的组成和结构所发生的变化，可将聚合反应分为加聚反应和缩聚反应两类，由此所得的反应生成物也分为加聚物和缩聚物两类。

（1）加聚物

由低分子量的不饱和单体相互加聚连接而成大分子链且不析出小分子的反应叫加聚反应，其反应生成物称为加聚物。其中：一种单体经过加聚反应生成的聚合物称为均聚物，如聚乙烯、聚氯乙烯等，其命名方法一般就是在单体名称前面冠以“聚”字；由两种或两种以上单体经过加聚反应生成的聚合物称为共聚物，如 ABS 塑料是丙烯腈、丁二烯、苯乙烯三种单体的共聚物，其命名方法通常是在单体后缀以“共聚物”，对于弹性体也可在单体简称后面缀以“橡胶”。

（2）缩聚物

具有双官能团的单体相互作用生成聚合物，同时析出某些低分子化合物（如水、氨、醇等）的反应，叫缩聚反应，其反应生成物称为缩聚物。缩聚物的命名通常是在单体名称后面缀以“树脂”，如环氧树脂、酚醛树脂等。

5. 按高分子化合物的物理状态分类

高分子化合物在不同温度下呈现不同的物理状态。图 11-1 为线型非晶态高分子化合物在一定荷载作用下变形与温度的关系曲线。由图可知，随着温度的变化，非晶态高分子化合物可呈现以下三种物理状态：玻璃态（非结晶的固态）、高弹态和粘流态。

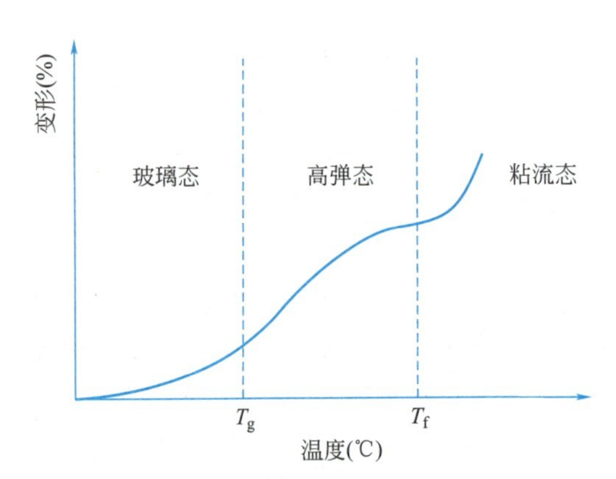

图 11-1　线型非晶态高分子化合物温度-变形曲线

（1）玻璃态

当温度低于 T_g（玻璃化温度）时，高分子化合物大分子链和链段均被固定，热动处于停止状，而呈现出所谓的玻璃态。在外力作用下，变形量很小，而且这种微小的变形是可逆的，当外力除去后能很快恢复到原来状态，此为所谓的弹性变形。通常将处于玻璃态的高分子化合物称为塑料，或者说塑料的工作状态属于玻璃态。显然，提高 T_g，可以扩大塑料的使用温度范围。

（2）高弹态

当温度高于 T_g 时，分子动能增加，高分子化合物大分子链内的链段可以自由运动，但大分子链的运动仍被冻结。在外力作用下，高分子化合物可产生一种可恢复的较大变形，称为高弹变形，这是高分子化合物所特有的一种物理状态，称为高弹态。一般将处于高弹态的高分子化合物称为橡胶，因而橡胶的工作状态是高弹态。降低 T_g，提高 T_f，可使橡胶工作的温度范围扩大。

（3）粘流态

当温度升高到 T_f（粘流态温度）后，分子动能增加到链段和整个大分子链都可以运动。在外力作用下，整个大分子链发生相对滑动，产生不可逆的黏性流动或塑性变形，高分子化合物从高弹态转变为粘流态。粘流态是高分子化合物成形加工的工艺状态。当温度高于热分解温度 T_d 时，高分子化合物分解，大分子链受到破坏，这是加热成形应避免的温度。

11.1.2 高分子材料的性能

1. 密度小、比强度高

高分子材料的密度一般为 0.9～2.2g/cm^3，平均约为铝的 1/2、钢的 1/5、混凝土的 1/3，与木材相近。由于高分子材料自重轻，因此对高层建筑有利。虽然高分子材料的绝对强度不高，但是比强度却超过了钢和铝，是极好的轻质高强材料，但力学性质受温度变化的影响很大。

2. 减震、吸声性好

高分子材料密度小，且其分子细长而蜷曲，在受热或声波作用下，分子不容易振动，可以减少振动、降低噪声。

3. 隔热性能好

高分子材料的导热系数小，一般导热系数为 0.020～0.046W/(m·K)，约为金属导热系数的 0.67%、混凝土导热系数的 2.5%、砖导热系数的 5%，因此是理想的轻质保温隔热材料。

4. 电绝缘性好

由于高分子材料中的化学键是共价键，不能电离出电子，因此不能传递电流。但其具有较好的电绝缘性，广泛应用于电线、电缆、控制开关等。需说明的是，高分子材料经特殊工艺改性也可导电。

5. 耐腐蚀性和耐水性好

高分子材料对酸、碱等介质的耐腐蚀能力通常要比无机材料更强，且其耐水性好、抗渗性强，特别适用于腐蚀环境中对其他材料进行保护。

6. 可加工性好

高分子材料在适当的环境中会具有良好的可塑性，可采用多种加工工艺。对于热塑性高分子材料，只要加热就可以获得所需要的塑性；对于热固性高分子材料，在初次制作时可通过适当的溶剂稀释以获得优良的可塑性。这种可塑性为生产形状各异、厚度不同的高分子材料产品提供了便利条件。因此，大部分合成高分子材料被称为塑料。

7. 弹性好

这是因为高分子材料受力时，其蜷曲的分子可以被拉直而伸长，当外力除去后，又能恢复到原来的蜷曲状态。

8. 装饰效果好

高分子建筑材料成形加工方便、工序简单，可以通过多种加工方法制备出各种质感和颜色的产品，具有很好的装饰性。

9. 耐大气稳定性差

在光、热、大气作用下，高分子材料的组成和结构会发生变化，致使其失去弹性，变硬、变脆、发黏，失去原有的使用功能，这种现象称为老化。因此，大部分合成高分子材料的使用寿命较短，在永久性工程中需要定期更换。

10. 具有可燃性及毒性

高分子材料一般属于可燃性材料，防火性差。部分高分子材料燃烧时挥发出烟尘，还会产生有毒气体。在其生产、施工过程中可能释放出有毒的挥发性有机物，会对环境或者人体健康造成不同程度的危害。

在工程上应用时，我们应尽量扬长避短，发挥其优良性能。

建筑工程中常用的高分子材料包括：建筑塑料、建筑涂料和建筑胶粘剂。

11.2 建筑塑料

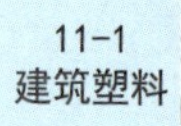

塑料是指以合成树脂或天然树脂为基本原料，加入（或不加）各种添加剂，在一定温度和压力下塑制而成的材料或制品。塑料在成型阶段处于可塑状态，在使用时呈固态。

塑料具有质轻、高强、耐腐蚀、绝热性好、装饰性好、电绝缘性好等优点。其缺点是耐热性差、易燃、易老化、刚度小、热膨胀系数大等。

塑料在建筑上主要作为以下材料：装修材料、绝热材料、防水材料、管道卫生洁具等。

11.2.1 塑料的组成

塑料分为单组分和多组分，单组分塑料仅含有树脂；为了改善性能、降低成本，多数塑料中含有添加剂，故大多数塑料是多组分的。

（1）树脂

它是指在受热时可以软化或熔化，在外力作用下可以流动或有流动倾向的聚合物。树脂是决定塑料性能和使用范围的主要组成物，在塑料中起粘结作用，将填料等添加剂粘结成整体。

（2）填料

其主要作用是改善塑料的性能，如提高机械强度，改善耐热性，提高耐老化性、抗冲击性等，扩大其使用范围，同时可以降低塑料的成本。加入不同填料可以得到不同性质的塑料，这是塑料制品品种繁多、性质各异的原因之一。

（3）增塑剂

用于提高塑料加工时的可塑性和流动性，以及塑料使用时的弹性和柔软性，改善塑料制品的低温脆性。

（4）固化剂

又称硬化剂，其主要作用是使线型聚合物交联成体型聚合物，使树脂具有热固性，从而制得坚硬的塑料制品。

（5）稳定剂

在塑料加工过程中起到减缓反应速度，防止光、热、氧化等引起的老化作用；在塑料使用过程中可提高产品质量，延长使用寿命。

（6）润滑剂

用于改进塑料熔体的流动性，防止塑料在加工过程中对设备产生黏附现象，改进制品的表面光洁程度，降低界面黏附。

（7）着色剂

其作用是使塑料制品具有鲜艳的色彩和光泽。对着色剂的要求是：色彩鲜明、附着力强、分散性好，在加工和使用过程中保持色泽不变，不与塑料起化学反应。

（8）其他添加剂

为了使塑料能满足某些特殊要求或具有更好的功能，还需要加入一些其他添加剂。如抗氧化剂、紫外线吸收剂、防火剂、阻燃剂、抗静电剂、发泡剂等。

11.2.2　常用的建筑塑料及其制品

根据塑料在热作用下表现的性质不同，可分为热塑性塑料和热固性塑料两种。

1. 热塑性塑料

这种塑料加热时软化甚至熔化，冷却后硬化，但不发生化学变化。这类塑料所用的树脂为线型结构。常用的品种包括：

（1）聚乙烯（PE）

聚乙烯是由乙烯加成反应聚合制得的一种热塑性树脂。

特点：无臭、无毒、耐低温、耐腐蚀，常温下不溶于一般溶剂，易加工、易燃烧、耐热性差、耐老化性差。

用途：十分广泛，主要用来制造薄膜、容器、管道等，并可作为电视、雷达等的高频绝缘材料。

（2）聚氯乙烯（PVC）

聚氯乙烯是由氯乙烯单体聚合而成的热塑性线型树脂。

特点：具有阻燃性、自熄性、机械强度及电绝缘性良好的优点，但其耐热性较差。

用聚氯乙烯生产的塑料有硬质和软质两种。硬质 PVC 常用作房屋建筑中的落水管、给水排水管、天沟及塑钢窗和铝塑管等；软质 PVC 可制成塑料止水带、土工膜、气垫薄膜等止水及护面材料。

（3）聚甲基丙烯酸甲酯（PMMA）

聚甲基丙烯酸甲酯又称为有机玻璃，俗称亚克力，是透光率最高的一种塑料。

特点：具有强度较高、耐腐蚀性、耐气候性，成型加工方便的优点。其缺点是质脆、不耐磨、价格较贵。

用途：可用来制作广告牌、灯箱、展览台等。

2. 热固性塑料

这种塑料加热时软化，同时发生化学变化，相邻的分子链互相连接而硬化。硬化后的塑料称为不熔化、不溶解的物质。这类塑料所用的树脂为体型结构。常用的品种包括：

（1）酚醛树脂（PF）

酚醛树脂是由苯酚和甲醛在酸性或碱性催化剂的作用下缩聚而成的，多具有热固性。

特点：粘结强度高，耐光、耐水、耐热、耐腐蚀，易溶于醇，不溶于水，对水、弱酸、弱碱溶液稳定，电绝缘性好，但质脆。

主要用于生产压塑粉、层压塑料等及常见的高压电插座、家具塑料把手。

（2）脲甲醛树脂（UF）

脲甲醛树脂又称脲醛树脂，是尿素与甲醛反应得到的聚合物。

特点：固化后的脲醛树脂呈半透明状，无毒、无色、耐光性好，且坚硬、耐刮伤，价格便宜，具有一定的韧性。其缺点是易于吸水，因而耐水性和电性能较差，耐热性也不高。

脲醛树脂的用途相当广泛，除用作模压塑料、泡沫塑料外，还可用于制作水溶型板材黏合剂，也可用作织物的防缩防皱处理剂，用作纸张的罩光漆，以提高纸张的湿强度。

（3）不饱和聚酯树脂（UP）

不饱和聚酯树脂是在激发剂作用下，由二元酸或二元醇制成的树脂与其他不饱和单体聚合而成。

特点：可在低温下固化成型，用玻璃纤维增强后具有优良的力学性能，良好的耐蚀性和电绝缘性能，但固化收缩率大。

主要用于玻璃钢、涂料和聚酯装饰板等。

（4）环氧树脂（EP）

环氧树脂泛指分子中含有两个或两个以上环氧基团的有机高分子化合物，多以多环氧氯丙烷和二烃基二苯基丙烷为主原料制成。

环氧树脂本身不会硬化，使用时必须加入固化剂，经室温放置或加热后才能成为不熔、不溶的固体。

固化后的环氧树脂具有良好的物理化学性能，电绝缘性好，因而用于浇筑浸渍、层压料、胶粘剂、涂料等用途。

3. 常用的建筑塑料制品（图 11-2）

（1）塑钢门窗

塑钢门窗是以改性硬质聚氯乙烯（PVC-U）为主要原料，加上一定比例的稳定剂、改性剂、填充剂、紫外线吸收剂等助剂，经挤压加工成型材，然后通过切割、焊接的方式制成门窗框、扇，配装上橡塑密封条、五金配件等附件。为增加型材的刚性，在型材空腔内添加钢衬，所以称之为塑钢门窗。与其他门窗相比，塑钢门窗具有隔热、隔声性能好；防火安全系数较高；耐水、耐腐蚀性强；气密性、水密性、抗风压性好；装饰性好，尺寸稳定，不需要粉刷油漆，维护保养方便，节能显著等优点。现已在建筑工程中得到广泛的应用。

（2）塑料管材及管件

它是以高分子材料为原料，经挤出、注塑、焊接等成型工艺制成的管材和管件。与传统的金属管相比，塑料管具有不生锈、不生苔、不结垢、重量轻、施工方便、供水效率高、耐腐蚀、使用寿命长等优点，已成为当今土木工程中取代铸铁陶瓷和钢管的主要材料。

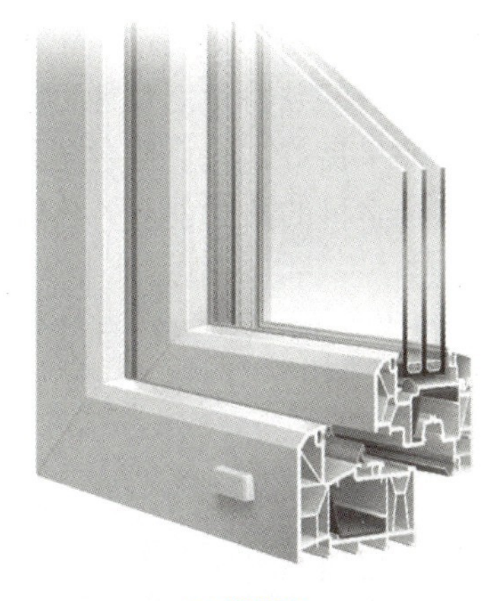

(a) 塑钢窗

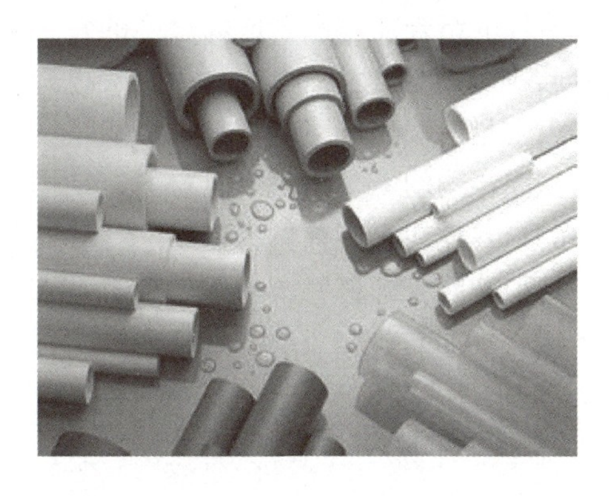

(b) 塑料管材

(c) 塑料吊顶

(d) PVC壁纸

图 11-2　常用的建筑塑料制品

（3）塑料装饰板材

塑料装饰板材是指以树脂为浸渍材料或以树脂为基材，采用一定的生产工艺制成的具有装饰功能的普通或异型断面的板材。塑料装饰板材以其重量轻、防水、防潮、保温、隔热、隔声、耐污染、装饰性强、生产工艺简单、施工简便、易于保养、适于与其他材料复合等特点在装饰工程中得到愈来愈广泛的应用。

建筑用塑料装饰板材主要用作地板、护墙板、屋面板、吊顶板、采光板等。此外，有夹芯层的夹芯板可用作非承重墙的墙体和隔断。

（4）塑料壁纸

塑料壁纸是以纸或者其他材料为基材，以聚氯乙烯塑料为面层，经印花、压花或发泡处理等多种工艺制成的一种墙面装饰材料。其特点是装饰效果好、性能优、粘贴方便、使用寿命长、易维修保养等。也可根据需要加工成具有难燃、隔热、吸声、防霉、可水洗、不易受机械损伤的产品。

（5）塑料薄膜

厚度在 0.25mm 以下的塑料制品可被称为膜。建筑膜结构是以薄膜作为主要结构材料，辅以支撑构件对薄膜施加预应力或改变形态以获得能够承受外部荷载的结构刚度，可分为张拉膜和充气膜两类，其中 90%使用的是 PTFE、PVC、ETFE 这三种塑料材料。膜结构的表皮设计优势首先来源于其显著的经济优势与简便的安装优势：简单的膜材与拉索、桅杆的组合能够围合成大尺度的建筑空间；同时塑料膜材的可塑性极高，不论是顺应受力形式形成的自然曲面或是依附支撑构件的变形呈现出反重力的独特形态都能创造出表现张力十足的现代感建筑；最重要的是，半透明膜材的采光效果良好，符合绿色建筑发展理念。膜结构的诞生是建筑、材料、结构与计算机技术等综合学科的共同创造的结果。

（6）其他塑料装饰材料

其他塑料装饰材料主要包括塑料楼梯扶手、塑料踢脚线及画镜线、塑料百叶窗及纱窗、塑料装饰嵌线和盖条、塑料窗帘盒、塑料装饰线条等。

11.2.3 建筑塑料的验收

资料验收：核对材质证明资料，核实产品阻燃级别，未达到阻燃级别禁止使用。

外观验收：表面平整、光滑、无破损、厚度均匀，有一定柔韧性，无裂痕，管壁厚度均匀、无毛刺，人为给一定压力不开裂、不断裂。

数量验收：按约定长度、厚度计量验收。

配件检查：配件和相应管型相配套，结合紧密。

11.3 建筑涂料

建筑涂料是指涂刷于建筑物表面，能与基体材料很好地粘结，形成完整而坚韧的保护膜的一类物质。早期的涂料也称为油漆。

11.3.1 建筑涂料的组成及功能

1. 涂料的组成

不同涂料的组成成分各不相同，按各组分所起的作用，可分为主要成膜物质、次要成膜物质和辅助成膜物质。

（1）主要成膜物质

又称为基料、胶粘剂或固着剂，是决定涂料性质的最主要组分，有单独成膜的能力，也可粘结其他组分共同成膜。它的作用是把各组分粘结成一体，附着于被涂基层表面形成完整而又坚韧的保护膜。主要成膜物质的性质对所形成的涂膜的硬度、柔性、耐磨性等物理化学性能起到决定性的作用。此外，涂料的状态、涂膜固定方式也是由基料性质决定的。因此，主要成膜物质应具有较高的化学稳定性、较好的耐水性和一定的机械强度。

主要成膜物质多属于高分子化合物（如天然树脂或合成树脂）或成膜后能形成高分子化合物的有机物质（各种植物和动物油料）。常用的主要成膜物质有干性油、半干性油、不干性油、天然树脂、人造树脂、合成树脂等。

（2）次要成膜物质

次要成膜物质主要包括颜料和填充料，它不能离开主要成膜物质单独形成涂膜，必须要依靠主要成膜物质的粘结而成为膜的一个组成部分。

颜料是一种不溶于水、溶剂或涂料的微细粉末状的有色物质，能均匀地扩散在涂料介质中。可增加涂料的色彩和机械强度，改善涂膜的化学性能，增加涂料的品种，常选用耐光、耐碱的无机矿物质作为着色颜料。

填充料一般是一些白色粉末状的无机物质，可以提高涂膜的耐磨性和耐久性，降低成本。

（3）辅助成膜物质

辅助成膜物质不能构成涂膜，但对构成涂膜的成膜过程和成膜质量影响很大，对涂膜性能也有影响。辅助成膜物质包括溶剂和辅助材料。

溶剂也称为稀释剂，包括有机溶剂和水。溶剂的作用是将涂料的成膜物质均匀分散，制成具有流动性的液体，以便于涂刷或喷涂在建筑物的表面形成连续的薄层，还可增加涂料的渗透能力，改善涂料的粘结性能，节约涂料。但掺用过多的溶剂会降低涂膜的强度和耐久性。常用的有机溶剂有松香水、酒精、汽油、苯、丙酮和乙醚等。水也可以作为溶剂，用于水溶性涂料和乳液性涂料。

辅助材料又称为助剂，其主要作用是改善涂料的性能，它的用量很小，但作用很大，品种很多。常用的辅助材料有催干剂、增塑剂、抗氧剂、防霉剂、固化剂、防污剂、分散剂、润滑剂、防锈剂、难燃剂等。

2. 建筑涂料的功能

（1）装饰功能

建筑涂料不仅花色、品种繁多，而且可以采用喷涂、刷涂、辊涂，弹涂、拉毛等不同方法，形成不同的质感。建筑物经涂料涂装后，不仅色彩丰富，还具有不同的色泽和平滑度，起到美化环境、装饰建筑的作用。

（2）保护功能

建筑物暴露在大气中受到阳光、雨水、冷热和其他介质的作用，表面会发生风化、腐蚀、生锈等现象。在建筑物表面涂刷适宜的涂料，能阻止或延迟这些现象的发生和发展，起到保护建筑物，延长其使用寿命的作用。

（3）其他功能

对于有防火、防水、防霉、防静电、防腐蚀、防结露等特殊要求的部位，可涂刷相应功能的涂料。

建筑涂料应具有耐候性、耐水性、耐碱性、常温成膜的特性，便于建筑使用。

11.3.2　常用的建筑涂料

1. 内墙、顶棚涂料

内墙涂料也可用作顶棚涂料，它的作用是装饰和保护室内墙面和顶棚。内墙涂料应具有以下特点：色彩丰富、协调，色调柔和，涂膜细腻，耐水性好，透气性好，不宜粉化，涂刷方便，重涂性好，无毒、无味、环保性好等。

内墙涂料的品种很多，常见的品种有：

（1）聚乙烯醇水玻璃涂料（106 涂料）

可在潮湿墙面施工，涂层干燥速度快，表面光滑不起粉，价格便宜。适用于住宅、医院、学校、剧院等建筑物的内墙。

（2）聚乙烯醇缩甲醛涂料

干燥速度快，遮盖力强，涂层光滑，涂刷方便，耐水性和耐擦洗性能优于106涂料。适用于住宅、医院、学校、剧院等建筑物的内墙。

（3）聚乙酸乙烯乳胶漆

干燥速度快，透气性好，附着力强，无结露现象，且具有良好的耐水、耐碱、耐候性，是一种施工方便、安全、耐水洗的涂料，它可根据不同的配色方案调配出不同的色泽，适用于高档场所的内墙装饰。

2. 外墙涂料

外墙涂料的主要功能是保护和装饰建筑物的外墙面，使建筑物与周围环境达到完美和谐，同时延长建筑物的寿命。它具有装饰性好、耐水、耐沾污、耐候性好等特点。

常用的外墙涂料有：

（1）水性丙烯酸外墙涂料

具有涂膜光泽较好、无毒、不燃、干燥快及施工时不流挂等特点，可用于水泥砂浆、混合砂浆及混凝土墙面，可直接涂饰于墙面。

（2）溶剂型丙烯酸酯外墙涂料

这种涂料不易变色、粉化或脱落，对墙面有较好的渗透作用，粘结牢固，施工温度影响小，主要用作复合涂料的罩面剂。

（3）聚氨酯外墙涂料

可制成各种颜色，涂膜光泽度高、柔软性好，与基层粘结力强，耐污性好，呈瓷质状。可直接涂刷在水泥砂浆、混凝土表面，多用于房屋建筑的外墙及卫生间，净化车间等内墙面的装饰。

3. 地面涂料

地面涂料的功能是装饰和保护地面，使之与室内墙面及其他装饰相适应，为人们创造一种优雅的室内环境。

地面涂料一般是直接涂覆在水泥砂浆面层上，具有施工简单、用料省、造价低、维修更方便等特点。根据其装饰部位的特点，它应具有良好的耐水性、耐碱性、耐磨性、良好的抗冲击性和重涂性，并应与水泥砂浆基层有良好的粘结性能。

常见的地面涂料有：

（1）环氧树脂厚质地面涂料

这种涂料涂层坚硬、耐磨、耐腐蚀、耐水、耐油，有一定韧性，与基底粘结力强，耐久性好，颜色为各种色彩，施工时应注意通风防火。

（2）聚氨酯厚质弹性地面涂料

这种涂料厚质弹性、脚感好，各种彩色涂层与水泥基层粘结力强，不易开裂，耐磨性、耐腐蚀性好。主要应用于幼儿园、网球场、田径跑道。

4. 屋面涂料

屋面涂料涂于建筑的屋顶，主要起隔热和防水的作用。常见的有：

（1）聚氨酯类屋面防水涂料

该类涂料为反应固化型（湿气固化）涂料，具有强度高、延伸率大、耐水性好等特点，对基层变形的适应能力强。

（2）屋面隔热涂料

隔热漆是常用的屋面隔热涂料，具有高温隔热、保温、防水、防裂、隔声、防火、阻燃、绝缘、耐磨、抗酸碱、重量轻、施工方便使用寿命长等特点。

5. 门窗、家具涂料

在装饰工程中，门窗和家具所用涂料也占很大部分，这部分涂料的功能是对门窗、家具起装饰和保护作用。涂料所用的主要成膜物质以油脂、分散于有机溶剂中的合成树脂或混合树脂为主，一般人们常称之为油漆。这类涂料的品种繁多、性能各异，大多由有机溶剂稀释，所以也可称为有机溶剂型涂料。

常用的有油脂漆、天然树脂漆、清漆、磁漆、聚酯漆等。

6. 特种功能涂料

特种功能涂料对建筑物不仅具有保护、装饰作用，还具有某些特殊功能，如防火、防水、防霉、防静电、防腐蚀、防结露、防辐射、吸声等。现阶段使用较多的是防霉涂料和防水涂料。随着人们环保意识的不断增强，环保涂料越来越受到重视，也是未来涂料发展的趋势。环保涂料是指涂料产品的性能指标、安全指标在符合各自产品标准的前提下，同时符合国家环境标志产品提出的技术要求的涂料产品。常用的环保类涂料包括：①无毒、无臭、不燃——水基涂料；②绝对零 VOC——粉末涂料；③溶剂型涂料升级——高固体份涂料；④隔热涂料；⑤抗菌涂料；⑥负离子涂料。

11.3.3　涂料的保管

涂料的保管应按所属类型区别对待，如溶剂型涂料应注重易燃和挥发；水溶性涂料和乳液型涂料应防止受冻和丧失贮存的稳定性。总的来说，各种涂料都容易干燥和挥发，出现变质现象。因此在保管过程中，应注意防火、防毒、防变质。涂料应存在干燥、通风的库房内严格隔离火源，并设有防火设备。库内温度不能过高，也不宜低于 5℃，要避免日光直射。涂料存放时应包装严密、标志清晰，按不同品种、牌号、色别、出厂日期等分别码放整齐。高度应按不超重、易取发的原则确定。对有毒、防火、防水、轻放等要求，必须做出明显标志，并专门采取保管方法。涂料应遵守先进先发的原则防止过期变质，一般自出厂之日起，贮存期不超过 6 个月。

11.4　建筑胶粘剂

胶粘剂又称粘结剂、粘合剂，是指能在两个物体表面形成薄膜，并将它们紧密地胶结起来的材料。与传统的焊接、铆接、螺纹连接等相比，胶结具有很多突出的优越性，如应力分布均匀，避免应力集中；不受胶结物形状、材料等限制；外形光滑美观，且具有密封性能；胶结方法简单，不会增加胶结物的重量；耐腐蚀等。目前，胶粘剂在建筑工程中的应用越来越广泛，成为工程上不可或缺的配套材料。主要用于构件组装，室内装修，防水、保温材料的密封，工程应急维修、堵漏等。

11.4.1 建筑胶粘剂的组成

（1）粘料

它是胶粘剂的主要组成成分，使胶粘剂具有粘结特性，其性质决定了胶粘剂的性能、用途和使用条件。各种树脂、橡胶类及天然高分子化合物等均可作为粘料。用于受力部位的胶粘剂以热固性树脂为主；用于非受力部位或变形较大部位的胶粘剂以热塑性树脂和橡胶为主。

（2）固化剂

能使线型分子交联成网型结构，使胶粘剂固化。它也是胶粘剂的主要成分，其性质和用量对胶粘剂的性能起着重要的作用。常用的固化剂有胺类和酸酐类。

（3）填料

一般呈粉状或纤维状，在胶粘剂中不发生化学反应。加入填料可改善胶粘剂的性能，如提高黏度、强度、耐热性，减少收缩等，同时可以降低成本。常用的填料有石棉粉、滑石粉以及各种金属和非金属氧化物粉。

（4）稀释剂

用于溶解和调节胶粘剂的黏度，增加涂敷润湿性，以便于施工。稀释剂有活性和非活性之分，活性稀释剂参加固化反应，非活性稀释剂不参加固化反应，只起稀释作用。常用的稀释剂有丙酮、环氧丙烷等。

（5）其他外加剂

为提高胶粘剂的性能，还可加入其他助剂，如增韧剂、抗老化剂、防腐剂、防霉剂、阻燃剂、偶联剂等。

11.4.2 常用的建筑胶粘剂

（1）聚乙酸乙烯胶粘剂（白乳胶）

聚乙酸乙烯胶粘剂常温固化快，粘结强度高，无毒、无味，胶层韧性好，但耐水性、耐热性差，徐变较大，所以常作为室温下使用的非结构胶。单独使用时，主要用于粘贴墙纸、木料、塑料、纤维织物等；加入水泥等填料后，可用于粘结混凝土、水泥制品、玻璃、陶瓷等。

（2）环氧树脂胶粘剂

环氧树脂胶粘剂具有粘结力强，收缩小，稳定性高，电绝缘性好，耐化学腐蚀、耐热、耐久性好等优点。广泛用于金属、非金属材料及建筑物的修补，是目前应用最多的胶粘剂，有“万能胶”之称。

（3）酚醛树脂胶粘剂

酚醛树脂胶粘剂具有优良的耐热性、耐老化性、耐水性，粘结强度高，电绝缘性好，但胶层脆性大。主要用于粘结非金属、塑料等。

（4）聚乙烯醇缩甲醛胶粘剂

市面上常见的无毒 107 胶、801 胶均属于此类胶粘剂。这类胶粘剂粘结强度高，耐水性、耐老化性好，主要用于胶接壁纸、墙布、瓷砖等，用于拌制水泥砂浆可增强水泥材料的耐磨性、抗冻性和抗裂性。

（5）氯丁橡胶胶粘剂

它粘附力强，耐溶剂性好，可在室温下固化，但是易徐变、易老化。常用于粘贴高分子防水卷材，在水泥砂浆墙面或地面粘贴橡胶或塑料制品。

（6）丙烯酸酯胶粘剂

这类胶粘剂粘结强度高、成膜性好，能在室温下快速固化，耐腐蚀性、耐老化性好，可用于胶接金属、非金属材料，常见的有 501 胶、502 胶等。

11.4.3　建筑胶粘剂的保管

胶粘剂多以高分子物质为主体，依靠化学反应或物理作用来实现固化，这些在胶粘剂保管过程中均会缓慢地发生。因此，胶粘剂在保管过程中要注意储存条件。为了确保胶粘剂在规定期限内性能基本不变，严格注意保管十分必要。对于不同胶种的粘合剂，因其性质不同，保管条件也不尽相同。

现将几种常用胶粘剂保管的注意事项介绍如下：

聚乙酸乙烯胶粘剂应用玻璃、陶瓷、塑料的容器包装，储放温度为 5～30℃，注意防冻，储存期为一年。

环氧树脂胶粘剂应在通风、干燥、阴凉、室温环境下储存，储存期限为半年到一年。

酚醛树脂胶粘剂应装在密闭的容器中，储于阴凉、远离火种的地方，储存期限为半年到一年。

氯丁橡胶胶粘剂的盛装容器密封性要好，要在室温下储存，不可温度过高（>30℃）或过低（<5℃），远离火源，储存期为 3～6 个月。

丙烯酸酯胶粘剂应在密封、低温、干燥、避光、阴凉的地方存放，储存期为一年。

无机胶粘剂应密封储存，以防吸潮，影响使用。

知识拓展

绿色节能，助力实现“双碳”目标

2008 年北京举办第 29 届夏季奥林匹克运动会，2022 年北京举办第 24 届冬季奥林匹克运动会，成为第一个举办夏季和冬季奥运会的“双奥之城”，水立方也因此成为世界唯一冰水交融奥运场馆（图 11-3）。2008 年北京奥运会期间，国家游泳中心水立方承担了跳水、游泳项目的赛事。14 年过去了，水立方摇身一变，成为“冰立方”，再次惊艳亮相。

水立方建筑外围采用世界上最先进的环保节能 ETFE（四氟乙烯）膜材料。ETFE 是一种轻质新型材料，被称为“塑料王”，具有有效的热学性能和透光性，可以调节室内环境，做到冬季保温、夏季散热，可承受极端气候条件，在发生火灾时具有自熄性，而且还能避免建筑结构受到游泳中心内部环境的侵蚀。更神奇的是，如果 ETFE 膜有一个破洞，不必更换，只需打上一块补丁，它便会自我修复。

图 11-3　北京水立方

1. 水立方是世界上最大的膜结构工程之一，是 21 世纪中国的建筑杰作，彰显了大国力量。

2. 水立方从头到尾由我国施工完成，施工团队克服了重重困难，坚持到底，完成了这个很多人看来不可能完成的任务，体现了工匠精神。

3. 水立方是一座极具前瞻性的环保建筑，冬奥会期间，水立方变身成为历史上体量最大的冰壶场馆，也是世界上唯一在泳池上架设冰壶赛道的“双奥”场馆。“水立方”与“冰立方”自由转换之间，体现了建筑与技术的高质量发展，也充分彰显了北京冬奥会可持续发展的理念，是绿色奥运和科技奥运结合的典范。

单元总结

本单元主要讲述了以下几个内容：

(1) 高分子化合物的基本知识：高分子化合物的定义、分类、性能。

(2) 建筑塑料的组成，常用的建筑塑料品种和它们各自的特点、用途，常见的建筑塑料制品，建筑塑料的验收。

(3) 建筑涂料的组成及功能，常用的建筑涂料，涂料的保管。

(4) 建筑胶粘剂的组成，常用的建筑胶粘剂，建筑胶粘剂的保管。

习　题

一、填空题

1. 组成高分子链的重复结构单元称为__________。

2. 按受热后表现出来的性质分类，高分子化合物可分为________和________。

3. 非晶态高分子化合物可呈现三种物理状态：________、________和________。

4. ________可以改善塑料制品的低温脆性。

5. ________可制成塑料止水带、土工膜、气垫薄膜等止水及护面材料。

6. 建筑涂料最重要的两个功能是__________和________。

7. 建筑涂料按其部位可分为：__________、____________、__________、__________和__________。

8. ______________外墙涂料主要用作复合涂料的罩面剂。

9. 胶粘剂中____________使胶粘剂具有粘结特性。

10. ________________有“万能胶”之称。

二、单选题

1. 不属于高分子材料的特点是（　　）。

A. 比强度高　　B. 弹性模量高　　C. 隔热性好　　D. 耐水性好

2. 塑料中最主要的成分是（　　）。

A. 稳定剂　　B. 树脂　　C. 增塑剂　　D. 填充剂

3. （　　）塑料又称有机玻璃，俗称亚克力。

A. PMMA　　B. PVC　　C. PE　　D. PF

4. 下列选项中哪个不是热塑性塑料？（　　）

A. PE　　B. PVC　　C. PMMA　　D. UF

5. 塑料制品受外界条件影响，性能逐渐变坏，质量下降的过程称为（　　）。

A. 磨损　　B. 老化　　C. 降解　　D. 腐蚀

6. 建筑塑料的（　　）较大。

A. 抗压强度　　B. 密度　　C. 抗拉强度　　D. 比强度

7. 涂料生产过程中，起到溶解、分散、乳化成膜物质的原料是（　　）。

A. 基料　　B. 填充料　　C. 颜料　　D. 溶剂

8. 某建筑内墙表面较为潮湿，较为经济的涂料选择是（　　）。

A. 氯丁橡胶沥青防水涂料　　B. 聚氨酯防水涂料

C. 乳化沥青　　D. 聚乙烯醇水玻璃涂料

9. 结构构件工程的胶粘剂宜选用（　　）品种。

A. 酚醛塑料　　B. 聚苯乙烯泡沫塑料

C. 聚氯乙烯塑料　　D. 环氧树脂

10. 胶粘剂不必具备下列何种性能？（　　）

A. 具有足够的流动性　　B. 不易老化

C. 膨胀收缩变形小　　D. 防火性能好

三、简答题

1. 什么是高分子化合物？它有哪些性能？

2. 常用的高分子材料有哪些？

3. 简述建筑塑料的优缺点。

4. 与传统门窗相比，塑钢门窗有哪些优点？

5. 建筑塑料在验收时应注意什么？

6. 试述涂料的组成成分及它们所起的作用。

7. 常用的内墙涂料有哪些？常用的外墙涂料有哪些？

8. 涂料保管过程中应注意什么？

9. 建筑胶粘剂的主要成分有哪些？各起什么作用？

10. 根据日常生活中的所见所闻，写出 5 种胶粘剂的名称和作用。

教学单元12 Chapter 12

建筑功能材料

教学目标

1. 知识目标

(1) 了解建筑功能材料的分类；
(2) 了解常见材料导热系数的差异性；
(3) 掌握常用的绝热材料；
(4) 了解常用的吸声材料；
(5) 掌握常用建筑装饰材料的分类及应用；
(6) 了解建筑功能材料的发展。

2. 能力目标

(1) 能建立建筑材料功能分类的观念；
(2) 能认识常用的建筑功能材料；
(3) 能树立建筑功能材料与人居环境协调发展的观念。

3. 素质目标

培养学生节能环保的意识，激发学生的爱国热情和自豪感，激励其为国家振兴民族强盛而努力学习。

思维导图

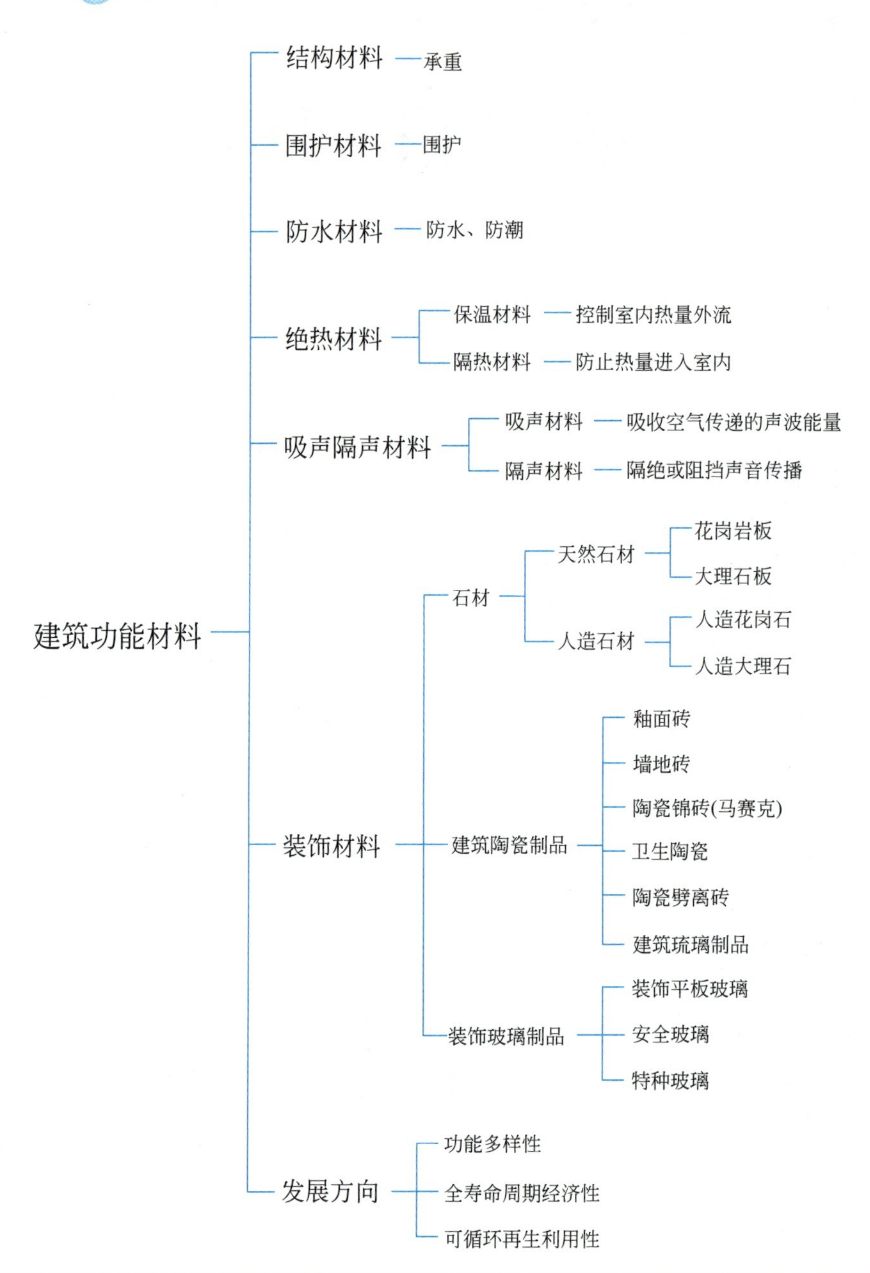

12.1 建筑材料功能分类

建筑材料按功能分为结构材料、围护材料、防水材料、绝热材料、吸声隔声材料、装饰材料等。

12.1.1　结构材料

在建筑结构中承担各类荷载作用的结构（承重结构），如基础、承重墙、梁、柱、板、屋架等，构成这些结构的材料称为结构材料。

12.1.2　围护材料

建筑结构中用于遮阳、避雨、挡风、保温、隔热、隔声、吸声、阻断光线等结构，为围护结构，如内外墙、屋面、隔断、楼板等。用于围护结构的材料为围护材料。

12.1.3　防水材料

具有致密、孔隙率小等特点，主要用于屋面、地下、水中建筑、水池等防水、防潮处理，起到防水作用的材料为防水材料。

12.1.4　绝热材料

在建筑中，习惯上把用于控制室内热量外流的材料叫作保温材料；把防止室外热量进入室内的材料叫作隔热材料。保温、隔热材料统称为绝热材料。在房屋建筑工程中，其围护结构所采用的材料必须具有一定的保温隔热性。在夏季不让室外高温通过围护结构传入室内；而在冬季则阻止室内较高温度通过围护结构传递到室外。这对于减少供暖和降温的能耗，对节约能源具有十分重要的意义。

12.1.5　吸声隔声材料

吸声材料是一种能在较大程度上吸收空气传递的声波能量的建筑材料，主要用于音乐厅、影剧院、大会堂、播音室等的内部墙面、地面、顶棚等部位，能提高声波在室内传播的质量，获得良好的音响效果；隔声材料则是能够隔绝或阻挡声音传播的材料，如建筑内外墙体，能够阻挡外界或邻室的声音而获得安静的环境。

12.1.6　装饰材料

在建筑上，把铺设、粘贴或涂刷在建筑物内外表面，主要起装饰作用的材料，称为装饰材料。

12.2 保温隔热材料

在建筑物中起到保温、隔热作用的材料，称为绝热材料。其中，控制室内热量外流的材料称为保温材料，防止热量进入室内材料称为隔热材料。

绝热材料主要用于墙体及屋顶，热工设备及管道，冷藏设备及冷藏库等工程或冬期施工等。在建筑中合理地采用绝热材料，能提高建筑的使用性能，减少热损失，节约资源，降低成本。据统计，绝热良好的建筑，其能源消耗可节省25%～50%。

《公共建筑节能设计标准》GB 50189—2015 规定：在保证相同室内环境参数下，与未采取节能措施前相比，全年供暖、通风、空气调节和照明的总能耗应减少 50%。同时，按照各地气候条件，该标准将我国划分为严寒地区、寒冷地区、夏热冬冷地区、夏热冬暖地区以及温和地区五个分区，对各分区建筑的门、窗、外墙、屋顶等的导热系数进行了详细的规定，以夏热冬冷地区为例，屋顶的导热系数 $K \leqslant 0.7$W/(m·K)，外墙 $K \leqslant 1.0$W/(m·K)。因此，在建筑工程中，合理地使用绝热材料具有重要意义。

12.2.1 绝热材料的分类及基本要求

1. 传热原理

传热，即热量的传递，是自然界中普遍存在的物理现象。传热根据热力传递机制分为：热传导、热对流、热辐射。

热传导又称导热，通过分子的热运动或原子、自由电子等微观粒子的运动来进行热传递。热量从物体的高温部分向同一物体的低温部分或者从一个高温物体向一个它直接接触的低温物体传热的过程。

热对流是将热量由一处带到另一处的传递现象。在化工生产中的对流传热，往往是指流体与固体地面直接接触时的热量传递。

热辐射是指因热的原因而产生的电磁波在空间的传递，物体将热能变为辐射能，以电磁波的形式在空中传播，当遇到另一物体时又被全部或部分吸收而变回热能。

在每一实际的传热过程中，往往都同时存在着两种或三种传热方式。例如，通过实体结构本身的传热过程，主要是靠导热，但一般建筑材料内部都或多或少地存在孔隙，在孔隙内除存在气体的导热外，同时还有对流和热辐射。

2. 材料的导热性

材料传导热量的能力称为材料的导热性，其大小以导热系数 λ 表示，导热系数在数值上等于厚度为 1m 的材料，当材料两侧面的温差为 1K（或℃）时，在单位时间内通过单位面积的热量。用式（12-1）表示为：

$$\lambda = Q\delta / At(T_2 - T_1) \tag{12-1}$$

式中 λ——导热系数，W/(m·K)；

Q——总传热量，J；

δ——材料厚度，m；

A——热传导面积，m^2；

t——热传导时间，h；

T_2-T_1——材料两面温度差，K 或℃。

材料的导热系数愈小，则材料的绝热性就越好，影响材料导热性的因素很多，材料的导热性取决于其化学组成、结构、空隙率与孔隙特征，含水率及导热时的温度。

对于同种材料影响导热性的主要因素有孔隙率、孔隙特征及含水率。材料具有粗大和连通孔隙时，导热系数增大；具有微小或封闭孔隙时，导热系数减小；材料孔隙中的介质不同，导热系数相差也很大。静态空气的导热系数 $\lambda=0.023$W/(m・K)，水的导热系数 $\lambda=0.58$W/(m・K)，是静态空气的 20 倍，冰的导热系数 $\lambda=2.33$W/(m・K)，是静态空气的 80 倍，所以当材料的含水率增大时，其导热性也相应增加，若材料孔隙中的水分冻结成冰，材料的导热系数将更大。因而材料受潮、受冻都将严重影响其导热性，这也是工程中保温材料施工时特别注意防水避潮的原因。大多数材料的导热系数还会随温度的升高而增大。

3. 绝热材料的基本类型

根据其绝热机理不同，绝热材料大致可以分别为多孔型、纤维型和反射型三种类型。

12.2.2 绝热材料的基本性能及影响因素

1. 绝热材料的基本性能

大多数绝热建筑材料的导热系数（λ）介于 0.029～3.49W/(m・K) 之间，λ 值越小说明该材料越不易导热，绝热效果越好。建筑中，一般把热系数（λ）值小于 0.23W/(m・K) 的材料叫作绝热材料。应当指出，即使使用同一种材料，其导热系数也并不是常数，而是与材料的温度和湿度等因素有关。

（1）温度稳定性

材料在受热作用下保持其原有性能不变的能力，称为绝热材料的温度稳定性。通常用其不致丧失绝热性能的极限温度来表示。绝热材料的温度稳定性指标应高于实际使用温度。

（2）吸湿性

绝热材料从潮湿环境中吸收水分的能力称为吸湿性。由于水的导热系数是空气的 24 倍，故吸湿性越大，材料的绝热效果越差。由于大多数绝热材料都具有一定的吸水、吸湿能力，故在实际使用时，需在其表层加防水层或隔气层。

（3）强度

由于绝热材料含有大量孔隙，故其强度一般均不大，因此不宜将绝热材料用于承受外界荷载部位。对于某些纤维材料有时常用其达到某一变形时的承载能力作为其强度代表值。

2. 材料绝热性能的影响因素

（1）材料的性质

不同材料的导热系数不同。一般来说，金属导热系数数值最大，非金属次之，液体较小。对于同一种材料，内部结构不同，导热系数也差别很大。常见材料的导热系数见

表 12-1。

常见材料的导热系数　　表 12-1

材料名称	建筑钢材	普通混凝土	松木	普通黏土砖	花岗石	密闭空气	泡沫混凝土	石膏板
导热系数[W/(m·K)]	58	1.51	0.17	0.55	3.49	0.023	0.003	0.24

（2）表观密度与孔隙特征

材料中固体物质的导热能力比空气大得多，故表观密度小的材料，因其孔隙率大，导热系数小。在孔隙率相同的条件下，孔隙尺寸越大，导热系数越大；互相连通孔隙比封闭孔隙导热性要高。对于表观密度很小的材料，特别是纤维状材料（如超细玻璃纤维），当其表观密度低于某一极限值时，导热系数反而会增大，这是孔隙率增大时互相连通的孔隙大大增多，而使对流作用加强的结果。因此这类材料存在最佳表观密度，即在这个表观密度时导热系数最小。

（3）湿度

材料吸湿受潮后，其导热系数增大，这在多孔材料中最为明显。这是由于当材料的孔隙中有了水分（包括水蒸气）后，孔隙中蒸汽的扩散和水分子将起到传热作用，而水的导热系数比空气的导热系数大 20 倍左右。如果孔隙中的水结成了冰，冰的导热系数更大，其结果使材料的导热系数更加增大。故绝热材料在应用时必须注意防水避潮。

（4）温度

材料的导热系数随温度升高而增大。因此绝热材料在低温下的使用效果更佳。

（5）热流方向

对于各向异性的材料，如木材等，热流方向与年轮排列方向垂直时材料导热系数要小于平行时的导热系数。

12.2.3　常用的绝热材料

1. 常用绝热材料的导热系数

绝热材料一般系轻质、疏松的多孔体、松散颗粒或纤维状材料，常见的绝热材料的导热系数见表 12-2。

常用绝热材料的导热系数　　表 12-2

序号	名称	表观密度(kg/m^3)	导热系数[W/(m·K)]
1	矿棉	45～150	0.049～0.44
	矿棉毡	135～160	0.048～0.052
	酚醛树脂矿棉板	<150	<0.046
2	玻璃棉(短)	100～150	0.035～0.058
	玻璃棉(超细)	>80	0.028～0.037
3	陶瓷纤维	130～150	0.116～0.186

续表

序号	名称	表观密度(kg/m³)	导热系数[W/(m·K)]
4	微孔硅酸钙	250	0.041
	泡沫玻璃	150～600	0.06～0.13
5	泡沫塑料	15～50(堆积密度)	0.028～0.055
6	膨胀蛭石	80～200(堆积密度)	0.046～0.07
	膨胀珍珠岩	40～300(堆积密度)	0.025～0.048

2. 无机纤维状保温材料

(1) 矿物棉、岩棉及其制品

矿物棉是以工业废料矿渣为主要原料，经熔化，用喷吹法或离心法而制成的棉状绝热材料；岩棉是以天然岩石为原料制成的矿物棉。常用岩石有玄武岩、辉绿岩、角闪岩等。

矿物棉特点：矿物棉及制品是一种优质的保温材料，已有 100 余年生产和应用的历史。其质轻、保温、隔热、吸声、化学稳定性好、不燃烧、耐腐蚀，并且原料来源丰富，成本较低。

矿物棉主要用途：其制品主要用于建筑物的墙壁、屋顶、天花板等处的保温绝热和吸声，还可制成防水毡和管道的套管。

(2) 玻璃棉及制品

玻璃棉是用玻璃原料或碎玻璃熔融后制成的一种纤维状材料，它包括短棉和超细棉两种。

玻璃棉特点：在高温、低温下能保持良好的保温性能；具有良好的弹性恢复力；具有良好的吸声性能，对各种声波、噪声均有良好的吸声效果；化学稳定性好，无老化现象，长期使用性能不变，产品厚度、密度和形状可按用户要求加工。

主要用途：短棉主要制成玻璃棉毡、卷毡，用于建筑物的隔热和隔声，通风、空调设备的保温、隔声等。超细棉主要制成玻璃棉板和玻璃棉管套，用于大型录音棚、冷库、仓库、船舶、航空、隧道以及房建工程的保温、隔声，还可用于供热、供水、动力等设备管道的保温。

(3) 硅酸铝棉及制品

硅酸铝棉即直径 3～5μm 的硅酸铝纤维，又称耐火纤维，是以优质焦宝石、高纯氧化铝、二氧化硅、锆英砂等为原料，选择适当的工艺处理，经电阻炉熔融喷吹或甩丝，使化学组成与结构相同与不同的分散材料进行聚合纤维化制得的无机材料，是当前国内外公认的新型优质保温绝热材料。

特点：具有质轻、耐高温、低热容量，导热系数低、优良的热稳定性、优良的抗拉强度和优良的化学稳定性。

主要用途：广泛用于电力、石油、冶金、建材、机械、化工、陶瓷等工业部门工业窑炉的高温绝热封闭以及用作于过滤、吸声材料。

(4) 石棉及其制品

石棉又称“石绵”，为商业性术语，指具有高抗张强度、高挠性、耐化学和热侵蚀、电绝缘和具有可纺性的硅酸盐类矿物产品。它是天然的纤维状的硅酸盐类矿物质的总称。

特点：具有高度耐火性、电绝缘性和绝热性，是重要的防火、绝缘和保温材料。

主要用途：主要用于机械传动、制动以及保温、防火、隔热、防腐、隔声、绝缘等方面，其中较为重要的是汽车、化工、电器设备、建筑业等制造部门。

（5）无机微孔材料

1）硅藻土

特点：硅藻土通常呈浅黄色或浅灰色，质软，多孔而轻，其空隙率为50%～80%，因此具有良好的保温绝热性能。硅藻土的化学成分为含水的非晶质二氧化硅，其最高使用温度可达到900℃。

主要用途：工业上常用来作为保温材料、过滤材料、填料、研磨材料、水玻璃原料、脱色剂及催化剂载体等。

2）硅酸钙及其制品

硅酸钙保温材料是以65%氧化硅（石英砂粉、硅藻土等）、35%免氧化钙（也有用消石灰、电石渣等）和5%增强纤维（如石棉、玻璃纤维等）为主要原料，经过搅拌、加热、凝胶、成型、蒸压硬化、干燥等工序制成的一种新型保温材料。

特点：表观密度小，抗折强度高，导热系数小，使用温度高，耐水性好，防火性强，无腐蚀，经久耐用，其制品易加工、易安装。

主要用途：广泛用于冶金、电力、化工等工业的热力管道、设备、窑炉的保温隔热材料，房屋建筑的内外墙、平顶的防火覆盖材料，各类舰船的舱室墙壁及过道的防火隔热材料。

3. 无机气泡状保温材料

（1）膨胀珍珠岩及其制品

膨胀珍珠岩是天然珍珠岩煅烧而得，呈蜂窝泡沫状的白色或灰白色颗粒，是一种高效能的绝热材料。

特点：密度小，导热系数低，化学性稳定，使用温度范围宽，吸湿能力小，无毒无味，不腐蚀，不燃烧，吸声，施工方便。

主要用途：建筑工程中膨胀珍珠岩散料主要用作填充材料、现浇水泥珍珠岩保温、隔热层，粉刷材料以及耐火混凝土方面，其制品广泛用于较低温度的热管道、热设备及其他工业管道设备和工业建筑的保温绝热，以及工业与民用建筑围护结构的保温、隔热、吸声。

（2）加气混凝土

加气混凝土是一种轻质多孔的建筑材料，它是以水泥、石灰、矿渣、粉煤灰、砂、发气材料等为原料，经磨细、配料、浇筑、切割、蒸压养护和铣磨等工序而制成的。因其经发气后制品内部含有大量均匀而细小的气孔，故名为加气混凝土。

特点：重量轻（孔隙达70%～80%，体积密度一般为400～700kg/m^3，相当于实心黏土砖的1/3、普通混凝土的1/5）、保温性能好、良好的耐火性能、不散发有害气体、具有可加工性、良好的吸声性能、原料来源广、生产效率高、生产能耗低。

主要用途：用于建筑工程中的轻质砖、轻质墙、隔声砖、隔热砖和节能砖。

4. 有机气泡状保温材料

（1）模塑聚苯乙烯泡沫塑料（EPS）

模塑聚苯乙烯泡沫塑料是采用可发性聚苯乙烯珠粒经加热预发泡后，在磨具中加热成型而制得的，具有闭孔结构，聚苯乙烯泡沫塑料板材的使用温度不超过 75℃。

特点：具有保温隔热性、缓冲抗震性、抗老化性和防水性能。

主要用途：在日常生活、农业、交通运输业、军事工业、航天工业等许多领域都得到了广泛的应用。特别是大型泡沫板材的市场需求量很大，用于彩钢夹芯板、钢丝（板）网架轻质复合板、墙体外贴板、屋面保温板以及地热用板等。其更广泛地被应用在房屋建筑领域，用作保温、隔热、防水和地面的防潮材料等。

（2）挤塑聚苯乙烯泡沫塑料（XPS）

XPS 即绝热用挤塑聚苯乙烯泡沫塑料，俗称挤塑板，它是以聚苯乙烯树脂为原料加上其他的原辅料与聚合物，通过加热混合同时注入催化剂，然后挤塑压出成型而制造的硬质泡沫塑料板。

特点：具有完美的闭孔蜂窝结构，其结构的闭孔率达到了 99%以上，这种结构让挤塑聚苯乙烯泡沫塑料板有极低的吸水性（几乎不吸水）、低热导系数、高抗压性、抗老化性（正常使用几乎无老化分解现象）。

主要用途：广泛用于墙体保温、平面混凝土屋顶及钢结构屋顶的保温；用于低温储藏地面、泊车平台、机场跑道、高速公路等领域的防潮保温。

（3）聚氨酯硬质泡沫塑料

聚氨酯硬质泡沫塑料是异氰酸酯和羟基化合物经聚合发泡制成，按其硬度可分为软质和硬质两类，聚氨酯硬质泡沫塑料一般为室温发泡，成型工艺比较简单。按施工机械化程度可分为手工发泡及机械发泡；按发泡时的压力可分为高压发泡及低压发泡；按成型方式可分为浇筑发泡及喷涂发泡。

特点：聚氨酯硬泡多为闭孔结构，具有绝热效果好、重量轻、比强度大、施工方便等优良特性，同时还具有隔声、防震、电绝缘、耐热、耐寒、耐溶剂等特点。

主要用途：食品等行业冷冻冷藏设备的绝热材料、工业设备保温（如储罐、管道等）、建筑保温材料、灌封材料等。

12.3 吸声和隔声材料

12.3.1 吸声和隔声材料的定义

吸声材料是一种能在较大程度上吸收空气传递的声波能量的建筑材料，主要用于音乐厅、影剧院、大会堂、播音室等的内部墙面、地面、顶棚等部位，能提高声波在室内传播的质量，获得良好的音响效果；隔声材料则是能够隔绝或阻挡声音传播的材料，如建筑内外墙体，能够阻挡外界或邻室的声音而获得安静的环境。

声音起源于物体的振动，声源的振动迫使邻近的空气跟着振动而形成声波，并在空气介质中向四周传播。声音在传播过程中，部分声能随着距离的增大而扩散，另一部分则因空气分子的吸收而减弱。当声波传播到某一边界面时，一部分声能被边界面反射（或散射），一部分声能被边界面吸收（这包括声波在边界材料内转化为热能被消化或是转化为振动能沿边界构造传递转移），另有一部分则直接透射到边界另一面空间。在一定面积上被吸收声能（E）与入射声能（E_0）之比称为材料的吸声系数 α，即：

$$\alpha = E/E_0 \tag{12-2}$$

吸声系数介于 0 与 1 之间，是衡量材料吸声性能的重要指标，吸声系数越大，材料的吸声效果越好。

材料的吸声性能除与声波方向有关外，还与声波的频率有密切关系。同一材料对高、中、低不同频率声波的吸声系数有很大差别，故不能按一个频率的吸声系数来评定材料的吸声性能。为了全面地反映材料的吸声频率特性，工程上通常将对 125Hz、250Hz、500Hz、1000Hz、2000Hz、4000Hz 六个频率的平均吸声系数大于 0.2 的材料，称为吸声材料。常用材料的吸声系数见表 12-3。

常用材料的吸声系数　　表 12-3

材料	厚度(cm)	各种频率(Hz)下的吸声系数						装置情况
		125	250	500	1000	2000	4000	
(一)无机材料								
吸声砖	6.5	0.05	0.07	0.10	0.12	0.16	—	贴实
石膏板(有花纹)	—	0.03	0.05	0.06	0.09	0.04	0.06	贴实
水泥蛭石板	4.0	—	0.14	0.46	0.78	0.50	0.60	墙面粉刷
石膏砂浆(掺水泥、玻璃纤维)	2.2	0.24	0.12	0.09	0.30	0.32	0.83	—
水泥膨胀珍珠岩板	5.0	0.16	0.46	0.64	0.48	0.56	0.56	—
水泥砂浆	1.7	0.21	0.16	0.25	0.40	0.42	0.48	—
砖(清水墙面)	—	0.02	0.03	0.04	0.04	0.05	0.05	—
(二)木质材料								
软木板	2.5	0.05	0.11	0.25	0.63	0.70	0.70	贴实
木丝板	3.0	0.10	0.36	0.62	0.53	0.71	0.90	钉后留空气层
三夹板	0.3	0.21	0.73	0.21	0.19	0.08	0.12	在后留空气层
穿孔五夹板	0.5	0.01	0.25	0.55	0.30	0.16	0.19	骨后留空气层
林丝板	0.8	0.03	0.02	0.03	0.03	0.04	—	骨后留空气层
木质纤维板	1.1	0.06	0.15	0.28	0.30	0.33	0.31	上后留空气层
(三)泡沫材料								
泡沫玻璃	4.4	0.11	0.32	0.52	0.44	0.52	0.33	贴实
脲醛泡沫塑料	5.0	0.22	0.29	0.40	0.68	0.95	0.94	贴实
泡沫水泥(外面粉刷)	2.0	0.18	0.05	0.22	0.48	0.22	0.32	紧靠粉墙
吸声蜂窝板	—	0.27	0.12	0.42	0.86	0.48	0.30	—
泡沫塑料	1.0	0.03	0.06	0.12	0.41	0.85	0.67	—
(四)纤维材料								
矿棉板	3.13	0.10	0.21	0.60	0.95	0.85	0.72	贴实
玻璃棉	5.0	0.06	0.08	0.13	0.44	0.72	0.82	贴实
酚醛玻璃纤维板	8.0	0.25	0.55	0.80	0.92	0.98	0.95	贴实
工业毛毡	3.0	0.10	0.28	0.55	0.60	0.60	0.56	紧靠墙面

一般来讲，坚硬、光滑、结构紧密的材料反射能力强，吸声性能差，如水磨石、大理石、混凝土、水泥粉刷墙面等；粗糙松软、具有互相贯穿内外微孔的多孔材料吸声能力好，反射性能差，如玻璃棉、矿棉、泡沫塑料、木丝板、半穿孔吸声装饰维板和微孔砖等。

对于两个空间中间的界面隔层来说，当声波从一室射到界面上时，声波激发隔层的振动，以振动向另一面空间辐射声波，此为透射声波。通过一定面积的透射声波能量与入射声波能量之比称为透射系数。入射声能与另一侧的透射声能相差的分贝数就是材料的隔声量，以分贝（dB）表示。隔声量是衡量材料隔声效果的重要指标。隔声量越大，材料的隔声效果越好。

对于单一材料来说，吸声能力与隔声效果往往是不能兼顾的。譬如，砖墙或钢板可以作为较好的隔声材料，但吸声效果极差。反之如果拿吸声性能好的材料（如玻璃棉）做隔声材料，即使声波透过该材料时声能被吸收 99%（这是很难达到的），只有 1%的声能传播到另一空间，则此材料的隔声量也只有 20dB，并非好的隔声材料。

12.3.2　影响多孔性材料吸声性能的因素

材料吸声性能，主要受下列因素的影响：

（1）材料的表观密度。对同一种多孔材料（如超细玻璃纤维），当其表观密度增大时（即孔隙率减小时），对低频声波的吸声效果有所提高，而对高频吸声效果则有所降低。

（2）材料的厚度。增加多孔材料的厚度，可提高对低频声波的吸声效果，而对高频声波则没有多大影响，因此为了提高材料的吸声能力而盲目增加材料的厚度是不可取的。

（3）材料的孔隙特征。孔隙越多、越细小，吸声效果越好；如果孔隙太大，则效果较差。如果材料中的孔隙大部分为单独的封闭的气泡（如聚氯乙烯泡沫塑料），则因声波不能进入，从吸声机理上来讲，就不属多孔性吸声材料。当多孔材料表面涂刷油漆或材料吸湿时，则因材料表面的孔隙被水分或涂料所堵塞，使其吸声效果大大降低。

（4）材料背后的空气层。空气层相当于增大了材料的有效厚度，因此它的吸声性能一般来说随空气层厚度增加而提高，特别是改善对低频的吸收，它比增加材料厚度来提高低频的吸声效果更有效。当材料离墙面的安装距离（即空气层厚度）等于 1/4 波长的奇数倍时，可获得最大的吸声系数。

（5）温度和湿度的影响。温度对材料的吸声性能影响不显著，温度的影响主要改变入射波的波长，使材料的吸声系数产生相应的改变。湿度对多孔材料的影响主要表现在多孔材料容易吸湿变形，滋生微生物，从而堵塞孔洞，使材料的吸声性能降低。

12.3.3　常用吸声材料

1. 多孔吸声材料

声波进入材料内部互相贯通的孔隙，空气分子受到摩擦和粘滞阻力，使空气产生振动，从而使声能转化为机械能，最后因摩擦而转变为热能被吸收。这类多孔材料的吸声系数，一般从低频到高频逐渐增大，故对中频和高频的声音吸收效果较好。

凡是符合多孔吸声材料构造特征的，都可以当成多孔吸声材料来利用。目前，市场上出售的多孔吸声材料品种很多。有呈松散状的超细玻璃棉、矿棉、海草、麻绒等；有的已加工成毡状或板状材料，如玻璃棉毡、半穿孔吸声装饰纤维板、软质木纤维板、木丝板；另外还有微孔吸声砖、矿渣膨胀珍珠吸声砖、泡沫玻璃等。

2. 薄板振动吸声结构

薄板振动吸声结构是在声波作用下发生振动，薄板振动时由于板内部和龙骨间出现摩擦损耗，使声能转变为机械振动，而起吸声作用。由于低频声波容易激起薄板产生振动，所以具有低频吸声特性。建筑中常用的薄板振动吸声结构的共振频率约在80～300Hz之间，在此共振频率附近吸声系数最大，约为0.2～0.5，而在其他频率附近的吸声系数较低。常用的材料有：胶合板、薄木板、硬质纤维板、石膏板、石棉水泥板、金属板等，把它们周边固定在墙或顶棚的龙骨上，并在背后留有空层，即成薄板振动吸声结构。

3. 共振吸声结构

共振吸声结构具有封闭的空腔和较小的开口，很像个瓶子。当瓶腔内空气受到外力激荡时，会产生一定频率的振动这就是共振吸声器。每个单独的共振器都有一个共振频率，在其共振频率附近，由于颈部空气分子在声波的作用下像活塞一样进行往复运动，因摩擦而消耗声能。若在腔口蒙一层细布或疏松的棉絮，可以加宽和提高共振率范围的吸声量。为了获得较宽频带的吸声性能，常采用组合共振吸声结构或穿孔板组合共振吸声结构。共振吸声结构在厅堂建筑中应用极广。

4. 穿孔板组合共振吸声结构

这种结构是用穿孔的胶合板、硬质纤维板、石膏板、石棉水泥板、铝合金板、薄钢板等，将周边固定在龙骨上，并在背后设置空气层而构成。它可看作是许多单独共振吸声器的并联，起到扩宽吸声频带的作用，特别是对中频声波的吸声效果较好。穿孔板厚度、穿孔率、孔径、背后空气层厚度以及是否填充多孔吸声材料等，都直接影响吸声结构的吸声性能。此种形式在建筑上的使用比较普遍。

5. 悬挂空间吸声体

将吸声材料制成平板形、球形、圆锥形、棱锥形等多种形式，悬挂在顶棚即构成悬挂空间吸声体。此种构造增加了有效的吸声面积，再加上声波的衍射作用，可以显著地提高实际吸声效果。

6. 帘幕吸声体

帘幕吸声体是用具有通气性能的纺织品，安装在离墙面或窗洞一定距离处，背后设置空气层。这种吸声体对中、高频都有一定的吸声效果。帘幕的吸声效果与材料种类和褶裥等有关。帘幕吸声体安装、拆卸方便，兼具装饰作用，因此应用价值较高。

7. 柔性吸声材料

具有密闭气孔和一定弹性的材料，如聚氯乙烯泡沫塑料，声波引起的空气振动不易直接传递至材料内部，只能相应地产生振动，在振动过程中由于克服材料内部的摩擦而消耗了声能，引起声波衰减。此种材料的吸声特性是在一定的频率范围内出现一个或多个吸收频率。

12.4 常用建筑装饰材料

建筑装饰材料按其装饰部位分为外墙、内墙、地面及吊顶装饰材料；按组成成分分为有机装饰材料（如塑料地板、有机高分子涂料等）和无机装饰材料。无机装饰材料又有金属材料（如铝合金）与非金属材料（如陶瓷、玻璃制品、水泥类装饰制品等）之分。对于装饰要求较高的大型公共建筑物，如纪念馆、大会堂、高级宾馆等，用于装饰上的费用可能高达建筑总造价的 30%以上。

目前许多装饰材料含有对人体有害的物质，例如含高挥发性有机物的涂料，含醛等过敏性化学物质的胶合板、纤维板、胶粘剂，含放射性高的花岗岩、大理石、陶瓷面砖等，含微细石棉纤维的石棉纤维水泥制品等。我国现已对室内装饰装修材料强制实施市场准入制度，即只有达到室内装饰装修材料有害物质限量的 10 项标准方可进入市场。

12.4.1 装饰材料的基本要求

1. 装饰效果

指装饰材料通过调整自身的颜色、光泽、透明性、质感、形状与尺寸等要素，构成与建筑物使用目的和环境相协调的艺术美感。材料的颜色实质上是材料对光谱的反射，并非材料本身固有的，颜色对于材料的装饰效果极为重要。光泽是材料表面的一种特性，是有方向性的光线反射性质。在评定材料的外观时，其重要性仅次于颜色。材料的透明性也是与光线有关的一种性质。按透光及透视性能，分为透明体（如门窗玻璃）、半透明体（如磨砂玻璃、压花玻璃等）、不透明体（如釉面砖等）。质感是材料质地的感觉，主要通过线条的粗细、凹凸不平程度对光线吸收、反射强弱不同而产生观感上的差别。

2. 保护功能

指装饰材料通过自身的强度和耐久性，来延长主体结构的使用寿命，或通过装饰材料的绝热、吸声功能，改善使用环境。

12.4.2 常用装饰材料

1. 石材

我国使用石材作为装饰材料具有悠久的历史，这是因为我国的石材资源丰富、分布面广，可以就地取材，成本低；另外石材质地密实、坚固耐用，建筑装饰性能好，可以取得较好的装饰效果，因此一直被广泛地应用。装饰石材分为天然石材和人造石材两大类。

（1）天然石材

目前用作装饰的天然石材主要有花岗岩和大理石等。

① 花岗岩板。花岗岩是岩浆岩中分布最广的岩石。它由长石、石英、少量云母以及

深色矿物组成。花岗岩质地坚实，耐酸碱、耐风化，色彩鲜明。花岗岩板由花岗岩经开采、锯解、切割、磨光而成，有深青、紫红、浅灰、纯墨等颜色，并有小而均匀的黑点，耐久性和耐磨性都很好。磨光花岗岩板可用于室外墙面及地面，经斩凿加工的可铺设勒脚及阶梯踏步等。

② 大理石板。大理石属于变质岩类，化学成分主要是碳酸钙，但构造紧密。纯的大理石为白色，称汉白玉。由于在变质过程中掺进了杂质，所以呈现灰、黑、红、黄、绿色等，有些岩石还具有美丽的花纹图案。其加工工艺同花岗岩板。由于在室外易风化故多用于室内墙面、地面、柱面等处。

（2）人造石材

人造石材多指人造花岗岩和人造大理石。人造石材具有天然石材的质感。色彩、花纹都可以按设计要求做，且重量轻、强度高、耐蚀和抗污染性能好，可以制作出曲面、弧形等天然石材难以加工出来的几何形体，钻孔、锯切和施工都较方便，是建筑物墙面、柱面、门套等部位较理想的装饰材料。

根据人造石材所用胶结材料的不同，可将人造石材分为水泥型人造石材、树脂型人造石材和复合型人造石材。

2. 建筑陶瓷制品

建筑陶瓷是用于建筑物墙面、地面及卫生设备的陶瓷材料及制品。建筑陶瓷因其坚固耐久、色彩鲜明、防火防水、耐磨耐蚀、易清洗、维修费用低等优点，成为现代建筑工程的主要装饰材料之一。

（1）釉面砖

又称为内墙砖，属于精陶类制品。它是以黏土、石英、长石、助熔剂、颜料及其他矿物原料，经破碎、研磨、筛分、配料等工序加工成含一定水分的生料，再经模具压制成型（坯料）、烘干、素烧、施釉和釉烧而成，或由坯体施釉一次烧成。釉面砖具有色泽柔和典雅、美观耐用、朴实大方、防火耐酸、易清洁等特点。主要用于建筑物内部墙面，如厨房、卫生间、浴室、墙裙等的装饰与保护。

近年来，我国釉面砖有了很大的发展。颜色从单一色调发展成彩色图案，还专门烧制成供巨幅画拼装用的彩釉砖。在质感方面，已在表面光平的基础上增加了有凹凸花纹和图案的产品，给人以立体感。釉面砖的使用范围已从室内装饰推广到建筑物的外墙装饰。

（2）墙地砖

墙地砖的生产工艺类似于釉面砖。产品包括内墙砖、外墙砖和地砖三类，墙地砖具有强度高、耐磨、化学性能稳定、不易燃、吸水率低、易清洁、经久不裂等特点。

（3）陶瓷锦砖

俗称马赛克。是以优质瓷土为主要原料，经压制烧成的片状小瓷砖。陶瓷锦砖具有耐磨、耐火、吸水率低、抗压强度高、易清洁、色泽稳定等特点。广泛使用于建筑物门厅、走廊、卫生间、厨房、化验室等内墙和地面装饰，并可作为建筑物的外墙饰面与保护。施工时，可以用不同花纹、色彩和形状的陶瓷锦砖联拼成多种美丽的图案。用水泥贴于建筑物表面后，用清水刷涂牛皮纸，即可达到良好的装饰效果。

（4）卫生陶瓷

卫生陶瓷为用于浴室、盥洗室、厕所等处的卫生洁具，例如洗面器、浴缸、水槽、便器等。卫生陶瓷结构形式多样，色彩也较丰富，表面光亮、不透水、易于清洁，并耐化学腐蚀。

(5) 陶瓷劈离砖

又称劈裂砖、劈开砖或双层砖，是以黏土为主要原料，经配料、真空挤压成型、烘干、焙烧、劈离等工序制成的产品，具有均匀的粗糙表面、古朴高雅的风格、良好的耐久性，广泛用于地面和外墙装饰。

(6) 建筑琉璃制品

建筑琉璃制品是我国陶瓷宝库中的古老珍品之一。它以难熔黏土为主要原料烧制而成，颜色有绿、黄、蓝、青等。品种可分为瓦类（板瓦、滴水瓦、沟头瓦等）、脊类和饰件类三种。琉璃制品色彩绚丽、造型古朴、质坚耐久，用它装饰的建筑物富有我国传统的民族特色。主要用于具有民族色彩的宫殿式房屋和园林中的亭、台、楼阁等。

3. 装饰玻璃制品

装饰玻璃制品是建筑装饰中应用最广泛的材料之一，常用于门窗、内外墙饰面、隔断等部位，具有透光、隔声、保温、电气绝缘等优点。有些玻璃制品具有特殊的装饰功能。在装饰工程中，用量最多的是利用玻璃的透光性和不透气性。在墙面装饰方面，内墙使用的玻璃强调装饰性，外墙使用的玻璃往往更注重其物理性能，近年来建筑玻璃新品种不断出现。如平板玻璃已由过去单纯作为采光材料，现在已向控制光线、调节热量、节约能源、控制噪声以及降低结构自重、改善环境等多种功能方面发展，同时用着色、磨光、压花等办法提高装饰效果。

(1) 装饰平板玻璃

装饰平板玻璃有用机械方法或化学腐蚀方法将表面处理成均匀毛面的磨砂玻璃，只透光不透视；有经压花或喷花处理而成的花纹玻璃；有在原料中加颜料或在玻璃表面喷涂色釉后再烘烤而得的彩色玻璃，前者透明而后者不透明。

(2) 安全玻璃

安全玻璃有经加热骤冷处理，使其表面产生预加压应力而增强的钢化玻璃；有用透明塑料膜将多层平板玻璃胶结而成的夹层玻璃；有在生产过程中压入钢丝网的夹丝玻璃。它们都具有不易破碎以及破碎时碎片不易脱落或碎块无锐利棱角、比较安全的特点。夹丝玻璃还有良好的隔绝火势的作用，又有防火玻璃之称。

(3) 特种玻璃

特种玻璃主要包括吸热玻璃、热反射玻璃、中空玻璃、压花玻璃、磨砂玻璃、玻璃空心砖、玻璃马赛克等。

12.5 建筑功能材料的新发展

随着科学技术的发展，学科的交叉及多元化产生了新的技术和工艺。新的技术、工艺越来越多地应用于建筑材料的研制开发，使得建筑材料的发展日新月异。不仅材料原有的性能，如耐久性能、力学性能等得到了提高，而且实现了建筑材料在强度、节能、隔声、防水、美观等方面多功能的综合。同时，社会发展对建筑材料的发展提出了更高的要求，可持续发展理念已逐渐深入到建筑材料中，具有节能、环保、绿色和健康等特点的建筑材料应运而生。建筑材料正向着追求功能多样性、全寿命周期经济性以及可循环再生利用性等方向发展。

12.5.1 绿色健康建筑材料

绿色健康建筑材料指的是具有对环境起到有益作用或对环境负荷很小的情况下，在使用过程中能满足舒适、健康功能的建筑材料。绿色健康材料首先要保证其在使用过程中是无害的，并在此基础上实现其净化及改善环境的功能。根据其作用，绿色健康材料可分为抗菌材料、净化空气材料、防噪声防辐射材料和产生负离子材料。

抗菌材料的机理是抑制微生物污染。目前研究抗菌的产品类型包括抗菌材料和抗菌剂。我国在抗菌建筑材料领域已研制开发了抗菌釉面砖、纳米复合耐高温抗菌材料、抗菌卫生瓷和稀土基纳米抗菌净化功能材料等；此外还制定出台了一系列抗菌材料、抗菌行业标准，如《抗菌陶瓷制品抗菌性能》JC/T 897—2014、《建筑用抗菌塑料管抗细菌性能》JC/T 939—2004 等。

12.5.2 节能建筑材料

建筑物的节能是世界各国建筑学、建筑技术、材料学和相应空调技术研究的重点和方向。目前我国已经制定出台了相应的建筑节能设计标准，并对建筑物的能耗做出相应的规定。

建筑物的能耗是由室内环境所要求的温度与室外环境温度的差异造成的，因此有效降低建筑物的能耗主要有两种途径：一是改善室内供暖、空调设备的能耗效率；二是增强建筑物围护结构的保温隔热性能。从而使建筑节能材料广泛应用于建筑物的围护结构当中。

围护结构包括墙体、门窗及屋面。

（1）墙体节能保温材料种类比较多，分为单一材料和复合材料。其材料包括加气混凝土砌块、保温砂浆、聚氨酯泡沫塑料（PUF）、聚苯乙烯泡沫板（PSF）、聚乙烯泡沫塑料（PEF）、硬质聚氨酯防水保温材料、玻璃纤维增强水泥制品（GRC）、外挂保温复合墙、外保温聚苯板复合墙体、膨胀珍珠岩、防水保温双功能板等。

（2）门窗节能材料以玻璃和塑铝材料为主，如中空玻璃、塑铝窗、玻璃钢、真空玻璃等。

（3）屋面保温形式有两种：一种是保温层位于防水层之下，保温材料可采用发泡式聚苯乙烯板，发泡式聚苯乙烯导热系数和吸水率均较小，且价格便宜，但密度小、强度低，不能经受自然界各种因素的长期作用，宜位于屋顶防水层的下面；另一种是保温层位于防水层之上，又叫倒置式保温屋顶，保温材料可采用挤塑式聚苯乙烯板，而挤塑式聚苯乙烯板具有良好的低吸水性（几乎不吸水）、低导热系数、高抗压性和抗老化性，其优良的保温性具有明显有效的节约能源作用，是符合环保节能的新型保温材料。

12.5.3　舒适性建筑材料

舒适性建材指能够利用材料自身的性能自动调节室内温度和湿度来提高室内舒适度的建筑材料。

室内温度是衡量舒适程度的指标之一。调温材料是利用相变材料在相变点附近低于相变点吸热，高于相变点放热的性质，将能量储存起来，达到节能调温。

湿度是衡量舒适程度的另一个重要指标。调湿材料的研究是舒适建筑材料研究的课题之一。调湿材料首先在日本发展和应用起来，我国目前尚未形成产品，调湿材料主要有木纤维、天然吸湿性材料（如石膏）、天然多孔矿物材料（如硅藻土、蛭石、海泡石等）和其他非晶多孔材料等。

12.5.4　具有全寿命周期经济性的建筑材料

建筑材料全寿命周期经济性就是指建筑材料从生产加工、运输、施工、使用到回收全寿命过程的总体经济效益，用最低的经济成本达到预期的功能。自重轻材料、高性能材料等材料是目前的发展趋势。

12.5.5　自重轻材料

自重轻材料优点很多，由于其自重轻使得材料生产工厂化程度高，并且运输成本低、建造速度快、清洁施工，从全寿命期角度来看具有很高的经济效益。例如，轻钢建筑结构材料具有如下特点：

（1）构造简单，材料单一。容易做到设计标准化、定型化，构件加工制作工业化，现场安装预制装配化程度高。销售、设计、生产可以全部采用计算机控制，产品质量好，生产效率高。

（2）自重轻。降低了基础材料用量，减少构件运输、安装工作量，并且有利于结构抗震。

（3）工期短。构件标准定型装配化程度高，现场安装简单快速，一般厂房仓库签订合同后 2～3 个月内可以交付使用。因为没有湿作业，所以现场安装不受气候影响。

（4）可以满足多种生产工艺和使用功能的要求。轻钢建筑结构体系在建筑造型、色彩以及结构跨度、柱距等方面的选择上灵活多样，给设计者提供了充分展示才能的条件。

（5）绿色环保轻钢建筑结构属于环保性、节能性产品，厂房可以搬迁，材料也可以回收。

12.5.6　高性能材料

高性能材料的特点是在多种材料性能方面更为优越，使用时间更长、功能更为强大，大幅度提高了材料的综合经济效益。比如高性能混凝土，其性能包括易灌注、易密实、不离析、能长期保持优越的力学性质、早期强度强、韧性好、体积稳定、在恶劣环境下使用寿命长等。高性能材料可通过使用性能优良的高级材料复合在建筑材料上来实现，如碳纤维复合材料在建筑结构材料智能化技术上的应用。

12.5.7 具有可循环再生利用性的建筑材料

追求建筑材料的可循环再生利用性是根据可持续发展要求、新型建筑材料的生产、使用及回收的全过程考虑其对环境和资源的影响，实现材料的可循环再生利用。建筑材料的可循环再生利用包括建筑废料及工业废料的利用，它将成为建筑材料发展的重要方向。

建筑废料的回收利用可分为产品回收和材料回收两大类。未破损烧结砖瓦产品在拆下并清理后直接利用是最简便的回收利用。在我国广大农村地区对未破损烧结砖瓦产品的回收利用是非常普遍的，这主要是与烧结砖瓦产品优异的耐久性，以及其与其他材料容易分离的特性有关。未破损烧结砖瓦产品的回收对需要保护的历史建筑及其修缮有着特别重要的意义，如其他地方旧建筑物拆除下的砖瓦可回收后用于需要保护的古建筑物的修复。普通建筑拆下的整砖及半砖还可以用于人行道、庭院、公园等地面的铺砌。充分利用未破损烧结砖瓦产品的关键在于城市建筑的拆除程序和方法。

建筑废料中最主要的回收颗粒状材料来自拆毁的混凝土和墙体材料，这两种材料一般不能直接使用，需经加工处理，其用途非常广泛。大量无毒的工业废料可用于制造建筑产品，既节约了建筑消耗的巨大的原生性物质资源，又回收了固定废弃物，减少了环境污染。我国已开发利用粉煤灰、钢渣、矿渣等生产各种砌块，但工业废弃物的回收利用率和再生资源利用率远远低于日本和欧洲国家。例如，日本开发的一种新型环保砖瓦是以下水道污泥、粉煤灰、矿渣、烧窑业杂土、玻璃碴、保温材料弃渣、废塑料、建筑废渣土、河沟淤泥为原料，采用传统的烧制技术和新开发的水泥固化技术，生产出了具备烧结砖瓦特征的新型墙材，适用于墙壁、地面铺设和园艺，其最大优点是再生资源的利用率可达90%以上。我国在利用工业废料生产建筑材料方面有着很大的潜力和广阔的市场前景。

知识拓展

上海中心大厦——指引未来房屋建筑的节能环保发展方向

上海中心大厦，是我国上海市的一座巨型高层地标式摩天大楼，总建筑面积57.8万m^2，建筑主体为地上127层，地下5层，总高为632m，结构高度为580m，基地面积30368m^2（图12-1）。

1. 节能技术——双层玻璃幕墙

上海中心大厦有两个玻璃正面，一内一外，主体形状为内圆外三角，以降低整座大楼的供暖和冷气需求。

2. 节能技术——风力发电

上海中心的外幕墙上开了三个很大的开孔，安装高空风力发电系统。每年可以为大厦提供近百万度的绿色电力，供屋顶、观光层中的设备使用。

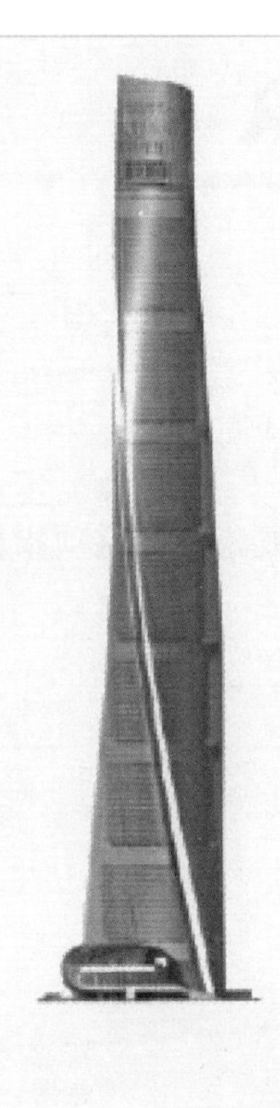

观光及餐饮
第9区　L118-L121

酒店及精品办公
第8区　L101-L115

酒店
第7区　L84-L98

办公楼层
第6区　L69-L81
L68　空中大堂
第5区　L53-L65
L52　空中大堂
第4区　L38-L49
L37　空中大堂
第3区　L23-L34
L22　空中大堂
第2区　L8-L19
L8　空中大堂

会议及多功能空间、零售商场
第1区　L1-L5

地下室
B1-B2　商业、地下通道
B3-B5　停车、机电设备

图 12-1　上海中心大厦

3. 节能技术——节水

上海中心大厦通过收集塔楼屋面和裙楼屋面的雨水及酒店部分中水，用于办公部分冲厕、水景补水、绿化浇灌等用途，整幢建筑的节水率超过 50%。

上海中心大厦围绕“节地、节能、节水、节材、室内环境质量和运营管理”等方面，采用了一系列绿色建筑适用技术，为全世界房屋建筑的未来建造指引了方向，获得了全球的广泛认可。

同学们应树立正确的价值观和人生观，增强环保意识和社会责任意识，养成珍惜资源、合理利用资源的习惯，关注社会问题，积极参与公益事业，为实现可持续发展贡献力量。

单元总结

本单元主要介绍了建筑材料功能分类（承重的结构材料、围护材料、防水防潮的防水材料、隔热保温材料、吸声隔声材料、装饰装修材料等）、保温隔热材料（防止外部热量进入室内的隔热材料、控制室内热量外流的保温材料）、吸声和隔声材料（吸收空气传递的声波能量的吸声材料、隔绝或阻挡声音传递的隔声材料）、常用的建筑装饰材料（石材、建筑陶瓷制品、装饰玻璃制品），并介绍了建筑功能材料的发展方向（功能多样性、全寿命周期经济性、可循环再利用性等）。

习 题

一、填空题

1. 建筑材料按功能分为__________、__________、__________、________、________、________。

2. 传热根据热力传递分为________、________、________。

3. 根据材料的绝热机理，绝热材料大致可分为________、________和________。

4. ________________是衡量材料吸声性能的重要指标，这项指标越大，材料的吸声效果________________。

5. 建筑装饰材料的基本要求是________和________。

6. 常用吸声材料的结构类型有__________、__________、__________、__________、__________、__________、__________。

7. 轻钢建筑结构材料的特点为__________、__________、__________、__________、__________。

8. 建筑废料的回收利用分为__________、__________。

二、简答题

1. 绝热材料的基本性能和影响因素分别是什么？
2. 列举常用的绝热材料。
3. 列举常用的吸声材料。
4. 列举常用的装饰石材。
5. 列举常用的建筑陶瓷制品。
6. 列举常用的装饰玻璃制品。
7. 简述建筑功能材料的发展方向。

参考文献

[1] 苑芳友．建筑材料与检测技术 [M]. 3 版．北京：北京理工大学出版社，2020.
[2] 赵宇晗．建筑材料 [M]. 上海：上海交通大学出版社，2014.
[3] 王光炎，季楠．建筑材料与检测 [M]. 天津：天津大学出版社，2017.
[4] 王光炎．土木工程材料 [M]. 哈尔滨：哈尔滨工业大学出版社，2014.
[5] 岳翠贞．建筑工程材料员入门与提高 [M]. 长沙：湖南大学出版社，2012.
[6] 张健．建筑材料与检测 [M]. 北京：化学工业出版社，2011.
[7] 张凡．建筑材料应用与检测 [M]. 北京：机械工业出版社，2013.
[8] 曹世晖．建筑工程材料与检测 [M]. 4 版．长沙：中南大学出版社，2017.
[9] 王东升．材料员专业基础知识 [M]. 北京：中国矿业大学出版社，2015.
[10] 隋良志，李玉甫．建筑与装饰材料 [M]. 天津：天津大学出版社，2015.
[11] 李江华，李柱凯．建筑材料 [M]. 武汉：华中科技大学出版社，2016.
[12] 周爱军，张玫．土木工程材料 [M]. 北京：机械工业出版社，2012.
[13] 柳俊哲．土木工程材料 [M]. 4 版．北京：科学出版社，2023.
[14] 宋岩丽．建筑与装饰材料 [M]. 4 版．北京：中国建筑工业出版社，2016.
[15] 陈宝钰．建筑装饰材料 [M]. 北京：中国建筑工业出版社，2011.
[16] 林振升．论建筑涂料和保管 [J]. 企业技术开发月刊，2011，30 (1)：149-150.
[17] 张光碧．建筑材料 [M]. 3 版．北京：中国电力出版社，2023.
[18] 柴红，孙玉龙．建筑材料与检测 [M]. 北京：现代教育出版社，2018.